Claus Czeslik | Heiko Seemann | Roland Winter

Basiswissen Physikalische Chemie

Studienbücher Chemie

Herausgegeben von
Prof. Dr. rer. nat Christoph Elschenbroich, Marburg
Prof. Dr. rer. nat. Dr. h.c. Friedrich Hensel, Marburg
Prof. Dr. phil. Henning Hopf, Braunschweig

Die Studienbücher der Reihe Chemie sollen in Form einzelner Bausteine grundlegende und weiterführende Themen aus allen Gebieten der Chemie umfassen. Sie streben nicht die Breite eines Lehrbuchs oder einer umfangreichen Monographie an, sondern sollen den Studierenden der Chemie – aber auch den bereits im Berufsleben stehenden Chemiker – kompetent in aktuelle und sich in rascher Entwicklung befindende Gebiete der Chemie einführen. Die Bücher sind zum Gebrauch neben der Vorlesung, aber auch anstelle von Vorlesungen geeignet. Es wird angestrebt, im Laufe der Zeit alle Bereiche der Chemie in derartigen Lehrbüchern vorzustellen. Die Reihe richtet sich auch an Studierende anderer Naturwissenschaften, die an einer exemplarischen Darstellung der Chemie interessiert sind.

www.viewegteubner.de

Claus Czeslik | Heiko Seemann | Roland Winter

Basiswissen Physikalische Chemie

4., aktualisierte Auflage

STUDIUM

VIEWEG+ TEUBNER

Bibliografische Information der Deutschen Nationalbibliothek
Die Deutsche Nationalbibliothek verzeichnet diese Publikation in der
Deutschen Nationalbibliografie; detaillierte bibliografische Daten sind im Internet über
<http://dnb.d-nb.de> abrufbar.

Priv.-Doz. Dr. rer. nat. Claus Czeslik
Geboren 1968 in Oberhausen, Chemiestudium an der Ruhr-Universität Bochum, 1997 Promotion in Physikalischer Chemie an der Universität Dortmund bei Prof. Dr. R. Winter, 1998 – 1999 Post-Doktorand an der University of Illinois at Urbana-Champaign bei Prof. Dr. J. Jonas, 2006 Habilitation in Physikalischer Chemie in Dortmund, seit 2008 Akademischer Oberrat an der Fakultät Chemie der Technischen Universität Dortmund bei Prof. Dr. R. Winter.
Hauptarbeitsgebiete: Biophysikalische Chemie (Chemisch-biologische Grenzflächen, Proteinadsorption)

Dr. rer. nat. Heiko Seemann
Geboren 1969 in Dortmund, Chemiestudium an der Universität Dortmund, 2000 Promotion in Physikalischer Chemie bei Prof. Dr. R. Winter, 1996 – 2001 wissenschaftlicher Mitarbeiter am Fachbereich Chemie der Technischen Universität Dortmund.

Prof. Dr. rer. nat. Roland Winter
Geboren 1954 in Offenbach/Main, Chemiestudium an der Universität (TH) Karlsruhe, Promotion in Physikalischer Chemie bei Prof. Dr. U. Schindewolf, 1983 – 1991 wissenschaftlicher Angestellter am Fachbereich Physikalische Chemie der Philipps-Universität Marburg bei Prof. Dr. F. Hensel, 1987 – 1988 Forschungsaufenthalt an der School of Chemical Sciences in Urbana-Champaign bei Prof. Dr. J. Jonas, 1991 Habilitation in Physikalischer Chemie in Marburg. 1992 Ruf auf eine Professur für Physikalische Chemie an der Ruhr-Universität in Bochum, 1993 Ruf auf einen Lehrstuhl für Physikalische Chemie an der Technischen Universität Dortmund.
Hauptarbeitsgebiete: Biophysikalische Chemie (Membranbiophysik, Proteinfaltung und -missfaltung, Hochdruckeffekte in der molekularen Biophysik), Struktur und Dynamik von Flüssigkeiten, Hochdruckchemie

1. Auflage 2001
2. Auflage 2007
3. Auflage 2009
4., aktualisierte Auflage 2010

Alle Rechte vorbehalten
© Vieweg+Teubner | GWV Fachverlage GmbH, Wiesbaden 2010

Lektorat: Ulrich Sandten | Kerstin Hoffmann

Vieweg+Teubner ist Teil der Fachverlagsgruppe Springer Science+Business Media.
www.viewegteubner.de

Umschlaggestaltung: KünkelLopka Medienentwicklung, Heidelberg
Druck und buchbinderische Verarbeitung: STRAUSS GMBH, Mörlenbach
Gedruckt auf säurefreiem und chlorfrei gebleichtem Papier.

ISBN 978-3-8348-0937-7

Vorwort zur vierten Auflage

Auch die vierte Auflage unseres Buches enthält einige kleinere Ergänzungen, um aktuelle Entwicklungen in der Physikalischen Chemie zu berücksichtigen.

Dortmund, im August 2009   Die Autoren

Vorwort zur dritten Auflage

In der vorliegenden dritten Auflage sind einige kleinere Verbesserungen und Ergänzungen vorgenommen worden. Durch die vielen Zuschriften bestärkt, haben wir auch in dieser Auflage die konzise Darstellung des Stoffes beibehalten. Auf eine aufwändigere Gestaltung, wie farbige Abbildungen, wurde aus Kostengründen verzichtet.

Dortmund, im September 2008   Die Autoren

Vorwort zur zweiten Auflage

Die sehr freundliche Aufnahme, die unser Lehrbuch „Basiswissen Physikalische Chemie" gefunden hat, bestärkte uns, das der ersten Auflage zugrunde liegende Konzept beizubehalten: die klare und straffe mathematische Ableitung und Formulierung der physikalisch-chemischen Grundlagen. Die Stoffauswahl umfasst in etwa die einer sechssemestrigen Ausbildung in Physikalischer Chemie und vermittelt somit das Basiswissen in Physikalischer Chemie in der Bachelor-Ausbildung. Angesichts des riesigen Seitenumfangs vieler traditioneller und auch neuer Lehrbücher der Physikalischen Chemie soll der auf diese Weise präsentierte Stoff auch das Lernen für Prüfungen und Klausuren erleichtern. Wir haben an einigen Stellen Korrekturen bzw. Ergänzungen vorgenommen, um den Text verständlicher und folgerichtiger zu gestalten. Wie in der ersten Auflage werden die einzelnen Kapitel nur von wenigen vorgerechneten Übungsaufgaben begleitet, um den Seitenumfang des Buches nicht zu sprengen. Es gibt umfangreiche Aufgabensammlungen mit Lösungsbüchern zur Physikalischen Chemie, so dass wir hierauf verzichten konnten.

Dortmund, im November 2006   Die Autoren

Vorwort zur ersten Auflage

Das vorliegende Buch soll einen ersten Überblick über die wichtigsten Teilgebiete der Physikalischen Chemie geben und ist insbesondere für Studierende der Chemie gedacht. Es ist aber auch für Studierende verwandter naturwissenschaftlicher Disziplinen, wie der Physik, Biologie, Pharmazie und Ingenieurswissenschaften, geeignet, die Interesse an physikalisch-chemischen Fragestellungen haben.

Das Buch ist aus einer Vorlesungsreihe der Physikalischen Chemie im Grundstudium entstanden. Die Stoffauswahl wurde darüberhinaus um einige Themen erweitert, so dass sie einer etwa sechssemestrigen Ausbildung in Physikalischer Chemie entspricht (physikalisch-chemischer Teil des Basisstudiums Chemie-Diplom bzw. Bachelor). Im Basisstudium sollen diejenigen Lehrinhalte vermittelt werden, die für alle Chemiestudierenden, unabhängig von der Richtung, die sie im Vertiefungsstudium einschlagen werden, wichtig sind.

In der Physikalischen Chemie steht heute insbesondere die molekulare Deutung makroskopischer Eigenschaften der Materie im Mittelpunkt des Interesses. Durch die Entwicklung und Anwendung moderner physikalisch-chemischer Methoden in der Chemie und in verwandten naturwissenschaftlichen Disziplinen, von den Ingenieurwissenschaften bis hin zur Biophysik und Medizin, einerseits, und durch zahlreiche grundlagenwissenschaftliche und technologische Neuentwicklungen andererseits, wird dieses Interesse verstärkt. In einem modernen Basiskurs der Physikalischen Chemie sollte daher die molekulare Sichtweise mit ihren Gebieten der Quantentheorie, Statistik und Spektroskopie eine große Rolle spielen. Auch Grenzflächenphänomene sollten aufgrund des zunehmenden Interesses an Oberflächeneffekten hier schon angesprochen werden.

In der Physikalischen Chemie spielen quantitative Berechnungen eine wichtige Rolle, so dass, wo immer im Rahmen eines solchen Buches möglich, auf eine klare und straffe mathematische Ableitung und Formulierung der Ergebnisse Wert gelegt wurde. Die einzelnen Kapitel werden von einigen vorgerechneten Übungsaufgaben begleitet, die die Anwendungsmöglichkeiten der Ergebnisse aufzeigen sollen. Um den Seitenumfang des Buches nicht zu sprengen, und da es zahlreiche Aufgabensammlungen der Physikalischen Chemie mit Lösungsbüchern gibt, wurde auf eine zusätzliche Zusammenstellung von Übungsaufgaben verzichtet. Angesichts des riesigen Seitenumfangs vieler traditioneller Lehrbücher der Physikalischen Chemie sollte der auf diese Weise vorgestellte Stoff auch das Lernen für Prüfungen und Klausuren erleichtern. Für eine weitere Vertiefung des Stoffes haben wir im Anhang eine Literaturzusammenstellung angefügt.

Dem Teubner-Verlag, insbesondere Herrn Dr. P. Spuhler, sind wir für die freundliche Betreuung und die Geduld dankbar.

Dortmund, im September 2001   Die Autoren

Inhaltsverzeichnis

Liste der wichtigsten Symbole

a_0	BOHRscher Radius
a	VAN DER WAALS-Parameter
	Aktivität
A	HELMHOLTZ-Energie (freie Energie)
A_S	Oberfläche
b	VAN DER WAALS-Parameter
B	zweiter Virialkoeffizient
	Rotationskonstante
	magnetische Flussdichte
c	Lichtgeschwindigkeit
c	Konzentration
C_p	Wärmekapazität bei konstantem Druck
C_V	Wärmekapazität bei konstantem Volumen
D	Diffusionskoeffizient
$D_\circ$	chemische Dissoziationsenergie
D_e	spektroskopische Dissoziationsenergie
e	Elementarladung
E	Energie
	elektromotorische Kraft
	Extinktion
E_a	Aktivierungsenergie
E_{Feld}	elektrische Feldstärke
E_{kin}	kinetische Energie
E_{pot}	potentielle Energie
f	Aktivitätskoeffizient
F	FARADAY-Konstante
F	Kraft
$\widehat{F}$	FOCK-Operator
g	Erdbeschleunigung
g	Entartungsgrad
g_e	LANDÉ-Faktor
g_N	Kern-g-Faktor
G	GIBBS-Energie (freie Enthalpie)
h	PLANCKsche Konstante
$\hbar$	$h/2\pi$
H	Enthalpie
	HAMILTON-Funktion
$\widehat{H}$	HAMILTON-Operator
I	Ionisierungsenergie
	Trägheitsmoment
	Stromstärke
	Kernspinquantenzahl
j	Stromdichte
J	Fluss

	Gesamt-Drehimpuls-Quantenzahl
	Rotationsquantenzahl
	Kopplungskonstante
$\widehat{J}$	COULOMB-Operator
k	Kraftkonstante
	Reaktionsgeschwindigkeitskonstante
k_B	BOLTZMANN-Konstante
$\widehat{K}$	Austauschoperator
K_a	Gleichgewichtskonstante mit Aktivitäten
K_c	Gleichgewichtskonstante mit Konzentrationen
K_{lg}	ebullioskopische Konstante
K_p	Gleichgewichtskonstante mit Partialdrücken
K_{sl}	kryoskopische Konstante
K_x	Gleichgewichtskonstante mit Stoffmengenbrüchen
l	Rotationsquantenzahl
	Nebenquantenzahl
L	Drehimpuls
	Gesamt-Bahndrehimpuls-Quantenzahl
m	Masse
	Molalität
m_l	magnetische Quantenzahl
m_s	magnetische Spinquantenzahl
m_I	magnetische Kernspinquantenzahl
M	molare Masse
n	Stoffmenge
	Hauptquantenzahl
	Translationsquantenzahl
N_A	AVOGADRO-Konstante
N	Teilchenzahl
p	Druck
	Linearimpuls
P	elektrische Polarisation
	Kernspin
P_m	Molpolarisation
$P(r)$	radiale Verteilungsfunktion
q	Ionenladung
Q	Wärme
	Ladungsmenge
r	Abstand
	Radius
	Kugelkoordinate
	Reaktionsgeschwindigkeit
R	Gaskonstante
R	Abstand
	Radius
	elektrischer Widerstand

$R(r)$	radiale Wellenfunktion
s	Spinquantenzahl
S	Entropie
	Spin (Eigendrehimpuls)
	Gesamt-Spin-Quantenzahl
	Überlappungsintegral
t	Zeit
	Überführungszahl
T	Temperatur
	kinetische Energie
u	Ionenbeweglichkeit
U	innere Energie
	Spannung
v	Geschwindigkeit
	Schwingungsquantenzahl
V	Volumen
	potentielle Energie
W	Arbeit
	Zahl der Realisierungsmöglichkeiten
x	Stoffmengenbruch (Molenbruch)
	Ortskoordinate
x_e	Anharmonizitätskonstante der Schwingung
y	Ortskoordinate
Y	Kugelfunktion
z	Ortskoordinate
	Molekülzustandssumme
	Ionenladungszahl
Z	Stoßzahl
	Kompressibilitätsfaktor
	Kernladungszahl
	Systemzustandssumme
α	thermischer Ausdehnungskoeffizient
	Polarisierbarkeit
	Spinfunktion
β	Spannungskoeffizient
	Spinfunktion
γ_N	gyromagnetisches Verhältnis
Γ	Grenzflächenkonzentration
δ	chemische Verschiebung
ε	Teilchenenergie
	Dielektrizitätskonstante
	molarer dekadischer Extinktionskoeffizient
ε_o	elektrische Feldkonstante
ε_r	relative Dielektrizitätszahl
η	Viskositätskoeffizient

	Überspannung
θ	Kugelkoordinate
θ_D	DEBYE-Temperatur
θ_{rot}	Rotationstemperatur
θ_{vib}	Schwingungstemperatur
κ	Wärmeleitfähigkeitskoeffizient
	spezifische Leitfähigkeit
κ_S	adiabatischer Kompressibilitätskoeffizient
κ_T	isothermer Kompressibilitätskoeffizient
λ	mittlere freie Weglänge
	Wellenlänge
λ_m	molare Ionenleitfähigkeit
Λ	thermische Wellenlänge
Λ_m	molare Leitfähigkeit
μ	chemisches Potential
	reduzierte Masse
μ_o	magnetische Feldkonstante
$\vec{\mu}_{ag}$	Übergangsdipolmoment
μ_{el}	elektrisches Dipolmoment
μ_{magn}	magnetisches Moment
μ_N	Kernmagneton
μ_B	BOHRsches Magneton
ν	stöchiometrischer Koeffizient
	Frequenz
$\tilde{\nu}$	Wellenzahl
ξ	Reaktionslaufzahl
	Normalkoordinate
Ξ	großkanonische Zustandssumme
π	osmotischer Druck
Π	Spreitungsdruck
ϱ	Dichte
σ	Stoßquerschnitt
	Oberflächenspannung
	Abschirmungskonstante
ϕ	Volumenbruch
	Kugelkoordinate
φ	Fugazität
	Atomorbital
	Halbzellenpotential
Φ	SLATER-Determinante
	COULOMB-Potential
ψ	Wellenfunktion
	Molekülorbital
Ψ	Spinorbital
ω	Kreisfrequenz
Ω	Zahl der Systemzustände gleicher Energie

$\langle X \rangle$	Mittelwert
$\widehat{X}$	Operator
X°	Größe im Standardzustand
X^*	Größe im Reinzustand
X^∞	Größe in unendlicher Verdünnung
X^{Gl}	Größe im Gleichgewicht
X^{s}	Größe in der festen Phase
X^{l}	Größe in der flüssigen Phase
X^{g}	Größe in der Gasphase
X_{m}	molare Größe
X_i	partielle molare Größe
ΔX	Größendifferenz zwischen zwei Zuständen
X^{E}	Exzessgröße

1 Aggregatzustände

Die meisten Stoffe liegen in einem der drei Aggregatzustände „fest", „flüssig" oder „gasförmig" vor. In diesem Kapitel liegt der Schwerpunkt auf dem gasförmigen Zustand, da wichtige Begriffe wie z. B. Temperatur, Druck oder Diffusion im Fall von Gasen besonders anschaulich atomar interpretiert werden können. Zunächst werden ideale Gase besprochen, deren Teilchen untereinander keine Wechselwirkungskräfte zeigen, und deren physikalische Eigenschaften aus elementaren Beziehungen der Mechanik abgeleitet werden können. Im zweiten Schritt werden dann Wechselwirkungskräfte zwischen den Teilchen zugelassen, wofür die zuvor erhaltenen „idealen" Ausdrücke modifiziert werden müssen. Es ergeben sich Beziehungen, die auch die physikalischen Eigenschaften realer Gase mit hinreichender Genauigkeit beschreiben. Schließlich wird auch der flüssige und der feste Aggregatzustand kurz besprochen, da insbesondere in der flüssigen Phase viele chemische Reaktionen durchgeführt werden.

1.1 Ideale Gase

1.1.1 Das ideale Gasgesetz

Druck p, Volumen V, Stoffmenge n und Temperatur T idealer Gase lassen sich mit Hilfe des idealen Gasgesetzes beschreiben:

$$pV = n\mathrm{R}T \tag{1.1}$$

R ist die Gaskonstante mit dem Wert $8{,}314$ J K^{-1} mol^{-1}. Streng genommen gilt das ideale Gasgesetz nur für (fiktive) Gase, deren Teilchen keine Wechselwirkungskräfte untereinander zeigen und keine räumliche Ausdehnung besitzen, also punktförmig sind. Die Gasteilchen fliegen durch den Raum und werden an den Gefäßwänden elastisch reflektiert. Allerdings beschreibt das ideale Gasgesetz das Verhalten aller realen Gase, wenn nur der Druck ausreichend klein gehalten wird. Dann können nämlich Anziehungskräfte zwischen den Gasteilchen und deren Volumen vernachlässigt werden. Trägt man das Produkt pV gegen p in einem Diagramm auf, so ergibt sich für ein ideales Gas ein Graf parallel zur Druckachse (mit dem Wert nRT). Reale Gase zeigen dagegen Abweichungen von dieser Parallelen in der Größenordnung von 1 % bei 1 bar. Zu den Größen n, p und T sollten die folgenden Anmerkungen beachtet werden.

Die Stoffmenge n in Gleichung 1.1 besitzt die Einheit mol (SI-Einheit).[1] Die Zahl an Teilchen, die eine Stoffmenge von 1 mol bilden, ist durch eine Definition festgelegt worden, wonach 12 g des Kohlenstoffisotops ^{12}C genau 1 mol Atome enthalten. Wie viele Teilchen das nun genau sind, kann mit verschiedenen Methoden experimentell bestimmt werden. Beispielsweise kann aus dem Volumen und den Gitterkonstanten eines Einkristalls die Zahl an Elementarzellen N_{EZ} im Kristall berechnet werden. Mit Hilfe der Masse m des Einkristalls und der molaren Masse M_{EZ} einer Elementarzelle ergibt sich dann die Teilchenzahl pro Mol, die als AVOGADRO-Konstante N_{A} bekannt ist:

$$N_{\mathrm{A}} = N_{\mathrm{EZ}}\frac{M_{\mathrm{EZ}}}{m} = 6{,}022 \cdot 10^{23} \text{ mol}^{-1}$$

---

[1]SI: Système International d'Unités, Internationales Einheitensystem

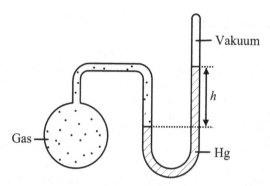

Abbildung 1.1: Quecksilber-Manometer zur Messung von Gasdrücken.

Mit der AVOGADRO-Konstanten kann man die Stoffmenge n in die absolute Teilchenzahl N umrechnen:

$$N = n\mathrm{N_A} \tag{1.2}$$

Ferner steht die Gaskonstante R mit der BOLTZMANN-Konstanten $\mathrm{k_B}$ über $\mathrm{N_A}$ in Beziehung:

$$\mathrm{k_B} = \frac{\mathrm{R}}{\mathrm{N_A}} = 1,381 \cdot 10^{-23} \ \mathrm{J \ K^{-1}}$$

Drücke besitzen die Einheit Pa (PASCAL, SI-Einheit), wobei $1 \ \mathrm{Pa} = 1 \ \mathrm{N \ m^{-2}} = 1 \ \mathrm{kg \ m^{-1} s^{-2}}$ ist. Häufig sind jedoch in der Literatur auch ältere Druckeinheiten, wie mmHg (= Torr), atm und bar, noch gebräuchlich. Es gilt die Umrechnung:

$$760 \ \mathrm{mmHg} = 1 \ \mathrm{atm} = 1,01325 \ \mathrm{bar} = 1,01325 \cdot 10^5 \ \mathrm{Pa}$$

Anschaulich lässt sich diese Umrechnung anhand eines Quecksilber-Manometers verstehen, wie es in Abbildung 1.1 gezeigt ist. Ist der Kolben mit Gas des Drucks 1 atm gefüllt, entpricht dieses einer Steighöhe des Quecksilbers von $h = 760$ mm bei 0 °C. Der Gasdruck p beträgt dann in SI-Einheiten:

$$
\begin{aligned}
p &= \varrho g h = 13,5955 \cdot 10^3 \ \frac{\mathrm{kg}}{\mathrm{m^3}} \cdot 9,80665 \ \frac{\mathrm{m}}{\mathrm{s^2}} \cdot 0,760 \ \mathrm{m} \\
&= 1,0132(8) \cdot 10^5 \ \mathrm{Pa}
\end{aligned}
$$

In dieser Gleichung ist ϱ die Dichte von Quecksilber und g die Erdbeschleunigung. Früher hat man 1 atm = 1,01325 bar als Standard-Druck gewählt und viele thermodynamische Tabellenwerte auf diesen Druck bezogen. Heute verwendet man jedoch den Standard-Druck $p° = 1$ bar = 10^5 Pa.

Zwischen Druck p und Temperatur T besteht nach dem idealen Gasgesetz eine lineare Beziehung. Je größer die Temperatur ist, desto größer ist auch der Druck des Gases. Umgekehrt kann man hieraus folgern, dass bei einer genügend kleinen Temperatur der Druck auf den Wert null gesunken ist. In Abbildung 1.2 ist der Druck p als Funktion der Temperatur für ein ideales Gas grafisch dargestellt. Eine Extrapolation auf $p = 0$ liefert den Schnittpunkt des Grafen mit der Temperaturachse bei

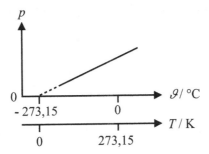

Abbildung 1.2: Temperaturabhängigkeit des Drucks eines idealen Gases.

$-273,15$ °C. Eine tiefere Temperatur kann prinzipiell nicht erreicht werden, da sonst der Druck negativ würde. Die CELSIUS-Skala (Einheit °C) zur Temperaturmessung verwendet zwei Fixpunkte. Der eine ist die Schmelztemperatur von Wasser, das mit Luft gesättigt ist, bei 1 atm, der andere ist die Siedetemperatur von Wasser bei 1 atm. Diese beiden Temperaturen sind mit 0 bzw. 100 °C festgelegt. In der physikalischen Chemie ist jedoch die KELVIN-Skala (Einheit K, SI-Einheit) zur Temperaturangabe üblich. Zwischen den beiden Temperaturen ϑ in °C und T in K besteht folgender einfacher Zusammenhang:

$$T/\text{K} = \vartheta/°\text{C} + 273,15$$

D. h., die tiefste erreichbare Temperatur von $\vartheta = -273,15$ °C entspricht $T = 0$ K. Es ist zu beachten, dass in thermodynamischen Beziehungen, wie z. B. dem idealen Gasgesetz, stets die KELVIN-Temperatur T einzusetzen ist.

Beispiel:
Das Volumen eines idealen Gases der Stoffmenge $n = 1$ mol, der Temperatur $T = 298,15$ K und des Drucks $p = 10^5$ Pa beträgt:

$$V = \frac{nRT}{p} = \frac{1 \cdot 8,314 \cdot 298,15}{10^5}\text{m}^3 = 0,0248\ \text{m}^3 = 24,8\ \text{L}$$

Das Molvolumen beträgt $V_\text{m} = V/n = 24,8\ \text{L mol}^{-1}$.

Aus dem idealen Gasgesetz (Gl. 1.1) können wichtige Beziehungen abgeleitet werden, indem jeweils eine der drei thermodynamischen Variablen p, V und T konstant gehalten wird. Wenn man den Druck eines Gases festhält, spricht man von isobaren Bedingungen und man erhält aus dem idealen Gasgesetz das GAY-LUSSACsche Gesetz $V \propto T$. Unter isochoren Bedingungen wird das Volumen konstant gehalten. Hier folgt aus dem idealen Gasgesetz die Beziehung $p \propto T$. Das BOYLE-MARIOTTEsche Gesetz $p \propto 1/V$ gilt für ideale Gase unter isothermen Bedingungen, d. h. bei konstanter Temperatur. Schließlich soll auch noch der Satz von AVOGADRO genannt werden, der sich ebenfalls sofort aus dem idealen Gasgesetz ergibt: Gleich viele Moleküle verschiedener idealer Gase nehmen bei gleichem Druck und gleicher Temperatur gleiche Volumina ein.

An dieser Stelle ist es sinnvoll, Koeffizienten zu definieren, die die Änderungen von Volumen und Druck eines beliebigen Stoffes (fest, flüssig oder gasförmig) in Abhängigkeit von Temperatur und Druck beschreiben. Diese Koeffizienten sind für viele Stoffe bekannt und tabelliert. Sie lauten:

isobarer thermischer Ausdehnungskoeffizient

$$\alpha = \frac{1}{V} \left(\frac{\partial V}{\partial T} \right)_p \tag{1.3}$$

Spannungskoeffizient

$$\beta = \frac{1}{p} \left(\frac{\partial p}{\partial T} \right)_V \tag{1.4}$$

und isothermer Kompressibilitätskoeffizient

$$\kappa_T = -\frac{1}{V} \left(\frac{\partial V}{\partial p} \right)_T \tag{1.5}$$

Das Volumen eines Stoffes ist eine Funktion der Variablen Druck und Temperatur. Nach der EULERschen Kettenformel kann man daher schreiben:

$$\left(\frac{\partial V}{\partial p} \right)_T \left(\frac{\partial p}{\partial T} \right)_V \left(\frac{\partial T}{\partial V} \right)_p = -1 \tag{1.6}$$

Hieraus lässt sich eine Beziehung zwischen den oben definierten Koeffizienten α, β und κ_T ableiten:

$$\alpha = \beta \kappa_T p \tag{1.7}$$

Diese Gleichung kann man für ideale Gase leicht nachprüfen, denn hier gilt $\alpha = 1/T$, $\beta = 1/T$ und $\kappa_T = 1/p$. Wenn zwei Koeffizienten bekannt sind, kann der dritte berechnet werden.

Abbildung 1.3 zeigt grafisch den Zusammenhang zwischen den Zustandsvariablen p, V_m und T eines idealen Gases ($V_\mathrm{m} = V/n$ ist das Molvolumen).

1.1.2 Gasmischungen

Für eine Mischung idealer Gase gilt das DALTONsche Partialdruckgesetz, das besagt, dass der Druck der Mischung gleich der Summe der Partialdrücke der Gaskomponenten i ist:

$$p_\mathrm{ges} = p_1 + p_2 + p_3 + \ldots = \sum_i p_i \tag{1.8}$$

Der Partialdruck einer Komponente ist derjenige Druck, der gemessen würde, wenn diese Komponente alleine vorläge. Für jeden Partialdruck kann man das ideale Gasgesetz formulieren:

$$p_i = n_i \frac{RT}{V} \tag{1.9}$$

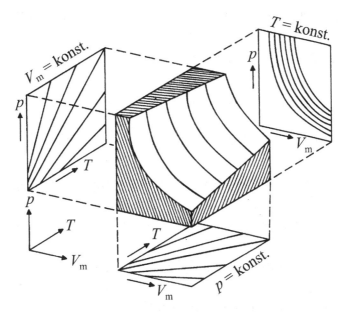

Abbildung 1.3: Dreidimensionale Darstellung des Zusammenhangs zwischen den Zustandsvariablen p, V_m und T eines idealen Gases.

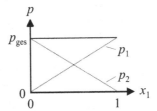

Abbildung 1.4: Partialdrücke und Gesamtdruck eines Zweikomponentensystems idealer Gase.

Definiert man den Stoffmengenbruch (Molenbruch) x_i der Komponente i als

$$x_i = \frac{n_i}{n_{ges}} \tag{1.10}$$

gilt für jeden Partialdruck auch

$$p_i = x_i n_{ges} \frac{RT}{V} = x_i p_{ges} \tag{1.11}$$

Diese Beziehung wird auch als DALTONsches Partialdruckgesetz bezeichnet. In Abbildung 1.4 sind die Partialdrücke eines Zweikomponentensystems in Abhängigkeit des Stoffmengenbruches einer Komponente grafisch dargestellt. Jeder Partialdruck ist dem zugehörigen Stoffmengenbruch proportional, während der Gesamtdruck unabhängig von der Zusammensetzung der Mischung ist.

Analog zur Definition der Molmasse eines reinen Stoffs als Quotient von Masse durch Stoffmenge ($M = m/n$), kann man für Gasmischungen eine mittlere Molmasse definieren:

$$\langle M \rangle = \frac{\sum_i m_i}{\sum_i n_i} = \frac{m_{ges}}{n_{ges}} \tag{1.12}$$

Da für jede Komponente i $m_i = n_i M_i$ ist, gilt auch

$$\langle M \rangle = \frac{n_1 M_1 + n_2 M_2 + n_3 M_3 + \ldots}{n_{ges}} = \sum_i x_i M_i \tag{1.13}$$

Mit Hilfe von Gleichung 1.12 ergibt sich für den Gesamtdruck einer Gasmischung die Beziehung

$$p_{ges} = n_{ges} \frac{RT}{V} = \frac{m_{ges}}{\langle M \rangle} \frac{RT}{V} \tag{1.14}$$

in der die Stoffmenge über die mittlere Molmasse ausgedrückt ist.

1.1.3   Geschwindigkeiten von Gasteilchen

Die Beobachtungen, dass Gase sich in jedem Volumen gleichmäßig ausbreiten oder einen Druck auf die Wände des Gefäßes, in dem sie sich befinden, ausüben, sprechen für eine Bewegung der Gasteilchen im Raum. Durch Kollisionen untereinander sollten sie zudem ständig ihre Richtung und Geschwindigkeit ändern, so dass sich im Gleichgewicht alle Teilchen regellos bewegen. Ihre Geschwindigkeit kann im Prinzip von null bis zu sehr großen Werten reichen, es ist aber zu erwarten, dass eine Geschwindigkeit, je nach Temperatur, am häufigsten auftritt. Somit sollte eine Geschwindigkeitsverteilung für Gasteilchen vorliegen. In der Tat ist eine solche Verteilung experimentell gefunden und von MAXWELL und BOLTZMANN hergeleitet worden.

Die Herleitung der MAXWELL-BOLTZMANN-Geschwindigkeitsverteilung für Gase wird im Folgenden kurz skizziert. Die Geschwindigkeit eines Gasteilchens kann als Vektor beschrieben werden, der drei Geschwindigkeitskomponenten entlang der Koordinaten x, y und z hat:

$$\vec{v} = (v_x, v_y, v_z) \tag{1.15}$$

wobei der Vektorbetrag die Gesamtgeschwindigkeit angibt:

$$|\vec{v}| = \sqrt{v_x^2 + v_y^2 + v_z^2} = v \tag{1.16}$$

Während die Geschwindigkeit v nur positive Werte annehmen kann, können die Komponenten v_x, v_y und v_z positiv und negativ sein, je nach Flugrichtung des Gasteilchens. Wenn, wie in Abbildung 1.5 gezeigt, v_x einer Verteilung folgt, dann berechnet sich der Bruchteil der Moleküle, die eine Geschwindigkeit zwischen v_x und $v_x + dv_x$ aufweisen, zu

$$\frac{dN(v_x)}{N} = f(v_x)\, dv_x \tag{1.17}$$

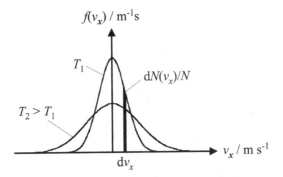

Abbildung 1.5: Eindimensionale Geschwindigkeitsverteilung von Gasteilchen.

$f(v_x)$ bezeichnet man als Verteilungsfunktion der Geschwindigkeitskomponente v_x. Ein Flächensegment unter der Kurve von $f(v_x)$ der Breite dv_x gibt die Wahrscheinlichkeit an, ein Teilchen mit einer Geschwindigkeit zwischen v_x und $v_x + dv_x$ zu finden. Da das Teilchen irgendeine Geschwindigkeit zwischen $-\infty$ und ∞ besitzen muss, ist die Summe aller Wahrscheinlichkeiten, d. h. die gesamte Fläche unter der Kurve $f(v_x)$, gleich eins. Im dreidimensionalen Fall beträgt der Bruchteil der Moleküle, deren Geschwindigkeitskomponenten zwischen v_x und $v_x + dv_x$, v_y und $v_y + dv_y$, v_z und $v_z + dv_z$ liegen,

$$\frac{dN(\vec{v})}{N} = F'(\vec{v})\ d\vec{v} = f(v_x)f(v_y)f(v_z)\ dv_x\ dv_y\ dv_z \tag{1.18}$$

Die Gesamtwahrscheinlichkeit ist hierbei das Produkt der drei Einzelwahrscheinlichkeiten. Nun sind in Gasen die Flugrichtungen der Teilchen regellos verteilt, so dass die dreidimensionale Verteilungsfunktion nur vom Geschwindigkeitsbetrag abhängt:

$$F'(v) = F'\left(\sqrt{v_x^2 + v_y^2 + v_z^2}\right) = f(v_x)f(v_y)f(v_z) \tag{1.19}$$

Diese Gleichung kann erfüllt werden, wenn man für die eindimensionalen Geschwindigkeitsverteilungen jeweils einen Ansatz der Form

$$f(v_x) = a \exp(-b v_x^2) \tag{1.20}$$

formuliert. Die beiden unbekannten Größen a und b müssen nun ermittelt werden. Wie bereits erwähnt, ist die Fläche unter der Kurve von $f(v_x)$ auf eins normiert. Diese Bedingung liefert uns den präexponentiellen Faktor a:

$$\int\limits_{-\infty}^{\infty} f(v_x)\ dv_x = \int\limits_{-\infty}^{\infty} a \exp(-b v_x^2)\ dv_x = a\sqrt{\frac{\pi}{b}} \overset{!}{=} 1$$

$$a = \sqrt{\frac{b}{\pi}} \tag{1.21}$$

Die Unbekannte b ist über eine Betrachtung des Gasdruckes p erhältlich. N Gasteilchen sollen sich, wie in Abbildung 1.6 dargestellt, in einem Würfel mit dem Volumen

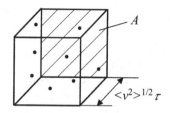

Abbildung 1.6: Innerhalb eines Gasvolumens der Kantenlänge $\langle v^2 \rangle^{1/2} \tau$ treffen Teilchen auf die Fläche A und erzeugen dort die Kraft F.

V befinden. Ihre Teilchenzahldichte ist dann N/V. Das Würfelvolumen ergibt sich aus der Seitenfläche A und der Kantenlänge $\langle v^2 \rangle^{1/2} \tau$, wobei $\langle v^2 \rangle^{1/2}$ die Wurzel aus der mittleren quadratischen Geschwindigkeit der Teilchen und τ ein Zeitintervall ist:

$$V = A \langle v^2 \rangle^{1/2} \tau \tag{1.22}$$

In der Zeit τ treffen insgesamt $1/6$ aller N Teilchen im Würfel auf die Fläche A und werden dort elastisch reflektiert. Dabei erteilt jedes Gasteilchen der Masse m der Wand den Impuls $2m\langle v^2 \rangle^{1/2}$, denn sein Impuls ändert sich von $+m\langle v^2 \rangle^{1/2}$ nach $-m\langle v^2 \rangle^{1/2}$. Für den von der Wand aufgenommenen Gesamtimpuls P ergibt sich also

$$P = 2m\langle v^2 \rangle^{1/2} \cdot \frac{1}{6} \frac{N}{V} A \langle v^2 \rangle^{1/2} \tau \tag{1.23}$$

Die Ableitung dieses Impulses nach der Zeit τ ist die Kraft F, die auf die Fläche A wirkt. Der Gasdruck p berechnet sich dann zu

$$p = \frac{F}{A} = \frac{\mathrm{d}P/\mathrm{d}\tau}{A} = \frac{1}{3} m \langle v^2 \rangle \frac{N}{V} \tag{1.24}$$

Dieses ist die Grundgleichung der kinetischen Gastheorie. Sie führt den Druck eines Gases auf die mittlere quadratische Teilchengeschwindigkeit $\langle v^2 \rangle$ und die Massendichte mN/V zurück.

$\langle v^2 \rangle$ ist nach Gleichung 1.16 durch $3\langle v_x^2 \rangle$ gegeben, da die Geschwindigkeitsverteilungen in x-, y- und z-Richtung gleich sind. Für $\langle v_x^2 \rangle$ erhält man

$$\langle v_x^2 \rangle = \int\limits_{-\infty}^{\infty} v_x^2 f(v_x) \, \mathrm{d}v_x = \sqrt{\frac{b}{\pi}} \int\limits_{-\infty}^{\infty} v_x^2 \exp(-bv_x^2) \, \mathrm{d}v_x = \frac{1}{2b} \tag{1.25}$$

Ersetzt man nun in Gleichung 1.24 den Gasdruck p nach dem idealen Gasgesetz durch $Nk_\mathrm{B}T/V$ und $\langle v^2 \rangle$ nach obiger Gleichung durch $3/(2b)$, so erhält man

$$b = \frac{m}{2k_\mathrm{B}T} = \frac{M}{2RT} \tag{1.26}$$

wobei M die molare Masse der Gasteilchen ist. Die eindimensionale Verteilungsfunktion der Teilchengeschwindigkeiten lautet damit

$$f(v_x) = \sqrt{\frac{M}{2\pi RT}} \exp\left(-\frac{Mv_x^2}{2RT}\right) \tag{1.27}$$

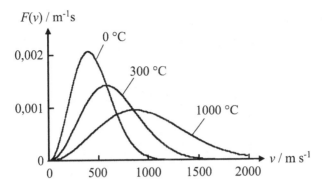

Abbildung 1.7: MAXWELL-BOLTZMANN-Geschwindigkeitsverteilung am Beispiel des Stickstoffs.

woraus sich nach Gl. 1.19 die dreidimensionale Verteilungsfunktion ergibt:

$$F'(v) = \left(\frac{M}{2\pi RT}\right)^{3/2} \exp\left(-\frac{Mv^2}{2RT}\right) \qquad (1.28)$$

Das Produkt $dv_x dv_y dv_z$, das sich auf kartesische Koordinaten bezieht, kann als „Volumenelement" des Geschwindigkeitsraums aufgefasst werden, das in Kugelkoordinaten dem Produkt aus „Kugeloberfläche" $4\pi v^2$ und „Kugelschalendicke" dv entspricht. Der Anteil der Moleküle mit einer Geschwindigkeit zwischen v und $v + dv$ beträgt dann nach Gleichung 1.18

$$\frac{dN(v)}{N} = F(v)dv = \left(\frac{M}{2\pi RT}\right)^{3/2} \exp\left(-\frac{Mv^2}{2RT}\right) \cdot 4\pi v^2 dv \qquad (1.29)$$

mit $F(v) = F'(v) \cdot 4\pi v^2$. $F(v)$ ist die dreidimensionale MAXWELL-BOLTZMANN-Geschwindigkeitsverteilung. Sie ist in Abbildung 1.7 am Beispiel des Stickstoffs für verschiedene Temperaturen zu sehen. Wie aus dieser Abbildung zu erkennen ist, verschiebt sich das Maximum der Geschwindigkeitsverteilung mit zunehmender Temperatur zu größeren Geschwindigkeiten. Gleichzeitig steigt der Anteil der Teilchen, die eine bestimmte Mindestgeschwindigkeit aufweisen.

Aus der MAXWELL-BOLTZMANN-Verteilung ergeben sich drei charakteristische Teilchengeschwindigkeiten:
die mittlere quadratische Geschwindigkeit

$$\langle v^2 \rangle = \int\limits_0^\infty v^2 F(v)dv = \frac{3RT}{M} \qquad (1.30)$$

die mittlere Geschwindigkeit

$$\langle v \rangle = \int\limits_0^\infty v F(v)dv = \sqrt{\frac{8RT}{\pi M}} \qquad (1.31)$$

Tabelle 1.1: Mittlere Teilchengeschwindigkeiten verschiedener Gase bei $T = 298$ K.

Gas	$\langle v \rangle / \text{m s}^{-1}$
H_2	1769
H_2O	592
O_2	444
CO_2	379
Hg	177

und die wahrscheinlichste Geschwindigkeit, bei der $F(v)$ maximal ist,

$$\frac{\mathrm{d}F(v)}{\mathrm{d}v} \stackrel{!}{=} 0 \quad \Longrightarrow \quad \widehat{v} = \sqrt{\frac{2RT}{M}} \tag{1.32}$$

Die drei oben berechneten Geschwindigkeiten stehen in folgender Relation zueinander:

$$\langle v^2 \rangle^{1/2} : \langle v \rangle : \widehat{v} = \sqrt{3} : \sqrt{8/\pi} : \sqrt{2} = 1 : 0,92 : 0,82 \tag{1.33}$$

In Tabelle 1.1 sind für einige Gase die mittleren Teilchengeschwindigkeiten $\langle v \rangle$ aufgelistet. Sie liegen in der Größenordnung von 500 m s^{-1} bei $T = 298$ K.

Beispiel:

Zur Isotopentrennung von ^{235}U und ^{238}U kann man sich die unterschiedlichen Molekülgeschwindigkeiten der gasförmigen Verbindungen ^{235}UF$_6$ und ^{238}UF$_6$ zunutze machen. Das Verhältnis dieser Geschwindigkeiten wird nach Gleichung 1.31 durch das Verhältnis der molaren Massen der Gase bestimmt:

$$\frac{\langle v_{235} \rangle}{\langle v_{238} \rangle} = \sqrt{\frac{M_{238}}{M_{235}}} = 1,0043$$

Lässt man das Gasgemisch von ^{235}UF$_6$ und ^{238}UF$_6$ an einer feinporigen Membran vorbeiströmen, treten die leichteren Moleküle schneller durch diese hindurch, so dass das Gasgemisch hinter der Membran mit ^{235}UF$_6$ angereichert ist.

Nach Gleichung 1.24 ist der Gasdruck von der mittleren quadratischen Gasteilchengeschwindigkeit $\langle v^2 \rangle$ abhängig. Je schneller die Teilchen auf eine Gefäßwand treffen, desto größer ist der auf die Gefäßwand übertragene Impuls und damit der Druck. Die Gleichungen 1.30, 1.31 und 1.32 zeigen, dass auch die Temperatur auf die Geschwindigkeit der Gasteilchen zurückgeführt werden kann. Rechnet man $\langle v^2 \rangle$ in kinetische Energie um, erhält man mit Hilfe von Gleichung 1.30:

$$\langle E_{\text{kin}} \rangle = \frac{1}{2} m \langle v^2 \rangle = \frac{1}{2} m \frac{3RT}{M} = \frac{1}{2} m \frac{3k_B T}{m} = \frac{3}{2} k_B T \tag{1.34}$$

Da die Geschwindigkeitsverteilungen der Komponenten v_x, v_y und v_z gleich sind, gilt $v^2 = 3v_x^2$ (Gl. 1.16). Die mittlere kinetische Energie eines Teilchens in einer Dimension,

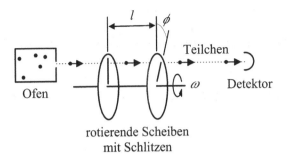

Abbildung 1.8: Schematische Darstellung einer Apparatur zur Messung von Gasteilchengeschwindigkeiten.

z. B. der x-Richtung, beträgt daher

$$\langle E_{\mathrm{kin},x} \rangle = \frac{1}{2} m \langle v_x^2 \rangle = \frac{1}{2} \mathrm{k_B} T \tag{1.35}$$

Die letzten beiden Gleichungen spiegeln das Äquipartitionstheorem wider (Gleichverteilungssatz der Energie): Die mittlere kinetische Energie eines Teilchens beträgt für jede Dimension $\frac{1}{2}\mathrm{k_B}T$.

In Abbildung 1.8 ist schematisch eine Apparatur dargestellt, mit der man experimentell Geschwindigkeiten von Gasteilchen messen kann. Aus einem Ofen lässt man durch eine kleine Öffnung einen Teilchenstrahl austreten, der zwei hintereinander angeordnete Scheiben passieren muss, bevor er von einem Detektor registriert wird. Beide Scheiben weisen einen Schlitz auf und drehen sich mit hoher Geschwindigkeit. Da die Schlitze um einen bestimmten Winkel zueinander versetzt sind, muss ein Teilchen genau die richtige Geschwindigkeit besitzen, um durch beide Schlitze hindurch fliegen zu können. Aus der Rotationsgeschwindigkeit der Scheiben kann man die Teilchengeschwindigkeit berechnen. Der Winkel, um den die beiden Schlitze versetzt sind, betrage ϕ und die Winkelgeschwindigkeit der Scheiben sei ω. Dann muss ein Teilchen in der Zeit

$$t = \frac{\phi}{\omega}$$

die Strecke l zwischen beiden Scheiben zurücklegen, um beide Schlitze passieren zu können. Die Teilchengeschwindigkeit der vom Detektor registrierten Gasteilchen beträgt dann

$$v = \frac{l}{t} = \frac{l\omega}{\phi}$$

Durch Variation von ω kann das Geschwindigkeitsspektrum des Gases ausgemessen werden.

1.1.4 Effusion

Unter Effusion versteht man den Austritt von Gasteilchen aus einem Behälter durch eine sehr kleine Öffnung ins Vakuum. Die Zahl der entweichenden Teilchen entspricht der Stoßzahl der Teilchen mit einer Wandfläche, die die gleiche Größe wie die kleine Öffnung aufweist. Sie lässt sich wie folgt berechnen: Wenn $\langle v_x \rangle$ die mittlere positive Geschwindigkeit der Teilchen in Richtung der Fläche A ist, dann werden diejenigen Teilchen in der Zeit τ die Fläche A treffen, die sich innerhalb des Volumens $\langle v_x \rangle \tau A$ befinden. Insgesamt sind das $\langle v_x \rangle \tau A N/V$ Teilchen. Die Stoßzahl mit der Wand pro Flächen- und Zeiteinheit beträgt dann:

$$
\begin{aligned}
Z_{\text{Wand}} \;&=\; \frac{N}{V} \int\limits_0^\infty v_x f(v_x) \mathrm{d}v_x \\[2mm]
&=\; \frac{N}{V} \sqrt{\frac{M}{2\pi \mathrm{R}T}} \int\limits_0^\infty v_x \exp\left(-\frac{M v_x^2}{2\mathrm{R}T} \right) \mathrm{d}v_x \\[2mm]
&=\; \frac{N}{V} \sqrt{\frac{\mathrm{R}T}{2\pi M}} = \frac{1}{4} \langle v \rangle \frac{N}{V}
\end{aligned}
\tag{1.36}
$$

$\langle v \rangle$ ist die mittlere Teilchengeschwindigkeit nach Gleichung 1.31. Die Teilchenzahldichte N/V kann auch über den Gasdruck p ausgedrückt werden:

$$
Z_{\text{Wand}} = \frac{p}{\mathrm{k_B}T} \sqrt{\frac{\mathrm{R}T}{2\pi M}} = \frac{p}{\sqrt{2\pi m \mathrm{k_B}T}}
\tag{1.37}
$$

mit $\mathrm{R}T/M = \mathrm{k_B}T/m$. Die Zahl der entweichenden Teilchen ist umgekehrt proportional zur Wurzel aus der Teilchenmasse: $Z_{\text{Wand}} \propto 1/\sqrt{m}$ (GRAHAMsches Effusionsgesetz). Auf dieser Relation beruht die Methode von KNUDSEN zur Bestimmung der Teilchenmasse oder des Dampfdruckes einer wenig flüchtigen Substanz.

1.1.5 Stöße zwischen Gasteilchen

Zur Untersuchung von Reaktionskinetiken in der Gasphase ist es wichtig, die Zahl der Kollisionen zwischen den Gasteilchen und ihre mittlere freie Weglänge zwischen zwei Kollisionen zu kennen. Mit Hilfe der kinetischen Gastheorie ist es möglich, diese Größen zu berechnen. Ein Stoß zwischen zwei gleichen Teilchen erfolgt, wenn der Abstand der Teilchen gerade der Summe ihrer Radien bzw. dem Durchmesser d eines Teilchens entspricht. Das Volumen, in dem Teilchen 1 mit der Geschwindigkeit $\langle v \rangle$ in der Zeit τ Stöße erleidet, nennt man Kollisionszylinder (Abb. 1.9). Der Kollisionszylinder hat die Querschnittsfläche

$$
\sigma = \pi d^2
\tag{1.38}
$$

und die Länge $\langle v \rangle \tau$. Sein Volumen beträgt also $\langle v \rangle \tau \sigma$. σ nennt man Stoßquerschnitt. Wenn N/V die Teilchenzahldichte des Gases ist, sind im Kollisionszylinder $\langle v \rangle \tau \sigma N/V$ Teilchen enthalten, so dass Teilchen 1 pro Zeiteinheit $\langle v \rangle \sigma N/V$ Stöße erleidet. Bisher sind wir davon ausgegangen, dass nur Teilchen 1 in Bewegung ist. Wenn man die Bewegung der anderen Teilchen mit berücksichtigt, muss die mittlere Geschwindigkeit $\langle v \rangle$ durch die mittlere Relativgeschwindigkeit $\sqrt{2}\langle v \rangle$ ersetzt werden. Die Stoßzahl Z_1

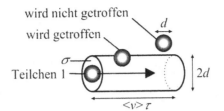

Abbildung 1.9: Kollisionszylinder. Alle Teilchen, deren Mittelpunkt sich innerhalb des Kollisionszylinders befindet, werden von Teilchen 1 getroffen.

von Teilchen 1 pro Zeiteinheit lautet damit

$$Z_1 = \sqrt{2} \, \langle v \rangle \, \sigma \, \frac{N}{V} \tag{1.39}$$

Nun kollidiert aber nicht nur Teilchen 1 mit anderen Teilchen, sondern alle N Teilchen im Volumen V stoßen miteinander. Zur Berechnung der Gesamtstoßzahl pro Zeiteinheit muss man daher Z_1 mit N/V multiplizieren. Damit derselbe Stoß (z. B. von Teilchen 1 mit 2 bzw. von Teilchen 2 mit 1) nicht doppelt gezählt wird, wird noch der Faktor $\frac{1}{2}$ ergänzt. Die Gesamtzahl an Stößen in einem Gas pro Zeit- und Volumeneinheit beträgt dann

$$Z_{11} = \frac{1}{2} Z_1 \frac{N}{V} = \frac{1}{\sqrt{2}} \, \langle v \rangle \, \sigma \, \left(\frac{N}{V} \right)^2 \tag{1.40}$$

Die mittlere freie Weglänge λ eines Gasteilchens ist die Strecke, während der keine Stöße erfolgen. Sie erhält man, indem der pro Zeiteinheit zurückgelegte Weg $\langle v \rangle$ durch die Zahl der pro Zeiteinheit erleideten Stöße Z_1 geteilt wird:

$$\lambda = \frac{\langle v \rangle}{Z_1} = \frac{1}{\sqrt{2} \, \sigma \, (N/V)} = \frac{1}{\sqrt{2} \, \sigma \, (p/k_B T)} \tag{1.41}$$

Die mittlere freie Weglänge ist also umgekehrt proportional zum Druck. In Tabelle 1.2 sind Stoßzahlen und mittlere freie Weglängen für verschiedene Gase bei $p = 1$ bar und $T = 298$ K aufgelistet. Die mittlere freie Weglänge liegt danach in der Größenordnung von 10^{-7} m.

Tabelle 1.2: Stoßzahlen und mittlere freie Weglängen verschiedener Gase für $p = 1$ bar und $T = 298$ K.

Gas	σ/m^2	$\langle v \rangle/\mathrm{m\,s}^{-1}$	Z_1/s^{-1}	$Z_{11}/\mathrm{m}^{-3}\mathrm{s}^{-1}$	λ/m
H_2	$2,7 \cdot 10^{-19}$	1769	$16 \cdot 10^9$	$20 \cdot 10^{34}$	$11 \cdot 10^{-8}$
He	$2,1 \cdot 10^{-19}$	1255	$9,1 \cdot 10^9$	$11 \cdot 10^{34}$	$14 \cdot 10^{-8}$
N_2	$4,3 \cdot 10^{-19}$	475	$7,0 \cdot 10^9$	$8,5 \cdot 10^{34}$	$6,8 \cdot 10^{-8}$
O_2	$4,0 \cdot 10^{-19}$	444	$6,1 \cdot 10^9$	$7,4 \cdot 10^{34}$	$7,3 \cdot 10^{-8}$

Tabelle 1.3: Flüsse und deren Ursachen.

Fluss	transportierte Größe	Ursache
Diffusion	Teilchen	Konzentrationsgradient
Viskosität	Impuls	Geschwindigkeitsgradient
Wärmeleitung	kin. Energie	Temperaturgradient
elektr. Strom	elektr. Ladung	Potenzialdifferenz

In einer Gasmischung der beiden Gase A und B mit den Teilchenzahldichten N_A/V und N_B/V muss man bei der Berechnung der mittleren freien Weglänge zwischen den verschiedenen Teilchensorten unterscheiden. Man erhält z. B. für die Teilchen der Sorte A eine mittlere freie Weglänge von

$$\lambda_A = \frac{\langle v_A \rangle}{Z_{1,AA} + Z_{1,AB}}$$

$$= \frac{1}{\sqrt{2}\,\sigma_{AA}(N_A/V) + \sqrt{1 + M_A/M_B}\,\sigma_{AB}(N_B/V)} \qquad (1.42)$$

Damit sind in Gasmischungen i. d. R. die mittleren freien Weglängen der unterschiedlichen Teilchensorten nicht gleich.

1.1.6 Flüsse: Diffusion, Viskosität und Wärmeleitung

Der Fluss J gibt den Transport einer Größe durch eine Querschnittsfläche pro Zeiteinheit an. Er hat demnach die Einheit [Größe] m^{-2} s^{-1}. In Tabelle 1.3 sind verschiedene Flüsse und deren Ursachen aufgeführt. Sie sollen mit Ausnahme des elektrischen Stroms im Folgenden besprochen werden.

Diffusion

Die Diffusion von Teilchen aufgrund eines Konzentrationsgradienten dc/dx entlang der Koordinate x wird durch das 1. FICKsche Gesetz beschrieben:

$$J_x = -D\frac{dc}{dx} \qquad (1.43)$$

D ist der Diffusionskoeffizient mit der Einheit m^2 s^{-1}, wenn c die Teilchenzahldichte N/V angibt. Der Teilchenfluss erfolgt in Richtung abnehmender Konzentration, d. h., der Konzentrationsgradient ist negativ in Richtung des Flusses. Dieses wird durch das Minuszeichen in obiger Gleichung berücksichtigt.

Vermischen sich zwei verschiedene Gase, die zuvor bei gleichem Druck und gleicher Temperatur durch eine Wand voneinander getrennt waren, gilt das 1. FICKsche Gesetz für jede Komponente:

$$J_{x,1} = -D_1\frac{dc_1}{dx}$$

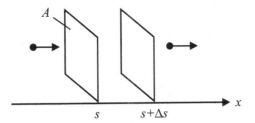

Abbildung 1.10: Während eines Diffusionsprozesses treten Teilchen am Ort s in ein Volumenelement $V = A\Delta s$ hinein und am Ort $s + \Delta s$ wieder heraus.

$$J_{x,2} = -D_2 \frac{\mathrm{d}c_2}{\mathrm{d}x}$$

Der Gesamtdruck bleibt während der Vermischung konstant und ist überall gleich groß. Hieraus ergibt sich zum einen, dass die Summe der Partialdrücke p_i bzw. der Konzentrationen $c_i = N_i/V$ konstant ist und deren Ableitung nach x null ergibt:

$$p = p_1 + p_2 = (c_1 + c_2)\mathrm{k_B}T$$

$$\frac{\mathrm{d}c_1}{\mathrm{d}x} + \frac{\mathrm{d}c_2}{\mathrm{d}x} = 0 \tag{1.44}$$

Zum anderen darf die Diffusion der beiden Gase durch eine beliebige Fläche zu keiner Änderung der Gesamtkonzentration führen:

$$J_{x,1} + J_{x,2} = 0$$

$$D_1 \frac{\mathrm{d}c_1}{\mathrm{d}x} + D_2 \frac{\mathrm{d}c_2}{\mathrm{d}x} = 0 \tag{1.45}$$

Die Kombination der erhaltenen Gleichungen führt zu

$$D_1 \frac{\mathrm{d}c_1}{\mathrm{d}x} - D_2 \frac{\mathrm{d}c_1}{\mathrm{d}x} = 0$$

$$D_1 = D_2 \tag{1.46}$$

Beide Gaskomponenten der Mischung besitzen also den gleichen Diffusionskoeffizienten, man bezeichnet ihn als Interdiffusionskoeffizienten.

Eine Diffusion von Teilchen findet so lange statt, bis der Konzentrationsgradient als Ursache der Diffusion abgebaut ist. Es soll daher die zeitliche Änderung der Konzentration während eines Diffusionsprozesses in einem Volumenelement betrachtet werden. Das Volumenelement habe die Größe $V = A\Delta s$, wie in Abbildung 1.10 dargestellt. Durch die Fläche A diffundieren am Ort s Teilchen in das Volumenelement hinein und am Ort $s + \Delta s$ treten sie wieder durch eine Fläche der Größe A aus dem Volumenelement heraus. Die zeitliche Änderung der Konzentration im Volumenelement beträgt dann:

$$\frac{\mathrm{d}c}{\mathrm{d}t} = \frac{A}{V}\left[J_x(s) - J_x(s + \Delta s)\right]$$

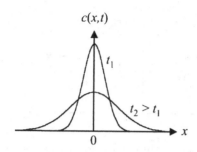

Abbildung 1.11: Kurvenverläufe, die Lösungen des 2. FICKschen Gesetzes darstellen. Aufgetragen ist die Teilchenzahlkonzentration als Funktion des Ortes zu den Zeiten t_1 und $t_2 > t_1$.

$$= -\frac{D}{\Delta s}\left[\frac{\mathrm{d}c(s)}{\mathrm{d}x} - \frac{\mathrm{d}c(s + \Delta s)}{\mathrm{d}x}\right] \tag{1.47}$$

mit $A/V = 1/\Delta s$. Der Konzentrationsgradient $\mathrm{d}c/\mathrm{d}x$ am Ort $s + \Delta s$ lässt sich schreiben als

$$\frac{\mathrm{d}c(s + \Delta s)}{\mathrm{d}x} = \frac{\mathrm{d}}{\mathrm{d}x}\left[c(s) + \Delta s\frac{\mathrm{d}c(s)}{\mathrm{d}x}\right] \tag{1.48}$$

Setzt man diesen Ausdruck in Gleichung 1.47 ein, ergibt sich das 2. FICKsche Gesetz:

$$\frac{\mathrm{d}c}{\mathrm{d}t} = D\frac{\mathrm{d}^2c}{\mathrm{d}x^2} \tag{1.49}$$

Um diese Differentialgleichung lösen zu können, müssen Randbedingungen festgelegt werden: Wenn sich z. B. zur Zeit $t = 0$ alle N Teilchen bei $x = 0$ in der yz-Ebene mit der Fläche A befinden, lautet die Lösung

$$c(x,t) = \frac{N}{2A\sqrt{\pi Dt}}\exp\left(-\frac{x^2}{4Dt}\right) \tag{1.50}$$

Die gesamte Fläche unter dieser Kurve von $x = -\infty$ bis $x = \infty$ ist hier auf N/A normiert. Man kann diese Lösung relativ leicht nachprüfen, indem man die Ableitung nach t und die zweifache Ableitung nach x berechnet und in das 2. FICKsche Gesetz einsetzt. In Abbildung 1.11 sind zwei Kurvenverläufe für $c(x,t)$ als Funktion des Ortes x zu verschiedenen Zeiten t aufgetragen. Mit fortschreitender Zeit wird das Konzentrationsprofil flacher, während die Fläche unter der Konzentrationskurve gleich bleibt.

Die Diffusion kann nach Gleichung 1.50 sowohl in positiver als auch in negativer Richtung erfolgen. Für den Mittelwert $\langle x \rangle$ der eindimensionalen Verschiebung gilt

$$\langle x \rangle = \frac{1}{N/A}\int\limits_{-\infty}^{\infty} xc(x,t)\mathrm{d}x = 0 \tag{1.51}$$

da ein Integral über ein Produkt aus ungerader Funktion (hier x) und gerader Funktion (hier $c(x,t)$) in den Grenzen von $-\infty$ bis ∞ stets null ergibt. Für den Mittelwert

$\langle x^2 \rangle$ der quadratischen eindimensionalen Verschiebung erhält man

$$\langle x^2 \rangle = \frac{1}{N/A} \int\limits_{-\infty}^{\infty} x^2 c(x,t) \mathrm{d}x = 2Dt \tag{1.52}$$

Wenn die Diffusion kugelsymmetrisch in alle drei Raumrichtungen erfolgt, kann man schreiben

$$\langle r^2 \rangle = \langle x^2 \rangle + \langle y^2 \rangle + \langle z^2 \rangle = 3\langle x^2 \rangle = 6Dt \tag{1.53}$$

Das erste und zweite FICKsche Gesetz gilt nicht nur für Gase, man kann es auch für die Beschreibung der Diffusion von Substanzen, die in Flüssigkeiten gelöst oder in Festkörpern eingelagert sind, verwenden. Die Größenordnung von D beträgt für Gase 10^{-1} cm^2 s^{-1}, für in Flüssigkeiten gelöste Substanzen 10^{-5} cm^2 s^{-1} und für in Festkörpern eingelagerte Substanzen 10^{-10} cm^2 s^{-1} bei einigen hundert °C.

Nach den makroskopischen Diffusionsvorstellungen ist für einen Diffusionsprozess ein makroskopischer Konzentrationsunterschied notwendig. Lässt man den Konzentrationsunterschied gegen Null gehen, bewegen sich die Moleküle jedoch auch aufgrund lokaler thermischer Energieschwankungen, und zwar in völlig regelloser Weise in alle Raumrichtungen. Diese ungerichtete Diffusionsbewegung bezeichnet man als Selbstdiffusion. Bei großen Molekülen ist die Selbstdiffusion makroskopisch sichtbar und wird als BROWNsche Molekularbewegung bezeichnet. Der Selbstdiffusionskoeffizient beschreibt die Diffusion von Teilchen in reinen Stoffen, wie man ihn z. B. mit Hilfe radioaktiv markierter Teilchen messen kann.

Beispiel:
Wie lange dauert es, bis sich ein Stück Würfelzucker in einer Tasse Kaffee ohne Rühren verteilt? Saccharose besitzt in Wasser den Diffusionskoeffizienten $D = 0,521 \cdot 10^{-5}$ cm^2 s^{-1} bei 25 °C. Wir nehmen an, der Zucker befindet sich bereits gelöst am Boden der Tasse, und vernachlässigen den Einfluss der Temperatur. Die Zeit, die die Saccharosemoleküle zur Diffusion einer mittleren Strecke benötigen, kann mit Hilfe von Gleichung 1.52 abgeschätzt werden. Für eine Strecke von $\langle x^2 \rangle^{1/2} = 3$ cm erhält man $t = 10$ Tage. Diffusionsprozesse in Flüssigkeiten sind somit relativ langsam. Zur homogenen Verteilung gelöster Substanzen muss man daher rühren.

Der Selbstdiffusionskoeffizient idealer Gase kann mit Hilfe der kinetischen Gastheorie auf molekulare Größen zurückgeführt werden. Wie in Abbildung 1.12 skizziert, sollen am Ort $x = 0$ von links und von rechts Teilchen durch eine Fläche der Größe A treten. Der Teilchenfluss von beiden Seiten entspricht jeweils der Stoßzahl pro Zeit- und Flächeneinheit Z_{Wand} nach Gleichung 1.36 und ist abhängig von der lokalen Teilchenzahldichte $c = N/V$. Es werden nur die Teilchen berücksichtigt, deren Abstand von $x = 0$ gerade der mittleren freien Weglänge λ entspricht, die sich also an den Orten $x = -\lambda$ und $x = \lambda$ befinden. Der resultierende Teilchenfluss durch die Fläche A am Ort $x = 0$ ergibt sich aus der Differenz der beiden Flüsse von links und von rechts:

$$J_x = J_x(-\lambda) - J_x(\lambda)$$

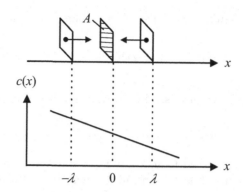

Abbildung 1.12: Von links und von rechts treten Gasteilchen durch eine Fläche der Größe A und erzeugen dort den Gesamtfluss $J(-\lambda) - J(\lambda)$.

$$= \frac{1}{4} \langle v \rangle \, [c(-\lambda) - c(\lambda)]$$

$$= \frac{1}{4} \langle v \rangle \left[c(0) - \lambda \frac{dc}{dx} - \left(c(0) + \lambda \frac{dc}{dx} \right) \right]$$

$$= -\frac{1}{2} \lambda \langle v \rangle \, \frac{dc}{dx}$$

Ein Vergleich mit dem 1. FICKschen Gesetz (Gl. 1.43) ergibt für den Diffusionskoeffizienten idealer Gase $D = \frac{1}{2}\lambda\langle v \rangle$. In einer genaueren Ableitung von D muss allerdings berücksichtigt werden, dass Teilchen auch schräg auf die Fläche A zufliegen und unterwegs mit anderen Teilchen kollidieren können. Dann erhält man einen etwas kleineren Diffusionskoeffizienten von

$$D = \frac{1}{3} \lambda \langle v \rangle \tag{1.54}$$

Viskosität

Die Viskosität wollen wir zunächst anhand der Strömung eines Gases oder einer Flüssigkeit in einem Rohr, wie es in Abbildung 1.13 zu sehen ist, einführen. Das Rohr soll die Länge L und den Radius R aufweisen, und es soll zwischen den Enden des Rohres eine Druckdifferenz $p_1 - p_2 > 0$ herrschen, die Ursache für die Gas- bzw. Flüssigkeitsströmung ist. In der Mitte des Rohres ($r = 0$) ist die Fließgeschwindigkeit v am größten, während sie an der Rohrwand ($r = R$) auf null abgesunken ist. Die Reibungskraft F_{Reib}, die zwischen Schichten unterschiedlicher Geschwindigkeiten im Rohr wirkt, ist proportional zum Geschwindigkeitsgradienten dv/dr senkrecht zur Fließrichtung:

$$F_{\text{Reib}} = \eta A \frac{dv}{dr} \tag{1.55}$$

η ist der Viskositätskoeffizient (oder auch Koeffizient der inneren Reibung) mit der SI-Einheit $\text{Pa s} = \text{N m}^{-2}\text{s} = \text{kg m}^{-1}\text{s}^{-1}$ (früher wurde die Einheit P (POISE) = 0,1

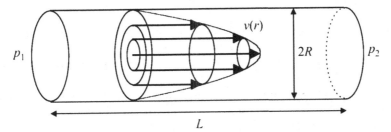

Abbildung 1.13: Strömt ein Gas oder eine Flüssigkeit durch ein Rohr, bildet sich eine parabolische Geschwindigkeitsverteilung $v(r)$ aus.

Pa s verwendet). $A = 2\pi r L$ ist die zylindrische Fläche zwischen zwei unterschiedlich schnellen Gas- bzw. Flüssigkeitsschichten. Der Reibungskraft F_{Reib} wirkt eine Kraft aufgrund der Druckdifferenz $\Delta p = p_1 - p_2$ entgegen:

$$\eta \cdot (2\pi r L) \cdot \frac{\mathrm{d}v}{\mathrm{d}r} = -\Delta p \pi r^2$$

Diese Gleichung gilt am Radius r. Welche Geschwindigkeit die Teilchen dort haben, erhalten wir durch Integration von $\mathrm{d}v$ (nach Trennung der Variablen v und r):

$$\int_0^v \mathrm{d}v = -\frac{\Delta p}{2\eta L} \int_R^r r \mathrm{d}r$$

$$v = -\frac{\Delta p}{4\eta L}(r^2 - R^2) \tag{1.56}$$

Man erhält somit ein parabolisches Geschwindigkeitsprofil $v(r)$. In der Zeit τ strömt eine einzelne Gas- oder Flüssigkeitsschicht mit dem Umfang $2\pi r$, der Dicke $\mathrm{d}r$ und der Strömungsgeschwindigkeit v um die Weglänge $v\tau$ aus dem Rohr heraus. Das ausgetretene Volumen ist dann:

$$\mathrm{d}V = (v\tau) \cdot (2\pi r) \cdot \mathrm{d}r$$

Durch Integration dieser Gleichung über alle Radien r ergibt sich für den gesamten Volumenstrom V/τ das HAGEN-POISEUILLEsche Gesetz:

$$\int_0^V \mathrm{d}V = 2\pi\tau \int_0^R v r \mathrm{d}r$$

$$\frac{V}{\tau} = \frac{\pi \Delta p R^4}{8\eta L} \tag{1.57}$$

Mit Hilfe dieser Gleichung kann man die Viskosität von Flüssigkeiten experimentell bestimmen. Gase expandieren im Rohr wegen des Druckabfalls von p_1 nach p_2 und haben einen mittleren Druck $(p_1 + p_2)/2$. Wird das Volumen V beim Druck p_V gemessen, muss das HAGEN-POISEUILLEsche Gesetz um den Faktor $(p_1 + p_2)/(2p_V)$ ergänzt werden, damit es zur Messung der Viskosität von Gasen herangezogen werden kann.

So wie der Diffusionskoeffizient D idealer Gase mit Hilfe der kinetischen Gastheorie durch die mittlere freie Weglänge und die Teilchengeschwindigkeit ausgedrückt werden kann, lässt sich auch der Viskositätskoeffizient η idealer Gase als Funktion molekularer Größen darstellen. Hierfür denken wir uns wieder ein Rohr, durch das ein Gas fließt (Abb. 1.13). Aufgrund des Geschwindigkeitsgradienten dv/dr senkrecht zur Fließrichtung des Gases kommt es zu einem Impulstransport J_r zwischen unterschiedlich schnellen Gasteilchen, wobei die schnelleren Teilchen in der Mitte des Rohres die weiter außen strömenden beschleunigen. Analog zum 1. FICKschen Gesetz (Gl. 1.43) kann man formulieren:

$$J_r = -\eta \frac{dv}{dr} \tag{1.58}$$

Ein Teilchen am Ort $r = r_0$ kann von einem schnelleren Teilchen am Ort $r = r_0 - \lambda$ den Impuls $-m(dv/dr)\lambda$ erhalten, wobei das Minuszeichen berücksichtigt, dass der Geschwindigkeitsgradient in Richtung des Impulsübertrages negativ ist. λ bezeichnet die mittlere freie Weglänge und m die Teilchenmasse. Gleichzeitig kann das Teilchen am Ort $r = r_0$ aber auch von einem langsameren Teilchen am Ort $r = r_0 + \lambda$ den negativen Impuls $m(dv/dr)\lambda$ übertragen bekommen, so dass insgesamt aus der Differenz dieser beiden Impulsüberträge die Impulsänderung $-2m(dv/dr)\lambda$ resultiert. Die Zahl der Teilchen pro Zeit- und Flächeneinheit, die am Impulstransport beteiligt sind, entspricht der Stoßzahl Z_{Wand} (Gl. 1.36). Damit ergibt sich für den Impulstransport die Beziehung

$$J_r = -2m \frac{dv}{dr} \lambda \cdot \frac{1}{4} \langle v \rangle \frac{N}{V} = -\frac{1}{2} \lambda \langle v \rangle m \frac{N}{V} \cdot \frac{dv}{dr}$$

Den Gasviskositätskoeffizienten η erhält man durch Vergleich mit Gleichung 1.58. Der Faktor $\frac{1}{2}$ wird wieder durch $\frac{1}{3}$ ersetzt:

$$\eta = \frac{1}{3} \lambda \langle v \rangle m \frac{N}{V} \tag{1.59}$$

Wärmeleitung

Die mittlere kinetische Energie von Gasteilchen ist nach Gleichung 1.35 direkt mit der Temperatur verknüpft. Liegt innerhalb eines Gases ein Temperaturgradient dT/dx vor, wird dieser abgebaut, indem kinetische Energie von einem Teilchen auf das nächste durch Kollisionen übertragen wird. Es resultiert ein Fluss kinetischer Energie, dessen Größe vom Temperaturgradienten und vom Wärmeleitfähigkeitskoeffizienten κ abhängt:

$$J_x = -\kappa \frac{dT}{dx} \tag{1.60}$$

Dies ist das 1. FOURIERsche Gesetz. Ein Ausdruck für κ idealer Gase ergibt sich analog zu obiger Ableitung des Viskositätskoeffizienten η. Ein Teilchen am Ort $x = 0$ erhält zum einen den positiven Energieübertrag $-(dE/dx)\lambda$ von einem energiereicheren Teilchen bei $x = -\lambda$ und zum anderen den negativen Energieübertrag $(dE/dx)\lambda$ von einem energieärmeren Teilchen bei $x = \lambda$, so dass aus der Differenz dieser beiden Energieüberträge die Energieänderung $-2(dE/dx)\lambda$ pro Teilchen resultiert. Die Zahl der Teilchen pro Zeit- und Flächeneinheit, die am Energietransport beteiligt sind, ergibt sich wieder aus der Stoßzahl Z_{Wand} (Gl. 1.36). Man erhält damit

$$J_x = -2\frac{\mathrm{d}E}{\mathrm{d}x}\lambda \cdot \frac{1}{4}\langle v\rangle\frac{N}{V} = -\frac{1}{2}\lambda\langle v\rangle\frac{N}{V}\frac{\mathrm{d}E}{\mathrm{d}T}\cdot\frac{\mathrm{d}T}{\mathrm{d}x}$$

Bei dieser Umformung wurde $\mathrm{d}E/\mathrm{d}x=(\mathrm{d}E/\mathrm{d}T)(\mathrm{d}T/\mathrm{d}x)$ gesetzt. Nach Substitution des Faktors $\frac{1}{2}$ durch $\frac{1}{3}$ (Begründung siehe Abschnitt Diffusion) kann somit unter Berücksichtigung von Gleichung 1.60 folgender Ausdruck für den Wärmeleitfähigkeitskoeffizienten κ ermittelt werden:

$$\kappa = \frac{1}{3}\lambda\langle v\rangle\frac{N}{V}\frac{\mathrm{d}E}{\mathrm{d}T} \tag{1.61}$$

Die Ableitung der Energie von N Teilchen nach der Temperatur bei konstantem Volumen wird auch als Wärmekapazität C_V bezeichnet:

$$N\frac{\mathrm{d}E}{\mathrm{d}T} = C_V = nC_{V,\mathrm{m}} = m_{\text{ges}}c_V$$

$C_{V,\mathrm{m}}$ ist die molare Wärmekapazität, die auf die Stoffmenge bezogen wird, während c_V die spezifische Wärmekapazität darstellt, die pro Masseneinheit angegeben wird. m_{ges} ist die Gesamtmasse der N Teilchen.

Zwischen den Transportkoeffizienten D (Gl. 1.54), η (Gl. 1.59) und κ (Gl. 1.61) idealer Gase bestehen folgende einfache Zusammenhänge:

$$\eta = \frac{1}{3}\lambda\langle v\rangle m\frac{N}{V} = D\varrho \tag{1.62}$$

$$\kappa = \frac{1}{3}\lambda\langle v\rangle\frac{m_{\text{ges}}c_V}{V} = D\varrho c_V = \eta c_V \tag{1.63}$$

mit $\varrho = mN/V = m_{\text{ges}}/V$ als Massendichte. In Tabelle 1.4 sind Viskositätskoeffizienten η, Wärmeleitfähigkeitskoeffizienten κ und spezifische Wärmekapazitäten c_V verschiedener Gase aufgelistet. In der letzten Spalte dieser Tabelle sollte nach Gleichung 1.63 jeweils der Wert eins erhalten werden. Die Abweichungen hiervon zeigen, dass das hier besprochene kinetische Modell für Gase auf vereinfachenden Annahmen beruht. Die Transporteigenschaften hängen tatsächlich von der exakten Form des Wechselwirkungspotenzials zwischen den Atomen und Molekülen ab, das durch das hier verwendete Harte-Kugel-Potenzial nur grob angenähert wird.

Abschließend soll noch kurz die Temperatur- und Druckabhängigkeit der drei Transportkoeffizienten idealer Gase miteinander verglichen werden. Hierzu werden die mittlere freie Weglänge nach Gleichung 1.41 und die mittlere Geschwindigkeit nach Gleichung 1.31 ausgeschrieben:

$$D = \frac{1}{3}\frac{k_{\mathrm{B}}T}{\sqrt{2}\sigma p}\sqrt{\frac{8k_{\mathrm{B}}T}{\pi m}} = \text{konst.}\cdot T^{3/2}p^{-1}$$

$$\eta = \frac{1}{3}\frac{k_{\mathrm{B}}T}{\sqrt{2}\sigma p}\sqrt{\frac{8k_{\mathrm{B}}T}{\pi m}}m\frac{p}{k_{\mathrm{B}}T} = \text{konst.}\cdot T^{1/2}$$

$$\kappa = \frac{1}{3}\frac{k_{\mathrm{B}}T}{\sqrt{2}\sigma p}\sqrt{\frac{8k_{\mathrm{B}}T}{\pi m}}C_V\frac{p}{Nk_{\mathrm{B}}T} = \text{konst.}\cdot T^{1/2}$$

Tabelle 1.4: Viskositätskoeffizienten η, Wärmeleitfähigkeitskoeffizienten κ und spezifische Wärmekapazitäten c_V verschiedener Gase.

Gas	$\eta/\text{Pa s}$	$\kappa/\text{J m}^{-1}\text{s}^{-1}\text{K}^{-1}$	$c_V/\text{J K}^{-1}\text{kg}^{-1}$	$\kappa/\eta c_V$
H_2	$8{,}84 \cdot 10^{-6}$	0,17	$10{,}0 \cdot 10^3$	1,92
N_2	$16{,}7 \cdot 10^{-6}$	0,024	$0{,}74 \cdot 10^3$	1,94
He	$18{,}6 \cdot 10^{-6}$	0,14	$3{,}11 \cdot 10^3$	2,42
NH_3	$9{,}76 \cdot 10^{-6}$	0,022	$1{,}67 \cdot 10^3$	1,35

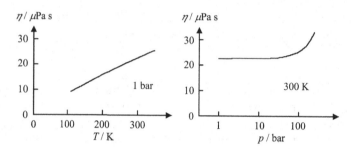

Abbildung 1.14: Temperatur- und Druckabhängigkeit des Viskositätskoeffizienten von Argon (nach: K. Stephan, K. Lucas, *Viscosity of Dense Fluids*, Plenum Press, New York, 1979).

In Ansätzen, die über das hier verwendete starrelastische Modell (Stoßquerschnitt σ = konst.) hinausgehen, wird berücksichtigt, dass σ effektiv von der Temperatur abhängt. Zu beachten ist ferner, dass mit kleiner werdendem Druck die mittlere freie Weglänge zunimmt und schließlich die Gefäßdimension erreicht (hierauf beruht die Verwendung von DEWAR-Gefäßen, deren doppelte Wände evakuiert sind und daher einen sehr kleinen Wärmeübergang haben). Dann werden η und κ wegen λ = konst. linear vom Druck abhängig. In Abbildung 1.14 wird am Beispiel von Argon die Temperatur- und Druckabhängigkeit des Viskositätskoeffizienten gezeigt. Die $\eta(T)$-Kurve zeigt den Verlauf einer Wurzelfunktion, während die $\eta(p)$-Kurve bei kleinen Drücken einen konstanten Wert aufweist. Bei hohen Gasdrücken wird die mittlere freie Weglänge mit dem Stoßdurchmesser der Gasteilchen vergleichbar, und die gemachten Näherungen sind nicht mehr gültig. Man beobachtet experimentell ein starkes Anwachsen von η mit anwachsendem Druck.

1.2   Reale Gase

Das GAY-LUSSACsche Gesetz $V \propto T$ (p = konst.) sagt voraus, dass das Volumen eines Gases gegen null strebt, wenn die Temperatur immer weiter erniedrigt wird. Diese unrealistische Beschreibung von Gasen gründet in den Annahmen, dass die Gasteilchen punktförmig sind und keine Wechselwirkungskräfte untereinander zeigen. Um das reale Verhalten von Gasen, wie u. a. ihre Kondensation zu Flüssigkeiten bei tieferen Temperaturen, wiedergeben zu können, müssen diese Annahmen aufgegeben wer-

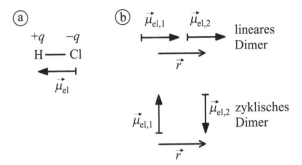

Abbildung 1.15: a: In polaren Molekülen besitzen die Atome Partialladungen $+q$ und $-q$, die ein elektrisches Dipolmoment $\vec{\mu}_{el}$ in Richtung der positiven Ladung erzeugen. b: Lineares und zyklisches Dimer bestehend aus zwei polaren Molekülen.

den. Daher werden im nächsten Abschnitt zunächst die verschiedenen physikalischen Wechselwirkungskräfte zwischen Atomen bzw. Molekülen besprochen. Anschließend wird auf Zustandsgleichungen für reale Gase eingegangen.

1.2.1 Zwischenmolekulare Kräfte

Zwischen zwei Ionen mit den elektrischen Ladungen q_1 und q_2 wirkt die COULOMB-Kraft

$$F = \frac{1}{4\pi\varepsilon_\circ} \cdot \frac{q_1 q_2}{r^2} \tag{1.64}$$

$\varepsilon_\circ$ ist die elektrische Feldkonstante oder auch Dielektrizitätskonstante des Vakuums, r ist der Abstand zwischen den Ladungen. Ungleichnamige Ladungen ziehen sich an und werden mit entgegengesetzten Vorzeichen gekennzeichnet, so dass sich eine negative COULOMB-Kraft ergibt. Wenn die beiden Ladungen unendlich weit voneinander entfernt sind, ist die potenzielle Energie E_{pot} zwischen diesen Ladungen gleich null. Nähern sie sich auf den Abstand r, erhält man

$$E_{pot} = -\int\limits_\infty^r F \mathrm{d}r = \frac{1}{4\pi\varepsilon_\circ} \cdot \frac{q_1 q_2}{r} \tag{1.65}$$

Wie die COULOMB-Kraft ist auch die COULOMB-Energie negativ, wenn eine attraktive Wechselwirkung zwischen den Ionen besteht. Die Punktladungen q_i bezeichnet man auch als Monopole.

Entgegengesetzte Ladungen vom gleichen Betrag q im Abstand l stellen einen Dipol dar. Das elektrische Dipolmoment $\vec{\mu}_{el}$ hat den Betrag

$$\mu_{el} = ql \tag{1.66}$$

und zeigt in Richtung der positiven Ladung, wie es in Abbildung 1.15a am Beispiel des Chlorwasserstoffmoleküls gezeigt wird. Die potenzielle Energie zwischen zwei Dipolen ist eine Funktion von drei Winkeln, die die Skalarprodukte $(\vec{\mu}_{\mathrm{el},1}\vec{\mu}_{\mathrm{el},2})$, $(\vec{\mu}_{\mathrm{el},1}\vec{r})$ und $(\vec{\mu}_{\mathrm{el},2}\vec{r})$ bestimmen. Es gilt

$$E_{\mathrm{pot}} = -\frac{1}{4\pi\varepsilon_{\circ}} \cdot \frac{1}{r^3} \cdot \left(\frac{3(\vec{\mu}_{\mathrm{el},1}\vec{r})(\vec{\mu}_{\mathrm{el},2}\vec{r})}{r^2} - \vec{\mu}_{\mathrm{el},1}\vec{\mu}_{\mathrm{el},2} \right) \tag{1.67}$$

In einem linearen Dimer aus zwei polaren Molekülen sind die beiden Dipolvektoren $\vec{\mu}_{\mathrm{el},1}$ und $\vec{\mu}_{\mathrm{el},2}$ parallel zueinander und parallel zum Abstandsvektor $\vec{r}$ zwischen den Dipolen (Abb. 1.15b). Dann wird der Ausdruck in obiger Klammer zu $2\mu_{\mathrm{el},1}\mu_{\mathrm{el},2}$. In einem zyklischen Dimer sind die beiden Dipolvektoren antiparallel zueinander und stehen senkrecht zum Abstandsvektor (Abb. 1.15b). Man erhält hierfür den Ausdruck $\mu_{\mathrm{el},1}\mu_{\mathrm{el},2}$. Können zwei polare Moleküle beliebige Orientierungen zueinander einnehmen, wie in Gasen und Flüssigkeiten, muss man die potenzielle Energie mitteln. Es resultiert eine schwache anziehende Wechselwirkung:

$$\langle E_{\mathrm{pot}} \rangle = -\frac{1}{(4\pi\varepsilon_{\circ})^2} \cdot \frac{\mu_{\mathrm{el},1}^2\mu_{\mathrm{el},2}^2}{r^6} \cdot \frac{2}{3k_{\mathrm{B}}T} \tag{1.68}$$

Ein unpolares Teilchen besitzt kein Dipolmoment. Es weist jedoch eine Polarisierbarkeit

$$\alpha = \frac{\mu_{\mathrm{el,ind}}}{E_{\mathrm{Feld}}} \tag{1.69}$$

auf, d. h., in ihm kann unter dem Einfluss eines elektrischen Feldes E_{Feld} ein Dipolmoment $\mu_{\mathrm{el,ind}}$ induziert werden. Auch die Annäherung von zwei unpolaren Teilchen, wie z. B. H_2, O_2 oder Ne, mit den Polarisierbarkeiten α_1 und α_2 führt zu einem Energiegewinn. In diesem Fall beträgt die potenzielle Energie, auch LONDONsche Dispersionsenergie genannt,

$$E_{\mathrm{pot}} = -\frac{1}{(4\pi\varepsilon_{\circ})^2} \cdot \frac{\alpha_1\alpha_2}{r^6} \cdot \frac{3}{2}\frac{I_1 I_2}{I_1 + I_2} \tag{1.70}$$

I_1 und I_2 sind die Ionisierungsenergien der beiden Teilchen. Desweiteren ergibt sich auch für die intermolekulare Wechselwirkungsenergie zwischen einem permanenten und einem induzierten Dipol eine r^{-6}-Abhängigkeit.

Die anziehenden Wechselwirkungsenergien zwischen ungeladenen Teilchen, mit oder ohne Dipolmoment, besitzen somit alle die Form $E_{\mathrm{pot}} \propto -r^{-6}$. Sie werden unter dem Namen VAN DER WAALS-Energie zusammengefasst. Wenn sich die Teilchen sehr nahe kommen, durchdringen sich ihre Elektronenhüllen, und sie beginnen sich aufgrund des PAULI-Verbots wieder abzustoßen. Für diese repulsive Wechselwirkungsenergie wird oft der Ansatz $E_{\mathrm{pot}} \propto +r^{-12}$ verwendet. Anziehende und abstoßende Beiträge zur potenziellen Energie werden im LENNARD-JONES-Potenzial berücksichtigt:

$$E_{\mathrm{pot}} = 4\varepsilon \left[\left(\frac{r_0}{r}\right)^{12} - \left(\frac{r_0}{r}\right)^6 \right] \tag{1.71}$$

ε ist die Tiefe des Potenzialminimums bei $r = 2^{1/6}r_0$. Für $r = r_0$ wird die potenzielle Energie null. Je höher die Temperatur, d. h. je höher die kinetische Energie, umso

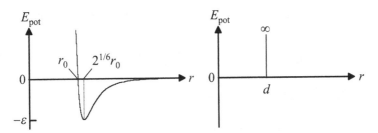

Abbildung 1.16: LENNARD-JONES-Potenzial (links) und Harte-Kugel-Potenzial (rechts).

bedeutsamer ist der repulsive Ast des Wechselwirkungspotenzials. Bei tiefen Temperaturen dominieren dagegen die Attraktionskräfte, so dass auch eine Verflüssigung von Gasen möglich wird.

Eine einfachere Näherung für das Wechselwirkungspotenzial E_{pot} zweier Teilchen ist das Harte-Kugel-Potenzial. Es wird angenommen, dass die potenzielle Energie unendlich groß wird, wenn der Abstand r der Teilchen auf den Durchmesser d sinkt:

$$E_{\text{pot}} = \begin{cases} 0 & \text{für } r > d \\ \infty & \text{für } r \leq d \end{cases} \tag{1.72}$$

Dieses Potenzial ist in einigen Fällen ausreichend zur Beschreibung von Flüssigkeiten. In Abbildung 1.16 sind das LENNARD-JONES-Potenzial und das Harte-Kugel-Potenzial grafisch dargestellt. Experimentell kann man Informationen über Wechselwirkungspotenziale zwischen Teilchen z. B. aus der Streuung von Molekularstrahlen an Molekülen oder aus den Transporteigenschaften von Molekülen gewinnen.

1.2.2 Virial- und VAN DER WAALS-Gleichung

Das ideale Gasgesetz gilt nur für kleine Drücke. Trägt man den Quotienten $Z = pV/nRT$, den so genannten Kompressibilitätsfaktor, gegen den Druck p eines Gases in einem Diagramm auf (Abb. 1.17), erkennt man deutliche Abweichungen vom Idealwert eins bei höheren Drücken. Ursache hierfür sind die zunehmenden intermolekularen Anziehungskräfte und die nicht mehr vernachlässigbaren Teilchendurchmesser bei kleiner werdenden Abständen zwischen den Gasteilchen. Unterhalb der so genannten BOYLE-Temperatur durchläuft die $Z(p)$-Kurve ein Minimum, oberhalb dieser Temperatur ist über dem gesamten Druckbereich ein Anstieg zu beobachten. Den Verlauf der $Z(p)$-Isothermen kann man für jedes einzelne Gas im Prinzip exakt wiedergeben, indem man Z als Funktion von p in einer Reihe entwickelt:

$$Z = \frac{pV}{nRT} = 1 + B_p(T)p + C_p(T)p^2 + \dots \tag{1.73}$$

$B_p(T)$ und $C_p(T)$ heißen 2. und 3. Virialkoeffizient, die ganze Gleichung nennt man Virialgleichung. Bei gegebenen Koeffizienten ist die Virialgleichung immer nur für ein bestimmtes Gas gültig. Sie beschreibt das Verhalten des Gases jedoch genauer als jede andere Zustandsgleichung. Wir können die Virialgleichung alternativ als Funktion von

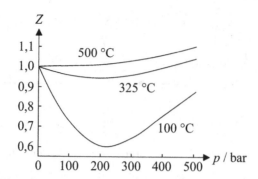

Abbildung 1.17: $Z(p)$-Isothermen des Kohlendioxids bei verschiedenen Temperaturen. $Z = pV/n\mathrm{R}T$ ist der Kompressibilitätsfaktor. Die BOYLE-Temperatur des Kohlendioxids liegt bei 430 °C (nach: R. Brdička, *Grundlagen der Physikalischen Chemie*, Deutscher Verlag der Wissensch., Berlin, 1970).

$1/V_\mathrm{m}$ schreiben; $V_\mathrm{m} = V/n$ ist das Molvolumen des Gases:

$$Z = \frac{pV_\mathrm{m}}{\mathrm{R}T} = 1 + \frac{B_V(T)}{V_\mathrm{m}} + \frac{C_V(T)}{V_\mathrm{m}^2} + \dots \tag{1.74}$$

Eine etwas einfachere Zustandsgleichung als die Virialgleichung, die das Verhalten realer Gase dennoch gut beschreibt, ist die VAN DER WAALS-Gleichung:

$$(p + an^2/V^2)(V - nb) = n\mathrm{R}T \tag{1.75}$$

a und b sind Stoffkonstanten ähnlich den Virialkoeffizienten. Sie lassen sich ausgehend von einem idealen Gas wie folgt physikalisch interpretieren. Befindet sich ein Gas in einem Gefäß des Volumens V, steht den Gasteilchen aufgrund ihres Eigenvolumens nur ein kleineres Volumen, $V - nb$, zur Verfügung, in dem sie sich ausbreiten können. b ist das so genannte Covolumen, das sich mit Hilfe der kinetischen Gastheorie auf das vierfache Teilchenvolumen pro Mol zurückführen lässt. Durch die intermolekularen Anziehungskräfte wirkt auf Gasteilchen, die sich in der Nähe der Gefäßwand befinden, eine ins Innere des Gases gerichtete Kraft. Der real gemessene Druck ist somit kleiner als er es im Idealfall ohne Anziehungskräfte wäre. Daher wird p um den Wert an^2/V^2, den so genannten Binnendruck, zu größeren Drücken korrigiert.

Die VAN DER WAALS-Gleichung kann man auch in Virialform schreiben. Hierfür lösen wir sie nach dem Druck p auf und entwickeln $1/(1 - b/V_\mathrm{m})$ in einer TAYLOR-Reihe:[2]

$$
\begin{aligned}
p &= \frac{\mathrm{R}T}{V_\mathrm{m} - b} - \frac{a}{V_\mathrm{m}^2} \\[2mm]
&= \frac{\mathrm{R}T}{V_\mathrm{m}} \cdot \frac{1}{1 - b/V_\mathrm{m}} - \frac{a}{V_\mathrm{m}^2} \\[2mm]
&= \frac{\mathrm{R}T}{V_\mathrm{m}} \left(1 + \frac{b}{V_\mathrm{m}} + \frac{b^2}{V_\mathrm{m}^2} + \dots \right) - \frac{a}{V_\mathrm{m}^2}
\end{aligned}
$$

---

[2] $1/(1 - x) = 1 + x + x^2 + \dots$

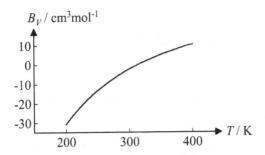

Abbildung 1.18: 2. Virialkoeffizient B_V von Stickstoff als Funktion der Temperatur. Zu seiner Berechnung wurde das LENNARD-JONES-Potenzial verwendet.

$$\frac{pV_m}{RT} = 1 + \left(b - \frac{a}{RT}\right)\frac{1}{V_m} + \frac{b^2}{V_m^2} + \dots \tag{1.76}$$

Ein Vergleich dieser Gleichung mit der Virialgleichung (Gl. 1.74) liefert für den 2. Virialkoeffizienten den Ausdruck

$$B_V(T) = b - \frac{a}{RT} \tag{1.77}$$

Bei niedrigen Drücken wird das reale Verhalten eines Gases ausreichend genau beschrieben, wenn man den 3. und höhere Virialkoeffizienten vernachlässigt. Beim Erreichen der BOYLE-Temperatur T_B ist das Minimum der $Z(p)$-Isotherme gerade verschwunden (Abb. 1.17). Dann zeigt das reale Gas über einem weiten Druckbereich scheinbar ideales Verhalten, oder anders ausgedrückt, der 2. Virialkoeffizient hat den Wert null:

$$B_V(T_B) = 0 \quad \Longrightarrow \quad T_B = \frac{a}{bR} \tag{1.78}$$

Der 2. Virialkoeffizient ist mit den VAN DER WAALS-Parametern a und b verknüpft, deren physikalische Deutung, wie oben erklärt, sowohl anziehende als auch abstoßende intermolekulare Wechselwirkungen einschließt (die abstoßenden Wechselwirkungen treten in Form des Eigenvolumens der Teilchen in Erscheinung). Daher ist es mit Hilfe der statistischen Thermodynamik möglich, den 2. Virialkoeffizienten aus dem Paarpotenzial $E_{pot}(r)$ des Gases zu berechnen:

$$B_V(T) = \frac{1}{2}N_A \int\limits_0^\infty \left[1 - \exp\left(-\frac{E_{pot}(r)}{k_B T}\right)\right] \cdot 4\pi r^2 \, dr \tag{1.79}$$

Auf eine Herleitung dieser Gleichung wird hier verzichtet. Für die höheren Virialkoeffizienten ergeben sich kompliziertere Ausdrücke, die Mehrteilchenwechselwirkungsterme enthalten. In Abbildung 1.18 ist der 2. Virialkoeffizient von Stickstoff nach obiger Gleichung berechnet worden. Für das Paarpotenzial wurde hierbei das LENNARD-JONES-Potenzial verwendet (Gl. 1.71).

Einige VAN DER WAALS-Isothermen von Kohlendioxid sind in Abbildung 1.19 zu sehen. In dieser Abbildung kennzeichnet der schraffierte Bereich des p,V-Diagramms das Zweiphasengebiet flüssig/gasförmig. Das Maximum dieses Zweiphasengebiets nennt man kritischen Punkt; durch den kritischen Punkt verläuft die

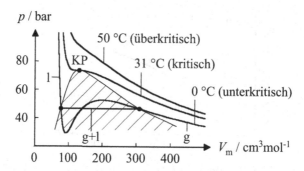

Abbildung 1.19: p, V-Diagramm des Kohlendioxids. Aufgetragen ist der Druck p gegen das Molvolumen $V_m = V/n$. Der schraffierte Bereich stellt das Zweiphasengebiet flüssig/gasförmig dar. l steht für flüssig, g für gasförmig. KP ist der kritische Punkt.

kritische Isotherme. Offensichtlich erfasst die VAN DER WAALS-Gleichung auch die Kondensation eines Gases zu einer Flüssigkeit durch Druckerhöhung. Im thermodynamischen Gleichgewicht müssen allerdings im Zweiphasengebiet die VAN DER WAALS-Isothermen durch horizontale Linien ersetzt werden, weil Isothermen eines p, V-Diagramms keine positiven Steigungen haben dürfen. Man wendet hierfür die so genannte MAXWELL-Konstruktion an, bei der zwei gleich große Flächen von horizontaler Linie und VAN DER WAALS-Isotherme eingeschlossen werden. Verfolgt man eine Isotherme unterhalb der kritischen Temperatur in Richtung abnehmenden Volumens, so durchläuft man zunächst das Gasgebiet, dann das Zweiphasengebiet und schließlich das Flüssigkeitsgebiet. Da Flüssigkeiten weniger kompressibel sind als Gase, steigt der Druck im Flüssigkeitsgebiet mit abnehmenden Volumen sehr viel steiler an als im Gasgebiet. Eine Verringerung des Volumens innerhalb des Zweiphasengebiets führt dagegen wegen der Kondensation zu keiner Druckerhöhung. Verbindet man die Extrema der VAN DER WAALS-Isothermen innerhalb des Zweiphasengebiets, erhält man die so genannte Spinodale. Innerhalb des Zweiphasengebiets kann Gas bzw. Flüssigkeit als allein existierende Phase bis zum Erreichen der Spinodalen metastabil vorliegen. Dieses entspricht der Beobachtung, dass eine Flüssigkeit über den Siedepunkt hinaus überhitzt und ein Gas unter die Kondensationstemperatur unterkühlt werden kann.

Oberhalb der kritischen Temperatur T_{kr} von 31 °C verlaufen die VAN DER WAALS-Isothermen des Kohlendioxids nicht mehr durch das Zweiphasengebiet, d. h., das Gas lässt sich nicht mehr verflüssigen. Am kritischen Punkt zeigt die kritische Isotherme einen Sattelpunkt. Hier sind erste und zweite Ableitung des Drucks nach dem Volumen null:

$$p = \frac{nRT}{V - nb} - \frac{an^2}{V^2}$$

$$\frac{\partial p}{\partial V} = -\frac{nRT}{(V - nb)^2} + \frac{2an^2}{V^3} \overset{!}{=} 0$$

$$\frac{\partial^2 p}{\partial V^2} = \frac{2nRT}{(V - nb)^3} - \frac{6an^2}{V^4} \overset{!}{=} 0$$

Tabelle 1.5: Kritische Parameter und Koeffizienten verschiedener Gase.

Gas	T_{kr}/K	$p_{kr}/10^5$ Pa	$V_{m,kr}/10^{-6}$ m^3 mol^{-1}	$(nRT_{kr})/(p_{kr}V_{kr})$	Z_{kr}
He	5,2	2,29	57,8	3,27	0,306
H_2	33,2	12,0	65,0	3,54	0,283
N_2	126,3	34,0	90,1	3,43	0,292
C_2H_6	305,4	48,8	146	3,56	0,281
H_2O	647	221	57	4,27	0,234

Löst man diese Gleichungen nach Druck, Volumen und Temperatur auf, erhält man die kritischen Größen

$$p_{kr} = \frac{a}{27b^2} \qquad V_{kr} = 3nb \qquad T_{kr} = \frac{8a}{27bR} \tag{1.80}$$

Umgekehrt kann man auch die Stoffkonstanten a und b als Funktion von p_{kr} und V_{kr} ausdrücken, so dass eine Messung dieser kritischen Größen die Berechnung von a und b erlaubt (z. B. ist $a = 0,1408$ m^6 Pa mol^{-2} und $b = 3,913 \cdot 10^{-5}$ m^3 mol^{-1} für N_2). Aus den drei kritischen Größen p_{kr}, V_{kr} und T_{kr} lässt sich ein kritischer Koeffizient berechnen, der für alle Gase gleich groß sein sollte, da die Stoffkonstanten a und b nicht mehr vorkommen:

$$\frac{nRT_{kr}}{p_{kr}V_{kr}} = \frac{8}{3} = 2,667 \tag{1.81}$$

Für den Kompressibilitätsfaktor ergibt sich damit am kritischen Punkt ein universeller Wert von $Z_{kr} = 3/8 = 0,375$. In Tabelle 1.5 sind für einige Gase kritische Koeffizienten angegeben. Der aus der VAN DER WAALS-Gleichung ermittelte theoretische Wert bildet eine untere Grenze. Abweichungen von diesem Wert treten vor allem bei Stoffen auf, die in der flüssigen Phase Assoziate bilden. Es sei angemerkt, dass das ideale Gasgesetz die Berechnung eines kritischen Koeffizienten erst gar nicht zulässt, da ein ideales Gas keinen kritischen Punkt zeigt.

Druck, Volumen und Temperatur eines Gases in Einheiten der kritischen Größen nennt man reduzierte Größen:

$$p_{red} = \frac{p}{p_{kr}} \qquad V_{red} = \frac{V}{V_{kr}} \qquad T_{red} = \frac{T}{T_{kr}} \tag{1.82}$$

Substituiert man mit Hilfe dieser reduzierten Größen die Variablen p, V und T in der VAN DER WAALS-Gleichung, erhält man eine reduzierte Zustandsgleichung, die für alle realen Gase und Flüssigkeiten gültig ist, da sie keine Stoffkonstanten mehr enthält:

$$(p_{red} + 3/V_{red}^2)(V_{red} - 1/3) = (8/3)T_{red} \tag{1.83}$$

Zwei Gase mit dem gleichen reduzierten Druck und dem gleichen reduzierten Volumen sollten nach dieser Gleichung auch die gleiche reduzierte Temperatur besitzen. Dieses Theorem der übereinstimmenden Zustände gilt allerdings nur befriedigend für strukturähnliche Moleküle.

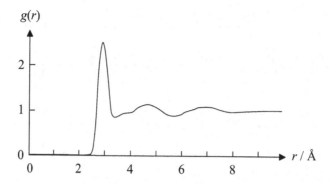

Abbildung 1.20: O,O-Paarverteilungsfunktion von Wasser bei 25 °C. Aufgetragen ist die Wahrscheinlichkeit, zwei Sauerstoffatome im Abstand r anzutreffen (nach: A. H. Narten, W. E. Thiessen, L. Blum, *Science* **217** (1982) 1033).

Eine grobe Regel zur Abschätzung der kritischen Temperatur T_{kr} ist die GULDBERG-Regel, $T_{kr} \approx 1,5 \cdot T_{lg}$, die eine Abschätzung der kritischen Temperatur aus der Siedetemperatur T_{lg} erlaubt. Die kritische Dichte beträgt etwa 1/3 der Dichte der Flüssigkeit am Tripelpunkt.

Die VAN DER WAALS-Gleichung liefert i. Allg. keine quantitative Beschreibung des p, V, T-Verhaltens von Gasen. In der Praxis benutzt man daher meist modifizierte kubische Ansätze (z. B. von REDLICH und KWONG oder von PENG und ROBINSON). Auch zur Beschreibung kondensierter Phasen werden empirische Zustandsgleichungen verwendet (z. B. von TAIT). Sie sind im Ingenieurwesen weit verbreitet, beispielsweise für flüssiges Wasser und Wasserdampf.

1.3   Flüssigkeiten

1.3.1   Niedermolekulare Flüssigkeiten

Die Struktur von Flüssigkeiten, wie Wasser, Aceton oder Benzol, lässt sich besonders anschaulich mit Hilfe von Paarverteilungsfunktionen wiedergeben. Die Paarverteilungsfunktion $g(r)$ gibt die Wahrscheinlichkeit an, ein Paar von Atomen in einem bestimmten Abstand r anzutreffen, oder anders ausgedrückt, sie entspricht der auf die mittlere Teilchenzahldichte normierten Teilchenzahldichte im Abstand r um ein zentrales Teilchen. In Abbildung 1.20 ist die O,O-Paarverteilungsfunktion von Wasser dargestellt. Man erkennt deutlich, dass O,O-Abstände von 2,9 Å, 4,5 Å und 7 Å besonders wahrscheinlich sind bzw. besonders häufig auftreten. Durch Integration der Paarverteilungsfunktion in den Grenzen r_1 und r_2, die Anfang und Ende einer Koordinationsschale festlegen, erhält man die mittlere Zahl der Nachbaratome Z eines zentralen Atoms:

$$Z = \frac{N}{V} \int\limits_{r_1}^{r_2} g(r) \cdot 4\pi r^2 \mathrm{d}r \qquad (1.84)$$

N/V ist die Teilchenzahldichte. Wie experimentell und mittels Computer-Simulationen gefunden wurde, beträgt im Wasser für jedes O-Atom die Zahl an nächsten O-Nachbarn etwa 4,4. Dieses Ergebnis deutet auf eine nahezu tetraedrische Koordination eines zentralen Wassermoleküls durch vier weitere Moleküle hin. Bei O-O-Abständen oberhalb von etwa 8 Å ist die Struktur des Wassers dagegen regellos. $g(r)$ nimmt hier den Grenzwert eins an, d. h., es treten alle Abstände r zwischen Sauerstoffatomen mit gleicher Häufigkeit auf.

So wie beim Wasser ist auch die Struktur anderer Flüssigkeiten durch eine mehr oder weniger stark ausgeprägte Nahordnung, jedoch nicht durch eine Fernordnung charakterisiert. Die Nahordnung ist zum einen durch die potenzielle Energie zwischen zwei Flüssigkeitsteilchen, das Paarpotenzial, bedingt. Einfache Paarpotenziale sind z. B. das LENNARD-JONES-Potenzial (Gl. 1.71) oder das Harte-Kugel-Potenzial (Gl. 1.72). Durch die anziehenden und abstoßenden Kräfte zwischen den Teilchen werden Abstände zu den nächsten Nachbarn festgelegt, bei denen die potenzielle Energie besonders niedrig ist. Zum anderen bewirken aber auch Dipol-Dipol-Wechselwirkungen (Gl. 1.67) zwischen polaren Molekülen oder Wasserstoff-Brückenbindungen, dass sich benachbarte Flüssigkeitsmoleküle in bestimmter Weise zueinander ausrichten. Hierdurch entsteht zusätzlich eine Orientierungsnahordnung in der Flüssigkeitsstruktur.

Die Wechselwirkungskräfte zwischen den Molekülen einer Flüssigkeit sind zwar stark genug, um eine Nahordnung zu erzeugen, sie können aber die thermischen Molekülbewegungen nicht völlig verhindern, so dass Flüssigkeiten eine ausgeprägte molekulare Dynamik zeigen, die sowohl eine Umorientierung als auch eine translatorische Diffusion der Moleküle einschließt. Als Konsequenz geht die Fernordnung in der Struktur von Flüssigkeiten verloren, wie dieses anhand der O,O-Paarverteilungsfunktion des Wassers bereits gezeigt wurde (Abb. 1.20).

Damit sich in einer Flüssigkeit ein Teilchen an seinen Nachbarn vorbei bewegen kann, muss es eine gewisse Aktivierungsenergie E_a besitzen, um die Anziehungskräfte der Nachbarn überwinden zu können. Nach der statistischen Thermodynamik beträgt der Bruchteil der Moleküle, die diese Aktivierungsenergie besitzen, $\exp(-E_a/k_B T)$. Für die Fluidität einer Flüssigkeit, das ist der Kehrwert der Viskosität η, kann man daher den folgenden Ansatz formulieren:

$$\frac{1}{\eta} = \text{konst.} \cdot \exp\left(-\frac{E_a}{k_B T}\right) \tag{1.85}$$

Demnach nimmt die Viskosität von Flüssigkeiten im Gegensatz zu der von Gasen mit steigender Temperatur ab. Der Diffusionskoeffizient D eines Teilchens mit dem Radius R ist mit der Viskosität der umgebenden Flüssigkeit über die STOKES-EINSTEIN-Beziehung verknüpft:

$$D = \frac{k_B T}{6\pi\eta R} \tag{1.86}$$

Voraussetzungen für die Anwendbarkeit dieser Beziehung sind allerdings, dass es sich um kugelförmige diffundierende Teilchen handelt, und dass ihre Umgebung homogen erscheint. Daher beschreibt diese Beziehung den Selbstdiffusionskoeffizienten von Flüssigkeiten nur näherungsweise.

1.3.2 Flüssigkristalle

Wenn Moleküle eine stark anisotrope Form besitzen, beispielsweise sehr lang oder scheibenförmig sind, können so genannte Flüssigkristalle entstehen. Sie zeigen in mindestens einer Raumrichtung die ungeordnete Struktur einer Flüssigkeit, aber ebenso in mindestens einer Raumrichtung die für Kristalle charakteristische Fernordnung. In smektischen Phasen ordnen sich die Moleküle eines Flüssigkristalls in Schichten an, in nematischen Phasen sind sie parallel zueinander in Fäden ausgerichtet und in cholesterischen Phasen bilden sie helikale Strukturen. Flüssigkristalle in einer cholesterischen Phase brechen Licht, dessen Farbe von der Temperatur abhängt, da die Steigung ihrer helikalen Struktur temperaturabhängig ist. Die optisch anisotropen Eigenschaften der nematischen Phase können durch elektrische Felder beeinflusst werden. Dieser Effekt bildet die Grundlage für die Verwendung von Flüssigkristallen in Flüssigkristallanzeigen (LCD, liquid crystal display).

1.3.3 Lösungen von Makromolekülen

Wenn sich ein Stoff in einer Flüssigkeit, wie Wasser oder Aceton, auf molekularer Ebene fein verteilt, spricht man von einer Lösung.[3] Der gelöste Stoff kann ein Salz (NaCl, $MgSO_4$, ...), ein nicht ionischer Feststoff (Saccharose, Cholesterin, ...), eine Flüssigkeit (Methanol, H_2SO_4, ...) oder ein Gas (O_2, HCl, ...) sein. Besonders in polaren Lösungsmitteln können einige dieser Stoffe in geladene Teilchen (Ionen) dissoziieren; die Eigenschaften dieser Lösungen werden im Kapitel 6 besprochen. An dieser Stelle sollen solche Lösungen näher betrachtet werden, bei denen die Größe der gelösten Teilchen Durchmesser von etwa 10 Å (10^{-9} m) bis 1 μm (10^{-6} m) aufweisen. Es handelt sich dann um so genannte kolloidale Lösungen. Kolloide sind häufig Makromoleküle, wie z. B. Proteine, Stärke, Polymere oder Kieselgel. Es ist aber auch möglich, dass sich ein Kolloid durch Aggregation vieler kleinerer Moleküle bildet. Werden beispielsweise Seifenmoleküle, wie Natriumsalze langer Fettsäuren, in Wasser gelöst, lagern sich diese Moleküle zu kugelförmigen Kolloiden, so genannten Mizellen, zusammen. Die unpolaren Reste der Seifenmoleküle sind dabei in das Innere des Kolloids gerichtet, die polaren Kopfgruppen der Moleküle befinden sich an der Oberfläche des Kolloids und werden vom Wasser hydratisiert.

Mittlere Molmassen

Wenn sich Makromoleküle durch eine chemische Reaktion bilden (Polymerisation, Polykondensation oder Polyaddition), dann weisen die einzelnen Moleküle unterschiedliche Längen bzw. Massen auf. Will man die Molmasse des Makromoleküls angeben, muss aus den Molekülmassen ein Mittelwert berechnet werden. Dieses kann auf verschiedene Arten erfolgen. Hat man eine Mischung aus N_1 Molekülen der Masse m_1, N_2 Molekülen der Masse m_2, N_3 Molekülen der Masse m_3, u.s.w. vorliegen, dann kann ein Teilchenzahl-bezogener Mittelwert berechnet werden, indem jede Masse m_i mit der Zahl N_i gewichtet wird:

$$\langle m_{\text{Zahl}} \rangle = \frac{N_1 m_1 + N_2 m_2 + N_3 m_3 + \ldots}{N_1 + N_2 + N_3 + \ldots} = \langle M_{\text{Zahl}} \rangle / N_A \qquad (1.87)$$

---

[3]Im Prinzip gibt es auch feste und gasförmige Lösungen. In diesen Fällen ist die Bezeichnung „Lösung" aber weniger gebräuchlich.

Ein Massen-bezogener Mittelwert ergibt sich, wenn jede Molekülmasse m_i mit der Masse $N_i m_i$ gewichtet wird:

$$\langle m_{\text{Masse}} \rangle = \frac{N_1 m_1^2 + N_2 m_2^2 + N_3 m_3^2 + \cdots}{N_1 m_1 + N_2 m_2 + N_3 m_3 + \cdots} = \langle M_{\text{Masse}} \rangle / N_A \qquad (1.88)$$

Die Bedeutung dieser beiden Mittelwerte liegt in den verschiedenen experimentellen Methoden zur Ermittlung der Molmasse eines Makromoleküls begründet. Methoden, bei denen das Messsignal zur Teilchenzahl proportional ist, liefern die Teilchenzahl-bezogene Molmasse $\langle M_{\text{Zahl}} \rangle$. Hierunter fällt die Osmometrie (Messung des osmotischen Drucks), die Kryoskopie (Gefrierpunktserniedrigung) und die Ebullioskopie (Siedepunktserhöhung). Methoden, bei denen das Messsignal zur Teilchenmasse proportional ist, ermöglichen dagegen die Bestimmung der Massen-bezogenen Molmasse $\langle M_{\text{Masse}} \rangle$. Zu diesen Verfahren zählt u. a. die Lichtstreuung. Wie weiter unten gezeigt wird, kann auch über Viskositätsmessungen eine mittlere Molmasse $\langle M_{\text{Vis}} \rangle$ ermittelt werden. In diesem Fall gilt:

$$\langle m_{\text{Vis}} \rangle^a = \frac{N_1 m_1^{1+a} + N_2 m_2^{1+a} + \cdots}{N_1 m_1 + N_2 m_2 + \cdots} = (\langle M_{\text{Vis}} \rangle / N_A)^a \qquad (1.89)$$

a ist ein empirischer Parameter, der von dem Polymer, dem Lösungsmittel und der Temperatur abhängig ist. Für $a = 1$ gilt $\langle M_{\text{Masse}} \rangle = \langle M_{\text{Vis}} \rangle$.

Statistische Knäuel
In Lösung nehmen Makromoleküle verschiedene zufällige Konformationen ein. Für lineare Makromoleküle kann man den Abstand der beiden Molekülenden mit Hilfe der so genannten „random walk"-Statistik berechnen. Ein eindimensionaler „random walk" beschreibt die Verschiebung eines Teilchens um n_+ Schritte in positive Richtung und um n_- Schritte in negative Richtung. Die Gesamtzahl an Schritten beträgt

$$n = n_+ + n_- \qquad (1.90)$$

und die resultierende Verschiebung x nach n Schritten, die jeweils die Länge l haben, ist

$$x = (n_+ - n_-)l \qquad (1.91)$$

Die Binomialverteilung liefert uns die Wahrscheinlichkeit, nach n Schritten das Teilchen am Ort x zu finden:

$$P(x,n) = \frac{n!}{n_+! n_-!} (p_+)^{n_+} (p_-)^{n_-} \qquad (1.92)$$

Hierin sind p_+ und p_- die Wahrscheinlichkeiten, einen Schritt in positive bzw. negative Richtung zu machen. Sie haben jeweils den Wert $1/2$. Löst man die beiden Gleichungen 1.90 und 1.91 nach n_+ und n_- auf und setzt die Ergebnisse in die Binomialverteilung ein, erhält man nach einigen Umformungen:

$$P(x,n) = \frac{1}{\sqrt{2\pi n l^2}} \exp\left(-\frac{x^2}{2n l^2}\right) \qquad (1.93)$$

Ein „random walk" ist nichts anderes als ein Diffusionsprozess. Für die eindimensionale Diffusion eines Teilchens hatten wir bereits Gleichung 1.50 als Lösung des

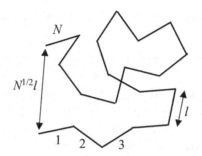

Abbildung 1.21: Ein Makromolekül kann vereinfachend als statistisches Knäuel aufgefasst werden. Wenn N die Zahl und l die Länge der Monomere ist, dann haben die beiden Enden des Makromoleküls im Mittel den Abstand $\sqrt{N}l$ zueinander.

2. FICKschen Gesetzes erhalten. Ein Vergleich dieser Lösung mit der obigen Beziehung führt zu $2Dt = nl^2$. Mit $\langle x^2 \rangle = 2Dt$ (Gl. 1.52) erhält man für die mittlere quadratische Verschiebung in einer Dimension den Ausdruck

$$\langle x^2 \rangle = nl^2 \tag{1.94}$$

Wenn das Teilchen einen „random walk" in allen drei Raumdimensionen durchführt, macht es $N = 3n$ Schritte der Länge l, um die mittlere quadratische Distanz $\langle L^2 \rangle = \langle x^2 \rangle + \langle y^2 \rangle + \langle z^2 \rangle$ zurückzulegen. Somit gilt:

$$\langle L^2 \rangle = Nl^2 \tag{1.95}$$

Diese Gleichung lässt sich nun auf die Konformation eines linearen Makromoleküls übertragen, wie es in Abbildung 1.21 skizziert ist. Halten wir ein Molekülende fest und lassen das andere Ende im Lösungsmittel diffundieren, so kann man den Abstand der beiden Molekülenden als $\langle L^2 \rangle^{1/2}$ identifizieren. Ein Makromolekül ist i. d. R. aus einer gewissen Zahl an identischen Monomeren aufgebaut. Daher scheint es vernünftig, diese Zahl an Monomeren mit N und die Länge eines Monomers mit l gleichzusetzen. Makromoleküle, deren Konformation Gleichung 1.95 genügt, bezeichnet man als statistisches Knäuel. Es sei angemerkt, dass Gleichung 1.95 nur gilt, wenn jedes Molekülsegment völlig flexibel ist. In der Realität ist diese Flexibilität jedoch aufgrund von festen Bindungswinkeln und sterischen Behinderungen zwischen den Segmenten eingeschränkt, so dass das Makromolekül ein größeres Volumen einnimmt. Knäuelgrößen von Makromolekülen lassen sich u. a. mit Hilfe der Lichtstreuung experimentell ermitteln.

Ultrazentrifugation

Kolloidale Teilchen, so auch Biopolymere, können hinsichtlich ihrer Masse oder ihres Radius auch mit Hilfe einer Ultrazentrifuge charakterisiert werden. In einer Ultrazentrifuge werden kolloidale Lösungen sehr schnell auf einer Kreisbahn gedreht. Auf die Teilchen wirkt dann die Zentrifugalkraft, die sie zu Boden sinken lässt (Sedimentation). Bei konstanter Sinkgeschwindigkeit entspricht die Zentrifugalkraft genau der Reibungskraft, die die Teilchen, hier als kugelförmig angenommen, bei der Bewegung durch das Lösungsmittel erfahren:

$$m_1\omega^2 r - m_0\omega^2 r = 6\pi\eta Rv \tag{1.96}$$

In dieser Gleichung ist m_1 die Masse eines kolloidalen Teilchens und m_0 die Masse des Lösungsmittels, das vom Teilchen verdrängt wird. Diese ergibt sich aus dem Teilchenvolumen und der Massendichte des Lösungsmittels zu $V_1 \varrho_0$. ω ist die Winkelgeschwindigkeit der Rotation, r der Abstand des Teilchens von der Rotationsachse, η der Viskositätskoeffizient des Lösungsmittels, R der Radius des kugelförmigen Kolloids und v seine Sinkgeschwindigkeit. SVEDBERG hat für das Verhältnis aus Sinkgeschwindigkeit zu Zentrifugalbeschleunigung den Sedimentationskoeffizienten eingeführt:

$$s = \frac{v}{\omega^2 r} = \frac{m_1 - V_1 \varrho_0}{6\pi\eta R} \tag{1.97}$$

Wird s für ein Kolloid ermittelt, dann kann hieraus entweder seine Molmasse $M_1 = N_A m_1$ oder sein Radius R berechnet werden. R ist der so genannte hydrodynamische Radius des Teilchens, in den eine eventuell vorhandene Hydrathülle mit eingeht. Durch Integration obiger Gleichung ergibt sich eine einfache Bestimmungsgleichung für s, die die Teilchenpositionen r_1 und r_2 zu den Zeiten t_1 und t_2 enthält ($v = \mathrm{d}r/\mathrm{d}t$):

$$s \int_{t_1}^{t_2} \mathrm{d}t = \frac{1}{\omega^2} \int_{r_1}^{r_2} \frac{\mathrm{d}r}{r}$$

$$s = \frac{\ln(r_2/r_1)}{\omega^2(t_2 - t_1)} \tag{1.98}$$

Die Position der Teilchen kann mit Hilfe optischer Verfahren verfolgt werden. Für viele biologisch wichtige Teilchen liegen die Sedimentationskoeffizienten in der Größenordnung von 10^{-13} s. Man gibt deshalb Sedimentationskoeffizienten mit der Einheit 10^{-13} s $= 1$ S (SVEDBERG) an.

Der Reibungskoeffizient $6\pi\eta R$ für kugelförmige Teilchen kann nach STOKES-EINSTEIN (Gl. 1.86) durch $k_B T/D$ ersetzt werden. Damit wird Gleichung 1.97 unabhängig von der Molekülform, so dass m_1 bzw. M_1 bestimmt werden kann:

$$\frac{s}{D} = \frac{m_1 - V_1 \varrho_0}{k_B T} \tag{1.99}$$

Ein direkter Weg zur Bestimmung der Molmasse M_1 ist die Methode des Sedimentationsgleichgewichts. Hier zentrifugiert man die Probe bei relativ niedriger Geschwindigkeit, so dass die Sedimentation durch Rückdiffusion ausgeglichen wird.

Viskosität von Polymerlösungen

Schließlich soll noch ein Zusammenhang zwischen der Viskosität einer Lösung von Makromolekülen und der Molmasse der Makromoleküle gefunden werden. Nach EINSTEIN gilt für kugelförmige Teilchen:

$$\frac{\eta - \eta_0}{\eta_0} = 2,5 \, \phi \tag{1.100}$$

In dieser Gleichung ist η der Viskositätskoeffizient der Polymerlösung, η_0 der Viskositätskoeffizient des reinen Lösungsmittels und ϕ der Volumenanteil, der von den Makromolekülen in der Lösung eingenommen wird. Der Volumenanteil ergibt sich aus der Zahl N_1 an gelösten Makromolekülen, dem Volumen V_1 eines solchen Moleküls und dem Volumen V_{ges} der Lösung:

$$\phi = \frac{N_1 V_1}{V_{\text{ges}}} \tag{1.101}$$

Definiert man das spezifische Volumen eines gelösten Makromoleküls als $v_1 = V_1/m_1$ und führt die Massenkonzentration $c = N_1 m_1/V_{\text{ges}}$ ein, kann man die EINSTEINsche Gleichung umformen zu

$$\frac{\eta - \eta_0}{\eta_0 c} = 2,5 v_1 \tag{1.102}$$

Die linke Seite dieser Beziehung wird als Viskositätszahl bezeichnet. Aufgrund sterischer Wechselwirkungen zwischen den Molekülknäueln, die mit steigender Konzentration zunehmen, ist die Viskositätszahl einer Polymerlösung noch eine Funktion der Konzentration. Durch Extrapolation auf die Konzentration null erhält man die Grenzviskositätszahl:

$$[\eta] = \lim_{c \to 0} \frac{\eta - \eta_0}{\eta_0 c} \tag{1.103}$$

Sie kann z. B. mit einem OSTWALD-Viskosimeter, dessen Prinzip auf dem HAGEN-POISEUILLEschen Gesetz (Gl. 1.57) beruht, bestimmt werden. Man misst dazu die Zeit, die eine Lösung zum Durchlaufen einer Kapillare benötigt. Ein anderer Viskosimetertyp besteht aus zwei konzentrischen Zylindern, zwischen denen sich die zu untersuchende Lösung befindet (Rotationsviskosimeter). Es wird der äußere Zylinder in Rotation versetzt und das auf den inneren Zylinder durch die Lösung übertragene Drehmoment gemessen.

Mit Hilfe der „random walk"-Statistik hatten wir bereits für ein statistisches Knäuel einen Zusammenhang zwischen dem Abstand der Endsegmente und der Zahl N der Segmente abgeleitet (Gl. 1.95). Hiernach sollte der Durchmesser des Knäuels proportional zu $N^{1/2}$ und das Volumen des Knäuels daher proportional zu $N^{3/2}$ sein. Berücksichtigt man ferner, dass die Molmasse M des Knäuels linear mit der Segmentzahl N ansteigt, gilt zudem $V_1 \propto M^{3/2}$. Damit ist das spezifische Volumen eines statistischen Knäuels von $M^{1/2}$ abhängig. Unter Berücksichtigung von Gleichung 1.102 kann man somit bei unendlicher Verdünnung schreiben:

$$[\eta] \propto M^{1/2} \tag{1.104}$$

Dieses ist das EINSTEIN-KUHNsche Viskositätsgesetz für Lösungen idealer statistischer Knäuel. Nun nehmen reale Polymermoleküle in verschiedenen Lösungsmitteln und bei verschiedenen Temperaturen unterschiedliche Konformationen ein, so dass die obige Gleichung verallgemeinert werden muss. Zur Beschreibung der Grenzviskositätszahl einer realen Polymerlösung verwendet man daher die empirische Gleichung nach STAUDINGER-MARK-HOUWINK:

$$[\eta] = K_{\text{SMH}} \langle M_{\text{vis}} \rangle^a \tag{1.105}$$

in der K_{SMH} und a experimentell zu bestimmende Konstanten sind, die für jede Molekülform und für jedes Lösungsmittel verschiedene Werte besitzen. Häufig werden

Tabelle 1.6: Die sieben Kristallsysteme. a, b und c sind die Gitterkonstanten, α, β und γ die Winkel der Elementarzelle.

System	Gitterkonstanten	Winkel
kubisch	$a = b = c$	$\alpha = \beta = \gamma = 90°$
tetragonal	$a = b, c$	$\alpha = \beta = \gamma = 90°$
orthorhombisch	a, b, c	$\alpha = \beta = \gamma = 90°$
rhomboedrisch	$a = b = c$	$\alpha = \beta = \gamma$
hexagonal	$a = b, c$	$\alpha = \beta = 90°, \gamma = 120°$
monoklin	a, b, c	$\alpha = \gamma = 90°, \beta$
triklin	a, b, c	α, β, γ

für a Werte zwischen 0,5 und 0,8 gefunden. $\langle M_{\text{vis}} \rangle$ ist der viskosimetrische Mittelwert der Molmasse nach Gleichung 1.89. Sind die beiden Parameter K_{SMH} und a für eine bestimmte Polymerklasse bekannt, dann kann über eine Messung der Viskosität der Polymerlösung die mittlere Molmasse des Polymers bestimmt werden.

1.4 Kristalline Festkörper

In kristallinen Festkörpern sind Atome, Moleküle oder Ionen über große Distanzen regelmäßig angeordnet. Kristalle zeigen daher im Gegensatz zu Flüssigkeiten neben einer Nahordnung auch eine Fernordnung in ihrer Struktur. Kristalle lassen sich mit Hilfe von Gittern darstellen, wobei ein einzelner Gitterpunkt ein Atom oder ein ganzes Molekül repräsentieren kann, z. B. ein Fe-Atom in einem Fe-Kristall oder ein Protein-Molekül in einem Protein-Kristall. Ein Kristallgitter ist in allen drei Dimensionen des Raums periodisch aufgebaut; die kleinste Einheit dieser periodischen Struktur nennt man Elementarzelle. Je nach Form und Aufbau der Elementarzellen unterteilt man alle Kristalle in sieben Kristallsysteme (Tab. 1.6) und in 14 BRAVAIS-Gitter (Abb. 1.22). Die drei Kantenlängen a, b und c einer Elementarzelle nennt man Gitterkonstanten.

Die bei weitem wichtigste Methode zur Aufklärung der Struktur von kristallinen Festkörpern ist die RÖNTGEN-Beugung. Bei der BRAGGschen Methode wird monochromatische RÖNTGEN-Strahlung durch den Kristall gelenkt. Ein Teil dieser Strahlung wird an den Elektronenhüllen der Atome gebeugt, der Rest passiert den Kristall ohne Richtungsänderung. Man kann sich die Beugung der RÖNTGEN-Strahlung als Reflexion an Gitterebenen des Kristalls vorstellen, wie es in Abbildung 1.23 skizziert ist. RÖNTGEN-Wellen treffen unter dem Winkel θ auf Gitterebenen, die den Abstand d zueinander besitzen. Zwei Wellen, die an benachbarten Gitterebenen reflektiert werden, legen verschiedene Wegstrecken zurück, die sich um $2x = 2d \sin \theta$ unterscheiden. Konstruktive Interferenz ist nur dann gegeben, wenn diese Wegstreckendifferenz ganzzahligen Vielfachen der RÖNTGEN-Wellenlänge λ gleicht:

$$n\lambda = 2d \sin \theta \tag{1.106}$$

mit $n = 1, 2, 3, \ldots$. Diese Beziehung ist die BRAGGsche Gleichung. Je nach Orientierung eines Kristalls zur einfallenden RÖNTGEN-Strahlung erfolgt die Reflexion der

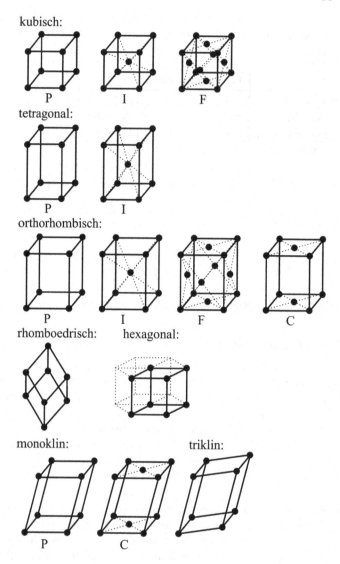

Abbildung 1.22: Die 14 BRAVAIS-Gitter. Es bedeuten P primitiv, I innenzentriert, F flächenzentriert (alle Seiten) und C flächenzentriert (nur Seiten, die die c-Achse schneiden).

Strahlung an verschiedenen Gitterebenen. In Abbildung 1.24 sind drei mögliche Gitterebenen in ein kubisches Kristallgitter eingezeichnet. Der Abstand d zwischen den Gitterebenen steht mit der Gitterkonstanten a in folgender Beziehung:

$$\frac{1}{d} = \frac{1}{a}\sqrt{h^2 + k^2 + l^2} \tag{1.107}$$

h, k, l sind ganze Zahlen; sie sind unter dem Namen MILLERsche Indizes bekannt. Durch den Schnitt einer Gitterebene mit den drei Achsen einer Elementarzelle wer-

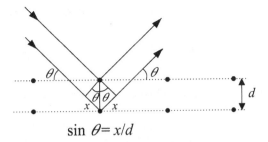

$$\sin\ \theta = x/d$$

Abbildung 1.23: Die Beugung von RÖNTGEN-Strahlung an den Atomen eines Kristalls erscheint wie eine Reflexion der Strahlung an Gitterebenen des Kristalls. d ist der Abstand der Gitterebenen.

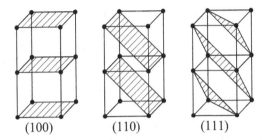

(100)   (110)   (111)

Abbildung 1.24: Gitterebenen in einem kubisch-primitiven Kristallgitter. Zu den Gitterebenen sind jeweils die MILLERschen Indizes angegeben, die a mit d verknüpfen.

den Achsenabschnitte festgelegt. Die MILLERschen Indizes sind die Kehrwerte der Achsenabschnitte in Einheiten der Gitterkonstanten. Im einfachsten Fall entspricht d genau der Gitterkonstanten a des Kristalls. Dann ist $h, k, l = 1, 0, 0$, d. h., die a-Achse wird von der Gitterebene bei a (der Gitterkonstanten) geschnitten, die b- und c-Achse werden im Unendlichen (also nie) geschnitten. Es ist somit möglich, die Größe von Elementarzellen durch Messung der Beugungswinkel von RÖNTGEN-Strahlung zu ermitteln. In der Praxis verwendet man häufig fest stehende RÖNTGEN-Röhren als Strahlungsquelle und detektiert gebeugte RÖNTGEN-Strahlung in Abhängigkeit des Beugungswinkels 2θ. Diese Geometrie setzt voraus, dass eine Gitterebene des zu untersuchenden Kristalls im richtigen Winkel zur einfallenden Strahlung orientiert ist, damit die BRAGGsche Gleichung erfüllt wird. Wenn die Probe pulverförmig ist, wird immer ein Teil der Mikrokristallite eine passende Orientierung aufweisen, so dass man in Abhängigkeit vom Beugungswinkel die Reflexe aller Gitterebenen des Kristalls detektieren kann.

Beispiel:
Lithiumoxid Li_2O kristallisiert im kubischen Kristallsystem. Im RÖNTGEN-Beugungsdiagramm des Li_2O werden Reflexe beobachtet, die wie folgt ausgewertet werden können: Zunächst wird für jeden Reflex der halbe Beugungswinkel θ ausgemessen und der Wert $(2/\lambda)\sin\theta$ berechnet. Nach den Gleichungen 1.106 und 1.107 gleicht dieser Wert n/d bzw. $\sqrt{(nh)^2 + (nk)^2 + (nl)^2}/a$. Dann muss zu jedem Reflex eine

geeignete Kombination der Zahlen nh, nk und nl gefunden werden, so dass jeweils die gleiche Gitterkonstante a erhalten wird:

$(2/\lambda)\sin\theta/\text{Å}^{-1}$	0,3756	0,4337	0,6134	0,7193
nh, nk, nl	1,1,1	2,0,0	2,2,0	3,1,1

Aus dieser Aufstellung lässt sich eine Gitterkonstante a von 4,61 Å berechnen. Zudem sind die Zahlen nh, nk, nl einer Kombination entweder alle gerade oder alle ungerade. Es tritt z. B. nicht die Kombination 2,1,0 auf. Man kann zeigen, dass dieser Befund auf ein kubisch-flächenzentriertes Gitter deutet. Kubisch-innenzentrierte Gitter zeigen dagegen nur Reflexe, für die die Summe $nh + nk + nl$ eine gerade Zahl ist, während primitive Gitter alle möglichen Reflexe zeigen.

Wenn man Einkristalle einer Substanz zur Verfügung hat, lassen sich aus den Intensitäten der Beugungsreflexe der Substanz über eine Bestimmung der Elektronendichte auch die Positionen der Atome, Ionen und Atomgruppen in der Elementarzelle ermitteln (FOURIER-Synthese der Elektronendichte). Neben RÖNTGEN-Strahlen werden als weitere Sonden für Strukturuntersuchungen Neutronen und Elektronen eingesetzt. Auch sie besitzen Wellenlängen, die mit den Gitterkonstanten vergleichbar und damit für eine atomare Strukturaufklärung geeignet sind. Im Gegensatz zur RÖNTGEN-Strahlung werden Neutronen nicht an den Elektronenhüllen, sondern an den Kernen der Atome gestreut, wobei jedes Isotop einen anderen Streuquerschnitt, d. h. eine andere Streufähigkeit, hat. Elektronen als Streusonden treten wegen ihrer Ladung sowohl mit den Elektronenhüllen als auch mit den Kernen der Atome einer Probe in starke Wechselwirkung. Sie werden bevorzugt zur Strukturuntersuchung von Oberflächen, dünnen Filmen und Gasmolekülen eingesetzt.

Diffusion in kristallinen Festkörpern ist nur möglich, wenn die regelmäßige Anordnung der Teilchen gestört ist. Man unterscheidet zwei wichtige Fehlordnungen. Bei der FRENKEL-Fehlordnung befinden sich einige Teilchen nicht auf ihren regelmäßigen, sondern auf Zwischengitterplätzen, während bei der SCHOTTKY-Fehlordnung einige Gitterplätze nicht besetzt sind. Im letzteren Fall gibt es aus Gründen der Elektroneutralität gleich viele positive wie negative Gitterleerstellen. Die Diffusion in Festkörpern ist um Größenordnungen langsamer als die in Flüssigkeiten. Typische Diffusionskoeffizienten für die Diffusion in Festkörpern haben die Größenordnung 10^{-14} m^{2}s^{-1} bei einigen hundert °C.

2 Thermodynamik

Die Thermodynamik ist eine geschlossene Theorie zur Beschreibung von makroskopischen physikalischen Eigenschaften der Materie sowie chemischen und physikalischen Gleichgewichten. Die praktische Bedeutung der Thermodynamik für die Chemie liegt in der Möglichkeit, aufgrund von thermischen Messdaten Energieänderungen und damit verknüpfte Gleichgewichtsänderungen bei Phasenumwandlungen und chemischen Reaktionen berechnen und vorhersagen zu können.

2.1 Erster Hauptsatz der Thermodynamik

2.1.1 Begriffe und Definitionen

Die Behandlung der Thermodynamik setzt einige Begriffe und Definitionen voraus, die zunächst geklärt werden.

System:
Ein System ist ein abgegrenzter Teil des Universums. Je nach Art der Begrenzung kann ein System mit der Umgebung Materie und Energie austauschen:

- isoliertes (abgeschlossenes) System: kein Austausch von Materie oder Energie möglich

- geschlossenes System: Austausch von Energie möglich

- offenes System: Austausch von Energie und Materie möglich

Zustandsgröße:
Eine Zustandsgröße ist eine messbare Eigenschaft eines Systems. Man unterscheidet zwischen extensiven und intensiven Zustandsgrößen. Extensive Größen ändern sich proportional zu einer Vervielfachung des Systems. Beispiele sind das Volumen V und die Stoffmenge n. Intensive Größen bleiben bei einer Vervielfachung des Systems unverändert. Zu ihnen zählen der Druck p, die Temperatur T und alle molaren Größen $Z_m = Z/n$, wie das Molvolumen V_m.

Zustandsfunktion:
Zustandsfunktionen $z(y_1, y_2, \ldots)$ werden durch Angabe von unabhängigen Variablen y_1, y_2, ... eindeutig bestimmt. Man kann von Zustandsfunktionen ein totales (vollständiges) Differential dz bilden, das sich als Summe partieller Änderungen von z darstellen lässt:

$$dz = \left(\frac{\partial z}{\partial y_1} \right)_{y_j, j \neq 1} dy_1 + \left(\frac{\partial z}{\partial y_2} \right)_{y_j, j \neq 2} dy_2 + \ldots \tag{2.1}$$

Die partiellen Differentialquotienten sind selbst wieder nach den unabhängigen Variablen differenzierbar. Es gilt der Satz von SCHWARZ, nach dem die Reihenfolge der Differentiationen vertauschbar ist:

$$\frac{\partial}{\partial y_i} \left(\frac{\partial z}{\partial y_j} \right) = \frac{\partial^2 z}{\partial y_i \partial y_j} = \frac{\partial^2 z}{\partial y_j \partial y_i} = \frac{\partial}{\partial y_j} \left(\frac{\partial z}{\partial y_i} \right) \tag{2.2}$$

Es ist damit gleichgültig, ob man eine Änderung von z zuerst entlang der y_i-Koordinate und dann entlang der y_j-Koordinate berechnet oder umgekehrt. Das Integral über dz ist unabhängig vom Integrationsweg. Der durch die Zustandsfunktion z beschriebene Zustand eines Systems ist somit unabhängig vom Weg, der eingeschlagen wurde, diesen Zustand zu erreichen. Weiterhin gilt für eine Zustandsfunktion $z(y_1, y_2)$:

$$\left(\frac{\partial z}{\partial y_1} \right)_{y_2} = \frac{1}{\left(\frac{\partial y_1}{\partial z} \right)_{y_2}} \tag{2.3}$$

sowie die EULERsche Kettenformel,

$$\left(\frac{\partial z}{\partial y_1} \right)_{y_2} \left(\frac{\partial y_1}{\partial y_2} \right)_{z} \left(\frac{\partial y_2}{\partial z} \right)_{y_1} = -1 \tag{2.4}$$

Beispiel:
Der Druck p eines VAN DER WAALS-Gases lässt sich als Funktion der Variablen T und V schreiben (Gl. 1.75):

$$p(T, V) = \frac{nRT}{V - nb} - \frac{an^2}{V^2}$$

Wenn p eine Zustandsfunktion ist, muss der Satz von SCHWARZ gelten:

$$\frac{\partial}{\partial V} \left(\frac{\partial p}{\partial T} \right) = \frac{\partial}{\partial V} \left(\frac{nR}{V - nb} \right) = -\frac{nR}{(V - nb)^2}$$

$$\frac{\partial}{\partial T} \left(\frac{\partial p}{\partial V} \right) = \frac{\partial}{\partial T} \left(-\frac{nRT}{(V - nb)^2} + \frac{2an^2}{V^3} \right) = -\frac{nR}{(V - nb)^2}$$

p ist also Zustandsfunktion der unabhängigen Variablen T und V.

Gleichgewichtszustand:
Der Gleichgewichtszustand ist ein Zustand, der sich nach genügend langer Zeit einstellt. Keine der Zustandsgrößen ändert sich dann mehr.

Prozess:
Ein Prozess ist ein Übergang von einem Zustand in einen anderen. Dieser kann verschiedenen Bedingungen unterworfen sein, die in Tabelle 2.1 aufgelistet sind.

2.1.2   Formulierung des ersten Hauptsatzes

Der erste Hauptsatz der Thermodynamik wurde von J. R. MAYER und J. P. JOULE aufgestellt. Er lautet: *„Die Energie eines isolierten Systems bleibt konstant."* Die Energie setzt sich dabei aus der kinetischen und potenziellen Energie des gesamten Systems und der inneren Energie zusammen:

$$E = E_{\text{kin}} + E_{\text{pot}} + U \tag{2.5}$$

Tabelle 2.1: Beim Übergang von einem Zustand in einen anderen können Prozesse unter verschiedenen Bedingungen ablaufen.

Prozess	Bedingung
isotherm	Temperatur konstant
isochor	Volumen konstant
isobar	Druck konstant
reversibel	ständig im Gleichgewicht
irreversibel	nicht immer im Gleichgewicht
adiabatisch	kein Wärmeaustausch mit der Umgebung

$E_{kin} + E_{pot}$ wird im Folgenden als konstant angesehen. Unter dieser Voraussetzung folgt, dass die innere Energie U eines isolierten Systems konstant ist. U ist die Energie der Teilchen im System.

In einem geschlossenen System kann sich die innere Energie U durch zwei verschiedene Prozesse um ΔU ändern. Zum einen kann das System mit der Umgebung die Wärme Q austauschen, zum anderen kann am System oder vom System die Arbeit W verrichtet werden. Dieses führt zu einer anderen oft verwendeten Formulierung des ersten Hauptsatzes der Thermodynamik:

$$\Delta U = Q + W \tag{2.6}$$

Bei infinitesimalen (sehr kleinen) Änderungen schreibt man stattdessen

$$dU = đQ + đW \tag{2.7}$$

Die innere Energie U ist eine Zustandsfunktion eines Systems. Zwei verschiedene Zustände A und B können sich daher um den Wert $\Delta U = U_B - U_A$ unterscheiden. Δ symbolisiert eine Differenz. Differentielle Änderungen drückt man bei Zustandsfunktionen mit dem Symbol d aus. Im Gegensatz zur inneren Energie handelt es sich bei der Wärme und der Arbeit um keine Zustandsfunktionen. Man kann nicht sagen, ein System „besitzt" die Wärme Q oder die Arbeit W. Deshalb ist es falsch, ΔQ oder ΔW zu schreiben, da das Symbol Δ nur verwendet werden darf, wenn eine Differenz bzgl. zweier Zustände berechnet wird. Q und W beschreiben vielmehr, auf welche Weise ein Energieaustausch zwischen System und Umgebung vonstatten geht. Es gibt somit auch keine totalen Differentiale dQ oder dW (Gl. 2.1). Differentielle Beträge dieser Größen kennzeichnet man mit dem Symbol đ.

Die wichtigste Form der Arbeit ist die Volumenarbeit, die ein System bei der Expansion an der Umgebung leistet (andere Arbeiten, wie elektrische und Oberflächenarbeit, werden später betrachtet). Wenn sich beispielsweise ein Gas in einem Zylinder mit einem beweglichen Kolben befindet (Abb. 2.1), dann muss die Kraft F aufgewandt werden, um den Kolben entlang der Strecke dl gegen den äußeren Druck p nach außen zu drücken. Ist A die Querschnittsfläche des Kolbens, dann beträgt die Volumenzunahme des Gases d$V = A dl$ und der Druck $p = F/A$. Für die vom System

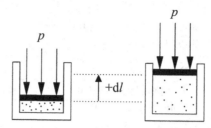

Abbildung 2.1: Bei der Expansion eines Gases gegen einen äußeren Druck p wird die Volumenarbeit $-p\mathrm{d}V$ geleistet, wobei $\mathrm{d}V$ die Volumenzunahme des Gases bezeichnet. $\mathrm{d}l$ ist der Kolbenhub.

an der Umgebung geleistete Arbeit gilt

$$\mathrm{d}W = -F\mathrm{d}l = -\frac{F}{A}(A\mathrm{d}l) = -p\mathrm{d}V \tag{2.8}$$

Bei einer Kompression des Gases beträgt die Volumenarbeit ebenfalls $\mathrm{d}W = -p\mathrm{d}V$. Die Volumenänderung $\mathrm{d}V$ ist jetzt jedoch negativ, so dass ein positiver Wert für die Arbeit $\mathrm{d}W$ resultiert, der eine Erhöhung der inneren Energie des Systems zur Folge hat. Allgemein gilt die Konvention, dass thermodynamische Größen stets auf das System bezogen werden. Eine positive oder negative Änderung einer Zustandsgröße bewirkt daher eine Zunahme bzw. Abnahme dieser Größe im System. Entsprechend zeigen positive Werte von Q und W an, dass die innere Energie des Systems zunimmt.

Die Expansion eines Gases gegen einen äußeren Druck kann entweder reversibel oder irreversibel verlaufen. Im reversiblen Fall muss zu jedem Zeitpunkt ein Gleichgewicht bestehen zwischen der Kraft, die den Kolben nach außen drückt, und der Kraft, die der äußere Druck auf den Kolben ausübt. Eine solche (fiktive) Expansion verläuft unendlich langsam. Zur Berechnung der Volumenarbeit bei einer reversiblen Expansion muss für den äußeren Druck p der innere Druck des Gases im Zylinder eingesetzt werden. Wenn es sich um ein ideales Gas handelt, kann hierfür das ideale Gasgesetz herangezogen werden:

$$\mathrm{d}W = -\frac{nRT}{V}\mathrm{d}V \tag{2.9}$$

In Abbildung 2.2 ist ein p,V-Diagramm dargestellt, in dem zwei Zustände A und B des Gases durch die Variablen (V_A, p_A) und (V_B, p_B) gekennzeichnet sind. Integration obiger Gleichung von Zustand A nach Zustand B liefert die reversible Volumenarbeit:

$$W_{AB} = -nRT \int_{V_A}^{V_B} \frac{\mathrm{d}V}{V} = -nRT \ln \frac{V_B}{V_A} \tag{2.10}$$

Betragsmäßig entspricht diese Arbeit der Fläche unter der Kurve der reversiblen Zustandsänderung (Abb. 2.2). Der irreversible Weg in Abbildung 2.2 beginnt zunächst mit einer isochoren Druckerniedrigung von A nach C, an die sich eine irreversible

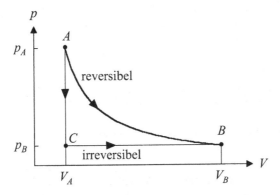

Abbildung 2.2: Die Expansion eines Gases kann reversibel oder irreversibel verlaufen. Die vom Gas an der Umgebung verrichtete Arbeit entspricht betragsmäßig jeweils der Fläche unter der Kurve.

Expansion gegen den konstanten äußeren Druck p_B anschließt. Die Expansion ist beendet, wenn der innere Druck des Gases auf p_B abgefallen ist. Die vom Gas an der Umgebung verrichtete Arbeit beträgt nun

$$W_{AC} \;=\; 0 \tag{2.11}$$

$$W_{CB} \;=\; -p_B \int\limits_{V_A}^{V_B} \mathrm{d}V = -p_B(V_B - V_A) \tag{2.12}$$

Die Fläche unter der Kurve der irreversiblen Zustandsänderung (Abb. 2.2) entspricht betragsmäßig der irreversibel geleisteten Volumenarbeit. Da im reversiblen Fall mehr Arbeit geleistet wird als im irreversiblen Fall, wie aus einem Vergleich der Flächen unter den entsprechenden Kurven in Abbildung 2.2 sofort deutlich wird, ist die Volumenarbeit W vom Weg abhängig und damit keine Zustandsfunktion.

2.1.3 Innere Energie und Enthalpie

Wenn man nur Volumenarbeit zulässt, folgt aus dem ersten Hauptsatz der Thermodynamik (Gl. 2.7) für die Änderung der inneren Energie eines geschlossenen Systems

$$\mathrm{d}U = \mathrm{d}Q - p\mathrm{d}V \tag{2.13}$$

Bei konstantem Volumen gilt $\mathrm{d}V = 0$ und damit $\mathrm{d}U = \mathrm{d}Q$. Die während eines isochoren Prozesses ausgetauschte Wärmemenge entspricht damit der Änderung der inneren Energie des Systems. Solche Prozesse stellen z. B. chemische Reaktionen dar, die in einem Autoklaven ablaufen. Die innere Energie U ist eine Zustandsfunktion. Ihr totales Differential kann in Abhängigkeit der Variablen T und V geschrieben werden:

$$\mathrm{d}U = \left(\frac{\partial U}{\partial T}\right)_V \mathrm{d}T + \left(\frac{\partial U}{\partial V}\right)_T \mathrm{d}V \tag{2.14}$$

Die partielle Ableitung der inneren Energie nach der Temperatur bei konstantem Volumen wird als Wärmekapazität bei konstantem Volumen bezeichnet: $C_V = (\partial U/\partial T)_V$. Für $dV = 0$ folgt aus obiger Gleichung:

$$dU = C_V dT \tag{2.15}$$

Die partielle Ableitung der inneren Energie nach dem Volumen bei konstanter Temperatur ist nur dann von null verschieden, wenn Wechselwirkungskräfte zwischen den Teilchen des Systems bestehen. Sie wird auch innerer Druck genannt, da sie dieselbe Einheit wie der Druck besitzt. Der innere Druck ist ein Maß für die Kohäsionskräfte im System. Im Fall idealer Gase gibt es keine Wechselwirkungen zwischen den Gasteilchen, so dass die innere Energie unabhängig vom Volumen ist: $(\partial U/\partial V)_T = 0$. Isotherme Zustandsänderungen ($dT = 0$) idealer Gase sind daher nach Gleichung 2.14 mit keiner Änderung der inneren Energie verknüpft.

Neben der inneren Energie U gibt es eine weitere wichtige thermodynamische Größe, die man als Enthalpie H bezeichnet, und die wie folgt definiert ist:

$$H = U + pV \tag{2.16}$$

Um die Bedeutung dieser neuen Größe zu verstehen, ist es sinnvoll, ihr totales Differential zu bilden:

$$dH = dU + pdV + Vdp \tag{2.17}$$

Wenn dU mit Hilfe von Gleichung 2.13 substituiert wird, erhält man

$$dH = đQ + Vdp \tag{2.18}$$

Unter isobaren Bedingungen gilt $dp = 0$ und somit $dH = đQ$. Die bei einem isobaren Prozess ausgetauschte Wärmemenge kann damit der Änderung der Enthalpie des Systems gleichgesetzt werden. Prozesse dieser Art sind z. B. sämtliche chemische Reaktionen, die bei Normaldruck durchgeführt werden. So wie die innere Energie U als Funktion der Variablen T und V betrachtet werden kann, ist es möglich, die Enthalpie H als Funktion der Variablen T und p zu schreiben. Das totale Differential von H lautet dann für ein geschlossenes System:

$$dH = \left(\frac{\partial H}{\partial T}\right)_p dT + \left(\frac{\partial H}{\partial p}\right)_T dp \tag{2.19}$$

Die partielle Ableitung von H nach T bei konstantem Druck wird als Wärmekapazität bei konstantem Druck bezeichnet: $C_p = (\partial H/\partial T)_p$. Für isobare Prozesse gilt somit:

$$dH = C_p dT \tag{2.20}$$

Die partielle Ableitung von H nach p bei konstanter Temperatur ist null für ideale Gase, da eine Änderung des Gasdrucks nur dann zu einer Enthalpieänderung führt, wenn Wechselwirkungskräfte zwischen den Gasteilchen bestehen.

2.1.4 Wärmekapazitäten

Die beiden Wärmekapazitäten $C_V = (\partial U/\partial T)_V$ und $C_p = (\partial H/\partial T)_p$ sind wichtige Größen zur Berechnung der inneren Energie (Gl. 2.15) und der Enthalpie (Gl. 2.20) von Stoffen in Abhängigkeit der Temperatur. Ist nur eine der beiden Größen bekannt, kann die andere Größe aus der bekannten ermittelt werden. Für die Differenz $C_p - C_V$ der Wärmekapazitäten bei konstantem Druck und konstantem Volumen gibt es eine einfache Beziehung, die für jede Substanz gilt. Für ihre Ableitung teilt man zunächst das totale Differential der inneren Energie als Funktion von Volumen und Temperatur durch dT, wobei der Druck konstant gehalten wird:

$$\mathrm{d}U = \left(\frac{\partial U}{\partial V}\right)_T \mathrm{d}V + \left(\frac{\partial U}{\partial T}\right)_V \mathrm{d}T$$

$$\left(\frac{\partial U}{\partial T}\right)_p = \left(\frac{\partial U}{\partial V}\right)_T \left(\frac{\partial V}{\partial T}\right)_p + \left(\frac{\partial U}{\partial T}\right)_V$$

$$\left(\frac{\partial U}{\partial T}\right)_p - \left(\frac{\partial U}{\partial T}\right)_V = \left(\frac{\partial U}{\partial V}\right)_T \left(\frac{\partial V}{\partial T}\right)_p \tag{2.21}$$

Ferner gilt wegen $H = U + pV$:

$$\left(\frac{\partial H}{\partial T}\right)_p = \left(\frac{\partial U}{\partial T}\right)_p + p\left(\frac{\partial V}{\partial T}\right)_p \tag{2.22}$$

Die erhaltenen Ausdrücke werden für die Berechnung von $C_p - C_V$ verwendet:

$$C_p - C_V = \left(\frac{\partial H}{\partial T}\right)_p - \left(\frac{\partial U}{\partial T}\right)_V$$

$$= \left(\frac{\partial U}{\partial T}\right)_p + p\left(\frac{\partial V}{\partial T}\right)_p - \left(\frac{\partial U}{\partial T}\right)_V$$

$$= \left(\frac{\partial U}{\partial V}\right)_T \left(\frac{\partial V}{\partial T}\right)_p + p\left(\frac{\partial V}{\partial T}\right)_p$$

$$= \left(\frac{\partial V}{\partial T}\right)_p \left[\left(\frac{\partial U}{\partial V}\right)_T + p\right] \tag{2.23}$$

Die partielle Ableitung $(\partial U/\partial V)_T$ können wir erst später soweit umformen, dass nur noch direkt messbare Größen enthalten sind. Das Ergebnis sei hier aber schon einmal vorweggenommen:

$$\left(\frac{\partial U}{\partial V}\right)_T = -p + T\left(\frac{\partial p}{\partial T}\right)_V \tag{2.24}$$

Damit ist

$$C_p - C_V = T\left(\frac{\partial V}{\partial T}\right)_p \left(\frac{\partial p}{\partial T}\right)_V = \alpha\beta pVT = \frac{\alpha^2}{\kappa_T}VT \tag{2.25}$$

mit α als isobaren thermischen Ausdehnungskoeffizienten (Gl. 1.3), β als Spannungskoeffizienten (Gl. 1.4) und κ_T als isothermen Kompressibilitätskoeffizienten (Gl. 1.5). Für ideale Gase ist nach dem idealen Gasgesetz $(\partial V/\partial T)_p = n\mathrm{R}/p$ und $(\partial p/\partial T)_V = p/T$. Die Differenz der Wärmekapazitäten bei konstantem Druck und konstantem Volumen lautet dann:

$$C_p - C_V = n\mathrm{R} \tag{2.26}$$

Diese Relation kann auch in elementarer Weise aus der inneren Energie eines idealen einatomigen Gases erhalten werden. Diese setzt sich nämlich einfach aus der Summe der kinetischen Energien aller Gasteilchen zusammen. Jedes Teilchen weist nach dem Äquipartitionstheorem eine Energie von $\frac{3}{2}\mathrm{k_B}T$ auf (Gl. 1.34), so dass für N Teilchen gilt:

$$U \;=\; \frac{3}{2}N\mathrm{k_B}T = \frac{3}{2}n\mathrm{R}T \tag{2.27}$$

$$C_V \;=\; \left(\frac{\partial U}{\partial T}\right)_V = \frac{3}{2}n\mathrm{R} \tag{2.28}$$

Die Enthalpie $H = U + pV$ kann mit Hilfe des idealen Gasgesetzes $pV = n\mathrm{R}T$ umgeformt werden:

$$H \;=\; U + n\mathrm{R}T = \frac{5}{2}n\mathrm{R}T \tag{2.29}$$

$$C_p \;=\; \left(\frac{\partial H}{\partial T}\right)_p = \frac{5}{2}n\mathrm{R} \tag{2.30}$$

Damit erhält man wieder $C_p - C_V = n\mathrm{R}$.

2.1.5 Adiabatische Prozesse

Adiabatische Prozesse verlaufen ohne Austausch von Wärme zwischen System und Umgebung ($\dd Q = 0$). Im Folgenden wird die adiabatische Volumenänderung eines Gases unter reversiblen und irreversiblen Bedingungen besprochen. Nahezu adiabatische Volumenänderungen von Gasen kann man in der Realität immer dann beobachten, wenn die Volumenänderung viel schneller erfolgt als der Wärmeaustausch mit der Umgebung. Bei einer Kompression heizt sich das Gas dann oft auf, wie z. B. die Luft in einer Fahrradluftpumpe, wenn man den Kolben der Pumpe schnell bewegt.

Aus dem ersten Hauptsatz der Thermodynamik (Gl. 2.7) folgt für $\dd Q = 0$, wenn nur Volumenarbeit geleistet wird,

$$\mathrm{d}U = -p\,\mathrm{d}V \tag{2.31}$$

Im Fall der reversiblen Expansion eines idealen Gases entpricht zu jedem Zeitpunkt der äußere Druck p dem inneren Druck des Gases, so dass stets Gleichgewichtsbedingungen herrschen. p in obiger Gleichung wird daher durch den Gasdruck $n\mathrm{R}T/V$ ersetzt. Das totale Differential der inneren Energie $\mathrm{d}U$ als Funktion von V und T (Gl. 2.14) ist nur durch $C_V\,\mathrm{d}T$ gegeben, da eine Volumenabhängigkeit der inneren

Energie für ideale Gase nicht existiert. Die Kombination des totalen Differentials mit obiger Gleichung ergibt:

$$C_V dT = -\frac{nRT}{V} dV \qquad (2.32)$$

Wenn das Gas von Zustand A nach Zustand B expandiert, ist diese Gleichung zu integrieren. Hierbei wird angenommen, dass die Wärmekapazität C_V nicht von der Temperatur abhängt:

$$\int_{T_A}^{T_B} \frac{dT}{T} = -\frac{nR}{C_V} \int_{V_A}^{V_B} \frac{dV}{V}$$

$$\ln \frac{T_B}{T_A} = \frac{nR}{C_V} \ln \frac{V_A}{V_B}$$

$$\frac{T_B}{T_A} = \left(\frac{V_A}{V_B}\right)^{nR/C_V} \qquad (2.33)$$

Für den Exponenten nR/C_V kann man nach Gleichung 2.26 auch $(C_p - C_V)/C_V = C_p/C_V - 1$ schreiben. Das Verhältnis der Wärmekapazitäten bei konstantem Druck und konstantem Volumen wird mit $\gamma = C_p/C_V$ (POISSON-Koeffizient) abgekürzt. Aus Gleichung 2.33 folgt dann

$$T_B V_B^{\gamma-1} = T_A V_A^{\gamma-1} \qquad (2.34)$$

Wenn anstelle der Variablen T und V die Variablen p und V bekannt sind, gilt die Umrechnung

$$\frac{p_B V_B}{nR} V_B^{\gamma-1} = \frac{p_A V_A}{nR} V_A^{\gamma-1}$$

$$p_B V_B^{\gamma} = p_A V_A^{\gamma} \qquad (2.35)$$

Dieses ist die POISSONsche Gleichung. Im p,V-Diagramm idealer Gase (Abb. 2.3) folgt die Isotherme der Beziehung $p \propto 1/V$, während die Adiabate durch $p \propto 1/V^{\gamma}$ beschrieben wird. Da $\gamma > 1$ bzw. $\gamma = 5/3$ für einatomige ideale Gase ist, verläuft die Adiabate ausgehend von Zustand A mit zunehmendem Volumen unterhalb der Isothermen. Anschaulich lässt sich dieses Verhalten dadurch erklären, dass bei einer isothermen Expansion Wärme aus der Umgebung aufgenommen und zur Volumenarbeit verwendet werden kann, während bei einer adiabatischen Expansion nur die innere Energie für die Volumenarbeit zur Verfügung steht, so dass die Temperatur des Gases abnimmt und somit der Druck in stärkerem Maße sinkt.

Analog zum isothermen Kompressibilitätskoeffizienten

$$\kappa_T = -\frac{1}{V} \left(\frac{\partial V}{\partial p}\right)_T \qquad (2.36)$$

ist der adiabatische Kompressibilitätskoeffizient definiert:

$$\kappa_S = -\frac{1}{V} \left(\frac{\partial V}{\partial p}\right)_S \qquad (2.37)$$

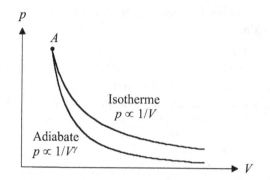

Abbildung 2.3: Isotherme und Adiabate eines idealen einatomigen Gases ($\gamma = 5/3$).

(Den Index S werden wir später als Entropie identifizieren; für adiabatische, reversible Prozesse gilt d$S = 0$.) Für ideale Gase folgt im Fall der isothermen Kompression

$$\kappa_T = -\frac{1}{V} \cdot \left(-\frac{nRT}{p^2}\right) = \frac{1}{p} \tag{2.38}$$

und im Fall der adiabatischen Kompression nach Gleichung 2.35 (C ist eine Konstante):

$$\begin{aligned} pV^\gamma &= C \\ \ln p + \gamma \ln V &= \ln C \\ \ln V &= \frac{1}{\gamma}(\ln C - \ln p) \\ \kappa_S &= -\left(\frac{\partial \ln V}{\partial p}\right)_S = \frac{1}{\gamma p} \end{aligned} \tag{2.39}$$

Damit besteht zwischen dem isothermen und dem adiabatischen Kompressibilitätskoeffizienten der Zusammenhang

$$\kappa_S = \frac{\kappa_T}{\gamma} \tag{2.40}$$

κ_S einer Flüssigkeit kann z. B. aus einer Messung der Schallgeschwindigkeit v ermittelt werden. Denn es gilt $v^2 = 1/(\varrho\kappa_S)$, wobei ϱ die Massendichte ist.

Es wird nun die adiabatische Expansion eines Gases gegen einen konstanten äußeren Druck untersucht, d. h. unter irreversiblen Bedingungen. In Abbildung 2.4 sind hierfür zwei Kammern zu sehen, die durch eine kleine Öffnung (Drosselventil) miteinander verbunden sind. In Kammer 1 befindet sich ein Gas, das durch die Öffnung vollständig in Kammer 2 gedrückt wird. Hierbei soll der Druck auf Kammer 1 konstant p_1 betragen. Wenn das Volumen anfangs V_1 ist, erhält man für die Volumenarbeit

$$W_1 = -p_1 \int_{V_1}^{0} dV = p_1 V_1 \tag{2.41}$$

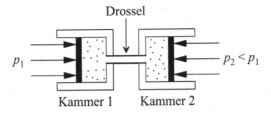

Abbildung 2.4: Irreversible Expansion eines Gases gegen den konstanten Druck p_2 zur Erläuterung des JOULE-THOMSON-Effekts.

Das Gas, das in Kammer 2 strömt, drückt den Kolben von Kammer 2 gegen den konstanten Druck p_2 ($p_2 < p_1$) nach außen und leistet hierbei die Volumenarbeit

$$W_2 = -p_2 \int\limits_0^{V_2} dV = -p_2 V_2 \tag{2.42}$$

Unter adiabatischen Bedingungen erhält man aus einer Berechnung der Änderung der inneren Energie des Gases

$$\Delta U = W_1 + W_2$$

$$U_2 - U_1 = p_1 V_1 - p_2 V_2$$

$$H_2 = H_1 \tag{2.43}$$

Der gesamte Prozess verläuft somit isenthalpisch ($dH = 0$). Aus dem totalen Differential der Enthalpie als Funktion von Temperatur und Druck (Gl. 2.19) folgt dann

$$0 = C_p dT + \left(\frac{\partial H}{\partial p}\right)_T dp$$

$$0 = C_p \left(\frac{\partial T}{\partial p}\right)_H + \left(\frac{\partial H}{\partial p}\right)_T$$

$$\left(\frac{\partial T}{\partial p}\right)_H = -\frac{1}{C_p} \left(\frac{\partial H}{\partial p}\right)_T \tag{2.44}$$

Im ersten Schritt dieser Umformung wird unter der Bedingung $H =$ konst. durch dp geteilt. Die Änderung der Temperatur eines Gases durch Druckänderung bei konstanter Enthalpie nennt man JOULE-THOMSON-Effekt, die partielle Ableitung $(\partial T/\partial p)_H$ entsprechend JOULE-THOMSON-Koeffizient. Dieser ist für ideale Gase null, da die Enthalpie idealer Gase druckunabhängig ist [$(\partial H/\partial p)_T = 0$]. Reale Gase zeigen i. d. R. einen positiven JOULE-THOMSON-Koeffizienten (z. B. $(\partial T/\partial p)_H = 0,25$ K bar^{-1} für N_2 bei 298 K). Eine Druckerniedrigung führt dann zu einer Temperaturerniedrigung. Oberhalb der so genannten Inversionstemperatur (z. B. 621 K für N_2) kehrt sich das Vorzeichen des Koeffizienten jedoch um. Dann führt eine Druckerniedrigung zu einer Temperaturerhöhung. Technisch wird der JOULE-THOMSON-Effekt in Luftverflüssigungsanlagen ausgenutzt. Durch wiederholte Kompression und anschließende

Entspannung der Luft mit Hilfe eines Drosselventils kühlt sich die Luft hierbei so stark ab, dass sie sich teilweise verflüssigt.

2.1.6   Thermochemie

In diesem Abschnitt werden die bisher erörterten Größen der Thermodynamik zur Charakterisierung von Phasenumwandlungen und chemischen Reaktionen herangezogen.

Beispiele für Phasenumwandlungen reiner Substanzen sind Modifikationsumwandlungen in Festkörpern (s' → s''), das Schmelzen (s→l) und das Verdampfen (l→g). Die Phasenbezeichnungen s, l und g leiten sich von den englischen Wörtern solid, liquid und gaseous ab. Die Wärmemenge, die bei konstantem Druck dem System zugeführt werden muss, damit diese Prozesse ablaufen, entspricht nach Gleichung 2.18 einer Enthalpieänderung des Systems:

$$\Delta H = Q_p \tag{2.45}$$

Diese Wärmemenge bewirkt lediglich eine Phasenumwandlung und führt zu keiner Temperaturerhöhung (sog. latente Wärme). Die Temperatur des Systems kann erst wieder ansteigen, wenn die Phasenumwandlung vollständig abgelaufen ist.

Für Phasenumwandlungen zwischen kondensierten Phasen sind die zugehörigen Änderungen der inneren Energie und der Enthalpie etwa gleich:

$$\Delta_{s's''} H \quad \approx \quad \Delta_{s's''} U \tag{2.46}$$

$$\Delta_{sl} H \quad \approx \quad \Delta_{sl} U \tag{2.47}$$

Der Grund hierfür sind die relativ kleinen Volumenänderungen von Stoffen bei diesen Phasenumwandlungen. Dagegen unterscheiden sich ΔH und ΔU relativ stark beim Verdampfen. So beträgt der Unterschied zwischen der Verdampfungsenthalpie $\Delta_{lg} H$ und der inneren Verdampfungsenergie $\Delta_{lg} U$ für ideale Gase unter Vernachlässigung des Volumens der flüssigen Phase ($V^g \gg V^l$):

$$\Delta_{lg} H \quad = \quad \Delta_{lg} U + p(V^g - V^l)$$

$$\approx \quad \Delta_{lg} U + pV^g$$

$$= \quad \Delta_{lg} U + nRT \tag{2.48}$$

Wenn man beispielsweise Schmelzenthalpien verschiedener Stoffe miteinander vergleichen will, ist es vorteilhaft, sie alle auf eine gemeinsame Temperatur zu beziehen. Aus diesem Grund erfolgt meist eine Umrechnung einer Phasenumwandlungsenthalpie auf die Referenztemperatur 298 K. Die Temperaturabhängigkeit einer Umwandlungsenthalpie für den Übergang von Phase ' in Phase '' ist durch die Wärmekapazitäten der beiden Phasen gegeben:

$$\left(\frac{\partial \Delta H}{\partial T} \right)_p = \left(\frac{\partial H''}{\partial T} \right)_p - \left(\frac{\partial H'}{\partial T} \right)_p = C_p'' - C_p' = \Delta C_p \tag{2.49}$$

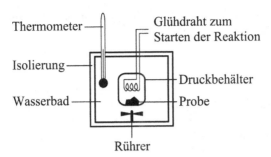

Abbildung 2.5: Adiabatisches Bombenkalorimeter.

Mit Hilfe dieser Beziehung kann man schreiben:

$$\int_{\Delta H(T_0)}^{\Delta H(T_1)} \mathrm{d}\Delta H = \int_{T_0}^{T_1} \Delta C_p \mathrm{d}T$$

$$\Delta H(T_1) = \Delta H(T_0) + \int_{T_0}^{T_1} \Delta C_p \mathrm{d}T \tag{2.50}$$

Im Allgemeinen sind Wärmekapazitäten temperaturabhängig, so dass zur Lösung des verbleibenden Integrals die Funktion $C_p(T)$ für beide Phasen bekannt sein muss.

Wärmemengen, die mit chemischen Reaktionen bei konstantem Druck verbunden sind, nennt man Reaktionsenthalpien (Gl. 2.18, r steht für reaction):

$$\Delta_r H = Q_p \tag{2.51}$$

Nimmt das System während der Reaktion Wärme aus der Umgebung auf ($\Delta_r H > 0$), spricht man von einer endothermen Reaktion, im anderen Fall ($\Delta_r H < 0$) von einer exothermen Reaktion.

Zur Ermittlung von Reaktionsenthalpien kann man chemische Reaktionen in einem adiabatischen Bombenkalorimeter (Abb. 2.5) ablaufen lassen. Da hier das Volumen konstant bleibt, entspricht der auftretende Wärmeumsatz nach Gleichung 2.13 der Änderung der inneren Energie:

$$\Delta_r U = Q_V \tag{2.52}$$

Die chemische Reaktion, die untersucht werden soll, wird innerhalb eines Behälters mit konstantem Volumen ausgelöst, der hohen Drücken standhalten kann. Dieser Behälter befindet sich in einem Wasserbad mit Rührer. Um sicherzustellen, dass das Kalorimeter adiabatisch arbeitet, muss es zur Umgebung hin isoliert sein. Diese Isolierung kann mit einem weiteren äußeren Wasserbad erreicht werden, dessen Temperatur der Temperatur des inneren Wasserbades angeglichen wird. Die Änderung der Temperatur ΔT des Kalorimeters ist proportional zur Wärme Q_V, die von der Reaktion freigesetzt oder aufgenommen wird. Durch ein Kalibrierung des Kalorimeters mit einem Prozess bekannten Wärmeumsatzes erhält man die Kalorimeterkonstante c, die eine Umrechnung von ΔT in Q_V erlaubt: $Q_V = c\Delta T$.

Als Beispiel sei die Reaktion zwischen gasförmigem Wasserstoff und gasförmigem Sauerstoff zu flüssigem Wasser genannt:

$$2H_2(g) + O_2(g) \longrightarrow 2H_2O(l)$$

Die innere Reaktionsenergie und die Reaktionsenthalpie dieser und anderer Reaktionen werden immer auf den molaren Stoffumsatz bezogen, so wie er in der Reaktionsgleichung angegeben wird. Man spricht dann von der molaren inneren Reaktionsenergie $\Delta_r U_m$ bzw. der molaren Reaktionsenthalpie $\Delta_r H_m$ mit der Einheit kJ mol^{-1}. D. h., für obige Reaktion gibt $\Delta_r U_m$ oder $\Delta_r H_m$ an, wie viel Wärme zwischen System und Umgebung ausgetauscht wird (bei konstantem Volumen bzw. konstantem Druck), wenn 2 mol Wasserstoff mit 1 mol Sauerstoff vollständig zu 2 mol Wasser reagieren.

Zur Umrechnung der inneren Reaktionsenergie in die Reaktionsenthalpie schreibt man die molare Enthalpie $H_{m,i}$ jeder Reaktionskomponente i als $U_{m,i} + pV_{m,i}$. Entsprechend der obigen Reaktion erhält man:

$$\Delta_r H_m = 2H_{m,H_2O} - 2H_{m,H_2} - H_{m,O_2}$$

$$= 2(U_{m,H_2O} + pV_{m,H_2O}) - 2(U_{m,H_2} + pV_{m,H_2})$$

$$-(U_{m,O_2} + pV_{m,O_2})$$

Jetzt kann man alle inneren Energien $U_{m,i}$ zur inneren Reaktionsenergie zusammenfassen und die Molvolumina $V_{m,i}$ der gasförmigen Komponenten nach dem idealen Gasgesetz als RT/p ausdrücken. Da das Molvolumen der flüssigen Komponente H_2O verhältnismäßig klein ist, kann es vernachlässigt werden. Somit gilt

$$\Delta_r H_m = \Delta_r U_m + \Delta\nu RT \qquad (2.53)$$

$\Delta\nu$ gibt hier an, wie viele Mole Gas bei der Reaktion umgesetzt werden. In unserem Beispiel der Reaktion zwischen Wasserstoff und Sauerstoff zu flüssigem Wasser ist $\Delta\nu = -3$.

Beispiel:
Bei der Reaktion zwischen Wasserstoff und Sauerstoff zu 1 g flüssigem Wasser in einem Bombenkalorimeter wird eine Temperaturerhöhung gemessen, die einer freiwerdenden Wärmemenge Q_V von $-15,67$ kJ entspricht. Demnach beträgt die molare innere Reaktionsenergie $\Delta_r U_m = -564,12$ kJ mol^{-1}, wenn nach obiger Reaktionsgleichung 2 mol (36 g) Wasser gebildet werden. Unter Verwendung von Gleichung 2.53 berechnet sich die molare Reaktionsenthalpie zu $\Delta_r H_m = -571,55$ kJ mol^{-1} ($\Delta\nu = -3$, $T = 298$ K).

Die Temperaturabhängigkeit der molaren Reaktionsenthalpie wird durch die molaren Wärmekapazitäten aller an der Reaktion beteiligten Substanzen bestimmt. Dieses sei wieder am Beispiel obiger Reaktion gezeigt:

$$\left(\frac{\partial \Delta_r H_m}{\partial T}\right)_p = 2\left(\frac{\partial H_{m,H_2O}}{\partial T}\right)_p - 2\left(\frac{\partial H_{m,H_2}}{\partial T}\right)_p$$

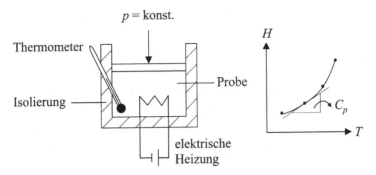

Abbildung 2.6: Schematische Darstellung eines Experiments zur Ermittlung von Wärmekapazitäten C_p. Die der Probe zugeführte elektrische Arbeit entspricht einer Enthalpieänderung. Die Steigung der $H(T)$-Kurve ist C_p.

$$-\left(\frac{\partial H_{\mathrm{m,O_2}}}{\partial T}\right)_p$$

$$= 2C_{p,\mathrm{m,H_2O}} - 2C_{p,\mathrm{m,H_2}} - C_{p,\mathrm{m,O_2}}$$

$$= \Delta C_{p,\mathrm{m}} \tag{2.54}$$

Die Integration obiger Gleichung liefert einen Ausdruck, mit dessen Hilfe die Temperaturabhängigkeit von Reaktionsenthalpien ermittelt werden kann:

$$\int\limits_{\Delta_{\mathrm r}H_{\mathrm m}(T_0)}^{\Delta_{\mathrm r}H_{\mathrm m}(T_1)} \mathrm{d}\Delta_{\mathrm r}H_{\mathrm m} = \int\limits_{T_0}^{T_1} \Delta C_{p,\mathrm{m}}\,\mathrm{d}T$$

$$\Delta_{\mathrm r}H_{\mathrm m}(T_1) = \Delta_{\mathrm r}H_{\mathrm m}(T_0) + \int\limits_{T_0}^{T_1} \Delta C_{p,\mathrm{m}}\,\mathrm{d}T \tag{2.55}$$

Wenn die Reaktionsenthalpie bei der Temperatur T_0 bekannt ist, kann sie über Gleichung 2.55 auf die Temperatur T_1 umgerechnet werden. Hierbei darf allerdings zwischen T_0 und T_1 keine Phasenumwandlung der Reaktionskomponenten auftreten. Wird über einen großen Temperaturbereich integriert, muss die Temperaturabhängigkeit der Wärmekapazitäten berücksichtigt werden. Sie ist für viele Substanzen in Form einer Reihenentwicklung tabelliert, z. B. $C_p = a + bT + cT^2 + dT^3$, wobei a, b, c und d empirisch ermittelte Konstanten sind. Für kleinere Temperaturintervalle darf $\Delta C_{p,\mathrm{m}}$ als konstant angesehen und vor das Integral geschrieben werden. Die Gleichung 2.54 bzw. ihre integrierte Form 2.55 wird als KIRCHHOFFsches Gesetz bezeichnet.

Die experimentelle Ermittlung einer Wärmekapazität C_p in Abhängigkeit der Temperatur T erfolgt mit Hilfe eines Kalorimeters, wie es z. B. in Abbildung 2.6 skizziert ist. Es weist einen Druckausgleich auf ($\mathrm{d}p = 0$) und ist zur Umgebung hin wärmeisoliert ($\text{đ}Q = 0$). Die Probe im Innern des Kalorimeters wird elektrisch aufgeheizt, wobei die Arbeit $\text{đ}W_{\mathrm{el}} = UIt$ zugeführt wird (U ist die Spannung, I die

Stromstärke und t die Zeitspanne des Heizens). Mit $dU = \mathrm{d}Q - p\mathrm{d}V + \mathrm{d}W_{el}$ folgt für die differentielle Enthalpie:

$$dH = dU + p\mathrm{d}V + V\mathrm{d}p = \mathrm{d}W_{el}$$

Die zugeführte elektrische Arbeit entspricht also der Enthalpieänderung der Probe. Trägt man H als Funktion von T in einem Diagramm auf (Abb. 2.6), dann ergibt sich aus der Steigung der Kurve bei verschiedenen Temperaturen die temperaturabhängige Wärmekapazität $C_p(T)$.

Reaktionsenthalpien zeigen nicht nur eine Temperaturabhängigkeit, sie sind auch vom Druck abhängig. Wenn eine Reaktionsenthalpie bei einem Druck von 10^5 Pa (1 bar) gemessen wurde, nennt man sie Standard-Reaktionsenthalpie und kennzeichnet sie mit einem speziellen Symbol: $\Delta_r H°$. Bezüglich der Temperatur erfolgt keine Festlegung auf einen Standardwert.

Zur Berechnung von Reaktionsenthalpien kann der HESSsche Satz herangezogen werden. Er besagt, dass die Reaktionsenthalpie einer Reaktion unabhängig vom Reaktionsweg ist. Wir können also eine gegebene Reaktion formal in Teilreaktionen zerlegen und die Reaktionsenthalpien dieser Teilreaktionen aufsummieren, um die Gesamt-Reaktionsenthalpie zu erhalten.

Beispiel:
Die Reaktion von gasförmigem Wasserstoff und gasförmigem Sauerstoff zu gasförmigem Wasser kann in zwei Teilreaktionen zerlegt werden:

$$\begin{array}{lll}
H_2(g) + \frac{1}{2}O_2(g) & \longrightarrow & H_2O(l) \quad \Delta_r H_m° = -285,8 \text{ kJ mol}^{-1} \\
H_2O(l) & \longrightarrow & H_2O(g) \quad \Delta_r H_m° = 44,0 \text{ kJ mol}^{-1} \\
\hline
H_2(g) + \frac{1}{2}O_2(g) & \longrightarrow & H_2O(g) \quad \Delta_r H_m° = -241,8 \text{ kJ mol}^{-1}
\end{array}$$

Die Summe der Reaktionsenthalpien der beiden Teilreaktionen entspricht der Reaktionsenthalpie der Gesamtreaktion.

Eine spezielle Anwendung des HESSschen Satzes ist die Berechnung von Reaktionsenthalpien aus Bildungsenthalpien. Eine Standard-Bildungsenthalpie ist diejenige Reaktionsenthalpie, die sich auf die Bildung von 1 mol einer chemischen Verbindung aus den Elementen bei 1 bar bezieht. Die Elemente befinden sich hierbei in ihrer stabilsten Form. Die Standard-Bildungsenthalpien der Elemente sind null für alle Temperaturen. Standard-Bildungsenthalpien sind meistens für 298,15 K (25 °C) tabelliert und haben das Symbol $\Delta_f H_m°$ (f steht für formation). Die Umrechnung auf andere Temperaturen erfolgt mit dem KIRCHHOFFschen Satz.

Beispiel:
Die Reaktion von Wasser mit Schwefeltrioxid zu Schwefelsäure kann wie folgt zerlegt werden:

$$\Delta_f H_m^\circ =$$

$$
\begin{aligned}
\mathrm{H_2(g) + \tfrac{1}{2}O_2(g)} &\longrightarrow \mathrm{H_2O(l)} && -285,8 \text{ kJ mol}^{-1}|\cdot(-1) \\
\mathrm{S(s) + \tfrac{3}{2}O_2(g)} &\longrightarrow \mathrm{SO_3(g)} && -395,2 \text{ kJ mol}^{-1}|\cdot(-1) \\
\mathrm{H_2(g) + S(s) + 2O_2(g)} &\longrightarrow \mathrm{H_2SO_4(l)} && -811,3 \text{ kJ mol}^{-1}
\end{aligned}
$$

$$\Delta_r H_m^\circ =$$

$$
\mathrm{H_2O(l) + SO_3(g)} \longrightarrow \mathrm{H_2SO_4(l)} \qquad -130,3 \text{ kJ mol}^{-1}
$$

Die ersten beiden Bildungsreaktionen müssen mit -1 multipliziert werden, da ihre Produkte in der Gesamtreaktion als Edukte erscheinen.

Für beliebige Reaktionen kann man verkürzt schreiben:

$$\Delta_r H_m^\circ = \sum_i \nu_i \, \Delta_f H_{m,i}^\circ \qquad (2.56)$$

Summiert wird hier über alle Reaktionskomponenten i. ν_i ist der jeweilige stöchiometrische Koeffizient in der Gesamtreaktion. Er ist positiv für Produkte und negativ für Edukte. Für obiges Beispiel gilt daher: $\nu_{H_2SO_4} = 1$, $\nu_{H_2O} = -1$ und $\nu_{SO_3} = -1$.

Zur Berechnung von Standard-Reaktionsenthalpien mit Hilfe des HESSschen Satzes können auch so genannte Standard-Bindungsenthalpien herangezogen werden. Unter einer Standard-Bindungsenthalpie ist diejenige Enthalpieänderung zu verstehen, die im Mittel bei der Bildung von 1 mol einer chemischen Bindung auftritt. Gemittelt wird über eine Reihe von Molekülen, in denen die betreffende Bindung vorkommt. Beispielsweise beträgt die Standard-Bindungsenthalpie einer (C-H)-Bindung $\Delta_{C-H}H_m = -416$ kJ mol^{-1} und einer (C-Cl)-Bindung $\Delta_{C-Cl}H_m = -327$ kJ mol^{-1}.

2.1.7 Differenz-Scanning-Kalorimetrie

Mit Hilfe der sog. Differenz-Scanning-Kalorimetrie (DSC, engl.: difference scanning calorimetry) kann man sehr kleine Enthalpieänderungen messen, wie sie z. B. bei der Umwandlung von Biopolymeren in wässriger Lösung auftreten. So lassen sich u. a. die Proteinentfaltung und Phasenumwandlungen von Lipidmembranen studieren.

In einem DSC-Experiment heizt man eine Probenlösung zusammen mit einer Referenzsubstanz (z. B. das Lösungsmittel) gleichmäßig mit einer vorgegebenen Heizrate auf (Abb. 2.7). Das Messprinzip der DSC-Methode besteht darin, dass die Temperaturen von Probenlösung (T_P) und Referenzsubstanz (T_R) während der gesamten Messung gleich gehalten werden:

$$T = T_P = T_R \qquad (2.57)$$

Findet in der Probenlösung bei einer bestimmten Temperatur z. B. eine endotherme Umwandlung statt, muss diese im Vergleich zur Referenzsubstanz stärker aufgeheizt werden, damit die Temperaturen gleich bleiben. Die Heizleistung für die Probenlösung (P_P) wird während der Umwandlung größer als die für die Referenzsubstanz (P_R). Die hieraus resultierende Heizleistungsdifferenz ist die Messgröße:

$$\Delta P = P_P - P_R \qquad (2.58)$$

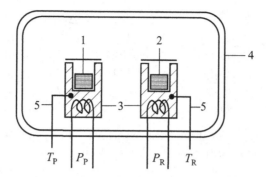

Abbildung 2.7: Schematische Darstellung einer DSC-Apparatur. Proben- (1) und Referenzbehälter (2) befinden sich jeweils auf einer Heizplatte (3). Beide Gefäße werden nach Befüllung verschlossen. Ein thermisch isolierender Mantel (4) sorgt dafür, dass keine Wärme das System verlassen oder von der Umgebung aufgenommen werden kann. Beide Gefäße werden getrennt beheizt, und ihre Temperaturen werden von je einem Temperaturfühler (5) getrennt erfasst.

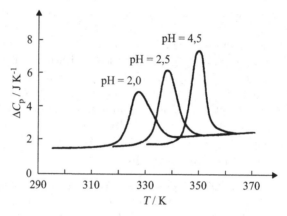

Abbildung 2.8: DSC-Thermogramme wässriger Lysozymlösungen bei verschiedenen pH-Werten (nach: P. L. Privalov, *Advances in Protein Chemistry*, Band 33, 1979, S. 167). Bei pH = 2,0 liegt Lysozym bis zu einer Temperatur von etwa 320 K in der natürlichen gefalteten Konformation vor. Bei weiterem Temperaturanstieg setzt die Entfaltung des Proteins ein.

Diese Differenz ist dem Unterschied der Wärmekapazitäten ΔC_p von Probe und Referenz proportional:

$$\Delta C_p = C_{p,\mathrm{P}} - C_{p,\mathrm{R}} = \frac{1}{\beta}\Delta P \tag{2.59}$$

In dieser Gleichung ist β die Heizrate ($\beta = \mathrm{d}T/\mathrm{d}t$). Im DSC-Thermogramm wird ΔP oder ΔC_p gegen T aufgetragen. Als Beispiel sind in Abbildung 2.8 DSC-Thermogramme wässriger Lösungen des Proteins Lysozym zu sehen. Deutlich erkennt man die Entfaltung des Proteins als positives Signal in den Messkurven.

Während einer endothermen Umwandlung der Probe wird in einem Temperaturintervall ΔT die zusätzliche Wärme $Q_{p,\text{ex}}$ zugeführt. Diese kann man in die Wärmekapazität $C_{p,\text{ex}} = Q_{p,\text{ex}}/\Delta T$ umrechnen. Durch Integration des Umwandlungssignals zwischen Anfangs- und Endtemperatur ergibt sich die Umwandlungsenthalpie:

$$\Delta H = \int_{T_1}^{T_2} C_{p,\text{ex}}\,\mathrm{d}T \tag{2.60}$$

Der Wert des Integrals entspricht der Fläche unter der basislinienkorrigierten DSC-Kurve.

Kommerziell erhältliche DSC-Geräte arbeiten i. d. R. in einem Temperaturbereich von 77 bis 1000 K bei Heizraten von 1 K/h bis 500 K/min. Die DSC-Methode bietet im Vergleich zu Bomben- und Verbrennungskalorimetern den deutlichen Vorteil, dass nur kleinste Probenmengen von einigen Milligramm zur Untersuchung benötigt werden. Da durch aufwändige Isolierungsverfahren Biomoleküle oft nur in geringer Menge verfügbar sind, ist diese hohe Empfindlichkeit sehr häufig essentiell.

2.2 Zweiter Hauptsatz der Thermodynamik

Der erste Hauptsatz der Thermodynamik beschreibt die Änderung der inneren Energie ΔU eines Systems beim Übergang zwischen zwei Zuständen (Gl. 2.6). Hiernach kann beliebig Arbeit in Wärme oder Wärme in Arbeit umgewandelt werden. In der Realität laufen Prozesse jedoch stets nur in einer Richtung ab. Beispielsweise kann eine Masse zu Boden fallen. Dabei wird potenzielle Energie in kinetische Energie und schließlich in Wärme umgewandelt. Der umgekehrte Prozess, dass die Masse Wärme aus der Umgebung aufnimmt und dabei an potenzieller Energie gewinnt bzw. in die Höhe steigt, wird nicht beobachtet. Ebenso sind z. B. die Expansion eines Gases ins Vakuum, das Vermischen zweier Gase oder der Temperaturausgleich zwischen zwei Wärmereservoiren nicht umkehrbar. Diese Richtungsabhängigkeit von Prozessen, die mit Hilfe des ersten Hauptsatzes nicht erklärt werden kann, beschreibt der zweite Hauptsatz der Thermodynamik. Man bedient sich dazu der thermodynamischen Größe Entropie. Prozesse können nur ablaufen, wenn sich dabei die Entropie des Universums, d. h. des Systems einschließlich seiner Umgebung, erhöht.

2.2.1 Einführung der Größe Entropie

Der CARNOTsche Kreisprozess illustriert, in welchem Maß Wärme in Arbeit umgewandelt werden kann. Eine CARNOT-Maschine nimmt Wärme aus der Umgebung auf und gibt die gewonnene Energie in Form von Arbeit und Wärme wieder an die Umgebung ab. Alle Prozesse der CARNOT-Maschine werden reversibel geführt, damit ein Maximum an Arbeit an der Umgebung geleistet wird. Das erhaltene Verhältnis aus geleisteter Arbeit zur aufgenommenen Wärme stellt deshalb einen Grenzwert für alle realen Wärmekraftmaschinen dar. In Abbildung 2.9 sind die Zustandsänderungen eines idealen Gases, das einen CARNOTschen Kreisprozess durchläuft, in einem p, V-Diagramm eingezeichnet.

Von Zustand A nach Zustand B expandiert das ideale Gas bei konstanter Temperatur T_1, d. h., die innere Energie des Gases ändert sich hierbei nicht:

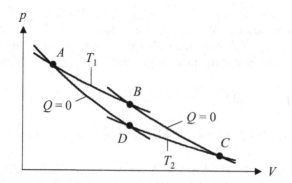

Abbildung 2.9: Zustandsänderungen eines idealen Gases, das einen CARNOTschen Kreisprozess durchläuft. Die vom System an der Umgebung verrichtete Arbeit entspricht betragsmäßig der eingeschlossenen Fläche.

$\Delta_{AB}U = Q_{AB} + W_{AB} = 0$. Da die Expansion reversibel sein soll, kann zur Berechnung der Volumenarbeit $\mathrm{d}W_{AB} = -p\mathrm{d}V$ verwendet und für den äußeren Druck p der Gasdruck nRT/V eingesetzt werden:

$$Q_{AB} = -W_{AB} \tag{2.61}$$

$$W_{AB} = -\int_{V_A}^{V_B} \frac{nRT_1}{V}\mathrm{d}V = -nRT_1 \ln\frac{V_B}{V_A} \tag{2.62}$$

Die Expansion von B nach C verläuft adiabatisch. Die Änderung der inneren Energie entspricht daher allein der geleisteten Arbeit W_{BC}:

$$Q_{BC} = 0 \tag{2.63}$$

$$W_{BC} = \Delta_{BC}U = C_V(T_2 - T_1) \tag{2.64}$$

Von Zustand C nach Zustand D wird das ideale Gas wieder komprimiert. Da diese Zustandsänderung isotherm bei der Temperatur T_2 erfolgt, ist $\Delta_{CD}U = 0$.

$$Q_{CD} = -W_{CD} \tag{2.65}$$

$$W_{CD} = -\int_{V_C}^{V_D} \frac{nRT_2}{V}\mathrm{d}V = -nRT_2 \ln\frac{V_D}{V_C} \tag{2.66}$$

Die Kompression von D nach A verläuft wie die Expansion von B nach C adiabatisch:

$$Q_{DA} = 0 \tag{2.67}$$

$$W_{DA} = \Delta_{DA}U = C_V(T_1 - T_2) \tag{2.68}$$

Aus der Adiabatengleichung $TV^{\gamma-1} = $ konst. erhält man für die beiden adiabatisch geführten Prozesse von B nach C und von D nach A die Beziehungen

$$T_1 V_A^{\gamma-1} = T_2 V_D^{\gamma-1}$$

$$T_1 V_B^{\gamma-1} = T_2 V_C^{\gamma-1}$$

Division dieser beiden Gleichungen führt zu

$$\frac{V_A}{V_B} = \frac{V_D}{V_C} \tag{2.69}$$

Nun können wir eine Bilanz für die von der CARNOT-Maschine insgesamt geleistete Arbeit aufstellen:

$$
\begin{aligned}
W &= W_{AB} + W_{BC} + W_{CD} + W_{DA} \\[1em]
&= -n\mathrm{R}T_1 \ln \frac{V_B}{V_A} + C_V (T_2 - T_1) \\[1em]
&\quad -n\mathrm{R}T_2 \ln \frac{V_D}{V_C} + C_V (T_1 - T_2) \\[1em]
&= -n\mathrm{R}T_1 \ln \frac{V_B}{V_A} - n\mathrm{R}T_2 \ln \frac{V_A}{V_B} \\[1em]
&= -n\mathrm{R}(T_1 - T_2) \ln \frac{V_B}{V_A} \tag{2.70}
\end{aligned}
$$

Der Wirkungsgrad des CARNOTschen Kreisprozesses ist das Verhältnis aus dieser geleisteten Arbeit (sie ist negativ) zur aufgenommenen Wärmemenge. Da Wärme nur während der Zustandsänderung von A nach B vom System aufgenommen wird, gilt:

$$\eta = \frac{-W}{Q_{AB}} = \frac{T_1 - T_2}{T_1} = 1 - \frac{T_2}{T_1} \tag{2.71}$$

Da $0 < T_2 < T_1$ ist, ist der Wirkungsgrad immer kleiner als 1. Es kann also niemals Wärme vollständig in Arbeit umgewandelt werden. Es wird stets eine gewisse Wärmemenge (hier Q_{CD}) wieder an die Umgebung abgegeben. Der CARNOT-Prozess beschreibt das Maximum an mechanischer Energie (geleisteter Arbeit W), das sich durch Nutzung einer vorgegebenen Wärmemenge (Q_{AB}) aus einem Bad der Temperatur T_1 unter Verwendung einer Kühlsubstanz der Temperatur T_2 gewinnen lässt. Der CARNOTsche Wirkungsgrad ist unabhängig von der Kühlsubstanz und nur eine Funktion von T_1 und T_2. Die Nutzung von Wärme verlangt daher eine möglichst große Temperaturdifferenz.

Beim Durchlaufen des CARNOTschen Kreisprozesses (Abb. 2.9) wird die Wärmemenge Q_{AB} (Gl. 2.61) bei der Temperatur T_1 und die Wärmemenge Q_{CD} (Gl. 2.65) bei der Temperatur T_2 reversibel mit der Umgebung ausgetauscht. Mit Hilfe der Beziehung $V_A / V_B = V_D / V_C$ (Gl. 2.69) kann man schreiben:

$$\frac{Q_{AB}}{T_1} + \frac{Q_{CD}}{T_2} = n\mathrm{R} \ln \frac{V_B}{V_A} + n\mathrm{R} \ln \frac{V_D}{V_C} = 0 \tag{2.72}$$

Die Größen Q_{rev}/T entsprechen offensichtlich Änderungen einer Zustandsgröße, da ihre Summe beim Durchlaufen des Kreisprozesses null ist. Diese neue Zustandsgröße nennt man Entropie S mit

$$\Delta S = \frac{Q_{\mathrm{rev}}}{T} \quad \text{bzw.} \quad \mathrm{d}S = \frac{\mathrm{d}Q_{\mathrm{rev}}}{T} \tag{2.73}$$

Wenn die isotherme Expansion des Gases von A nach B nicht reversibel, sondern irreversibel verläuft (vgl. Abb. 2.9 mit Abb. 2.2), dann wird weniger Arbeit an der Umgebung verrichtet und entsprechend weniger Wärme aus der Umgebung aufgenommen:

$$Q_{AB,\mathrm{rev}} > Q_{AB,\mathrm{irr}} \tag{2.74}$$

Teilt man diese Ungleichung durch T_1, der Temperatur der isothermen Zustandsänderung von A nach B, folgt:

$$\Delta_{AB}S > \frac{Q_{AB,\mathrm{irr}}}{T_1} \tag{2.75}$$

Diese Beziehung, die für jeden irreversiblen Prozess in einem geschlossenen System gültig ist, bezeichnet man als CLAUSIUS-Ungleichung.

Isolierte Systeme können keine Wärme mit der Umgebung austauschen, so dass hierfür aus den Gleichungen 2.73 und 2.75 für $Q = 0$ folgt

$$\Delta S \begin{cases} = 0 & \text{für reversible Prozesse} \\ > 0 & \text{für irreversible Prozesse} \end{cases} \tag{2.76}$$

Der zweite Hauptsatz der Thermodynamik beschreibt diese Beziehungen: *„Es existiert eine Zustandsgröße S, die Entropie, die in isolierten Systemen nur zunehmen oder gleichbleiben kann."* Betrachtet man das Universum als isoliertes System, dann sind sämtliche realen, irreversiblen Prozesse mit einem Anstieg der Entropie des Universums verbunden. KELVIN und CLAUSIUS haben aus dem irreversiblen Anstieg der Entropie gefolgert, dass jegliche Energie im Lauf der Zeit in Wärme umgewandelt wird, so dass das Universum einen „Wärmetod" sterben wird, bei dem jede mechanische Bewegung zum Erliegen kommt.

2.2.2   Eigenschaften der Entropie

Die Entropie ist eine Zustandsfunktion, deren totales Differential als Funktion der Variablen T und V lautet:

$$dS = \left(\frac{\partial S}{\partial T}\right)_V dT + \left(\frac{\partial S}{\partial V}\right)_T dV \tag{2.77}$$

Für die partiellen Ableitungen können folgende Ausdrücke erhalten werden, wenn man ein ideales Gas betrachtet:

$$\left(\frac{\partial S}{\partial T}\right)_V = \left(\frac{\partial S}{\partial U}\right)_V \left(\frac{\partial U}{\partial T}\right)_V = \frac{C_V}{T} \tag{2.78}$$

$$\left(\frac{\partial S}{\partial V}\right)_T = \left(\frac{\partial p}{\partial T}\right)_V = \frac{n\mathrm{R}}{V} \tag{2.79}$$

Die Begründung für diese Umformungen wird im nächsten Abschnitt nachgeholt. Einsetzen dieser Beziehungen in das totale Differential dS und anschließende Integration von Zustand 0 nach Zustand 1 liefert:

$$\Delta S = C_V \int_{T_0}^{T_1} \frac{dT}{T} + n\mathrm{R} \int_{V_0}^{V_1} \frac{dV}{V}$$

$$= C_V \ln \frac{T_1}{T_0} + n\mathrm{R} \ln \frac{V_1}{V_0} \tag{2.80}$$

Analog kann das totale Differential der Entropie als Funktion der Variablen T und p geschrieben werden:

$$dS = \left(\frac{\partial S}{\partial T}\right)_p dT + \left(\frac{\partial S}{\partial p}\right)_T dp \tag{2.81}$$

Die partiellen Ableitungen im Fall idealer Gase sind gegeben als

$$\left(\frac{\partial S}{\partial T}\right)_p = \left(\frac{\partial S}{\partial H}\right)_p \left(\frac{\partial H}{\partial T}\right)_p = \frac{C_p}{T} \tag{2.82}$$

$$\left(\frac{\partial S}{\partial p}\right)_T = -\left(\frac{\partial V}{\partial T}\right)_p = -\frac{n\mathrm{R}}{p} \tag{2.83}$$

Die Entropieänderung eines Systems beträgt dann bei einer Änderung der Temperatur und des Drucks:

$$\Delta S = C_p \int_{T_0}^{T_1} \frac{dT}{T} - n\mathrm{R} \int_{p_0}^{p_1} \frac{dp}{p}$$

$$= C_p \ln \frac{T_1}{T_0} - n\mathrm{R} \ln \frac{p_1}{p_0} \tag{2.84}$$

Mit abnehmender Temperatur wird die Entropie eines Systems immer kleiner. Der dritte Hauptsatz der Thermodynamik macht eine Aussage zur Entropie bei $T = 0$ K: „*Die Entropie eines völlig geordneten, reinen Kristalls kann am absoluten Nullpunkt der Temperatur zu Null angesetzt werden.*" Das heißt:

$$\lim_{T \to 0} S = 0 \tag{2.85}$$

Bei einer Phasenumwandlung eines Stoffes wird reversibel zwischen System und Umgebung die Wärmemenge Q bei der Phasenumwandlungstemperatur T ausgetauscht. Hierdurch verändert sich die Entropie der Umgebung um $-Q/T$ und die des Systems um ΔS. Nach dem zweiten Hauptsatz der Thermodynamik wird bei solchen reversiblen Prozessen keine Entropie erzeugt, daher ist $\Delta S - Q/T = 0$. Läuft die Phasenumwandlung bei konstantem Druck ab, entspricht Q der Enthalpieänderung des Systems. Man erhält:

$$\Delta S = \frac{\Delta H}{T} \tag{2.86}$$

Nach der TROUTONschen Regel beträgt die molare Verdampfungsentropie einer Flüssigkeit etwa 85 J K^{-1}mol^{-1}, z. B. 85,8 J K^{-1}mol^{-1} für CCl$_4$, 86,9 J K^{-1}mol^{-1} für C$_6$H$_6$. Abweichungen von dieser Regel findet man bei Flüssigkeiten, deren Moleküle assoziiert sind. So zeigt Wasser einen entsprechenden Wert von 109,1 J K^{-1}mol^{-1} und Dimethylsulfoxid sogar einen Wert von 124 J K^{-1}mol^{-1}.

Wird eine Substanz bei konstantem Druck von 0 K aufwärts erwärmt, gilt für deren Entropie bei der Temperatur T, wenn die Phasenumwandlungen s' →s'', s'' →l und l→g auftreten,

$$S(T) = S(0) + \int_0^{T_{ss}} C_p^{s'} \frac{dT}{T}$$

$$+ \frac{\Delta_{ss}H}{T_{ss}} + \int_{T_{ss}}^{T_{sl}} C_p^{s''} \frac{dT}{T}$$

$$+ \frac{\Delta_{sl}H}{T_{sl}} + \int_{T_{sl}}^{T_{lg}} C_p^{l} \frac{dT}{T}$$

$$+ \frac{\Delta_{lg}H}{T_{lg}} + \int_{T_{lg}}^{T} C_p^{g} \frac{dT}{T} \tag{2.87}$$

Damit ist eine Absolutberechnung der Entropie einer Substanz möglich, wie folgendes Beispiel zeigt.

Beispiel:

Die molare Entropie von HCl bei 298 K kann nach Gleichung 2.87 gemäß des Schemas

$$\text{HCl(s')} \xrightarrow{98\ K} \text{HCl(s'')} \xrightarrow{159\ K} \text{HCl(l)} \xrightarrow{188\ K} \text{HCl(g)}$$

berechnet werden. Nach dem dritten Hauptsatz der Thermodynamik ist $S_m(0) = 0$. Die Phasenumwandlungsentropien betragen

$$\Delta_{ss}S_m = 12,1 \text{ J K}^{-1}\text{mol}^{-1}$$

$$\Delta_{sl}S_m = 12,6 \text{ J K}^{-1}\text{mol}^{-1}$$

$$\Delta_{lg}S_m = 85,9 \text{ J K}^{-1}\text{mol}^{-1}$$

Die Temperaturintegrale sind durch Messungen der Wärmekapazitäten in Abhängigkeit der Temperatur ermittelt worden:

$$\int_{16}^{98} C_{p,m}^{s'} \frac{dT}{T} = 29,5 \text{ J K}^{-1}\text{mol}^{-1}$$

$$\int\limits_{98}^{159} C_{p,\mathrm{m}}^{\mathrm{s}''} \frac{\mathrm{d}T}{T} \;=\; 21,1 \text{ J K}^{-1}\text{mol}^{-1}$$

$$\int\limits_{159}^{188} C_{p,\mathrm{m}}^{\mathrm{l}} \frac{\mathrm{d}T}{T} \;=\; 9,9 \text{ J K}^{-1}\text{mol}^{-1}$$

$$\int\limits_{188}^{298} C_{p,\mathrm{m}}^{\mathrm{g}} \frac{\mathrm{d}T}{T} \;=\; 13,5 \text{ J K}^{-1}\text{mol}^{-1}$$

Die Entropiezunahme im Temperaturbereich von 0 bis 16 K kann mit Hilfe des DE-
BYEschen T^3-Grenzgesetzes (Kap. 4.6) zu 1,3 J K^{-1}mol^{-1} berechnet werden. Die
molare Entropie von HCl bei 298 K beträgt damit 185,9 J K^{-1}mol^{-1}.

Molare Standard-Entropien S_{m}° von Stoffen sind tabelliert und können dazu
herangezogen werden, molare Standard-Reaktionsentropien zu berechnen. Analog zu
Gleichung 2.56, mit der aus Bildungsenthalpien eine Reaktionsenthalpie ermittelt werden kann, schreibt man für eine Standard-Reaktionsentropie:

$$\Delta_{\mathrm{r}} S_{\mathrm{m}}^{\circ} = \sum_i \nu_i \, S_{\mathrm{m},i}^{\circ} \tag{2.88}$$

wobei über alle Reaktionskomponenten i summiert wird. ν_i ist der stöchiometrische
Koeffizient der Komponente i in der zugrunde liegenden Reaktionsgleichung (positiv für Produkte, negativ für Edukte). Reaktionsentropien sind temperaturabhängig
und streben gegen null, wenn der absolute Nullpunkt der Temperatur erreicht wird
(NERNSTscher Wärmesatz):

$$\lim_{T \to 0} \Delta_{\mathrm{r}} S = 0 \tag{2.89}$$

Beispiele:
1) Für die Reaktion

$$\mathrm{Pb} + 2\mathrm{AgCl} \longrightarrow \mathrm{PbCl}_2 + 2\mathrm{Ag}$$

kann die molare Reaktionsenthalpie nach Gleichung 2.56 und die molare Reaktions-
entropie nach Gleichung 2.88 berechnet werden. Wir nehmen die folgende Aufstellung
zur Hilfe ($T = 298$ K):

Komponente i	ν_i	$\Delta_{\mathrm{f}} H_{\mathrm{m},i}^{\circ}$ /(kJ mol^{-1})	$S_{\mathrm{m},i}^{\circ}$ /(J K^{-1}mol^{-1})
Pb	-1	0	64,91
AgCl	-2	$-127,03$	96,10
PbCl$_2$	$+1$	$-359,1$	136,4
Ag	$+2$	0	42,69

Damit ist $\Delta_r H_m^\circ = -105,04$ kJ mol^{-1} und $\Delta_r S_m^\circ = -35,33$ J K^{-1}mol^{-1}. Offensichtlich wird die Entropie des Systems bei dieser Reaktion um $-35,33$ J K^{-1}mol^{-1} erniedrigt. Gleichzeitig fließt jedoch die Wärmemenge $+105,04$ kJ mol^{-1} bei der Temperatur 298 K in die Umgebung und erhöht dort die Entropie um $+352,48$ J K^{-1}mol^{-1}. Somit verläuft die Reaktion insgesamt unter Entropiegewinn von links nach rechts spontan und irreversibel ab.

2) Für die Phasenumwandlung

$$S_8(\text{rhombisch}) \longrightarrow S_8(\text{monoklin})$$

beträgt die Entropieänderung bei 368 K 1,09 J K^{-1}mol^{-1}. Über die Temperaturabhängigkeiten der Wärmekapazitäten der beiden reinen Schwefelphasen lässt sich auf die molare Umwandlungsentropie bei 0 K schließen (Gl. 2.87 und 2.88):

$$\Delta S_m(368\ \text{K}) = \Delta S_m(0) + \int\limits_0^{368\ \text{K}} C_{p,m}^{\text{mono.}} \cdot \frac{dT}{T} - \int\limits_0^{368\ \text{K}} C_{p,m}^{\text{rhom.}} \cdot \frac{dT}{T}$$

Man erhält für die Integrale die Werte 37,8 J K^{-1}mol^{-1} (monoklin) und 36,9 J K^{-1}mol^{-1} (rhombisch) und damit eine molare Umwandlungsentropie von 0,19 J K^{-1}mol^{-1} ≈ 0 bei 0 K.

Die Entropie spielt eine wesentliche Rolle bei der Erzeugung extrem tiefer Temperaturen. Zunächst kann man Temperaturen von einigen Kelvin mit Hilfe des JOULE-THOMSON-Effektes erreichen (Gl. 2.44). Bei der Expansion eines (vorgekühlten) Gases kühlt sich dieses ab, bis es sich schließlich verflüssigt. Mit Helium wird so eine Temperatur von 4 K bei Normaldruck erreicht. Durch Verwendung starker Pumpen kann man den Siedepunkt von Helium auf 0,85 K reduzieren. Eine weitere Abkühlung wird durch eine adiabatische Entmagnetisierung erreicht (Abb. 2.10). Hierfür kühlt man eine paramagnetische Substanz, z. B. Gadoliniumsulfat, mit flüssigem Helium ab. Dann legt man ein Magnetfeld an, wodurch sich die Spins der ungepaarten Elektronen in den Gadolinium-Kationen parallel zum äußeren Feld orientieren. Die hierbei freiwerdende Wärme wird vom flüssigen Helium abgeführt (Schritt 1 in Abbildung 2.10). Würde man jetzt das Magnetfeld wieder abschalten, dann würden sich die Spins wieder desorientieren und es würde Wärme aus der Umgebung in das System fließen. Entfernt man jedoch das Helium zuvor und schaltet dann das Magnetfeld ab, verläuft die Entmagnetisierung unter adiabatischen Bedingungen, so dass die Temperatur des Salzes sinkt (Schritt 2 in Abbildung 2.10). Auch mit dieser Methode ist der absolute Nullpunkt nicht zu erreichen, da mit sinkender Temperatur die Entropieabnahme des Salzes während der Magnetisierung immer kleiner wird. So nähert man sich nur in immer kleineren Schritten dem absoluten Nullpunkt an. Man ist heute bei etwa $2 \cdot 10^{-8}$ K angelangt.

2.2.3   GIBBS-Energie und HELMHOLTZ-Energie

Irreversible Prozesse, wie beispielsweise die Expansion eines Gases gegen einen konstanten äußeren Druck, starten aus Nichtgleichgewichtszuständen und enden in einem Gleichgewichtszustand. Thermodynamisch werden diese Prozesse durch die

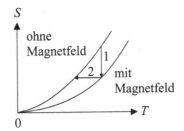

Abbildung 2.10: Entropie als Funktion der Temperatur einer Substanz mit und ohne angelegtem Magnetfeld.

CLAUSIUS-Ungleichung beschrieben (Gl. 2.75):

$$\mathrm{d}S > \frac{\mathrm{d}Q}{T} \tag{2.90}$$

Isolierte Systeme können mit der Umgebung keine Wärme austauschen ($\mathrm{d}Q = 0$), daher gilt

$$\mathrm{d}S > 0 \tag{2.91}$$

Die Entropie eines isolierten Systems wächst also bei einem irreversiblen Prozess an. Wenn Gleichgewichtsbedingungen herrschen, kommt der Prozess zum Stillstand und die Entropie hat ein Maximum erreicht.

Geschlossene Systeme können mit der Umgebung Wärme und Arbeit austauschen. Nach dem ersten Hauptsatz der Thermodynamik kann die Wärmemenge $\mathrm{d}Q$ in der CLAUSIUS-Ungleichung durch $\mathrm{d}U + p\mathrm{d}V$ ersetzt werden (Gl. 2.13), wenn nur Volumenarbeit geleistet wird:

$$\mathrm{d}S > \frac{\mathrm{d}U + p\mathrm{d}V}{T}$$

$$0 > \mathrm{d}U + p\mathrm{d}V - T\mathrm{d}S \tag{2.92}$$

I. d. R. laufen irreversible Prozesse in geschlossenen Systemen unter bestimmten Bedingungen ab, wie z. B. unter konstantem Druck oder bei konstanter Temperatur. Die obige Ungleichung soll daher diskutiert werden, indem verschiedene thermodynamische Variablen konstant gehalten werden. Bleiben während eines irreversiblen Prozesses Entropie und Volumen unverändert ($\mathrm{d}S = 0$ und $\mathrm{d}V = 0$), folgt aus Ungleichung 2.92

$$0 > (\mathrm{d}U)_{S,V} \tag{2.93}$$

Die innere Energie nimmt also ab, bis sie im Gleichgewicht am Ende des irreversiblen Prozesses ein Minimum erreicht hat. Bleiben in einem geschlossenen System dagegen die Größen S und p konstant, erhält man, wenn der Term $V\mathrm{d}p$ zur rechten Seite der Ungleichung 2.92 addiert wird ($\mathrm{d}S = 0$ und $\mathrm{d}p = 0$):

$$0 > \mathrm{d}U + p\mathrm{d}V + V\mathrm{d}p = \mathrm{d}(U + pV) = (\mathrm{d}H)_{S,p} \tag{2.94}$$

Damit strebt bei irreversiblen Prozessen unter isentropischen und isobaren Bedingungen die Enthalpie einem Minimum entgegen. Für Prozesse, die bei konstanter Temperatur und konstantem Volumen ablaufen, erhält man, wenn zur rechten Seite der Ungleichung 2.92 der Term $-SdT$ addiert wird ($dT = 0$ und $dV = 0$):

$$0 > dU - TdS - SdT = d(U - TS) = (dA)_{T,V} \tag{2.95}$$

Die neu eingeführte Größe nennt man HELMHOLTZ-Energie (oft auch freie Energie genannt):

$$A = U - TS \tag{2.96}$$

Schließlich führt Ungleichung 2.92 bei konstanter Temperatur und konstantem Druck nach Addition von Vdp und $-SdT$ ($dT = 0$ und $dp = 0$) zu

$$0 > dU + pdV + Vdp - TdS - SdT = d(U + pV - TS)$$

$$= d(H - TS) = (dG)_{T,p} \tag{2.97}$$

Die Größe G heißt GIBBS-Energie (oder auch freie Enthalpie bzw. englisch free energy):

$$G = H - TS \tag{2.98}$$

In einem geschlossenen System nehmen damit die Größen A und G sowie U und H während eines irreversiblen Prozesses ab, bis sie am Ende des Prozesses im Gleichgewicht ein Minimum erreicht haben. Die Ungleichung 2.97 ist für die Chemie von zentraler Bedeutung, da die meisten chemischen Reaktionen bei konstantem Druck und konstanter Temperatur ablaufen. Eine solche chemische Reaktion läuft demnach nur dann spontan ab, wenn sich die GIBBS-Energie G des Systems hierbei verringert. Die Änderung von G beträgt dann ($T =$ konst.):

$$\begin{aligned} \Delta G &= G_{\text{Produkte}} - G_{\text{Edukte}} \\ &= (H - TS)_{\text{Produkte}} - (H - TS)_{\text{Edukte}} \\ &= (H_{\text{Produkte}} - H_{\text{Edukte}}) - T(S_{\text{Produkte}} - S_{\text{Edukte}}) \\ &= \Delta H - T\Delta S \end{aligned} \tag{2.99}$$

Für reversible Prozesse kann man den ersten Hauptsatz der Thermodynamik (Gl. 2.7) mit $dQ = TdS$ und $dW = -pdV$ in folgende Gleichung überführen:

$$dU = TdS - pdV \tag{2.100}$$

Die Formulierung dieser Gleichung setzt voraus, dass nur Volumenarbeit vom System geleistet wird. Der Unterschied zwischen dieser Gleichung und der Ungleichung 2.92 besteht darin, dass nun $-pdV$ die reversible Volumenarbeit ist. Dementsprechend gleicht p nun dem inneren Druck des Systems, da bei reversiblen Prozessen ein Gleichgewicht zwischen System und Umgebung herrscht. Da U eine Zustandsfunktion ist, ist dU unabhängig davon, ob eine Zustandsänderung reversibel oder irreversibel erfolgt, d. h., die obige Gleichung ist sowohl für reversible als auch für irreversible Prozesse gültig. Bei irreversiblen Prozessen ist allerdings $T\mathrm{d}S > \text{đ}Q$ und $-p\mathrm{d}V < \text{đ}W$; diese beiden Größenunterschiede heben sich aber genau auf.

Mit Hilfe von Gleichung 2.100 können folgende Ausdrücke für eine Änderung der Enthalpie H, der HELMHOLTZ-Energie A und der GIBBS-Energie G erhalten werden:

$$\mathrm{d}H = \mathrm{d}U + p\mathrm{d}V + V\mathrm{d}p = T\mathrm{d}S + V\mathrm{d}p \tag{2.101}$$

$$\mathrm{d}A = \mathrm{d}U - T\mathrm{d}S - S\mathrm{d}T = -S\mathrm{d}T - p\mathrm{d}V \tag{2.102}$$

$$\mathrm{d}G = \mathrm{d}H - T\mathrm{d}S - S\mathrm{d}T = -S\mathrm{d}T + V\mathrm{d}p \tag{2.103}$$

H, A und G nennt man LEGENDRE-Transformierte von U. In den Gleichungen 2.100 bis 2.103 erscheinen die thermodynamischen Größen U, H, A und G, die auch thermodynamische Potenziale genannt werden, als Funktionen ihrer so genannten charakteristischen Variablen.

Die HELMHOLTZ-Energie A wird manchmal Arbeitsfunktion genannt. Lässt man Nichtvolumenarbeit zu, gilt allgemein $\mathrm{d}U = T\mathrm{d}S + \text{đ}W_{\mathrm{max}}$ ($\text{đ}W_{\mathrm{max}}$ ist die reversible und damit maximale Arbeit, die das System an der Umgebung verrichten kann). Unter isothermen Bedingungen folgt dann aus Gleichung 2.102 $\mathrm{d}A = \text{đ}W_{\mathrm{max}}$. Dagegen entspricht $\mathrm{d}G$ bei einer isothermen und isobaren Prozessführung der maximalen Nichtvolumenarbeit. Wird z. B. elektrische Arbeit $\text{đ}W_{\mathrm{el}}$ geleistet, dann lautet Gleichung 2.100: $\mathrm{d}U = T\mathrm{d}S - p\mathrm{d}V + \text{đ}W_{\mathrm{el}}$, und aus Gleichung 2.103 wird $\mathrm{d}G = \text{đ}W_{\mathrm{el}}$ (für p und $T = \text{konst.}$).

Beispiel:
Die Elastizität von Gummi lässt sich mit Hilfe der HELMHOLTZ-Energie beschreiben:

$$\mathrm{d}A = \mathrm{d}W_{\mathrm{max}} = F\mathrm{d}l$$

F sei die Kraft, die man für die reversible Längenänderung $\mathrm{d}l$ eines Gummibandes benötigt. Andererseits kann nach Gleichung 2.102 $\mathrm{d}A$ als $\mathrm{d}U - T\mathrm{d}S$ für $T = \text{konst.}$ geschrieben werden. Somit folgt:

$$F\mathrm{d}l = \mathrm{d}U - T\mathrm{d}S$$

$$F = \left(\frac{\partial U}{\partial l}\right)_T - T\left(\frac{\partial S}{\partial l}\right)_T$$

Misst man die Kraft für eine Streckung eines Gummibandes bei verschiedenen Temperaturen und trägt sie in einem Diagramm als Funktion der Temperatur auf, erhält man als Ordinatenabschnitt die Größe $(\partial U/\partial l)_T$ und als Steigung die Größe $-(\partial S/\partial l)_T$. Gummi besteht aus Polymerketten, die im ungestreckten Zustand viele verschiedene Konformationen einnehmen. Wird Gummi gestreckt, werden die Polymerketten partiell ausgerichtet, so dass die Zahl ihrer Konformationen sinkt. Dies ist mit einer Abnahme der Entropie verbunden. Im Diagramm erhält man wegen $(\partial S/\partial l)_T < 0$ eine positive Steigung. In einem Gummiband gibt es nur schwache Wechselwirkungen zwischen den Polymerketten, so dass sich die innere Energie des Gummibandes beim Strecken wenig ändert. D. h., es wird nur ein kleiner Ordinatenabschnitt $(\partial U/\partial l)_T$

gefunden. Wenn sich ein Gummiband nach dem Strecken wieder zusammen zieht, beruht dies daher im Wesentlichen auf einer Zunahme der Entropie der Polymerketten.

Schreibt man U, H, A und G als totale Differentiale in Abhängigkeit ihrer charakteristischen Variablen, ergeben sich durch Vergleich mit den GIBBSschen Fundamentalgleichungen eine Reihe nützlicher partieller Ableitungen:

$$dU = \left(\frac{\partial U}{\partial S}\right)_V dS + \left(\frac{\partial U}{\partial V}\right)_S dV$$

$$\Rightarrow \quad \left(\frac{\partial U}{\partial S}\right)_V = T \quad \left(\frac{\partial U}{\partial V}\right)_S = -p \tag{2.104}$$

$$dH = \left(\frac{\partial H}{\partial S}\right)_p dS + \left(\frac{\partial H}{\partial p}\right)_S dp$$

$$\Rightarrow \quad \left(\frac{\partial H}{\partial S}\right)_p = T \quad \left(\frac{\partial H}{\partial p}\right)_S = V \tag{2.105}$$

$$dA = \left(\frac{\partial A}{\partial T}\right)_V dT + \left(\frac{\partial A}{\partial V}\right)_T dV$$

$$\Rightarrow \quad \left(\frac{\partial A}{\partial T}\right)_V = -S \quad \left(\frac{\partial A}{\partial V}\right)_T = -p \tag{2.106}$$

$$dG = \left(\frac{\partial G}{\partial T}\right)_p dT + \left(\frac{\partial G}{\partial p}\right)_T dp$$

$$\Rightarrow \quad \left(\frac{\partial G}{\partial T}\right)_p = -S \quad \left(\frac{\partial G}{\partial p}\right)_T = V \tag{2.107}$$

Diese partiellen Ableitungen werden in der Thermodynamik sehr häufig verwendet, daher gibt es für ihre schnelle Ermittlung ein Merkschema:

In diesem Schema steht jeweils in der Mitte einer Seite die Größe, die abgeleitet wird (z. B. U). Benachbart zu dieser Größe findet man in den Ecken ihre charakteristischen Variablen (z. B. S und V im Fall von U). Ein Pfeil verbindet eine Variable, nach der abgeleitet wird, mit dem Ergebnis der Ableitung. Dieses ist positiv, wenn der Pfeil auf das Ergebnis hinweist, und negativ, wenn er vom Ergebnis wegzeigt. Die Anordnung der thermodynamischen Größen im Merkschema kann man sich z. B. mit dem folgenden Spruch merken:

Das Merkschema soll uns viele Ableitungen der Thermodynamik genau parat halten.

Aus den zweifachen Ableitungen von U, H, A und G nach ihren charakteristischen Variablen leiten sich unter Verwendung des Satzes von SCHWARZ die MAXWELL-Gleichungen her:

$$\left(\frac{\partial T}{\partial V}\right)_S = \left\{\frac{\partial}{\partial V}\left(\frac{\partial U}{\partial S}\right)_V\right\}_S$$

$$= \left\{\frac{\partial}{\partial S}\left(\frac{\partial U}{\partial V}\right)_S\right\}_V = -\left(\frac{\partial p}{\partial S}\right)_V \tag{2.108}$$

$$\left(\frac{\partial T}{\partial p}\right)_S = \left\{\frac{\partial}{\partial p}\left(\frac{\partial H}{\partial S}\right)_p\right\}_S$$

$$= \left\{\frac{\partial}{\partial S}\left(\frac{\partial H}{\partial p}\right)_S\right\}_p = \left(\frac{\partial V}{\partial S}\right)_p \tag{2.109}$$

$$-\left(\frac{\partial S}{\partial V}\right)_T = \left\{\frac{\partial}{\partial V}\left(\frac{\partial A}{\partial T}\right)_V\right\}_T$$

$$= \left\{\frac{\partial}{\partial T}\left(\frac{\partial A}{\partial V}\right)_T\right\}_V = -\left(\frac{\partial p}{\partial T}\right)_V \tag{2.110}$$

$$-\left(\frac{\partial S}{\partial p}\right)_T = \left\{\frac{\partial}{\partial p}\left(\frac{\partial G}{\partial T}\right)_p\right\}_T$$

$$= \left\{\frac{\partial}{\partial T}\left(\frac{\partial G}{\partial p}\right)_T\right\}_p = \left(\frac{\partial V}{\partial T}\right)_p \tag{2.111}$$

Wenn ein thermodynamisches Potenzial als Funktion seiner charakteristischen Variablen bekannt ist, dann sind alle anderen thermodynamischen Größen zugänglich. Die Anwendung der MAXWELL-Gleichungen sei an zwei Beispielen demonstriert:

Beispiele:
1) Für die Differenz der Wärmekapazitäten $C_p - C_V$ haben wir bereits eine allgemeingültige Beziehung hergeleitet (Gl. 2.23):

$$C_p - C_V = \left(\frac{\partial V}{\partial T}\right)_p \left[\left(\frac{\partial U}{\partial V}\right)_T + p\right]$$

Die partielle Ableitung der inneren Energie nach dem Volumen können wir nun so umformen, dass nur noch messbare Größen auftreten:

$$\left(\frac{\partial U}{\partial V}\right)_T = \left(\frac{\partial(A + TS)}{\partial V}\right)_T = \left(\frac{\partial A}{\partial V}\right)_T + T\left(\frac{\partial S}{\partial V}\right)_T$$

$$= -p + T\left(\frac{\partial p}{\partial T}\right)_V$$

2) Der JOULE-THOMSON-Koeffizient nach Gleichung 2.44

$$\left(\frac{\partial T}{\partial p}\right)_H = -\frac{1}{C_p}\left(\frac{\partial H}{\partial p}\right)_T$$

enthält die partielle Ableitung der Enthalpie nach dem Druck bei konstanter Temperatur, die ebenfalls in einen Ausdruck mit messbaren Größen umgeformt werden kann:

$$\left(\frac{\partial H}{\partial p}\right)_T = \left(\frac{\partial (G+TS)}{\partial p}\right)_T = \left(\frac{\partial G}{\partial p}\right)_T + T\left(\frac{\partial S}{\partial p}\right)_T$$

$$= V - T\left(\frac{\partial V}{\partial T}\right)_p$$

Für ideale Gase ist $(\partial V/\partial T)_p = nR/p$, so dass der JOULE-THOMSON-Koeffizient null wird.

2.3   Mischungen

In der Chemie spielen Mischungen von Stoffen eine herausragende Rolle. In diesem Kapitel werden Mischungen behandelt, deren Komponenten nicht miteinander reagieren und ungeladen sind. Zu ihrer Beschreibung ist die Einführung partieller molarer Größen wichtig. Die Thermodynamik miteinander reagierender Stoffe wird im nächsten Kapitel behandelt.

2.3.1   Partielle molare Größen

Eine extensive Zustandsgröße Z einer Mischung (z. B. das Volumen V oder die GIBBS-Energie G) ist eine Funktion der Stoffmengen n_i aller Komponenten. Ihr totales Differential lautet, wenn Temperatur und Druck konstant gehalten werden:

$$dZ = \left(\frac{\partial Z}{\partial n_1}\right)_{T,p,n_i(i\neq 1)} dn_1 + \left(\frac{\partial Z}{\partial n_2}\right)_{T,p,n_i(i\neq 2)} dn_2 + \dots$$

$$= Z_1 dn_1 + Z_2 dn_2 + \dots \tag{2.112}$$

Die partiellen Ableitungen Z_i nennt man partielle molare Größen. Z_i beschreibt die Änderung der Zustandsgröße Z pro Änderung der Stoffmenge der Komponente i in der Mischung bei $T =$ konst. und $p =$ konst. Im Grenzfall, wenn das System nur aus der Komponente 1 besteht, ist $Z_1 = dZ/dn_1 = Z/n_1 = Z_{m,1}$, d. h., die partielle molare Größe Z_1 entspricht der (normalen) molaren Größe $Z_{m,1}$.

Für eine binäre Mischung kann man das Volumen entsprechend obiger Gleichung als totales Differential schreiben:

$$dV = V_1 dn_1 + V_2 dn_2 \tag{2.113}$$

Hierin sind V_1 und V_2 die partiellen molaren Volumina der Komponenten 1 und 2 in der Mischung. Wenn man die Gleichung integriert und anschließend das totale

Differential bildet, erhält man

$$V = V_1 n_1 + V_2 n_2 \tag{2.114}$$

$$\mathrm{d}V = V_1 \mathrm{d}n_1 + n_1 \mathrm{d}V_1 + V_2 \mathrm{d}n_2 + n_2 \mathrm{d}V_2 \tag{2.115}$$

Ein Vergleich von Gleichung 2.113 mit Gleichung 2.115 liefert die GIBBS-DUHEM-Beziehung für das Volumen einer binären Mischung:

$$0 = n_1 \mathrm{d}V_1 + n_2 \mathrm{d}V_2 \tag{2.116}$$

oder, wenn man durch die gesamte Stoffmenge $n = n_1 + n_2$ teilt,

$$0 = x_1 \mathrm{d}V_1 + x_2 \mathrm{d}V_2 \tag{2.117}$$

wobei $x_i = n_i/n$ der Stoffmengen- oder Molenbruch der Komponente i ist. Für eine beliebige Anzahl an Komponenten gilt entsprechend

$$0 = \sum_i n_i \mathrm{d}V_i \tag{2.118}$$

$$0 = \sum_i x_i \mathrm{d}V_i \tag{2.119}$$

Division der GIBBS-DUHEM-Gleichung 2.117 durch $\mathrm{d}x_1$ bei $T = $ konst. und $p = $ konst. liefert die GIBBS-DUHEM-MARGULES-Gleichung

$$0 = x_1 \left(\frac{\partial V_1}{\partial x_1} \right)_{T,p} + x_2 \left(\frac{\partial V_2}{\partial x_1} \right)_{T,p} \tag{2.120}$$

Diese Gleichung beschreibt den Zusammenhang zwischen den beiden partiellen molaren Volumina einer binären Mischung, wenn sich die Zusammensetzung der Mischung ändert. Anstelle des partiellen molaren Volumens können in obigen Gleichungen auch alle anderen partiellen molaren Größen $Z_i = (\partial Z/\partial n_i)_{T,p,n_j}$ eingesetzt werden (z. B. $Z = U, H, A, G$).

Die partiellen molaren Volumina werden durch die intermolekularen Wechselwirkungen bestimmt, die bei der aktuellen Zusammensetzung der Mischung bestehen. Für ihre experimentelle Bestimmung kann man die so genannte Achsenabschnittsmethode anwenden. Man trägt hierfür das Molvolumen der Mischung

$$V_\mathrm{m} = x_1 V_1 + x_2 V_2 = V_2 + x_1 (V_1 - V_2) \tag{2.121}$$

gegen den Stoffmengenbruch x_1 der Komponente 1 auf (Abb. 2.11). Durch Anlegen einer Tangente an die Kurve von V_m bei einem bestimmten Molenbruch x_1' erhält man als linken Achsenabschnitt der Tangente V_2 und als rechten V_1 für diese Zusammensetzung. Für $x_1 = 0$ (reine Komponente 2) gilt $V_\mathrm{m} = V_2$ und für $x_1 = 1$ (reine Komponente 1) entsprechend $V_\mathrm{m} = V_1$. Das partielle molare Volumen einer reinen Substanz ist damit gleich ihrem Molvolumen. Die Ermittlung partieller molarer Volumina kann auch über Dichtemessungen erfolgen.

In Abbildung 2.12 sind die partiellen molaren Volumina einer Wasser/Ethanol-Mischung als Funktion des Stoffmengenbruchs des Ethanols aufgetragen. Das Beispiel

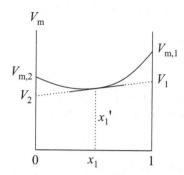

Abbildung 2.11: Achsenabschnittsmethode zur Bestimmung partieller Molvolumina.

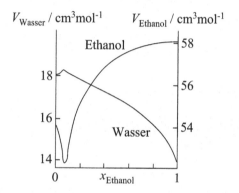

Abbildung 2.12: Die partiellen molaren Volumina einer Wasser/Ethanol-Mischung bei 25 °C. Die linke Achse ist für Wasser, die rechte für Ethanol maßgebend (nach: P. W. Atkins, *Physikalische Chemie*, VCH, Weinheim, 1988).

zeigt, dass sich das Volumen einer Mischung nicht einfach additiv aus den Volumina der Reinkomponenten zusammensetzt. Die partiellen molaren Volumina der zwei Komponenten ändern sich mit der Zusammensetzung der Mischung, da sich die chemische Umgebung der Moleküle und damit die intermolekularen Wechselwirkungskräfte ändern. Partielle Molvolumina können auch negativ sein. Beispielsweise hat $MgSO_4$ in Wasser bei geringen Konzentrationen ein partielles Molvolumen von $-1,4$ cm^3mol^{-1}, was bedeutet, dass bei der Zugabe von 1 mol $MgSO_4$ zu einer großen Menge Wasser das Volumen um 1,4 cm^3 abnimmt. Ursache dieser Volumenabnahme ist, dass die Ionen des Salzes die relativ offene Struktur des reinen Wassers stören und eine kompakte Hydratationsschale um sich herum erzeugen.

2.3.2   Das chemische Potenzial

In offenen Systemen ist die Gibbs-Energie G (freie Enthalpie) nicht nur eine Funktion der charakteristischen Variablen Temperatur und Druck, sondern auch der Stoffmengen aller Komponenten i:

$$dG = \left(\frac{\partial G}{\partial T}\right)_{p,n_i} dT + \left(\frac{\partial G}{\partial p}\right)_{T,n_i} dp$$

$$+ \sum_i \left(\frac{\partial G}{\partial n_i}\right)_{T,p,n_j(j \neq i)} dn_i$$

$$= -SdT + Vdp + \sum_i \mu_i dn_i \qquad (2.122)$$

μ_i ist die partielle molare GIBBS-Energie der Komponente i. Aufgrund ihrer großen Bedeutung für die Chemie hat man ihr ein eigenes Symbol zugeordnet und nennt sie das chemische Potenzial. Das chemische Potenzial eines Reinstoffs ist die Änderung der GIBBS-Energie bei Änderung der Stoffmenge: $\mu = dG/dn = G/n = G_m$. Das chemische Potenzial einer Substanz in einer Mischung gibt den Beitrag dieser Komponente zur GIBBS-Energie der Mischung an:

$$G = \sum_i n_i \mu_i \qquad (2.123)$$

Die chemischen Potenziale der Komponenten einer Mischung ändern sich mit der Zusammensetzung der Mischung.

Für eine beliebige chemische Reaktion kann die Änderung der molaren GIBBS-Energie aus den chemischen Potenzialen der beteiligten Komponenten berechnet werden:

$$\Delta G_m = \sum_i \nu_i \mu_i \qquad (2.124)$$

ν_i ist der stöchiometrische Koeffizient des Stoffes i. Er ist positiv für Produkte und negativ für Edukte. Wir wissen, dass ein irreversibler Prozess nur möglich ist, wenn die GIBBS-Energie des Systems hierbei abnimmt (Gl. 2.97). Daher läuft eine chemische Reaktion nur für $\Delta G_m < 0$ von links nach rechts ab. Denn unter diesen Bedingungen weisen die Produkte insgesamt eine kleinere GIBBS-Energie auf als die Edukte. Wenn G für Produkte und Edukte gleich ist, besteht ein Gleichgewichtszustand. Wir werden auf diesen Sachverhalt im Abschnitt 2.4 noch genauer eingehen.

Die Stoffmengenabhängigkeiten der Zustandsfunktionen U, H und A werden ebenfalls durch die chemischen Potenziale μ_i bestimmt:

$$dU = TdS - pdV + \sum_i \mu_i dn_i \qquad (2.125)$$

$$dH = TdS + Vdp + \sum_i \mu_i dn_i \qquad (2.126)$$

$$dA = -SdT - pdV + \sum_i \mu_i dn_i \qquad (2.127)$$

Diese Gleichungen werden zusammen mit Gleichung 2.122 GIBBSsche Fundamentalgleichungen genannt. Hierbei gilt

$$\mu_i \;=\; \left(\frac{\partial U}{\partial n_i}\right)_{S,V,n_j} = \left(\frac{\partial H}{\partial n_i}\right)_{S,p,n_j} = \left(\frac{\partial A}{\partial n_i}\right)_{T,V,n_j}$$

$$\;=\; \left(\frac{\partial G}{\partial n_i}\right)_{T,p,n_j} \tag{2.128}$$

Da jedoch nur bei der partiellen Ableitung der GIBBS-Energie T und p konstant
gehalten werden, ist das chemische Potenzial definitionsgemäß die partielle molare
GIBBS-Energie (und nicht etwa die partielle molare innere Energie).

Die GIBBS-DUHEM-Gleichung für die GIBBS-Energie lautet analog zu Gleichung
2.118

$$0 = \sum_i n_i \mathrm{d}\mu_i \tag{2.129}$$

Substituiert man in Gleichung 2.120 die partiellen molaren Volumina eines binären
Systems durch chemische Potenziale, erhält man die GIBBS-DUHEM-MARGULES-
Gleichung für die GIBBS-Energie:

$$0 = x_1 \left(\frac{\partial \mu_1}{\partial x_1}\right)_{T,p} + x_2 \left(\frac{\partial \mu_2}{\partial x_1}\right)_{T,p} \tag{2.130}$$

Ist die Konzentrationsabhängigkeit des chemischen Potenzials einer Komponente gegeben, dann kann die der anderen mit Hilfe dieser Gleichung ermittelt werden.

Wie aus Gleichung 2.103 ersichtlich ist, wird die Druckabhängigkeit der GIBBS-
Energie bei konstanter Temperatur durch das Volumen bestimmt:

$$\mathrm{d}G = V\,\mathrm{d}p \tag{2.131}$$

Für ein reines ideales Gas kann das Volumen durch nRT/p ersetzt werden. Mit
$\mathrm{d}G/n = \mathrm{d}\mu$ lässt sich schreiben:

$$\mathrm{d}\mu = \frac{RT}{p}\,\mathrm{d}p \tag{2.132}$$

Integration dieser Gleichung liefert das chemische Potenzial eines idealen Gases als
Funktion des Drucks:

$$\int_{\mu^\circ}^{\mu} \mathrm{d}\mu \;=\; RT \int_{p^\circ}^{p} \frac{\mathrm{d}p}{p}$$

$$\mu \;=\; \mu^\circ + RT \ln \frac{p}{p^\circ} \tag{2.133}$$

μ° ist das chemische Standard-Potenzial eines idealen Gases beim Standard-Druck von
$p^\circ = 1$ bar, denn es ist $\mu = \mu^\circ$ für $p = p^\circ$. μ° ist im Gegensatz zu μ druckunabhängig.

Das chemische Potenzial eines realen Gases wird analog zu dem eines idealen Gases formuliert. Es muss allerdings anstelle des Gasdrucks p die so genannte Fugazität $\varphi = \gamma p$ des Gases verwendet werden. γ (dimensionslos) bezeichnet man als Fugazitätskoeffizienten:

$$\mu = \mu^\circ + RT \ln \frac{\varphi}{p^\circ} \tag{2.134}$$

Man kann zeigen, dass der Fugazitätskoeffizient eines Gases mit folgender Beziehung berechnet werden kann:

$$\ln \gamma = \int\limits_{0}^{p} \left(\frac{pV}{nRT} - 1 \right) \frac{\mathrm{d}p}{p} \tag{2.135}$$

In dieser Gleichung ist der Kompressibilitätsfaktor $Z = pV/nRT$ durch die Virialgleichung 1.73 gegeben. Wenn z. B. die repulsiven Wechselwirkungen zwischen den Gasteilchen dominieren ($Z > 1$), ist $\gamma > 1$ und damit die Fugazität γp größer als p. Dies ist i. Allg. bei hohen Drücken der Fall.

In idealen Gasmischungen wird das chemische Potenzial μ_i der Komponente i analog formuliert. μ_i ist jetzt die partielle molare GIBBS-Energie, die vom Partialdruck p_i der Komponente i abhängt:

$$\mu_i = \mu_i^\circ + RT \ln \frac{p_i}{p^\circ} \tag{2.136}$$

Der Partialdruck ist nach $p_i = x_i^{\mathrm{g}} p_{\mathrm{ges}}$ mit dem Stoffmengenbruch x_i^{g} in der Gasphase verknüpft. Das führt zu

$$\mu_i = \mu_i^\circ + RT \ln \frac{p_{\mathrm{ges}}}{p^\circ} + RT \ln x_i^{\mathrm{g}} \tag{2.137}$$

Die ersten beiden Summanden auf der rechten Seite dieser Gleichung stellen das chemische Potenzial des Gases i beim Druck p_{ges}, d. h. im Reinzustand, dar. Chemische Potenziale für Reinstoffe wollen wir mit dem Symbol μ_i^* kennzeichnen:

$$\mu_i = \mu_i^* + RT \ln x_i^{\mathrm{g}} \tag{2.138}$$

Auch für flüssige Mischungen schreibt man das chemische Potenzial einer Komponente i in dieser Form:

$$\mu_i = \mu_i^* + RT \ln x_i^{\mathrm{l}} \tag{2.139}$$

Die Gleichungen 2.138 und 2.139 gelten allerdings nur für ideale Mischungen bzw. für Komponenten in hoher Konzentration.

Reale Gas- oder Flüssigkeitsmischungen werden allgemein über Aktivitäten a_i^{g} bzw. a_i^{l} beschrieben:

$$\mu_i = \mu_i^* + RT \ln a_i^{\mathrm{g}} \tag{2.140}$$

$$\mu_i = \mu_i^* + RT \ln a_i^{\mathrm{l}} \tag{2.141}$$

Die Aktivitäten lassen sich aus den Stoffmengenbrüchen über Aktivitätskoeffizienten berechnen:

$$a_i = f_i x_i \qquad (2.142)$$

Ein Aktivitätskoeffizient f_i ist konzentrationsabhängig und strebt für alle Temperaturen und Drücke gegen 1, wenn x_i gegen 1 geht. Aktivitätskoeffizienten lassen sich z. B. aus Messungen der Partialdrücke über einer flüssigen Mischung ermitteln (s. Abschnitt 2.3.5).

2.3.3 Mischungsgrößen

Eine Mischungsgröße beschreibt die Änderung einer Zustandsgröße während des Mischens von Reinstoffen. Es wird also der Mischungsvorgang und nicht die Mischung selbst charakterisiert. Zu Beginn des Mischungsvorgangs werden die Komponenten eines Systems durch die chemischen Potenziale μ_i^* erfasst, am Ende gelten die konzentrationsabhängigen Größen $\mu_i = \mu_i^* + RT \ln x_i$ im Fall idealer Mischungen bzw. $\mu_i = \mu_i^* + RT \ln a_i$ im Fall nicht idealer Mischungen. Die molare Mischungs-GIBBS-Energie einer idealen binären Mischung lautet somit (mix steht für englisch mixing):

$$\Delta_{\text{mix}} G_{\text{m}} = \underbrace{x_1 \mu_1 + x_2 \mu_2}_{\text{Mischung}} - \underbrace{(x_1 \mu_1^* + x_2 \mu_2^*)}_{\text{Reinstoffe}}$$

$$= RT(x_1 \ln x_1 + x_2 \ln x_2) \qquad (2.143)$$

Wegen $x_i < 1$ ist $\Delta_{\text{mix}} G_{\text{m}} < 0$. Da ein irreversibler Prozess bei konstanter Temperatur und konstantem Druck stets mit einer Abnahme von G verbunden ist (Ungl. 2.97), erfolgt das Mischen zweier Stoffe spontan.

Die negative partielle Ableitung der molaren Mischungs-GIBBS-Energie nach der Temperatur bei konstantem Druck liefert die molare Mischungsentropie (Gl. 2.107):

$$\Delta_{\text{mix}} S_{\text{m}} = - \left(\frac{\partial \Delta_{\text{mix}} G_{\text{m}}}{\partial T} \right)_p$$

$$= -R(x_1 \ln x_1 + x_2 \ln x_2) \qquad (2.144)$$

Ferner kann die molare Mischungsenthalpie nach Gleichung 2.99 aus $\Delta_{\text{mix}} G_{\text{m}}$ und $\Delta_{\text{mix}} S_{\text{m}}$ berechnet werden:

$$\Delta_{\text{mix}} H_{\text{m}} = \Delta_{\text{mix}} G_{\text{m}} + T \Delta_{\text{mix}} S_{\text{m}} = 0 \qquad (2.145)$$

D. h., es treten keine Wärmeeffekte beim Mischen auf. Bei idealen Mischungen ist damit allein die Entropiezunahme für ein spontanes Vermischen verantwortlich, wie z. B. beim spontanen Vermischen zweier idealer Gase. Dies ist nicht der Fall bei nicht idealen Mischungen. Hier bestehen zwischen den Teilchen Wechselwirkungen, so dass auch eine Mischungsenthalpie auftritt. In Abbildung 2.13 sind die Mischungsgrößen $\Delta_{\text{mix}} G_{\text{m}}$, $\Delta_{\text{mix}} S_{\text{m}}$ und $\Delta_{\text{mix}} H_{\text{m}}$ einer idealen binären Mischung in ein gemeinsames Diagramm eingezeichnet.

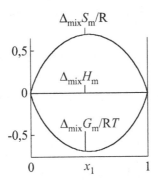

Abbildung 2.13: Mischungsgrößen einer idealen binären Mischung in Abhängigkeit des Stoffmengenbruchs $x_1 = 1 - x_2$. Maximale Mischungsentropie und minimale Mischungs-GIBBS-Energie tritt bei $x_1 = 0,5$ auf.

Schließlich lässt sich das molare Mischungsvolumen einer idealen binären Mischung aus der partiellen Ableitung der molaren Mischungs-GIBBS-Energie nach dem Druck bei konstanter Temperatur ermitteln (Gl. 2.107):

$$\Delta_{\text{mix}} V_\text{m} = \left(\frac{\partial \Delta_{\text{mix}} G_\text{m}}{\partial p} \right)_T = 0 \tag{2.146}$$

Es tritt somit keine Volumenänderung beim Mischen auf, wenn sich die Komponenten ideal verhalten, da dann keine intermolekularen Wechselwirkungskräfte bestehen.

2.3.4 Exzessgrößen

Treten Abweichungen von der Idealität beim Mischen von Reinstoffen auf, dann müssen alle Mischungsgrößen mit Hilfe der Aktivitäten der Komponenten berechnet werden. Aus der Differenz realer (nicht idealer) Mischungsgrößen zu den entsprechenden idealen Mischungsgrößen ergeben sich die so genannten Exzessgrößen. Nur diese sind i. d. R. von Interesse, da ideale Mischungsgrößen nicht stoffspezifisch sind und somit für alle Mischungen den gleichen Beitrag liefern. Definitionsgemäß lautet die molare Exzess-GIBBS-Energie einer binären Mischung

$$G_\text{m}^\text{E} = \underbrace{RT(x_1 \ln a_1 + x_2 \ln a_2)}_{\text{real}} - \underbrace{RT(x_1 \ln x_1 + x_2 \ln x_2)}_{\text{ideal}}$$

$$= RT(x_1 \ln f_1 + x_2 \ln f_2) \tag{2.147}$$

mit $f_i = a_i / x_i$ als Aktivitätskoeffizienten. Die molare Exzessentropie kann wieder aus der negativen partiellen Ableitung von G_m^E nach der Temperatur berechnet werden. Es ist hierbei zu berücksichtigen, dass prinzipiell auch die Aktivitätskoeffizienten temperaturabhängig sind:

$$S_\text{m}^\text{E} = - \left(\frac{\partial G_\text{m}^\text{E}}{\partial T} \right)_p$$

$$= -\mathrm{R}(x_1 \ln f_1 + x_2 \ln f_2)$$

$$-\mathrm{R}T \left[x_1 \left(\frac{\partial \ln f_1}{\partial T} \right)_p + x_2 \left(\frac{\partial \ln f_2}{\partial T} \right)_p \right] \tag{2.148}$$

Bei konstanter Temperatur ergibt sich die molare Exzessenthalpie zu (Gl. 2.99)

$$H_{\mathrm{m}}^{\mathrm{E}} = G_{\mathrm{m}}^{\mathrm{E}} + T S_{\mathrm{m}}^{\mathrm{E}}$$

$$= -\mathrm{R}T^2 \left[x_1 \left(\frac{\partial \ln f_1}{\partial T} \right)_p + x_2 \left(\frac{\partial \ln f_2}{\partial T} \right)_p \right] \tag{2.149}$$

Das molare Exzessvolumen berechnet sich aus der partiellen Ableitung von $G_{\mathrm{m}}^{\mathrm{E}}$ nach dem Druck bei konstanter Temperatur:

$$V_{\mathrm{m}}^{\mathrm{E}} = \left(\frac{\partial G_{\mathrm{m}}^{\mathrm{E}}}{\partial p} \right)_T$$

$$= \mathrm{R}T \left[x_1 \left(\frac{\partial \ln f_1}{\partial p} \right)_T + x_2 \left(\frac{\partial \ln f_2}{\partial p} \right)_T \right] \tag{2.150}$$

In realen Mischungen sind damit alle Exzessgrößen von null verschieden.

Als Modell für eine reale Mischung kann eine so genannte reguläre Mischung dienen. Hier wird die Temperaturabhängigkeit der Aktivitätskoeffizienten durch die Beziehungen

$$\ln f_1 = \frac{x_2^2 A}{\mathrm{R}T} \tag{2.151}$$

$$\ln f_2 = \frac{x_1^2 A}{\mathrm{R}T} \tag{2.152}$$

beschrieben. A ist eine Konstante, die nicht von Temperatur, Druck und Zusammensetzung abhängen soll. Die Exzessgrößen $G_{\mathrm{m}}^{\mathrm{E}}$, $S_{\mathrm{m}}^{\mathrm{E}}$ und $H_{\mathrm{m}}^{\mathrm{E}}$ lauten nun:

$$G_{\mathrm{m}}^{\mathrm{E}} = \mathrm{R}T \left(x_1 \frac{x_2^2 A}{\mathrm{R}T} + x_2 \frac{x_1^2 A}{\mathrm{R}T} \right) = A x_1 x_2 \tag{2.153}$$

$$S_{\mathrm{m}}^{\mathrm{E}} = 0 \tag{2.154}$$

$$H_{\mathrm{m}}^{\mathrm{E}} = A x_1 x_2 \tag{2.155}$$

Reguläre Mischungen zeigen also bzgl. der Mischungsentropie ideales Verhalten. Allgemein findet man dies bei Mischungen von Molekülen mit ähnlicher Größe, Gestalt und Polarität. Gleichung 2.153 nennt man auch PORTER-Ansatz. A ist ein Maß dafür, um wie viel sich die Wechselwirkungsenergie zwischen ungleichen Molekülen von der Wechselwirkungsenergie gleicher Moleküle unterscheidet.

Im Modell einer athermischen Mischung erscheint die Mischungsenthalpie ideal. Dieses Verhalten findet man beispielsweise bei einer Lösung eines Hochpolymers im monomeren Lösungsmittel. Im Rahmen der FLORY-HUGGINS-Theorie gilt in diesem Fall:

$$\Delta_{\mathrm{mix}}G_{\mathrm{m}} = RT(x_1 \ln \phi_1 + x_2 \ln \phi_2) \tag{2.156}$$

$$\Delta_{\mathrm{mix}}S_{\mathrm{m}} = -R(x_1 \ln \phi_1 + x_2 \ln \phi_2) \tag{2.157}$$

$$\Delta_{\mathrm{mix}}H_{\mathrm{m}} = 0 \tag{2.158}$$

Damit ist $H_{\mathrm{m}}^{\mathrm{E}} = 0$. ϕ_1 und ϕ_2 sind die Volumenbrüche der Komponenten 1 und 2 in der Mischung ($\phi_i = n_i V_i / V_{\mathrm{ges}}$).

2.3.5 Das RAOULTsche Gesetz

Im thermodynamischen Gleichgewicht befindet sich über jeder flüssigen Phase auch eine dampfförmige. Teilchen können ständig aus dem flüssigen Zustand in den gasförmigen übergehen und umgekehrt. Insgesamt ändern sich die Stoffmengen der beiden Phasen im Mittel jedoch nicht. Aus der Gleichgewichtsbedingung $\Delta G_{\mathrm{m}} = 0$ folgt, dass das chemische Potenzial der flüssigen Phase gleich dem der gasförmigen ist:

$$\mu^{\mathrm{l}} = \mu^{\mathrm{g}} \tag{2.159}$$

Wenn nun in einem Lösungsmittel (1) eine Substanz (2) gelöst wird, dann befinden sich beide Flüssigkeitskomponenten 1 und 2 mit den jeweiligen Gaskomponenten 1 und 2 im Gleichgewicht:

$$\mu_1^{\mathrm{l}} = \mu_1^{\mathrm{g}} \tag{2.160}$$

$$\mu_2^{\mathrm{l}} = \mu_2^{\mathrm{g}} \tag{2.161}$$

Verhält sich die Gasphase ideal, dann ergibt sich für die chemischen Potenziale des Lösungsmittels (Komponente 1):

$$\mu_1^{*\mathrm{l}} + RT \ln a_1^{\mathrm{l}} = \mu_1^{\circ} + RT \ln \frac{p_1}{p^{\circ}} \tag{2.162}$$

Wendet man diese Gleichung auf das reine Lösungsmittel an, folgt ($a_1 = 1$ und $p_1 = p_1^*$):

$$\mu_1^{*\mathrm{l}} = \mu_1^{\circ} + RT \ln \frac{p_1^*}{p^{\circ}} \tag{2.163}$$

Nach Subtraktion dieser Gleichung von Gleichung 2.162 resultiert die Beziehung:

$$RT \ln a_1^{\mathrm{l}} = RT \ln \frac{p_1}{p_1^*} \tag{2.164}$$

bzw.

$$p_1 = a_1^{\mathrm{l}} p_1^* = f_1^{\mathrm{l}} x_1^{\mathrm{l}} p_1^* \tag{2.165}$$

Der Dampfdruck einer Mischungskomponente (hier p_1) wächst also proportional mit der Aktivität dieser Komponente in der flüssigen Phase (hier a_1^{l}) an. Der Proportionalitätsfaktor ist der Dampfdruck im Reinzustand (hier p_1^*). Für den Grenzfall $x_1^{\mathrm{l}} \to 1$

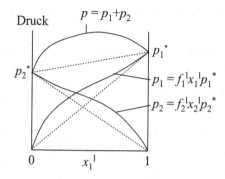

Abbildung 2.14: Dampfdruck einer binären Mischung als Funktion des Stoffmengenbruchs x_1^l der Komponente 1 in der flüssigen Phase. Die gestrichelten Linien geben die Dampfdrücke einer idealen Mischung wieder. Die ausgezogenen Linien gelten dagegen für eine reale Mischung. Es wird hier angenommen, dass die Aktivitätskoeffizienten f_1^l und f_2^l der beiden Komponenten 1 und 2 größer als eins sind, so dass eine positive Abweichung der Dampfdrücke von der Idealität gegeben ist (wie z. B. beim System CS_2/Aceton).

(Lösungsmittel im starken Überschuss) strebt der Aktivitätskoeffizient f_1^l gegen 1, so dass der Dampfdruck des Lösungsmittels direkt proportional zum Stoffmengenbruch des Lösungsmittels in der flüssigen Phase wird. Dieser Zusammenhang, $p_1 = x_1^l p_1^*$, wird als RAOULTsches Grenzgesetz bezeichnet. Lösungen, für die das RAOULTsche Grenzgesetz über den gesamten Konzentrationsbereich gilt, werden ideale Lösungen genannt. In Abbildung 2.14 ist der Dampfdruck einer Mischung $p = p_1 + p_2$ in Abhängigkeit des Stoffmengenbruchs einer Flüssigkeitskomponente aufgetragen.

Es sei angemerkt, dass das DALTONsche Gesetz einen Partialdruck mit dem entsprechenden Stoffmengenbruch in der gasförmigen Phase verknüpft:

$$p_1 = x_1^g p$$

Wenn eine Mischung ausschließlich gasförmig vorliegt, dann ist der Gesamtdruck p konstant. Im Gegensatz hierzu ist der Dampfdruck p einer Flüssigkeitsmischung eine Funktion des Stoffmengenbruchs x_1^g, was später bei der Behandlung von Dampfdruckdiagrammen gezeigt wird.

Beispiel:
Wir betrachten folgende Daten einer Benzol/Toluol-Mischung bei 60 °C:

i	p_i^* / hPa	x_i^l	p_i / hPa	x_i^g
Benzol	513	0,4	205	0,65
Toluol	185	0,6	111	0,35

Die Partialdrücke p_i sind gemäß dem RAOULTschen Grenzgesetz berechnet worden. Die Summe der beiden Partialdrücke von 316 hPa ist der gesamte Dampfdruck über der Mischung. Aus ihm kann mit Hilfe des DALTONschen Partialdruckgesetzes die

Zusammensetzung des Dampfes berechnet werden. Man sieht, dass im Gegensatz zur flüssigen Phase der Dampf mit Benzol angereichert ist.

2.3.6 Das HENRYsche Gesetz

Es soll nun untersucht werden, wie der Dampfdruck einer gelösten Substanz (Komponente 2) von der Zusammensetzung einer binären flüssigen Mischung abhängt. Hierfür wenden wir Gleichung 2.165 auf diese Komponente an und bilden den Grenzwert kleiner Konzentrationen:

$$\lim_{x_2^l \to 0} p_2 = \lim_{x_2^l \to 0} f_2^l x_2^l p_2^* = x_2^l K_2 \tag{2.166}$$

mit K_2 als Grenzwert des Produkts $f_2^l p_2^*$. Diesen Grenzwert nennt man HENRY-Konstante. Für sehr kleine Konzentrationen (ideal verdünnte Lösungen) ist der Dampfdruck der gelösten Substanz (hier p_2) somit proportional zur Stoffmengenkonzentration der gelösten Substanz in der flüssigen Phase (hier x_2^l), was als HENRYsches Grenzgesetz bezeichnet wird: $p_2 = x_2^l K_2$. Für höhere Konzentrationen muss man das HENRYsche Grenzgesetz mit dem Aktivitätskoeffizienten f_2^H korrigieren. Das führt zur allgemein gültigen Beziehung:

$$p_2 = f_2^H x_2^l K_2 \tag{2.167}$$

Der HENRYsche Aktivitätskoeffizient f_i^H darf nicht mit dem RAOULTschen Aktivitätskoeffizienten f_i^l verwechselt werden. f_i^H ist auf den Zustand sehr kleiner Konzentrationen normiert, denn es gilt $f_i^H = 1$ für $x_i^l = 0$. Im Gegensatz hierzu ist der RAOULTsche Aktivitätskoeffizient auf den Zustand sehr großer Konzentrationen normiert: $f_i^l = 1$ für $x_i^l = 1$.

In Abbildung 2.15 ist der reale Dampfdruck einer Komponente einer binären flüssigen Mischung schematisch dargestellt. Für kleine Konzentrationen wird dieser durch das HENRYsche Grenzgesetz beschrieben, für große Konzentrationen gilt das RAOULTsche Grenzgesetz. Im mittleren Konzentrationsbereich sind Aktivitätskoeffizienten notwendig, um den realen Dampfdruck aus dem Stoffmengenbruch der Flüssigkeitskomponente zu berechnen. Das HENRYsche Grenzgesetz wurde ursprünglich für die Löslichkeit von Gasen in Flüssigkeiten gefunden. Es gilt jedoch allgemein für jeden gelösten Stoff.

Beispiel:
Die HENRY-Konstante von Sauerstoff im Lösungsmittel Wasser beträgt $K_{O_2} = 4,40 \cdot 10^4$ bar bei 298 K. Bei einem Partialdruck des Sauerstoffs in der Luft von $p_{O_2} = 0,2$ bar berechnet sich für $f_{O_2}^H \approx 1$ der Stoffmengenbruch des Sauerstoffs im Wasser zu

$$x_{O_2}^l = \frac{p_{O_2}}{K_{O_2}} = 4,5 \cdot 10^{-6}$$

In 1 kg Wasser, das sind 55,6 mol, löst sich daher die folgende Stoffmenge Sauerstoff:

$$x_{O_2}^l = \frac{n_{O_2}}{n_{O_2} + n_{H_2O}}$$

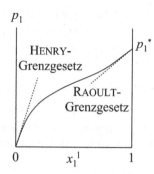

Abbildung 2.15: Schematische Darstellung des Dampfdrucks einer Komponente einer realen flüssigen Mischung. Die gestrichelten Linien geben den Dampfdruck wieder, wie er nach dem HENRYschen und dem RAOULTschen Grenzgesetz erwartet wird.

$$n_{O_2} \;=\; n_{H_2O}\,\frac{x^l_{O_2}}{1-x^l_{O_2}} = 2,5\cdot 10^{-4}\ \text{mol}$$

Nach dem idealen Gasgesetz entspricht diese Stoffmenge bei $T = 298$ K und $p = 1$ bar einem Gasvolumen von:

$$V_{O_2} = \frac{n_{O_2}RT}{p} = 6\ \text{cm}^3$$

Wenn man sich mit der Thermodynamik gelöster Stoffe beschäftigt, ist es sinnvoll, ihre chemischen Potenziale nicht auf den Reinzustand zu beziehen, sondern den Zustand unendlicher Verdünnung als Standardzustand zu wählen. Für die Ableitung dieses neuen Standardzustandes ist zunächst eine Beziehung zwischen den Aktivitätskoeffizienten nach RAOULT und HENRY zu finden. Nach den Gleichungen 2.165 und 2.167 gilt:

$$p_i \;=\; f^l_i x^l_i p^*_i = f^H_i x^l_i K_i$$

$$f^l_i \;=\; \frac{f^H_i K_i}{p^*_i} \qquad\qquad\qquad\qquad (2.168)$$

Mit Hilfe dieser Beziehung kann das Standardpotenzial μ^*_i für den Reinzustand in das Standardpotenzial μ^∞_i für unendliche Verdünnung umgeformt werden:

$$\mu_i \;=\; \mu^*_i + RT\ln f^l_i + RT\ln x^l_i$$

$$=\; \mu^*_i + RT\ln \frac{K_i}{p^*_i} + RT\ln f^H_i + RT\ln x^l_i$$

$$=\; \mu^\infty_i + RT\ln f^H_i + RT\ln x^l_i \qquad\qquad (2.169)$$

wobei $\mu^\infty_i = \mu^*_i + RT\ln(K_i/p^*_i)$ gesetzt wurde. Eine ideal verdünnte Lösung wird durch $f^H_i = 1$ definiert.

Das HENRYsche Grenzgesetz spielt auch bei der Trennung von Stoffen mit Hilfe von Extraktionsmethoden eine Rolle. Hierbei wird eine im Lösungsmittel α gelöste Substanz i teilweise in ein anderes Lösungsmittel β überführt, bis eine Gleichgewichtsverteilung zwischen diesen Lösungsmitteln erreicht wird (z. B. Br_2 in Wasser/Ether). Im Gleichgewicht gilt für die chemischen Potenziale der Substanz i in den beiden Lösungsmitteln α und β, wenn ideales Verhalten angenommen wird ($f_i^{H\alpha} = f_i^{H\beta} = 1$):

$$\mu_i^\alpha = \mu_i^\beta$$

$$\mu_i^{\infty\alpha} + RT \ln x_i^{l\alpha} = \mu_i^{\infty\beta} + RT \ln x_i^{l\beta} \qquad (2.170)$$

Wenn man diese Gleichung nach den Stoffmengenbrüchen auflöst, ergibt sich ein konstantes Verhältnis bei $T, p =$ konst.:

$$RT \ln \frac{x_i^{l\alpha}}{x_i^{l\beta}} = \mu_i^{\infty\beta} - \mu_i^{\infty\alpha}$$

$$\frac{x_i^{l\alpha}}{x_i^{l\beta}} = \exp\left(\frac{\mu_i^{\infty\beta} - \mu_i^{\infty\alpha}}{RT}\right) \qquad (2.171)$$

Bei vorgegebener Temperatur und vorgegebenem Druck ist das Verhältnis der Stoffmengenbrüche des Gelösten in den zwei nicht mischbaren Lösungsmitteln konstant. Die Differenz der chemischen Standardpotenziale $\mu_i^{\infty\alpha}$ und $\mu_i^{\infty\beta}$ entscheidet, in welchem Lösungsmittel sich die Substanz i bevorzugt löst (NERNSTsches Verteilungsgesetz). Das NERNSTsche Verteilungsgesetz bildet die theoretische Grundlage zur Berechnung von Extraktionsprozessen.

Das HENRYsche Gesetz ist auch für die Löslichkeit fester Stoffe (Komponente 2) in Flüssigkeiten (Komponente 1) anwendbar. Es gilt für das Gleichgewicht zwischen der reinen festen Phase α und der Lösung β:

$$\mu_2^\alpha = \mu_2^\beta$$

$$\mu_2^{*\alpha} = \mu_2^{\infty\beta} + RT \ln a_2^{sat} \qquad (2.172)$$

Wir erhalten bei $p, T =$ konst.:

$$a_2^{sat} = \exp\left(\frac{\mu_2^{*\alpha} - \mu_2^{\infty\beta}}{RT}\right) = \text{konst.} \qquad (2.173)$$

Die Aktivität des gelösten Stoffes ist solange konstant, wie fester Stoff als Bodenkörper vorhanden ist. Diese Aktivität heißt dann Sättigungsaktivität a_2^{sat}. Chemisch indifferente Zusätze zur Lösung beeinflussen a_2^{sat} nicht, wohl aber den Aktivitätskoeffizienten f_2^H und über diesen den Sättigungsstoffmengenbruch x_2^{sat}. Bei Zugabe von Fremdsalzen nimmt der Aktivitätskoeffizient eines Elektrolyten ab. Da a_2^{sat} konstant ist, muss x_2^{sat} größer werden und so die Löslichkeit des Elektrolyten zunehmen (Einsalzeffekt). Umgekehrt nimmt die Löslichkeit von Nichtelektrolyten beim Auflösen von Fremdsalzen im Allgemeinen ab (Aussalzeffekt).

2.3.7   Kolligative Eigenschaften

Als Lösung bezeichnet man i. d. R. eine homogene Mischphase, in der ein Stoff, das Lösungsmittel, gegenüber den anderen Komponenten in großem Überschuss vorhanden ist. Eine Lösungseigenschaft, die nur von der Stoffmengenkonzentration eines gelösten Stoffes abhängig ist, heißt kolligativ. Sie tritt unabhängig davon auf, welcher Stoff gelöst ist.

Die Siedepunktserhöhung eines Lösungsmittels durch Zugabe eines Stoffes stellt eine solche kolligative Eigenschaft dar. Anschaulich kann man sich diesen Effekt dadurch erklären, dass gemäß dem RAOULTschen Gesetz der Dampfdruck des Lösungsmittels kleiner wird, wenn der Stoffmengenbruch des Lösungsmittels reduziert wird. Die Siedetemperatur eines Stoffes ist als diejenige Temperatur definiert, bei der der Dampfdruck des Stoffes dem Atmosphärendruck entspricht. Wird dieser Dampfdruck durch Lösung einer zweiten Komponente verringert, muss als Folge die Temperatur weiter erhöht werden, um den Dampfdruck wieder dem Atmosphärendruck anzugleichen.

Die thermodynamische Beschreibung der Siedepunktserhöhung geht von den chemischen Potenzialen des Lösungsmittels (Komponente 1) in der flüssigen und gasförmigen Phase aus. Es wird angenommen, dass der gelöste Stoff (Komponente 2) einen vernachlässigbar kleinen Dampfdruck besitzt, d. h., dass die Gasphase nur aus Komponente 1 besteht. x_1 soll den Stoffmengenbruch des Lösungsmittels in der flüssigen Phase bezeichnen. Es gilt:

$$\mu_1^g = \mu_1^l$$

$$\mu_1^{*g} = \mu_1^{*l} + RT \ln x_1 \tag{2.174}$$

Hieraus folgt für die molare Siede-GIBBS-Energie des Lösungsmittels:

$$\Delta_{lg} G_m^* = \mu_1^{*g} - \mu_1^{*l} = RT \ln x_1 \tag{2.175}$$

Mit Hilfe der Gleichung $\Delta G = \Delta H - T\Delta S$ können wir obige Gleichung für die Lösung und das reine Lösungsmittel ($x_1 = 1$) formulieren:

$$\Delta_{lg} H_m^* - T \Delta_{lg} S_m^* = RT \ln x_1 \tag{2.176}$$

$$\Delta_{lg} H_m^* - T^* \Delta_{lg} S_m^* = 0 \tag{2.177}$$

T^* ist die Siedetemperatur des reinen Lösungsmittels. Teilt man Gleichung 2.176 durch RT, Gleichung 2.177 durch RT^* und bildet anschließend die Differenz, führt das zu:

$$\frac{\Delta_{lg} H_m^*}{R} \left(\frac{1}{T} - \frac{1}{T^*} \right) = \ln x_1 \tag{2.178}$$

In dieser Umformung wurden die Temperaturabhängigkeiten der molaren Siedeenthalpie (Verdampfungsenthalpie) $\Delta_{lg} H_m^*$ und -entropie $\Delta_{lg} S_m^*$ vernachlässigt. Mit den

Näherungen $TT^* \approx T^{*2}$ und $\ln x_1 \approx x_1 - 1 = -x_2 \approx -n_2/n_1 = -(m_2/M_2)/(m_1/M_1)$ folgt weiter:

$$\frac{\Delta_{\mathrm{lg}} H_{\mathrm{m}}^*}{R} \cdot \frac{T^* - T}{T^{*2}} = -\frac{m_2 M_1}{m_1 M_2}$$

$$T - T^* = \underbrace{\frac{R T^{*2} M_1}{\Delta_{\mathrm{lg}} H_{\mathrm{m}}^*}}_{K_{\mathrm{lg}}} \cdot \frac{m_2}{m_1 M_2} \qquad (2.179)$$

Die Siedepunktserhöhung $(T - T^*)$ eines Lösungsmittels durch Zugabe einer zweiten Komponente wird damit durch zwei Faktoren bestimmt. Der erste Faktor enthält neben der allgemeinen Gaskonstante nur Größen, die sich auf das reine Lösungsmittel beziehen. Er wird als ebullioskopische Konstante K_{lg} abgekürzt. Der zweite Faktor enthält die Einwaagen m_1 und m_2 von Lösungsmittel und gelöster Substanz und die molare Masse M_2 der gelösten Substanz. Er ist die Molalität n_2/m_1 von Komponente 2 im Lösungsmittel 1. Durch Messung der Siedepunktserhöhung ist es daher möglich, die molare Masse einer Substanz zu bestimmen (Ebullioskopie).

Das Lösen eines Stoffes in einem Lösungsmittel beeinflusst nicht nur die Siedetemperatur, sondern auch die Schmelztemperatur des Lösungsmittels. Man beobachtet eine Gefrierpunktserniedrigung, die von der Stoffmenge der gelösten Substanz abhängt. Thermodynamisch wird diese kolligative Eigenschaft völlig analog zur Siedepunktserhöhung beschrieben. Die chemischen Potenziale des Lösungsmittels (Komponente 1) in der festen und flüssigen Phase sind am Gefrierpunkt gleich groß. In der flüssigen Phase besitzt das Lösungsmittel den Stoffmengenbruch x_1, da diese Phase eine Lösung ist. Im festen Zustand soll das Lösungsmittel rein vorliegen:

$$\mu_1^{\mathrm{s}} = \mu_1^{\mathrm{l}}$$

$$\mu_1^{*\mathrm{s}} = \mu_1^{*\mathrm{l}} + RT \ln x_1 \qquad (2.180)$$

Die molare Schmelz-GIBBS-Energie des Lösungsmittels berechnet sich zu

$$\Delta_{\mathrm{sl}} G_{\mathrm{m}}^* = \mu_1^{*\mathrm{l}} - \mu_1^{*\mathrm{s}} = -RT \ln x_1 \qquad (2.181)$$

Unter der Annahme, dass die Schmelzenthalpie und die Schmelzentropie des Lösungsmittels temperaturunabhängig sind, kann diese Gleichung für die Lösung und für das reine Lösungsmittel wie folgt geschrieben werden:

$$\Delta_{\mathrm{sl}} H_{\mathrm{m}}^* - T \Delta_{\mathrm{sl}} S_{\mathrm{m}}^* = -RT \ln x_1 \qquad (2.182)$$

$$\Delta_{\mathrm{sl}} H_{\mathrm{m}}^* - T^* \Delta_{\mathrm{sl}} S_{\mathrm{m}}^* = 0 \qquad (2.183)$$

Nun wird Gleichung 2.182 durch RT und Gleichung 2.183 durch RT^* geteilt. Die Differenz dieser neu gewonnenen Ausdrücke lautet:

$$\frac{\Delta_{\mathrm{sl}} H_{\mathrm{m}}^*}{R} \left(\frac{1}{T} - \frac{1}{T^*} \right) = -\ln x_1 \qquad (2.184)$$

Tabelle 2.2: Kryoskopische und ebullioskopische Konstanten einiger Lösungsmittel.

Lösungsmittel	$K_{sl}/\mathrm{K\ kg\ mol^{-1}}$	$K_{lg}/\mathrm{K\ kg\ mol^{-1}}$
Campher	40	6,09
Benzol	5,1	2,53
Wasser	1,86	0,51

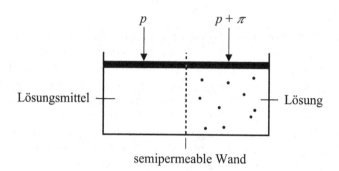

Abbildung 2.16: Bei der Osmose treten im Mittel mehr Lösungsmittelmoleküle in die Lösung hinein als aus der Lösung heraus. Das Volumen der Lösung steigt dann an. Will man das Volumen der Lösung konstant halten, muss der osmotische Druck π aufgewendet werden.

Schließlich werden wieder die Näherungen $TT^* \approx T^{*2}$ und $-\ln x_1 \approx (m_2/M_2)/(m_1/M_1)$ vorausgesetzt, so dass folgt:

$$\frac{\Delta_{sl}H_m^*}{R} \cdot \frac{T^* - T}{T^{*2}} = \frac{m_2 M_1}{m_1 M_2}$$

$$T^* - T = \underbrace{\frac{R T^{*2} M_1}{\Delta_{sl}H_m^*}}_{K_{sl}} \cdot \frac{m_2}{m_1 M_2} \tag{2.185}$$

K_{sl} ist die kryoskopische Konstante. Durch Messung der Gefrierpunktserniedrigung $(T^* - T)$ ist es nun möglich, bei bekannten Einwaagen m_1 und m_2 die molare Masse M_2 des gelösten Stoffes zu bestimmen (Kryoskopie). Die Methode der Kryoskopie ist genauer als die der Ebullioskopie. Das liegt hauptsächlich daran, dass kryoskopische Konstanten i. Allg. größer sind als ebullioskopische. In Tabelle 2.2 sind von einigen Stoffen die kryoskopischen und ebullioskopischen Konstanten angegeben.

Die Osmose ist die dritte kolligative Eigenschaft, die hier besprochen wird. Man beobachtet diesen Effekt, wenn man eine Lösung über eine halbdurchlässige (semipermeable) Membran mit dem reinen Lösungsmittel in Kontakt bringt (Abb. 2.16). Diese Membran muss die Eigenschaft besitzen, dass sie nur das Lösungsmittel, nicht aber den gelösten Stoff hindurchtreten lässt. Anschaulich kann man sich eine halbdurchlässige Membran wie ein Sieb vorstellen, durch dessen Löcher nur kleine Moleküle

(z. B. Wasser) und nicht große Moleküle (z. B. Polymere) passen. Folge ist, dass im Mittel mehr Lösungsmittelmoleküle in die Lösung überwechseln als umgekehrt, da in der Lösung die Konzentration der Lösungsmittelmoleküle geringer ist als im reinen Lösungsmittel. Die Lösung wird verdünnt, was zu einer Volumenzunahme der Lösung führt. Hält man das Volumen der Lösung jedoch konstant, steigt der Druck in der Lösung an. Diese Druckzunahme bei gleichbleibendem Lösungsvolumen wird als osmotischer Druck π bezeichnet.

Thermodynamisch betrachtet steht das reine Lösungsmittel beim Druck p mit der Lösung beim Druck $p + \pi$ im Gleichgewicht. Die chemischen Potenziale des Lösungsmittels (Komponente 1) sind dann auf beiden Seiten der Membran gleich groß:

$$
\begin{aligned}
\mu_1^*(p) &= \mu_1(p + \pi) \\
&= \mu_1^*(p + \pi) + RT \ln x_1 \\
&= \mu_1^*(p) + \int_p^{p+\pi} V_{m,1} \mathrm{d}p + RT \ln x_1
\end{aligned}
\tag{2.186}
$$

In dieser Umformung wird zunächst die Konzentrationsabhängigkeit des chemischen Potenzials und anschließend gemäß $\mathrm{d}G = V\mathrm{d}p$ für $T = $ konst. seine Druckabhängigkeit berücksichtigt. Unter der Annahme, dass sich das molare Volumen $V_{m,1}$ des Lösungsmittels im Integrationsbereich nicht ändert, erhält man:

$$
0 = V_{m,1}\pi + RT \ln x_1
\tag{2.187}
$$

Mit $\ln x_1 \approx x_1 - 1 = -x_2 \approx -n_2/n_1$ und $V \approx n_1 V_{m,1}$ (Volumen der Lösung) folgt

$$
\pi V = n_2 RT
\tag{2.188}
$$

Die Osmometrie ist eine weitere Methode, die molare Masse eines Stoffes zu ermitteln. Man wendet sie oft bei Polymeren an. Mit $n_2 = m_2/M_2$ und durch Einführung der Massenkonzentration $c_2 = m_2/V$ erhält man:

$$
\frac{\pi}{c_2} = \frac{RT}{M_2}
\tag{2.189}
$$

Da diese Gleichung nur für geringe Konzentrationen gültig ist, trägt man π/c_2 gegen c_2 auf und extrapoliert die Kurve auf $c_2 \to 0$. Aus dem Ordinatenabschnitt RT/M_2 kann dann die molare Masse M_2 der gelösten Substanz bestimmt werden.

Werden $m_2 = 0,1$ g einer Substanz mit einer molaren Masse von $M_2 = 10$ kg mol^{-1} in $m_1 = 100$ g Wasser bei 298 K gelöst, kann man einen osmotischen Druck der Lösung von 248 Pa erwarten, der genau messbar ist. Im Vergleich dazu beträgt die Dampfdruckerniedrigung des Wassers bei 100 °C nur $-0,18$ Pa, die Siedepunktserhöhung nur $5,1 \cdot 10^{-5}$ K und die Gefrierpunktserniedrigung nur $-1,9 \cdot 10^{-4}$ K. Es ist zu beachten, dass sich die Stoffmenge n_2 stets auf die Zahl an Teilchen bezieht, die ggf. nach einer Assoziation oder Dissoziation des Stoffes in Lösung tatsächlich vorliegen. 1 mol eines 1:1-Elektrolyts wie NaCl dissoziiert in Wasser zu 2 mol Ionen, so dass die kolligativen Eigenschaften doppelt so groß ausfallen. Im Prinzip kann man aus den kolligativen Eigenschaften einer Lösung den Dissoziationsgrad der gelösten Substanz ermitteln. Dies gelingt für Elektrolyte jedoch mit Hilfe von Leitfähigkeitsmessungen sehr viel genauer.

2.4   Chemische Gleichgewichte

Wir betrachten eine allgemeine Reaktionsgleichung:

$$|\nu_A|A + |\nu_B|B + \ldots \rightleftharpoons \nu_E E + \nu_F F + \ldots$$

Die Variablen ν_i sind die stöchiometrischen Koeffizienten der Komponenten i. Für die Edukte nehmen sie negative Werte an, daher sind sie auf der linken Seite obiger Reaktionsgleichung in Betragsstriche gesetzt. Eine Reaktionsgleichung kann man auch im mathematischen Sinn als Gleichung auffassen, dann gilt einfach

$$0 = \sum_i \nu_i \, i \tag{2.190}$$

Die GIBBS-Energie des Systems aus allen Reaktionskomponenten berechnet sich aus den Stoffmengen und den chemischen Potenzialen der Komponenten:

$$G = \sum_i n_i \mu_i \tag{2.191}$$

μ_i sind hier die aktuellen chemischen Potenziale zu einem bestimmten Zeitpunkt der Reaktion. Da sich die Konzentrationen aller Komponenten während des Reaktionsablaufs ändern, variieren auch die Werte der chemischen Potenziale. Die Größen n_i geben die aktuellen Stoffmengen an. Während eines vollständigen Ablaufs der Reaktion von links nach rechts nehmen sie die Werte $0 \rightarrow \nu_i$ mol im Fall der Produkte und $|\nu_i|$ mol $\rightarrow 0$ im Fall der Edukte an.

Um den Fortschritt einer Reaktion allgemein angeben zu können, hat man die so genannte Reaktionslaufzahl ξ eingeführt. Wenn sich die Stoffmenge einer Komponente um dn_i geändert hat, dann gilt für die Änderung der Reaktionslaufzahl

$$d\xi = \frac{dn_i}{\nu_i} \tag{2.192}$$

Die GIBBS-Energie G eines Systems aus Edukten und Produkten ist eine Funktion von ξ. Aus der Bedingung $dG < 0$ (Gl. 2.97) für irreversible, spontan ablaufende Prozesse folgt, dass die Edukte nur dann zu Produkten reagieren, wenn die Änderung $(\partial G/\partial \xi)_{T,p}$ negativ ist. Im Minimum der Funktion $G(\xi)$ gilt $(\partial G/\partial \xi)_{T,p} = 0$. Hier ist das Gleichgewicht erreicht, so dass die Reaktion nicht weiter fortschreitet. Zur Berechnung der Steigung der Funktion $G(\xi)$ gehen wir von Gleichung 2.191 aus und berücksichtigen Gleichung 2.192:

$$dG = \sum_i \mu_i dn_i = \sum_i \nu_i \mu_i d\xi$$

$$\left(\frac{\partial G}{\partial \xi}\right)_{T,p} = \sum_i \nu_i \mu_i \tag{2.193}$$

Diesen Ausdruck können wir mit der molaren Reaktions-GIBBS-Energie identifizieren:

$$\Delta_r G_m = \sum_{\text{Produkte}} \nu_i \mu_i - \sum_{\text{Edukte}} |\nu_i| \mu_i = \sum_i \nu_i \mu_i \tag{2.194}$$

Das heißt, die Steigung der Kurve $G(\xi)$ ist identisch mit der molaren Reaktions-GIBBS-Energie. Folglich laufen Reaktionen mit $\Delta_{\mathrm{r}}G_{\mathrm{m}} < 0$ von links nach rechts ab, man bezeichnet sie als exergonische Reaktionen. Im Gegensatz hierzu weisen so genannte endergonische Reaktionen eine positive molare Reaktions-GIBBS-Energie auf, so dass sie von rechts nach links fortschreiten. Gilt $\Delta_{\mathrm{r}}G_{\mathrm{m}} = 0$, ist das chemische Gleichgewicht erreicht und die Reaktion kommt zum Stillstand.

2.4.1 Gleichgewichtskonstanten

Die molare Reaktions-GIBBS-Energie einer Reaktion, an der nur Gase beteiligt sind, beträgt im idealen Fall:

$$
\begin{aligned}
\Delta_{\mathrm{r}}G_{\mathrm{m}} &= \sum_i \nu_i \left(\mu_i^\circ + RT \ln \frac{p_i}{p^\circ} \right) \\
&= \sum_i \nu_i \mu_i^\circ + RT \sum_i \nu_i \ln \frac{p_i}{p^\circ} \\
&= \Delta_{\mathrm{r}}G_{\mathrm{m}}^\circ + RT \ln \prod_i \left(\frac{p_i}{p^\circ} \right)^{\nu_i} \quad (2.195)
\end{aligned}
$$

In dieser Umformung wurde die Summe über alle chemischen Standard-Potenziale $\sum_i \nu_i \mu_i^\circ$ als molare Standard-Reaktions-GIBBS-Energie $\Delta_{\mathrm{r}}G_{\mathrm{m}}^\circ$ bezeichnet. Wenn das Gleichgewicht der Reaktion erreicht ist, wird die molare Reaktions-GIBBS-Energie null, und aus dem Produkt aller Partialdrücke wird die Gleichgewichtskonstante K_p:

$$
\Delta_{\mathrm{r}}G_{\mathrm{m}}^\circ = -RT \ln K_p \quad (2.196)
$$

$$
K_p = \prod_i \left(\frac{p_i^{\mathrm{Gl}}}{p^\circ} \right)^{\nu_i} \quad (2.197)
$$

Die molare Standard-Reaktions-GIBBS-Energie $\Delta_{\mathrm{r}}G_{\mathrm{m}}^\circ$ berechnet sich aus den chemischen Standard-Potenzialen bei $p^\circ = 1$ bar und ist daher druckunabhängig. Folglich ist auch die Gleichgewichtskonstante K_p druckunabhängig. Für $\Delta_{\mathrm{r}}G_{\mathrm{m}}^\circ < 0$ ist $K_p > 1$, d. h., das Produkt der Partialdrücke der Produkte ist größer als das der Partialdrücke der Edukte im chemischen Gleichgewicht. Es ist zu beachten, dass in Gleichung 2.195 die Partialdrücke p_i noch nicht ihre Gleichgewichtswerte p_i^{Gl} erreicht haben. Daher wäre es falsch, in Gleichung 2.195 anstelle des Quotienten aus den Partialdrücken der Produkte und Edukte die Gleichgewichtskonstante K_p zu verwenden (für den Quotienten wird manchmal der Ausdruck Reaktionsquotient verwendet). Der Übersichtlichkeit halber wird im Folgenden allerdings teilweise auf den Symbolzusatz Gl verzichtet.

Gleichung 2.197 stellt eine Form des Massenwirkungsgesetzes dar, das in verschiedene Konzentrationsmaße umgerechnet werden kann. Ersetzt man die Partialdrücke durch Stoffmengenbrüche $x_i^{\mathrm{g}} = p_i/p$, erhält man die Gleichgewichtskonstante K_x:

$$K_p = \prod_i \left(\frac{x_i^g p}{p^\circ}\right)^{\nu_i} = \underbrace{\prod_i (x_i^g)^{\nu_i}}_{K_x} \prod_i \left(\frac{p}{p^\circ}\right)^{\nu_i} \tag{2.198}$$

Führt man die Stoffmengenkonzentration $c_i = n_i/V = p_i/RT$ ein, ergibt sich die Gleichgewichtskonstante K_c:

$$K_p = \prod_i \left(\frac{c_i RT}{p^\circ}\right)^{\nu_i} = \underbrace{\prod_i \left(\frac{c_i}{c^\circ}\right)^{\nu_i}}_{K_c} \prod_i \left(\frac{c^\circ RT}{p^\circ}\right)^{\nu_i} \tag{2.199}$$

Die Einführung der Standard-Konzentration $c^\circ = 1$ mol L^{-1} dient dazu, K_c dimensionslos werden zu lassen, da man sonst von K_c keinen Logarithmus berechnen kann. Wenn die Stoffmenge bei einer Reaktion unverändert bleibt, ist die Summe aller stöchiometrischen Koeffizienten null: $\sum_i \nu_i = 0$. Dann ist $K_p = K_x = K_c$. Für reale Gase müssen anstelle der Partialdrücke p_i die Fugazitäten $\varphi_i = \gamma_i p_i$ zur Berechnung der Gleichgewichtskonstanten herangezogen werden:

$$K_\varphi = \prod_i \left(\frac{\varphi_i}{p^\circ}\right)^{\nu_i} = \underbrace{\prod_i \left(\frac{p_i}{p^\circ}\right)^{\nu_i}}_{K_p} \prod_i (\gamma_i)^{\nu_i} \tag{2.200}$$

Beispiel:
Die Dissoziation von N_2O_4 wird mit der Gleichgewichtsreaktion

$$N_2O_4(g) \rightleftharpoons 2NO_2(g)$$

beschrieben. Die zugehörigen Gleichgewichtskonstanten als Funktion der Partialdrücke, Stoffmengenbrüche und Stoffmengenkonzentrationen lauten:

$$K_p = \frac{p_{NO_2}^2}{p_{N_2O_4}} \cdot \frac{1}{p^\circ}$$

$$K_x = \frac{x_{NO_2}^2}{x_{N_2O_4}}$$

$$K_c = \frac{c_{NO_2}^2}{c_{N_2O_4}} \cdot \frac{1}{c^\circ}$$

Alle drei Gleichgewichtskonstanten sind dimensionslos.

Bisher haben wir nur homogene Gasreaktionen betrachtet. Für Reaktionen in flüssiger Phase lassen sich analoge Überlegungen anstellen. Wenn a_i^l die Aktivität einer Flüssigkeitskomponente i ist, dann folgt für das chemische Potenzial dieser Komponente:

$$\mu_i = \mu_i^* + RT \ln a_i^{l} \tag{2.201}$$

und für die molare Reaktions-GIBBS-Energie:

$$\Delta_r G_m = \Delta_r G_m^* + RT \ln \prod_i (a_i^{l})^{\nu_i} \tag{2.202}$$

wobei $\Delta_r G_m^*$ die Summe über alle chemischen Reinstoffpotenziale $\sum_i \nu_i \mu_i^*$ darstellt. Im Gleichgewicht gilt wegen $\Delta_r G_m = 0$:

$$\Delta_r G_m^* = -RT \ln K_a \tag{2.203}$$

$$K_a = \prod_i (a_i^{l,Gl})^{\nu_i} = \underbrace{\prod_i (x_i^{l,Gl})^{\nu_i}}_{K_x} \prod_i (f_i^{l,Gl})^{\nu_i} \tag{2.204}$$

In der Chemie ist es üblich, Konzentrationen gelöster Stoffe mit der Einheit mol L^{-1} anzugeben. Findet eine chemische Reaktion in einem Lösungsmittel LM statt, das im Überschuss vorliegt, dann kann man für die Stoffmengenbrüche der Reaktionskomponenten i die Näherung

$$x_i = \frac{n_i}{n_{ges}} \approx \frac{n_i}{n_{LM}} = \frac{c_i}{c_{LM}} \tag{2.205}$$

machen. c_i und c_{LM} sind die Stoffmengenkonzentrationen von Komponente i und Lösungsmittel LM. Dann gilt die Umrechnung:

$$K_x = \prod_i (x_i^{l,Gl})^{\nu_i} = \underbrace{\prod_i \left(\frac{c_i^{Gl}}{c^{\circ}}\right)^{\nu_i}}_{K_c} \prod_i \left(\frac{c^{\circ}}{c_{LM}}\right)^{\nu_i} \tag{2.206}$$

mit $c^{\circ} = 1$ mol L^{-1}. In Tabelle 2.3 sind die verschiedenen Standardzustände zur Berechnung der chemischen Potenziale und Gleichgewichtskonstanten zusammengefasst.

In der Biochemie verwendet man oft für die H^+-Ionen nicht 1 mol L^{-1} sondern 10^{-7} mol L^{-1} als Standard-Konzentration, da biochemische Reaktionen i. d. R. bei etwa pH $= 7$ ablaufen. Wenn H^+-Ionen an einer Reaktion beteiligt sind, hat diese neue Standard-Konzentration eine Auswirkung auf die Standard-Reaktions-GIBBS-Energie. Dies soll am Beispiel der Hydrolyse von Adenosintriphosphat (ATP^{4-}) zu Adenosindiphosphat (ADP^{3-}) erläutert werden:

$$ATP^{4-} + H_2O \rightleftharpoons ADP^{3-} + HPO_4^{2-} + H^+$$

Die Umrechnung der Standard-Reaktions-GIBBS-Energie von $c^{\circ} = 1$ mol L^{-1} auf 10^{-7} mol L^{-1} als Standard-Konzentration für H^+-Ionen geschieht wie folgt:

Tabelle 2.3: Die Berechnung von Gleichgewichtskonstanten chemischer Reaktionen kann auf der Grundlage verschiedener Standardzustände bzw. Konzentrationsmaße erfolgen.

Konzentrationsmaß, chemisches Potenzial	molare Standard-Reaktions-GIBBS-Energie
Partialdruck, $\mu_i = \mu_i^\circ + RT\ln(p_i/p^\circ)$	$\Delta_r G_m^\circ = \sum_i \nu_i \mu_i^\circ = -RT\ln K_p$
Fugazität, $\mu_i = \mu_i^\circ + RT\ln(\varphi_i/p^\circ)$	$\Delta_r G_m^\circ = \sum_i \nu_i \mu_i^\circ = -RT\ln K_\varphi$
Stoffmengenbruch, $\mu_i = \mu_i^* + RT\ln x_i$	$\Delta_r G_m^* = \sum_i \nu_i \mu_i^* = -RT\ln K_x$
Aktivität, $\mu_i = \mu_i^* + RT\ln a_i$	$\Delta_r G_m^* = \sum_i \nu_i \mu_i^* = -RT\ln K_a$
Molarität, $\mu_i = \mu_i^\circ + RT\ln(c_i/c^\circ)$	$\Delta_r G_m^\circ = \sum_i \nu_i \mu_i^\circ = -RT\ln K_c$

$$
\begin{aligned}
\Delta_r G_m^\circ &= -RT\ln \frac{(c_{ADP^{3-}}/c^\circ)(c_{HPO_4^{2-}}/c^\circ)(c_{H^+}/c^\circ)}{(c_{ATP^{4-}}/c^\circ)(c_{H_2O}/c^\circ)} \\[2mm]
&= -RT\ln \frac{(c_{ADP^{3-}}/c^\circ)(c_{HPO_4^{2-}}/c^\circ)(c_{H^+}/10^{-7}\mathrm{mol\ L^{-1}})}{(c_{ATP^{4-}}/c^\circ)(c_{H_2O}/c^\circ)} \\[2mm]
&\quad -RT\ln \frac{10^{-7}\mathrm{mol\ L^{-1}}}{c^\circ} \\[2mm]
&= \Delta_r G_{m,pH7}^\circ + 16{,}1\,RT
\end{aligned}
\tag{2.207}
$$

Bei 37 °C beträgt die Differenz der beiden Standard-Reaktions-GIBBS-Energien 41,5 kJ mol^{-1}. Offensichtlich ist $\Delta_r G_{m,pH7}^\circ$ kleiner (negativer) als $\Delta_r G_m^\circ$. D. h., bei pH = 7 ist die Triebkraft der Hydrolyse von ATP^{4-} stärker als bei pH = 0. Da bei der Hydrolyse von ATP^{4-} H$^+$-Ionen freigesetzt werden, läuft die Reaktion bevorzugt ab, wenn die H$^+$-Ionenkonzentration in der Lösung klein ist.

Heterogene chemische Gleichgewichte, d. h. Reaktionen mit flüssigen und gasförmigen Komponenten oder mit festen und gasförmigen Komponenten, lassen sich analog zu homogenen Gasreaktionen behandeln, da chemische Potenziale von Flüssigkeiten und Festkörpern nur wenig druckabhängig sind.

Beispiel:
Das Kalkbrennen wird durch die Reaktionsgleichung

$$CaCO_3(s) \rightleftharpoons CaO(s) + CO_2(g)$$

wiedergegeben. Die chemischen Potenziale der Reaktionskomponenten lauten:

$$\mu_{CaCO_3} = \mu^*_{CaCO_3}(p) \approx \mu^\circ_{CaCO_3}(p^\circ)$$

$$\mu_{CaO} = \mu^*_{CaO}(p) \approx \mu^\circ_{CaO}(p^\circ)$$

$$\mu_{CO_2} = \mu^\circ_{CO_2} + RT \ln \frac{p_{CO_2}}{p^\circ}$$

Die molare Reaktions-GIBBS-Energie beträgt:

$$\Delta_r G_m = \mu_{CaO} + \mu_{CO_2} - \mu_{CaCO_3}$$

$$= \mu^\circ_{CaO} + \mu^\circ_{CO_2} - \mu^\circ_{CaCO_3} + RT \ln \frac{p_{CO_2}}{p^\circ}$$

Für die molare Standard-Reaktions-GIBBS-Energie gilt:

$$\Delta_r G^\circ_m = \mu^\circ_{CaO} + \mu^\circ_{CO_2} - \mu^\circ_{CaCO_3} = -RT \ln K_p$$

$$K_p = \frac{p^{Gl}_{CO_2}}{p^\circ}$$

Die Gleichgewichtskonstante K_p der Reaktion ist damit wie gewohnt aus der molaren Standard-Reaktions-GIBBS-Energie erhältlich. Allerdings erscheinen im Massenwirkungsgesetz keine festen Komponenten. K_p ist temperaturabhängig, wie die folgende Tabelle zeigt:

T / K	K_p
873	$2,39 \cdot 10^{-3}$
1073	0,2217
1273	3,820
1473	28,31

2.4.2 Temperatur- und Druckabhängigkeit von Gleichgewichtskonstanten

Die Gleichgewichtskonstante K_x ist sowohl vom Druck als auch von der Temperatur abhängig. Aus $\ln K_x = -(1/RT)\Delta_r G^*_m$ folgt für die Druckabhängigkeit (Idealität vorausgesetzt):

$$\left(\frac{\partial \ln K_x}{\partial p}\right)_T = -\frac{1}{RT}\left(\frac{\partial \Delta_r G^*_m}{\partial p}\right)_T = -\frac{\Delta_r V^*_m}{RT} \tag{2.208}$$

$\Delta_r V^*_m = \sum_i \nu_i V^*_{m,i}$ ist das molare Reaktionsvolumen. Es gibt die Änderung des Volumens an, wenn eine Reaktion vollständig von links nach rechts abläuft. $V^*_{m,i}$ ist das molare Volumen der reinen Komponente i.

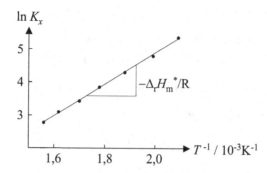

Abbildung 2.17: Temperaturabhängigkeit der Gleichgewichtskonstanten der Reaktion $CO(g) + H_2O(g) \rightarrow CO_2(g) + H_2(g)$. Aus der Steigung des Graphen ergibt sich eine molare Reaktionsenthalpie von -40 kJ mol^{-1}.

Die Ableitung von $\ln K_x$ nach der Temperatur liefert:

$$\left(\frac{\partial \ln K_x}{\partial T}\right)_p = -\frac{1}{R}\left(\frac{\partial(\Delta_r G_m^*/T)}{\partial T}\right)_p = \frac{\Delta_r H_m^*}{RT^2} \qquad (2.209)$$

Denn es gilt nach der Produktregel für die Ableitung von G/T nach T:

$$\left(\frac{\partial(G/T)}{\partial T}\right)_p = \frac{1}{T}\left(\frac{\partial G}{\partial T}\right)_p - \frac{1}{T^2}G = \frac{-TS - G}{T^2} = -\frac{H}{T^2} \qquad (2.210)$$

$\Delta_r H_m^* = \sum_i \nu_i H_{m,i}^*$ ist die molare Reaktionsenthalpie. Gleichung 2.209 nennt man VAN'T HOFFsche Reaktionsisobare. Sie kann auch wie folgt geschrieben werden $(d(1/T)/dT = -1/T^2)$:

$$\left(\frac{\partial \ln K_x}{\partial(1/T)}\right)_p = -\frac{\Delta_r H_m^*}{R} \qquad (2.211)$$

Misst man K_x bei verschiedenen Temperaturen T und trägt $\ln K_x$ gegen $(1/T)$ in einem Diagramm auf, dann lässt sich aus der Steigung der erhaltenen Geraden die molare Reaktionsenthalpie $\Delta_r H_m^*$ bestimmen. In Abbildung 2.17 ist hierfür ein Beispiel zu sehen. Somit gibt es neben der Kalorimetrie eine weitere Methode zur Ermittlung einer Reaktionsenthalpie.

Zur Berechnung des Einflusses der Temperatur auf die Gleichgewichtskonstante K_c einer homogenen Gasreaktion gehen wir von Gleichung 2.199 aus. Logarithmierung dieser Gleichung und anschließende Ableitung nach der Temperatur bei $p = $ konst. liefert mit Gleichung 2.210:

$$\ln K_p = \ln K_c + \sum_i \ln\left(\frac{c^\circ RT}{p^\circ}\right)^{\nu_i}$$

$$\frac{\Delta_r H_m^\circ}{RT^2} = \left(\frac{\partial \ln K_c}{\partial T}\right)_p + \sum_i \frac{\nu_i}{T}$$

$$\left(\frac{\partial \ln K_c}{\partial T}\right)_p = \frac{\Delta_r H_m^\circ - \sum_i \nu_i RT}{RT^2}$$

$$= \frac{\Delta_r U_m^\circ}{RT^2} \tag{2.212}$$

Denn es gilt für jede gasförmige Reaktionskomponente: $H_{m,i}^\circ = U_{m,i}^\circ + RT$. $\Delta_r U_m^\circ$ ist die molare innere Standard-Reaktionsenergie.

Aus den Gleichungen 2.208 und 2.209 kann man ein wichtiges Prinzip ableiten: Eine Verschiebung eines chemischen Gleichgewichtes nach rechts, d. h. eine Vergrößerung von $\ln K_x$, kann zum einen durch eine Temperaturerhöhung erreicht werden, wenn die Reaktion mit einer positiven molaren Reaktionsenthalpie verbunden ist. Andererseits führt eine Druckerhöhung zu einer Verschiebung des Gleichgewichts nach rechts, wenn die Reaktion ein negatives molares Reaktionsvolumen aufweist. In beiden Fällen wird die Störung des Gleichgewichts, d. h. die Temperatur- bzw. Druckerhöhung, durch die Verschiebung des Gleichgewichtszustandes abgebaut, da die Reaktion mit einer Wärmeaufnahme bzw. Volumenabnahme reagiert. Entsprechende Überlegungen gelten, wenn die Reaktion exotherm und unter Volumenzunahme verläuft. Dann werden Produkte bei tiefen Temperaturen und niedrigen Drücken bevorzugt gebildet. Dieses Phänomen bezeichnet man als Prinzip vom kleinsten Zwang oder Prinzip von LE CHATELIER.

Beispiel:
Die Ammoniaksynthese verläuft nach dem Reaktionsschema:

$$N_2(g) + 3H_2(g) \rightleftharpoons 2NH_3(g)$$

Diese Reaktion ist exotherm und verläuft unter Volumenabnahme, daher verschiebt sich das Gleichgewicht mit fallender Temperatur und steigendem Druck nach rechts. Eine hohe Ausbeute an Ammoniak kann man deshalb bei Zimmertemperatur erwarten. Dann ist allerdings die Reaktionsgeschwindigkeit zu gering, so dass man gezwungen ist, Temperaturen um $500\,^\circ$C anzuwenden. Um die Ausbeute dennoch ausreichend zu gestalten, arbeitet man bei Drücken von 200 bar.

2.4.3 Ermittlung von Gleichgewichtskonstanten

Die experimentelle Bestimmung von Gleichgewichtskonstanten ist i. d. R. eng mit der speziellen Reaktionsgleichung verknüpft. Häufig können spektroskopische Methoden dazu dienen, die Konzentration einer Komponente im Reaktionsgemisch zu ermitteln. Bei bekannter Reaktionsgleichung und bekannter Einwaage der Edukte lassen sich hieraus die Konzentrationen der anderen Reaktionskomponenten errechnen. Bei Gasreaktionen ist es möglich, durch Messung des Gesamtdrucks oder der Wärmeleitfähigkeit die Gleichgewichtskonstante zu ermitteln. Werden bei einer Reaktion in Lösung Ionen umgesetzt, kann eine Messung der elektrischen Leitfähigkeit die experimentelle Bestimmung der Gleichgewichtskonstanten erlauben. Messungen der so genannten elektromotorischen Kraft, die wir in einem späteren Kapitel besprechen werden, können in einigen Fällen ebenfalls eingesetzt werden. Es ist jedoch stets sicherzustellen, dass das chemische Gleichgewicht durch diese Messvorgänge nicht gestört wird und sich als Folge dessen verschiebt. Da bei tiefen Temperaturen chemische Reaktionen langsamer ablaufen, kann eine solche Verschiebung durch ein schnelles Abkühlen des Reaktionsgemisches oft unterbunden werden.

Alternativ können Gleichgewichtskonstanten auch auf theoretischem Weg erhalten werden. Mit Hilfe der Gleichung 2.99 erhält man z. B. für die Gleichgewichtskonstante K_p den Ausdruck:

$$\ln K_p(T) = -\frac{\Delta_r G_m^\circ(T)}{RT} = -\frac{\Delta_r H_m^\circ(T)}{RT} + \frac{\Delta_r S_m^\circ(T)}{R} \tag{2.213}$$

mit

$$\Delta_r H_m^\circ(T) = \Delta_r H_m^\circ(298\ \text{K}) + \int\limits_{298\ \text{K}}^{T} \Delta_r C_{p,m}^\circ \, dT \tag{2.214}$$

$$\Delta_r S_m^\circ(T) = \Delta_r S_m^\circ(298\ \text{K}) + \int\limits_{298\ \text{K}}^{T} \Delta_r C_{p,m}^\circ \, \frac{dT}{T} \tag{2.215}$$

Die genaueste Methode besteht darin, die Temperaturabhängigkeiten der Wärmekapazitäten aller Reaktionskomponenten zu bestimmen, um hieraus $\Delta_r C_{p,m}^\circ(T) = \sum_i \nu_i C_{p,m,i}^\circ(T)$ zu berechnen.

Weniger genaue Werte für $K_p(T)$ erhält man, wenn man in einer ersten Näherung die Temperaturabhängigkeit der molaren Standard-Reaktionswärmekapazität $\Delta_r C_{p,m}^\circ$ vernachlässigt und den Wert von $\Delta_r C_{p,m}^\circ$ für 298 K mit Hilfe von Tabellen ermittelt:

$$\ln K_p(T) = -\frac{\Delta_r H_m^\circ(298\ \text{K}) + \Delta_r C_{p,m}^\circ(T - 298\ \text{K})}{RT}$$

$$+ \frac{\Delta_r S_m^\circ(298\ \text{K}) + \Delta_r C_{p,m}^\circ \ln(T/298\ \text{K})}{R} \tag{2.216}$$

In manchen Fällen ist es sogar ausreichend, die Temperaturabhängigkeiten von molarer Standard-Reaktionsenthalpie und -entropie zu vernachlässigen und die Werte von $\Delta_r H_m^\circ(298\ \text{K})$ und $\Delta_r S_m^\circ(298\ \text{K})$ Tabellen zu entnehmen. Man erhält dann mit $\Delta_r C_{p,m}^\circ = 0$ die Näherung

$$\ln K_p(T) = -\frac{\Delta_r H_m^\circ(298\ \text{K})}{RT} + \frac{\Delta_r S_m^\circ(298\ \text{K})}{R} \tag{2.217}$$

Beispiel:

Für das Gleichgewicht (Kohlenmonoxid-Konvertierung)

$$CO(g) + H_2O(g) \rightleftharpoons CO_2(g) + H_2(g)$$

sind die folgenden molaren Bildungsenthalpien und Entropien für 298 K gegeben:

i	ν_i	$\Delta_f H^\circ_{m,i}$ $/(kJ\,mol^{-1})$	$S^\circ_{m,i}$ $/(J\,K^{-1}mol^{-1})$
$CO(g)$	-1	$-110,52$	$197,91$
$H_2O(g)$	-1	$-241,83$	$188,72$
$CO_2(g)$	$+1$	$-393,51$	$213,64$
$H_2(g)$	$+1$	0	$130,6$

Hieraus berechnet sich die molare Standard-Reaktionsenthalpie zu

$$\Delta_r H^\circ_m = \sum_i \nu_i \Delta_f H^\circ_{m,i} = -41,16 \text{ kJ mol}^{-1}$$

und die molare Standard-Reaktionsentropie zu

$$\Delta_r S^\circ_m = \sum_i \nu_i S^\circ_{m,i} = -42,39 \text{ J K}^{-1}\text{mol}^{-1}$$

Nach Gleichung 2.217 beträgt die Gleichgewichtskonstante obiger Reaktion dann

$$K_p = 1,00 \cdot 10^5 \quad \text{für 298 K}$$

$$K_p = 1 \quad\quad\quad \text{für 971 K}$$

Eine hohe Ausbeute erzielt man also bei niedrigen Temperaturen.

Ein genaues Verfahren zur Berechnung von $K_p(T)$ basiert auf der Verwendung von GIAUQUE-Funktionen Φ_0, die für sehr viele Substanzen tabelliert sind. Sie sind mit Methoden der statistischen Thermodynamik berechenbar. GIAUQUE-Funktionen haben die Form:

$$\Phi_0 = \frac{G^\circ_m(T) - H^\circ_m(0)}{T} \tag{2.218}$$

Sie hängen nur wenig von der Temperatur ab, so dass ihre Temperaturabhängigkeit durch Interpolation tabellierter Werte erhalten werden kann. Die molare Standard-Reaktions-GIBBS-Energie einer Reaktion ist dann:

$$\Delta_r G^\circ_m(T) = T\Delta_r \Phi_0 + \Delta_r H^\circ_m(0) \tag{2.219}$$

woraus sich ein Ausdruck für die Gleichgewichtskonstante ergibt:

$$\ln K_p = -\frac{1}{R}\left(\Delta_r \Phi_0 + \frac{\Delta_r H^\circ_m(0)}{T}\right) \tag{2.220}$$

$H^\circ_m(0)$-Werte sind ebenfalls Tabellenwerken zu entnehmen.

Beispiel:

Für die Ammoniaksynthese

$$N_2(g) + 3H_2(g) \rightleftharpoons 2NH_3(g)$$

soll die Gleichgewichtskonstante K_p bei 500 K berechnet werden. Gegeben sind die folgenden Daten:

i	ν_i	$\Phi_{0,i}(500)$ $/(J\ K^{-1}mol^{-1})$	$\Delta_f H_{m,i}^\circ(298)$ $/(kJ\ mol^{-1})$	$H_{m,i}^\circ(298) - H_{m,i}^\circ(0)$ $/(kJ\ mol^{-1})$
$N_2(g)$	-1	$-177,5$	0	8,669
$H_2(g)$	-3	$-116,9$	0	8,468
$NH_3(g)$	$+2$	$-176,9$	$-46,19$	9,92

Aus den für 500 K angegebenen GIAUQUE-Funktionen berechnen wir

$$\Delta_r \Phi_0(500) = \sum_i \nu_i \Phi_{0,i}(500) = 174,4\ J\ K^{-1}mol^{-1}$$

Mit Hilfe der Standard-Bildungsenthalpien lässt sich die Standard-Reaktionsenthalpie bei 298 K ermitteln:

$$\Delta_r H_m^\circ(298) = \sum_i \nu_i \Delta_f H_{m,i}^\circ(298) = -92,38\ kJ\ mol^{-1}$$

Aus den Werten der letzten Spalte in der Tabelle bestimmen wir die Differenz der Standard-Reaktionsenthalpien bei 298 und 0 K:

$$\Delta_r H_m^\circ(298) - \Delta_r H_m^\circ(0) = -14,233\ kJ\ mol^{-1}$$

Die Standard-Reaktionsenthalpie bei 0 K ergibt sich aus den letzten beiden Ergebnissen zu

$$\Delta_r H_m^\circ(0) = (-92,38 + 14,233)\ kJ\ mol^{-1}$$

$$= -78,147\ kJ\ mol^{-1}$$

Nach Gleichung 2.220 folgt dann für die Gleichgewichtskonstante bei 500 K: $K_p = 0,11$.

Für die Berechnung chemischer Gleichgewichte stehen heutzutage leistungsstarke Computerprogramme zur Verfügung.

2.5 Phasendiagramme

2.5.1 GIBBSsche Phasenregel

In einem Phasendiagramm werden in Abhängigkeit von Zustandsgrößen, wie z. B. Druck p, Temperatur T und Stoffmengenbruch x_i, Gebiete eingezeichnet, in denen das System eine einzige stabile Phase ausbildet. Diese Phase ist i. d. R. entweder fest, flüssig oder gasförmig. Zwischen diesen Einphasengebieten liegt das System in mehreren Phasen vor. Die GIBBSsche Phasenregel erlaubt uns die Berechnung der Dimension (Punkt, Linie, Fläche, ...) solcher einphasiger oder mehrphasiger Gebiete in Phasendiagrammen.

Zur Ableitung der GIBBSschen Phasenregel geht man von einem System aus, das aus K Komponenten besteht und P Phasen ausbildet. Die Zahl der Größen oder Freiheitsgrade (T, p, x_i), die in einem solchen System nicht festgelegt sind, ergibt sich zum einem aus den Zusammensetzungen der Phasen. In jeder Phase ist die Summe aller Stoffmengenbrüche gleich eins (α, β bezeichnen unterschiedliche Phasen):

$$x_1^\alpha + x_2^\alpha + \ldots + x_K^\alpha = 1$$

$$x_1^\beta + x_2^\beta + \ldots + x_K^\beta = 1$$

$$\vdots = \vdots$$

$$x_1^P + x_2^P + \ldots + x_K^P = 1$$

Hiernach sind pro Phase $(K-1)$ Stoffmengenbrüche frei wählbar, der letzte wird durch die anderen vorgegeben. Wenn es P Phasen gibt, sind das $P(K-1)$ frei wählbare Größen.

Zum anderen wird die Zahl der Freiheitsgrade durch thermodynamische Gleichgewichtsbedingungen eingeschränkt, da das chemische Potenzial einer Komponente in allen koexistierenden Phasen gleich groß ist:

$$\mu_1^\alpha = \mu_1^\beta = \ldots = \mu_1^P$$

$$\mu_2^\alpha = \mu_2^\beta = \ldots = \mu_2^P$$

$$\vdots \qquad \vdots$$

$$\mu_K^\alpha = \mu_K^\beta = \ldots = \mu_K^P$$

Pro Komponente gibt es $(P-1)$ Gleichgewichte. Bei K Komponenten verringert sich die Zahl der Freiheitsgrade insgesamt um $K(P-1)$.

Temperatur und Druck stellen zwei weitere Größen dar, die für ein System frei gewählt werden können. Somit ergibt sich für die Zahl der Freiheitsgrade F die GIBBSsche Phasenregel:

$$F = P(K-1) - K(P-1) + 2 = K - P + 2 \tag{2.221}$$

Die GIBBSsche Phasenregel bedarf einiger Erläuterungen. Zunächst ist mit dem Begriff Phase ein Teil eines Systems gemeint, der bis in molekulare Größenordnungen physikalisch homogen aufgebaut ist. Es spielt keine Rolle, ob die Phase aus einem oder mehreren Stoffen besteht. Für Einkomponentensysteme ist $K = 1$ und die Zahl der Freiheitsgrade beträgt $F = 3 - P$. Liegen drei Phasen nebeneinander im Gleichgewicht vor, z. B. fest, flüssig und gasförmig, dann ist $F = 0$. Temperatur und Druck sind damit festgelegt und bestimmen die Lage eines Tripelpunktes. Bei zwei Phasen im Gleichgewicht ($F = 1$) können Temperatur und Druck nicht unabhängig voneinander variiert werden. Es gibt eine Funktion $p(T)$, die die Koexistenzkurve dieser

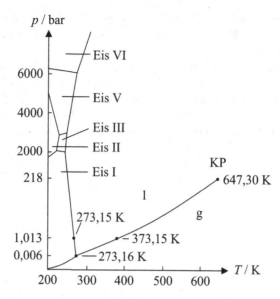

Abbildung 2.18: Phasendiagramm des Wassers (Ausschnitt). Die Druckachse ist nicht linear (nach: P. W. Atkins, *Physikalische Chemie*, VCH, Weinheim, 1988).

Phasen beschreibt. Wird vom System nur eine Phase ausgebildet ($F = 2$), dann sind Temperatur und Druck in dieser Phase unabhängig voneinander wählbar. Zweikomponentensysteme weisen $F = 4 - P$ Freiheitsgrade auf. Für $F = 0$ liegen vier Phasen nebeneinander im Gleichgewicht vor, d. h., in Zweikomponentensystemen sind Quadrupelpunkte möglich. Innerhalb einer Phase ($F = 3$) kann neben der Temperatur und dem Druck auch die Zusammensetzung der Phase unabhängig verändert werden.

Die GIBBSsche Phasenregel ist auch auf chemische Reaktionen anwendbar. Hier ist zu beachten, dass sich die Zahl der unabhängigen Komponenten K aus der Zahl von Edukten und Produkten abzüglich der Zahl der Beziehungen (einschließlich Gleichgewichte), die zwischen Edukten und Produkten bestehen, berechnet. Löst man beispielsweise Phosphorsäure in Wasser, dann gibt es 6 Edukte und Produkte (H_2O, H_3O^+, H_3PO_4, $H_2PO_4^-$, HPO_4^{2-} und PO_4^{3-}). Die Phosphorsäure dissoziiert in 3 Schritten, es bestehen also 3 chemische Gleichgewichte. Zusätzlich muss Elektroneutralität herrschen, so dass es 4 Beziehungen zwischen den Teilchen gibt. Die Zahl der Komponenten ist damit $K = 6 - 4 = 2$.

2.5.2 Einkomponentensysteme

In Abbildung 2.18 ist das p, T-Phasendiagramm von Wasser dargestellt. Es schließt mehrere feste Phasen (Eis I, II, III, V, VI), die flüssige (l) und die gasförmige (g) Phase ein. Die Grenzlinien der Phasen Eis I, l und g treffen sich in einem Tripelpunkt, an dem alle drei Phasen nebeneinander im Gleichgewicht vorliegen, und der bei 273,16 K und 0,006 bar zu finden ist. Zu höheren Temperaturen endet die Phasengrenzlinie l/g (Dampfdruckkurve) am kritischen Punkt (647,30 K, 218 bar). Oberhalb der Temperatur des kritischen Punktes lässt sich nicht mehr zwischen flüssiger und gasförmiger Phase unterscheiden. Schmelz- und Siedetemperatur des Wassers bei 1,013 bar (= 1013 hPa = 1 atm) dienen zur Definition der CELSIUS-Temperaturskala. Sie sind bei 273,15 K (0 °C) und 373,15 K (100 °C) zu finden. Eine Besonderheit des p, T-Phasendiagramms von Wasser ist die negative Steigung der Phasengrenzlinie Eis I/l (Schmelzdruckkurve) bei niedrigen Drücken (bis etwa 2000 bar). Hierdurch ist es möglich, durch Druckerhöhung aus der festen in die flüssige Phase zu gelangen, d. h. Eis durch Druckerhöhung zu schmelzen.

In p, T-Phasendiagrammen von Reinstoffen wird die Steigung einer Koexistenzkurve α/β durch die Änderungen von Entropie und Volumen während der Umwandlung $\alpha \rightarrow \beta$ bestimmt. Zur thermodynamischen Berechnung dieser Steigung gehen wir von der Gleichgewichtsbedingung $\mu^\alpha = \mu^\beta$ aus, da das chemische Potenzial des Stoffes in beiden Phasen gleich groß sein muss, und bilden ihre Ableitung:

$$\mathrm{d}\mu^\alpha = \mathrm{d}\mu^\beta$$

$$-S_\mathrm{m}^\alpha \mathrm{d}T + V_\mathrm{m}^\alpha \mathrm{d}p = -S_\mathrm{m}^\beta \mathrm{d}T + V_\mathrm{m}^\beta \mathrm{d}p$$

$$(S_\mathrm{m}^\beta - S_\mathrm{m}^\alpha)\mathrm{d}T = (V_\mathrm{m}^\beta - V_\mathrm{m}^\alpha)\mathrm{d}p$$

$$\frac{\mathrm{d}p}{\mathrm{d}T} = \frac{S_\mathrm{m}^\beta - S_\mathrm{m}^\alpha}{V_\mathrm{m}^\beta - V_\mathrm{m}^\alpha} = \frac{\Delta_{\alpha\beta}S_\mathrm{m}}{\Delta_{\alpha\beta}V_\mathrm{m}} \tag{2.222}$$

Diese Beziehung ist unter dem Namen CLAPEYRONsche Gleichung bekannt. Die molare Umwandlungsentropie bei einer Phasenumwandlung ist über $\Delta_{\alpha\beta}S_\mathrm{m} = \Delta_{\alpha\beta}H_\mathrm{m}/T$ mit der Umwandlungsenthalpie und -temperatur verknüpft, denn eine Phasenumwandlung ist ein reversibler Prozess mit $\Delta_{\alpha\beta}G_\mathrm{m} = \Delta_{\alpha\beta}H_\mathrm{m} - T\Delta_{\alpha\beta}S_\mathrm{m} = 0$.

Für die Steigung der Schmelzdruckkurve (s→l) erhält man dann:

$$\frac{\mathrm{d}p}{\mathrm{d}T} = \frac{\Delta_\mathrm{sl}H_\mathrm{m}}{T\Delta_\mathrm{sl}V_\mathrm{m}} \tag{2.223}$$

Entsprechend gilt für die Steigung der Dampfdruckkurve (l→g):

$$\frac{\mathrm{d}p}{\mathrm{d}T} = \frac{\Delta_\mathrm{lg}H_\mathrm{m}}{T\Delta_\mathrm{lg}V_\mathrm{m}} \tag{2.224}$$

und für die Steigung der Sublimationsdruckkurve (s→g):

$$\frac{\mathrm{d}p}{\mathrm{d}T} = \frac{\Delta_\mathrm{sg}H_\mathrm{m}}{T\Delta_\mathrm{sg}V_\mathrm{m}} \tag{2.225}$$

Das molare Schmelzvolumen $\Delta_\mathrm{sl}V_\mathrm{m}$ ist i. d. R. positiv, so dass eine positive Steigung $\mathrm{d}p/\mathrm{d}T$ für die Schmelzdruckkurve resultiert. Eine Ausnahme stellt z. B. Wasser dar. Hier findet eine Volumenkontraktion beim Schmelzen von Eis I statt, d. h., die Schmelzdruckkurve des Wassers hat eine negative Steigung. Aufgrund der Ausbildung von H-Brückenbindungen, die zu einer tetraedrischen Koordination eines Wassermoleküls führen, hat Eis I eine relativ offene Struktur, die partiell beim Schmelzen kollabiert, wodurch das Volumen abnimmt.

Das molare Verdampfungsvolumen $\Delta_\mathrm{lg}V_\mathrm{m} = V_\mathrm{m}^\mathrm{g} - V_\mathrm{m}^\mathrm{l}$ kann allein durch das Molvolumen V_m^g der Gasphase angenähert werden, da dieses sehr viel größer ist als das der flüssigen Phase. Geht man vom idealen Verhalten der gasförmigen Phase aus, folgt für die Steigung der Dampfdruckkurve:

$$\frac{\mathrm{d}p}{\mathrm{d}T} \approx \frac{\Delta_{\mathrm{lg}}H_{\mathrm{m}}}{TV_{\mathrm{m}}^{\mathrm{g}}} \approx \frac{\Delta_{\mathrm{lg}}H_{\mathrm{m}}}{RT^2}p$$

Mit $\mathrm{d}p/p = [\mathrm{d}(p/p°)]/(p/p°) = \mathrm{d}\ln(p/p°)$ ergibt sich die CLAUSIUS-CLAPEYRONsche Gleichung:

$$\frac{\mathrm{d}\ln(p/p°)}{\mathrm{d}T} = \frac{\Delta_{\mathrm{lg}}H_{\mathrm{m}}}{RT^2} \qquad (2.226)$$

Misst man den Dampfdruck p einer Substanz in Abhängigkeit der Siedetemperatur T und trägt dann $\ln(p/p°)$ gegen $1/T$ auf, kann aus der Steigung dieser Auftragung die molare Verdampfungsenthalpie $\Delta_{\mathrm{lg}}H_{\mathrm{m}}$ der Substanz gewonnen werden:

$$\frac{\mathrm{d}\ln(p/p°)}{\mathrm{d}(1/T)} = -\frac{\Delta_{\mathrm{lg}}H_{\mathrm{m}}}{R}$$

Hier wird davon ausgegangen, dass $\Delta_{\mathrm{lg}}H_{\mathrm{m}}$ über das betrachtete p, T-Intervall als konstant angesehen werden kann.

Bei der Herleitung der CLAUSIUS-CLAPEYRONschen Gleichung wird davon ausgegangen, dass die flüssige und die gasförmige Phase aus demselben reinen Stoff (1) bestehen. Dann ist $p_1^{\mathrm{l}} = p_1^{\mathrm{g}} = p_1^*$. Wenn die Gasphase jedoch zusätzlich noch ein Fremdgas (z. B. Luft) enthält, das sich nicht in der Flüssigkeit löst, dann ist diese Gleichheit nicht mehr gegeben. Die flüssige Phase ist jetzt dem Druck $p_1^{\mathrm{l}} = p_{\mathrm{ges}}$ ausgesetzt, der sich aus dem Dampfdruck p_1^{g} des Stoffes 1 und dem Fremdgasdruck $p_{\mathrm{F}}^{\mathrm{g}}$ zusammensetzt. Durch Zugabe des Fremdgases ändert sich somit das chemische Potenzial des Stoffes in der flüssigen Phase um

$$\mu_1^{*\mathrm{l}}(p_{\mathrm{ges}}) - \mu_1^{*\mathrm{l}}(p_1^*) = V_{\mathrm{m},1}^{\mathrm{l}}(p_{\mathrm{ges}} - p_1^*) \qquad (2.227)$$

und in der gasförmigen Phase um

$$\mu_1^{\mathrm{g}}(p_1^{\mathrm{g}}) - \mu_1^{*\mathrm{g}}(p_1^*) = RT\ln\frac{p_1^{\mathrm{g}}}{p_1^*} \qquad (2.228)$$

Im Gleichgewicht sind diese Änderungen der chemischen Potenziale gleich:

$$V_{\mathrm{m},1}^{\mathrm{l}}(p_{\mathrm{ges}} - p_1^*) = RT\ln\frac{p_1^{\mathrm{g}}}{p_1^*} \qquad (2.229)$$

Wird der Druck p_{ges} auf eine flüssige Phase erhöht, steigt damit auch ihr Dampfdruck p_1^{g}.

Beispiel:
Quecksilber besitzt beim Druck von $p_{\mathrm{ges}} = 1$ bar einen Dampfdruck von $p_{\mathrm{Hg}}^{\mathrm{g}} = 0,364$ mbar. Wie hoch ist der Dampfdruck des Quecksilbers, wenn der Druck auf

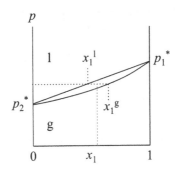

Abbildung 2.19: Dampfdruckdiagramm einer idealen binären Mischung ($T =$ konst.).

das flüssige Quecksilber durch ein Fremdgas auf 1000 bar erhöht wird? Es ist $V_{m,Hg}^l = 1,502 \cdot 10^{-5}$ m³mol⁻¹ und $T = 373,2$ K.

$$V_{m,Hg}^l(1 \text{ bar } - p_{Hg}^*) = RT \ln \frac{0,364 \text{ mbar}}{p_{Hg}^*}$$

$$V_{m,Hg}^l(1000 \text{ bar } - p_{Hg}^*) = RT \ln \frac{p_{Hg}^g}{p_{Hg}^*}$$

Nun bilden wir die Differenz dieser Gleichungen und lösen nach p_{Hg}^g auf:

$$V_{m,Hg}^l(1000 \text{ bar } - 1 \text{ bar}) = RT \ln \frac{p_{Hg}^g}{0,364 \text{ mbar}}$$

$$p_{Hg}^g = 0,590 \text{ mbar}$$

Der Effekt ist also relativ klein.

2.5.3 Zweikomponentensysteme

In binären Systemen ist die Ausbildung von Phasen eine Funktion der drei Variablen Druck p, Temperatur T und Stoffmengenbruch x einer der beiden Komponenten. Häufig werden Phasen binärer Systeme in Diagrammen als Funktion von p und x (Dampfdruckdiagramme) oder als Funktion von T und x (Siedediagramme, Entmischungsdiagramme, Schmelzdiagramme) dargestellt.

Dampfdruckdiagramme
In einem Dampfdruckdiagramm einer binären Mischung ist der Dampfdruck p der Mischung als Funktion der Variablen x_1^l (obere Kurve) und x_1^g (untere Kurve) aufgetragen (Abb. 2.19). Oberhalb der Kurve $p(x_1^l)$ liegt die Mischung als eine homogene flüssige Phase vor, unterhalb der Kurve $p(x_1^g)$ als eine homogene Gasphase. Im Gebiet zwischen den beiden Kurven existieren Dampf und Flüssigkeit nebeneinander im Gleichgewicht.

Die obere Kurve $p(x_1^l)$ kann mit Hilfe des RAOULTschen Gesetzes berechnet werden. Im idealen Fall ergibt sich eine Geradengleichung:

$$p = p_1 + p_2 = x_1^l p_1^* + (1 - x_1^l) p_2^* = p_2^* + x_1^l (p_1^* - p_2^*) \tag{2.230}$$

Für die mathematische Beschreibung der unteren Kurve $p(x_1^g)$ muss der Stoffmengenbruch x_1^l in obiger Gleichung durch x_1^g substituiert werden:

$$p_1 = x_1^l p_1^* \;=\; x_1^g p$$

$$x_1^l \;=\; x_1^g \frac{p}{p_1^*}$$

Das ergibt für den Dampfdruck:

$$p \;=\; p_2^* + x_1^g \frac{p}{p_1^*} (p_1^* - p_2^*)$$

$$p \;=\; \frac{p_2^*}{1 - x_1^g (1 - p_2^*/p_1^*)} \tag{2.231}$$

Im Gegensatz zu einer reinen Gasmischung, für die $p =$ konst. gilt, ist hier der Dampfdruck der Mischung von der Zusammensetzung der Gasphase abhängig. Er hängt nicht linear von x_1^g ab.

Will man zwei Komponenten durch Destillation voneinander trennen, dann sollten sich bei einem gegebenen Dampfdruck p die Stoffmengenbrüche x_1^l und x_1^g möglichst stark unterscheiden. Quantitativ erfasst man diesen Unterschied durch den so genannten Trennfaktor α, der sich aus folgender Überlegung ergibt:

$$x_1^g p \;=\; x_1^l p_1^*$$

$$x_2^g p \;=\; x_2^l p_2^*$$

was aus dem DALTONschen und dem RAOULTschen Gesetz folgt. Division dieser Gleichungen liefert:

$$\frac{x_1^g}{x_2^g} = \frac{x_1^l}{x_2^l} \cdot \frac{p_1^*}{p_2^*} \tag{2.232}$$

Als Trennfaktor bezeichnet man das Verhältnis der Dampfdrücke der reinen Komponenten:

$$\alpha = \frac{p_1^*}{p_2^*} = \frac{x_1^g/x_2^g}{x_1^l/x_2^l} \tag{2.233}$$

Wenn die Komponente 1 flüchtiger ist als Komponente 2 ($p_1^* > p_2^*$), dann ist der Dampf einer idealen Mischung relativ zur flüssigen Phase mit Komponente 1 angereichert.

Liegt eine Mischung der Zusammensetzung x_1 bei einem bestimmten Druck als Zweiphasensystem vor, dann weist die Gasphase den Stoffmengenbruch x_1^g und die flüssige Phase den Stoffmengenbruch x_1^l auf (gestrichelte Linien in Abb. 2.19). Mit Hilfe des so genannten Hebelgesetzes ist es möglich, aus den drei Größen x_1, x_1^g und x_1^l

das Stoffmengenverhältnis n^l/n^g von flüssiger und gasförmiger Phase zu berechnen. Hierfür stellt man eine Stoffmengenbilanz für Komponente 1 auf:

$$n_1 = x_1 n = x_1(n^g + n^l) = x_1 n^g + x_1 n^l$$

oder

$$n_1 = n_1^g + n_1^l = x_1^g n^g + x_1^l n^l$$

Gleichsetzen dieser Ausdrücke liefert das Hebelgesetz:

$$x_1 n^g + x_1 n^l = x_1^g n^g + x_1^l n^l$$

$$n^l(x_1 - x_1^l) = n^g(x_1^g - x_1) \tag{2.234}$$

Die Stoffmenge der flüssigen Phase n^l multipliziert mit der Strecke $(x_1 - x_1^l)$ im Dampfdruckdiagramm ist gleich der Stoffmenge der gasförmigen Phase n^g multipliziert mit der Strecke $(x_1^g - x_1)$.

In realen Dampfdruckdiagrammen berechnet sich der Dampfdruck p der Mischung analog zu dem einer idealen Mischung (Gl. 2.230), es müssen jedoch die RAOULTschen Aktivitätskoeffizienten f_1^l und f_2^l beider Komponenten berücksichtigt werden:

$$p = p_1 + p_2 = f_1^l x_1^l p_1^* + f_2^l x_2^l p_2^* \tag{2.235}$$

Hier ist zwischen einer positiven und einer negativen Abweichung von der Idealität zu unterscheiden. Im positiven Fall sind die Aktivitätskoeffizienten größer als eins, so dass die realen Partialdrücke der Komponenten größer als die idealen Partialdrücke sind. Die Dampfdruckkurve $p(x_1^l)$ liegt dann über der idealen Kurve. Im negativen Fall sind die Aktivitätskoeffizienten entsprechend kleiner als eins. Es resultieren reale Partialdrücke, die kleiner sind als die idealen. Die Dampfdruckkurve $p(x_1^l)$ liegt unterhalb der idealen Kurve.

Die Abweichung von der Idealität führt in einigen Fällen dazu, dass die Dampfdruckkurven $p(x_1^l)$ und $p(x_1^g)$ durch ein Maximum oder ein Minimum laufen (Abb. 2.20), wie z. B. in den Systemen Wasser/Dioxan und Aceton/Chloroform. Am Dampfdruckmaximum bzw. -minimum haben Dampf und Flüssigkeit dieselbe Zusammensetzung (GIBBS-KONOWALOWscher Satz):

$$x_1^g = x_1^l = x_1^{az} \quad \text{für} \quad \left(\frac{\partial p}{\partial x_1^g}\right)_T = \left(\frac{\partial p}{\partial x_1^l}\right)_T = 0 \tag{2.236}$$

Wenn diese Bedingungen gegeben sind, spricht man von Azeotropie. Bei x_1^{az} ist der azeotrope Punkt in einem Dampfdruckdiagramm zu finden.

Siedediagramme

Wenn man binäre Dampfdruckdiagramme für verschiedene Temperaturen misst, kann man ein dreidimensionales Phasendiagramm in Abhängigkeit von p, T und x_1 erstellen (Abb. 2.21a). Ein Schnitt durch dieses Phasendiagramm bei einem bestimmten Druck entspricht einem Siedediagramm (Abb. 2.21b), wie man es z. B. für die Mischung Benzol/Toluol findet. In ihm ist die Siedetemperatur T einer binären Mischung in Abhängigkeit der Zusammensetzung x_1 von flüssiger und gasförmiger Phase aufgetragen.

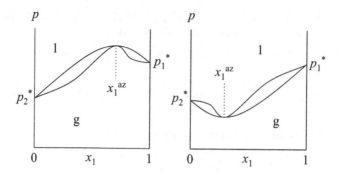

Abbildung 2.20: Dampfdruckdiagramme realer Mischungen mit positiver (links) und negativer (rechts) Abweichung von der Idealität. Die Diagramme weisen bei der Zusammensetzung x_1^{az} einen azeotropen Punkt auf.

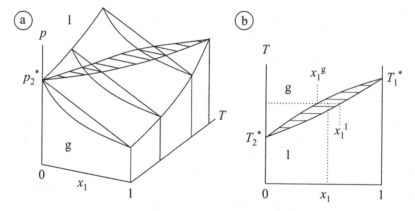

Abbildung 2.21: Ein Schnitt durch ein dreidimensionales p, T, x_1-Diagramm (a) für $p = $ konst. ergibt ein Siedediagramm (b). T_1^* und T_2^* sind die Siedetemperaturen der reinen Komponenten.

Die obere Kurve im Siedediagramm mit der Funktion $T(x_1^g)$ wird Kondensationskurve genannt, die untere Kurve mit der Funktion $T(x_1^l)$ bezeichnet man als Siedekurve. Die Siedetemperatur der Mischung ist diejenige Temperatur, bei der die Summe der Partialdrücke der Komponenten dem Atmosphärendruck entspricht. Unterhalb der Siedekurve liegt eine Mischung flüssig vor, oberhalb der Kondensationskurve gasförmig. Von Siede- und Kondensationskurve wird ein Zweiphasengebiet eingeschlossen. Isothermen, die durch das Zweiphasengebiet verlaufen, geben am Schnittpunkt mit der Kondensationskurve die Zusammensetzung x_1^g der Gasphase und am Schnittpunkt mit der Siedekurve die Zusammensetzung x_1^l der flüssigen Phase an (gestrichelte Linien in Abb. 2.21b). Zur Berechnung des Stoffmengenverhältnisses n^l/n^g kann unter diesen Bedingungen wieder das Hebelgesetz (Gl. 2.234) herangezogen werden.

Beim Verfahren der fraktionierten Destillation wird eine binäre Mischung zum Sieden gebracht, wobei die Komponente mit dem höheren Dampfdruck und der kleineren Siedetemperatur im Dampf relativ zur Flüssigkeit angereichert ist. So gilt für

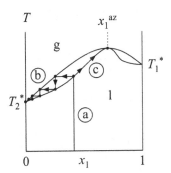

Abbildung 2.22: Siedediagramm einer Mischung, die ein Azeotrop bildet. a: Eine flüssige Mischung wird zum Sieden gebracht. b: Der Dampf wird wiederholt kondensiert und verdampft bis der Dampf aus der reinen Komponente 2 besteht (fraktionierte Destillation). c: Während des Siedens reichert sich die flüssige Phase mit Komponente 1 an, bis die azeotrope Zusammensetzung x_1^{az} erreicht ist.

die Mischung, deren Siedediagramm in Abbildung 2.21b zu sehen ist, $x_1^g < x_1^l$ bzw. $x_2^g > x_2^l$. Eine Kondensation des Dampfes und eine anschließende Verdampfung dieses Kondensats führt zu einer Dampfphase, die noch weiter mit der flüchtigeren Komponente angereichert ist. Man kann diesen Prozess so lange wiederholen, bis die Mischung in ihre Komponenten aufgetrennt ist. In Destillationskolonnen geschieht dies kontinuierlich. Die einzelnen Gleichgewichtseinstellungen finden hier auf übereinander angeordneten Glockenböden statt.

Wenn eine binäre Mischung ein azeotropes Dampfdruckdiagramm mit einem Dampfdruckmaximum zeigt, dann findet man im Siedediagramm dieser Mischung ein Siedetemperaturminimum. Entsprechend ist ein Dampfdruckminimum mit einem Siedetemperaturmaximum verbunden. Eine flüssige Mischung der azeotropen Zusammensetzung x_1^{az} geht am Siedepunkt ohne Änderung der Zusammensetzung in die Gasphase über. Beispielsweise hat eine Ethanol/Wasser-Mischung mit 4 % Wasser eine azeotrope Zusammensetzung, die bei 78 °C siedet. Durch fraktionierte Destillation kann eine Mischung, die ein Azeotrop bildet, nur in das Azeotrop der Zusammensetzung x_1^{az} und in eine reine Komponente aufgetrennt werden. In Abbildung 2.22 wird dieser Sachverhalt anhand eines azeotropen Siedediagramms veranschaulicht. Die Lage eines azeotropen Punktes in einem Siedediagramm ist vom Druck abhängig.

Entmischungsdiagramme

Eine flüssige binäre Mischung kann in einem bestimmten Temperaturbereich eine Entmischung zeigen (Abb. 2.23), wie z. B. die Systeme Natrium/Ammoniak und Wasser/Triethylamin. Anstelle einer homogenen Phase liegen dann zwei flüssige Phasen nebeneinander vor, von denen die eine mit Komponente 1 und die andere mit Komponente 2 angereichert ist. Wenn die Entmischung durch eine Temperaturerhöhung aufgehoben wird, weist das Entmischungsdiagramm eine obere kritische Entmischungstemperatur (UCST: upper critical solution temperature) auf. Führt eine Temperaturerniedrigung zum Schließen der Mischungslücke, dann gibt es eine untere kritische Entmischungstemperatur (LCST: lower critical solution temperature). Es werden

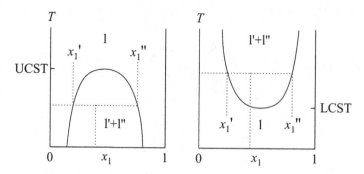

Abbildung 2.23: Flüssig-flüssig-Entmischungsdiagramme mit oberer (links) und unterer (rechts) kritischer Entmischungstemperatur.

auch geschlossene Mischungslücken beobachtet, wie im System Wasser/Nikotin.

Die thermodynamische Beschreibung von flüssig-flüssig-Gleichgewichten geht von der Gleichheit der chemischen Potenziale der Komponente i in Phase $'$ und Phase $''$ aus ($i = 1$ oder 2):

$$\mu_i' = \mu_i''$$

$$\mu_i^{*\prime} + RT \ln a_i' = \mu_i^{*\prime\prime} + RT \ln a_i''$$

Mit $\mu_i^{*\prime} = \mu_i^{*\prime\prime}$ und $a_i = f_i x_i$ folgt:

$$a_i' = a_i''$$

$$\frac{x_i'}{x_i''} = \frac{f_i''}{f_i'} \tag{2.237}$$

Bei sehr geringer gegenseitiger Löslichkeit, wie z. B. bei Kohlenwasserstoff/Wasser-Gemischen, bestehen die beiden flüssigen Mischphasen fast nur aus einer Komponente. Mit den Näherungen $x_i' \approx 1$ und $f_i' \approx 1$ ergibt sich dann eine Beziehung für den Aktivitätskoeffizienten von Komponente i in der anderen flüssigen Mischphase:

$$\frac{1}{x_i''} \approx f_i''$$

Schmelzdiagramme

Die Klassifizierung von Schmelzdiagrammen binärer Systeme basiert auf der Mischbarkeit der Komponenten im festen Zustand. Für den Fall, dass die Atome oder Moleküle der zwei Komponenten einen Substitutionsmischkristall für jede Zusammensetzung bilden, erhält man ein Schmelzdiagramm, wie es in Abbildung 2.24a schematisch gezeichnet ist. Beispiele hierfür sind die Systeme Cu/Ni, Ge/Si und Br_2/I_2. In einem Substitutionsmischkristall verteilen sich die Teilchen der Komponenten statistisch auf die Gitterplätze, da sie von etwa gleicher Größe sind. Das Phasengebiet des Mischkristalls wird im Schmelzdiagramm zu hohen Temperaturen durch die Soliduskurve begrenzt. Oberhalb der Liquiduskurve liegt die Mischung als eine homogene flüssige

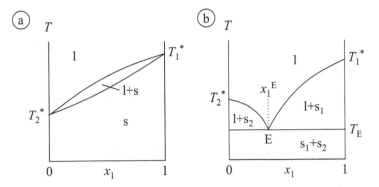

Abbildung 2.24: Schmelzdiagramme binärer Mischungen bei völliger Mischbarkeit (a) und völliger Nichtmischbarkeit (b) im festen Zustand. E ist der eutektische Punkt. T_i^* ist die Schmelztemperatur der reinen Komponente i.

Phase vor. Zwischen Solidus- und Liquiduskurve existieren Mischkristall und Schmelze nebeneinander im Gleichgewicht.

Schmelzdiagramme von binären Systemen, deren Komponenten im festen Zustand nicht miteinander mischbar sind, stellen einen weiteren wichtigen Typ dar (Abb. 2.24b). Als Beispiele seien hier die Systeme Sb/Pb und KCl/AgCl genannt. Unterhalb der so genannten eutektischen Temperatur T_E liegen die Kristalle der reinen Komponenten nebeneinander vor. Die eutektische Temperatur wird durch den eutektischen Punkt E definiert, an dem sich zwei Liquiduskurven schneiden. Hier stehen die Schmelze der eutektischen Zusammensetzung x_1^E und die reinen Kristalle der Komponenten miteinander im Gleichgewicht. Nach der GIBBSschen Phasenregel berechnet man für diesen Punkt $F = 2 + K - P = 2 + 2 - 3 = 1$ Freiheitsgrad, der dem Druck zufällt. Im isobaren Schmelzdiagramm ($p =$ konst.) ist der eutektische Punkt daher genau festgelegt.

Der Verlauf einer Liquiduskurve in einem eutektischen Schmelzdiagramm mit völliger Nichtmischbarkeit im festen Zustand lässt sich thermodynamisch völlig analog zur Gefrierpunktserniedrigung beschreiben. An jedem Punkt der Liquiduslinie steht die Schmelze mit dem reinen Kristall der Komponente i im Gleichgewicht. In der Schmelze weist die Komponente i die Aktivität a_i auf, so dass für die chemischen Potenziale von i in beiden Phasen gilt:

$$\mu_i^s = \mu_i^l$$

$$\mu_i^{*s} = \mu_i^{*l} + RT \ln a_i \tag{2.238}$$

Die molare Schmelz-GIBBS-Energie der Komponente i beträgt damit:

$$\Delta_{sl} G_{m,i}^* = \mu_i^{*l} - \mu_i^{*s} = -RT \ln a_i \tag{2.239}$$

Unter Berücksichtigung von Gleichung 2.99 lässt sich diese Gleichung für die Schmelze und den reinen Kristall formulieren:

$$\Delta_{sl} H_{m,i}^* - T \Delta_{sl} S_{m,i}^* = -RT \ln a_i \tag{2.240}$$

$$\Delta_{sl} H_{m,i}^* - T_i^* \Delta_{sl} S_{m,i}^* = 0 \tag{2.241}$$

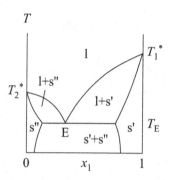

Abbildung 2.25: Schmelzdiagramm einer binären Mischung bei partieller Mischbarkeit im festen Zustand.

Division von Gleichung 2.240 durch RT bzw. von Gleichung 2.241 durch RT_i^* und anschließende Differenzbildung liefert schließlich:

$$\frac{\Delta_{sl}H_{m,i}^*}{R}\left(\frac{1}{T}-\frac{1}{T_i^*}\right)=-\ln a_i \tag{2.242}$$

Man kann den Aktivitätskoeffizienten $f_i = a_i/x_i$ ermitteln, indem man x_i aus dem Schmelzdiagramm abliest und a_i nach obiger Gleichung berechnet. Den eutektischen Punkt im Schmelzdiagramm kann man aus dem Schnittpunkt der Liquiduskurven der beiden Komponenten 1 und 2 rechnerisch ermitteln.

Oft zeigen Mischungen ein Verhalten, das zwischen dem der völligen Mischbarkeit und dem der völligen Nichtmischbarkeit im festen Zustand liegt. Es bilden sich dann bei Randkonzentrationen Mischkristalle aus, wie es im Schmelzdiagramm in Abbildung 2.25 zu sehen ist. Systeme dieser Art sind z. B. Ag/Cu, Al/CuAl$_2$ und in komplizierterer Form auch Fe/Fe$_3$C. Die nur begrenzte Mischbarkeit zweier Komponenten im festen Zustand ist im Wesentlichen auf unterschiedliche Gitterabstände in den Kristallen der reinen Komponenten zurückzuführen. Unterscheiden sich die Teilchengrößen der Komponenten sehr voneinander, können sich auch Einlagerungsmischkristalle bilden. Die großen Teilchen bauen in diesem Fall das Gitter auf, während die kleinen Teilchen auf Zwischengitterplätzen bis zu einer bestimmten Konzentration eingebaut werden (z. B. C in Co, C in γ-Fe). Im festen Zustand der Mischung existiert damit eine Mischungslücke, deren obere kritische Entmischungstemperatur über der eutektischen Temperatur T_E liegt. Am eutektischen Punkt E befindet sich die Schmelze mit zwei Mischkristallen im Gleichgewicht.

In einigen Fällen bilden die Komponenten 1 und 2 einer binären Mischung eine stöchiometrische Verbindung, die nur im festen Zustand existiert, und die mit den reinen Komponenten nicht oder nur partiell mischbar ist. Im einfachsten Fall baut sich das Schmelzdiagramm dann aus zwei eutektischen Diagrammen auf (Abb. 2.26a), wie z. B. beim System Mg/Zn mit Verbindung MgZn$_2$. Der dystektische Punkt D kennzeichnet den Schmelzpunkt der stöchiometrischen Verbindung, an dem sie in ihre Komponenten zerfällt. Man spricht von kongruentem Schmelzen, da die feste Verbindung in eine Flüssigkeit identischer Zusammensetzung übergeht. Es kann auch vorkommen, dass die stöchiometrische Verbindung bei einer bestimmten Temperatur

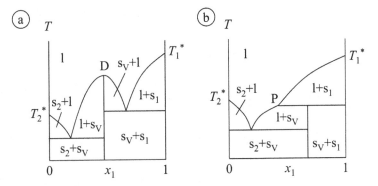

Abbildung 2.26: Schmelzdiagramme binärer Mischungen, die im festen Zustand eine Verbindung (Index V) bilden. D kennzeichnet einen dystektischen und P einen peritektischen Punkt.

zerfällt, wie es das Schmelzdiagramm in Abbildung 2.26b zeigt. Ein Beispiel hierfür ist Na/K mit Verbindung NaK_2. Es bildet sich dann eine reine feste Komponente und eine Schmelze, die sich in ihrer Zusammensetzung von der festen Verbindung unterscheidet. Man nennt einen solchen Phasenübergang daher inkongruentes Schmelzen. Am peritektischen Punkt P liegen eine reine feste Komponente und die Verbindung im festen Zustand neben der Schmelze im Gleichgewicht vor.

Schmelzdiagramme binärer Mischungen können durch Abkühlkurven aufgenommen werden. Man lässt hierfür Schmelzen verschiedener Zusammensetzungen abkühlen und misst die Temperatur T als Funktion der Zeit t. Wenn aus der Schmelze ein Feststoff auskristallisiert, verlangsamt sich die Abkühlrate durch freiwerdende Kristallisationswärme und es entsteht ein Knick in der $T(t)$-Kurve, der eine Phasengrenze anzeigt. Wird die Temperatur eines eutektischen oder peritektischen Punktes erreicht, können drei Phasen nebeneinander vorliegen, so dass nach der GIBBSschen Phasenregel bei konstantem Druck die Temperatur nicht weiter sinkt, bis die Phasenumwandlung vollständig abgeschlossen ist.

2.5.4 Klassifikation von Phasenumwandlungen

Die Klassifikation von Phasenumwandlungen basiert auf dem Verlauf der GIBBS-Energie G als Funktion der Temperatur T während einer Phasenumwandlung. Bei Phasenumwandlungen erster Ordnung weist die Funktion $G(T)$ beim Übergang aus der Phase α in die Phase β einen Knick auf, d. h., in Phase α besitzt die GIBBS-Energie eine andere Steigung als in Phase β (Abb. 2.27). Als Folge ändert sich die Entropie S, die nach $S = -(\partial G/\partial T)_p$ als negative Steigung der $G(T)$-Kurve berechnet werden kann, bei der Umwandlungstemperatur sprunghaft. Da die Umwandlungsenthalpie über $\Delta H = T\Delta S$ mit der Umwandlungsentropie verknüpft ist, zeigt auch der temperaturabhängige Verlauf der Enthalpie H eine Sprungstelle. Die Wärmekapazität bei konstantem Druck C_p, die nach $C_p = (\partial H/\partial T)_p$ aus der Enthalpie erhalten wird, nimmt aufgrund der sprunghaften Änderung der $H(T)$-Kurve bei der Umwandlungstemperatur sprunghaft einen unendlich großen Wert an. Auch der Verlauf der GIBBS-Energie G als Funktion des Drucks p zeigt einen Knick bei einer Phasenumwandlung

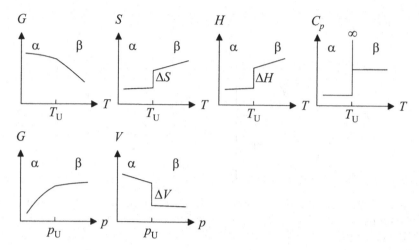

Abbildung 2.27: Änderungen thermodynamischer Größen an einem Phasenübergang erster Ordnung. T_U ist die Umwandlungstemperatur, p_U ist der Umwandlungsdruck.

erster Ordnung. Da das Volumen einer Phase gemäß $V = (\partial G/\partial p)_T$ berechnet wird, findet man beim Umwandlungsdruck eine Unstetigkeit in der Funktion $V(p)$, d. h., der Übergang ist mit einer Volumenänderung ΔV verknüpft. Beispiele für Phasenumwandlungen erster Ordnung stellen das Schmelzen und das Verdampfen reiner Stoffe dar.

Bei Phasenumwandlungen höherer (zweiter) Ordnung wird häufig beobachtet, dass die Wärmekapazität schon vor der Umwandlung signifikant ansteigt und bei Annäherung an die Umwandlungstemperatur gegen unendlich strebt (so genannter λ-Phasenübergang). Beispiele für Phasenumwandlungen höherer Ordnung sind die Übergänge Supraleitung $\rightarrow$ Normalleitung, Ordnung $\rightarrow$ Unordnung in der Struktur von Legierungen, Ferromagnetismus $\rightarrow$ Paramagnetismus, superflüssiges $\rightarrow$ flüssiges Helium sowie Übergänge an kritischen Punkten.

Zur genaueren Untersuchung eines Phasenübergangs an einem kritischen Punkt betrachten wir als Beispiel das p, V-Diagramm des Kohlendioxids in Abbildung 1.19. Die kritische Isotherme zeigt am kritischen Punkt einen horizontalen Wendepunkt, so dass $(\partial p/\partial V)_T = 0$ ist. Folglich ist der isotherme Kompressibilitätskoeffizient $\kappa_T = -(1/V)(\partial V/\partial p)_T$ am kritischen Punkt unendlich groß. Nähert man sich dem kritischen Punkt durch Druckerniedrigung entlang der kritischen Isochore (senkrechte Linie durch den kritischen Punkt), findet man folgende Temperaturabhängigkeit des isothermen Kompressibilitätskoeffizienten:

$$\kappa_T \propto \frac{1}{|T - T_{kr}|^\gamma} \tag{2.243}$$

T_{kr} bezeichnet die kritische Temperatur und γ ist ein kritischer Exponent, dessen Wert etwa 1,25 beträgt. Je kleiner die Temperaturdifferenz zur kritischen Temperatur ist, desto größer wird damit die Kompressibilität. Man sagt, die Kompressibilität divergiert bei Annäherung an den kritischen Punkt. Ursache für diese Divergenz sind große Schwankungen in der Teilchenzahldichte, die bei Annäherung an einen kritischen Punkt auftreten. Diese Schwankungen werden direkt am kritischen Punkt in Form einer Trübung der Probe sichtbar (kritische Opaleszenz). Auch die Wärmekapazität C_V steigt stark an, wenn man sich entlang der kritischen Isochore dem kritischen Punkt nähert. Hier findet man die Beziehung:

$$C_V \propto \frac{1}{|T - T_{\mathrm{kr}}|^\alpha} \qquad (2.244)$$

Der kritische Exponent α nimmt den Wert 0,11 an. Kritische Exponenten thermodynamischer Größen können entweder experimentell ermittelt oder mit Hilfe theoretischer Modelle berechnet werden. Hier zeichnet sich das so genannte dreidimensionale ISING-Modell durch eine sehr gute Voraussage von experimentellen Daten aus. Für Phasenübergänge höherer Ordnung findet man also andere Temperaturabhängigkeiten thermodynamischer Größen als bei Phasenübergängen erster Ordnung.

3 Aufbau der Materie

3.1 Grenzen der klassischen Physik

Es gibt eine Reihe von Phänomenen, die sich nicht mit Hilfe der klassischen Physik erklären lassen. Beispielsweise weist das Licht, das von angeregten Atomen und Molekülen emittiert wird, nur ganz bestimmte Wellenlängen auf. Man findet kein kontinuierliches Emissionsspektrum. Die Wellenlängen λ, die von Wasserstoffatomen ausgesandt werden, lassen sich mit Hilfe der RYDBERG-Beziehung angeben:

$$\frac{1}{\lambda} = R_H \left(\frac{1}{n_1^2} - \frac{1}{n_2^2} \right) \tag{3.1}$$

R_H ist die RYDBERG-Konstante für Wasserstoff, n_1 und n_2 sind kleine ganze Zahlen. Für $n_1 = 1$ ist $n_2 = 2, 3, \ldots$. Die hieraus berechenbaren Wellenlängen des Wasserstoff-Emissionsspektrums bezeichnet man als LYMAN-Serie. Daneben gibt es die BALMER-Serie ($n_1 = 2$, $n_2 = 3, 4, \ldots$), die PASCHEN-Serie ($n_1 = 3$, $n_2 = 4, 5, \ldots$), die BRACKETT-Serie ($n_1 = 4$, $n_2 = 5, 6, \ldots$), die PFUND-Serie ($n_1 = 5$, $n_2 = 6, 7, \ldots$) und die HUMPHREYS-Serie ($n_1 = 6$, $n_2 = 7, 8, \ldots$). Jede dieser emittierten Lichtwellenlängen entspricht einem Übergang von einem elektronisch angeregten Zustand zu einem energetisch tiefer liegenden Zustand des Wasserstoffatoms. Offenbar können Atome und Moleküle nur in ganz bestimmten elektronischen Energiezuständen existieren und nicht beliebige Energiemengen aufnehmen oder abgeben.

Ein weiterer experimenteller Befund, der mit Gesetzen der klassischen Physik nicht gedeutet werden kann, ist das Spektrum eines schwarzen Strahlers (Abb. 3.1). Unter einem schwarzen Strahler versteht man einen Gegenstand, der einfallende Strahlung völlig absorbiert und nur Wärmestrahlung abgibt. Experimentell realisiert man einen schwarzen Strahler am besten mit einer geschwärzten Hohlkugel, die eine kleine Öffnung besitzt. Licht, das durch die Öffnung eintritt, wird im Innern der Hohlkugel absorbiert. Durch die Öffnung nach außen gelangt nur noch Wärmestrahlung, die allein von der Temperatur der Hohlkugel abhängt. Die Beschreibung des Spektrums eines schwarzen Strahlers gelang PLANCK unter der Annahme, dass elektromagnetische Strahlung nur in Quanten der Energie hν absorbiert und emittiert

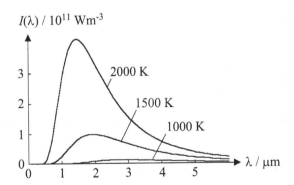

Abbildung 3.1: Elektromagnetische Spektren eines schwarzen Strahlers bei verschiedenen Temperaturen.

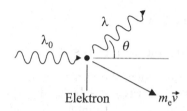

Abbildung 3.2: Beim COMPTON-Effekt stößt ein Photon der Wellenlänge λ_0 mit einem ruhenden Elektron zusammen. Das Photon wird hierbei unter dem Winkel θ gestreut und erhält die größere Wellenlänge λ. Das Elektron nimmt vom Photon den Impuls $m_e \vec{v}$ auf.

werden kann. h ist eine Konstante mit dem Wert $h = 6,626 \cdot 10^{-34}$ J s und wird PLANCKsche Konstante genannt, ν ist die Frequenz der elektromagnetischen Strahlung. Das PLANCKsche Strahlungsgesetz gibt die Strahlungsleistung eines schwarzen Strahlers pro Fläche und Wellenlängenelement an (Einheit W m^{-3}) und lautet:

$$I(\lambda, T) = \frac{2\pi h c^2}{\lambda^5} \cdot \frac{1}{\exp(hc/\lambda k_B T) - 1} \tag{3.2}$$

Hierin ist c die Lichtgeschwindigkeit, $\lambda = c/\nu$ die Wellenlänge der Strahlung, k_B die BOLTZMANN-Konstante und T die Temperatur.

Ein anderes Phänomen, das u. a. auf eine Energiequantelung elektromagnetischer Strahlung hinweist, stellt der photoelektrische Effekt dar. Bestrahlt man ein Metall mit ultraviolettem Licht, werden Elektronen aus dem Metall freigesetzt. Zur Freisetzung der Elektronen ist eine charakteristische Mindestfrequenz der elektromagnetischen Strahlung erforderlich; es genügt nicht, die Intensität energieärmerer Strahlung mit einer kleineren Frequenz zu erhöhen. Die Erklärung des photoelektrischen Effekts wurde von EINSTEIN mit der Photonentheorie des Lichts gegeben, wonach das Licht aus Photonen mit Teilchencharakter besteht. Wenn die Photonen die Energie $h\nu$ besitzen, die größer als die Austrittsarbeit W der Elektronen aus dem Metall ist, dann können Elektronen durch Kollision mit den Photonen freigesetzt werden. Die kinetische Energie der Elektronen ist dann der Frequenz der elektromagnetischen Strahlung proportional:

$$\frac{1}{2} m_e v^2 = h\nu - W \tag{3.3}$$

Hierin ist m_e die Masse und v die Geschwindigkeit der Elektronen.

Der Welle/Teilchen-Dualismus elektromagnetischer Strahlung zeigt sich auch beim so genannten COMPTON-Effekt (Abb. 3.2). Hier stößt ein Photon der Wellenlänge λ_0 mit einem ruhenden Elektron der Masse m_e zusammen. Nach dem Stoß besitzt das Photon eine kleinere Energie, d. h. eine größere Wellenlänge λ, die nur vom Streuwinkel θ abhängt. Wenn man den Impuls p des Photons aus der Beziehung $\lambda = h/p$ berechnet, ergibt sich folgender Ausdruck für die Wellenlängenänderung des Photons:

$$\lambda - \lambda_0 = \frac{h}{m_e c}(1 - \cos\theta) \tag{3.4}$$

h/m_ec fasst man zur COMPTON-Wellenlänge λ_C zusammen. Die maximale Verschiebung der Wellenlänge beträgt nach obiger Gleichung $2\lambda_C = 4,86$ pm. Dies ist der Fall, wenn das Photon unter einem Winkel von 180° gestreut wird.

Die Beugung von RÖNTGEN-Wellen an Kristallen kann mit Hilfe der BRAGGschen Gleichung beschrieben werden (siehe Gl. 1.106 und Abb. 1.23). 1925 beobachteten DAVISSON und GERMER, dass auch Elektronen wie RÖNTGEN-Wellen an einem Nickel-Einkristall gebeugt werden und charakteristische Interferenzmuster hervorrufen. Damit wurde zum ersten Mal gezeigt, dass Teilchen auch Wellencharakter aufweisen.

Sowohl durch den photoelektrischen Effekt als auch durch den COMPTON-Effekt wird der Teilchencharakter von Wellen deutlich, während die Elektronenbeugung an Kristallen den Wellencharakter von Teilchen aufdeckt. Zusammenfassend kann man daher die wichtige Schlussfolgerung formulieren, dass in atomaren Größenordnungen die Begriffe Teilchen und Welle ineinander übergehen (Welle/Teilchen-Dualismus). Zudem deuten Emissionsspektren von Atomen und Molekülen darauf hin, dass Atome und Moleküle keine beliebigen Energiemengen besitzen, sondern in diskreten Energiezuständen existieren. Auch die Energie monochromatischen Lichts setzt sich aus Energiequanten der Größe hν zusammen, wie die Theorien des schwarzen Strahlers und des photoelektrischen Effektes nahelegen.

3.2 Einführung in die Quantenmechanik

Der Welle/Teilchen-Dualismus, der durch eine Reihe von Experimenten belegt werden kann, wurde von DE BROGLIE mit einer einfachen Beziehung wiedergegeben:

$$\lambda = \frac{h}{p} \tag{3.5}$$

Damit kann jedem beliebigen Teilchen mit dem Impuls p die Wellenlänge λ zugeordnet werden, die auch als DE BROGLIE-Wellenlänge bezeichnet wird. Umgekehrt hat eine Welle mit der Wellenlänge λ den Impuls p. h ist die PLANCKsche Konstante.

Beispiel:
Eine Kugel der Masse $m = 2$ kg, die sich mit einer Geschwindigkeit von $v = 1$ m s^{-1} bewegt, besitzt den Impuls $p = mv = 2$ kg m s^{-1} und nach Gleichung 3.5 die DE BROGLIE-Wellenlänge $3 \cdot 10^{-34}$ m. Ein Elektron mit der viel kleineren Masse von $9,109 \cdot 10^{-31}$ kg, das sich ebenfalls mit der Geschwindigkeit 1 m s^{-1} fortbewegt, weist dagegen eine entsprechend größere DE BROGLIE-Wellenlänge von $7 \cdot 10^{-4}$ m auf. Aus diesem Vergleich wird deutlich, dass der Wellencharakter makroskopisch großer Teilchen vernachlässigbar ist.

Der Welle/Teilchen-Dualismus legt es nahe, den Zustand eines Teilchens, gemeint ist damit sein Impuls und sein Aufenthaltsort, mit Hilfe einer Wellenfunktion $\psi(x)$ zu repräsentieren. Die Wellenlänge λ der Wellenfunktion ist über die DE BROGLIE-Beziehung mit dem Impuls p_x des Teilchens verknüpft, während aus dem Betragsquadrat der Wellenfunktion $|\psi(x)|^2$ die Wahrscheinlichkeit berechnet werden kann, das Teilchen am Ort x zu finden.

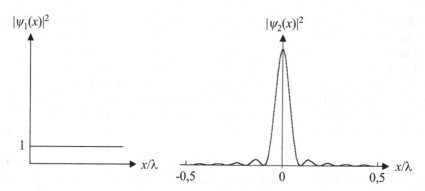

Abbildung 3.3: Prinzip der HEISENBERGschen Unschärferelation. Mit einer einzigen Wellenfunktion $\psi_1(x) = \exp(2\pi \mathrm{i}x/\lambda)$ kann der Impuls, aber nicht der Ort eines Teilchens exakt angegeben werden. Die Wellenfunktion $\psi_2(x) = \sum_{n=1}^{10} \exp(2\pi \mathrm{i}nx/\lambda)$ erlaubt dagegen, das Teilchen am Ort $x/\lambda = 0$ relativ genau zu lokalisieren. Der Impuls des Teilchens ist jetzt jedoch unscharf.

Wenn der Zustand eines Teilchens beispielsweise mit der Wellenfunktion $\psi_1(x) = \exp(2\pi \mathrm{i}x/\lambda)$ beschrieben wird, ergibt sich aus der Wellenlänge der Funktion der exakte Impuls $p_x = \mathrm{h}/\lambda$. Der Aufenthaltsort des Teilchens ist dagegen unbestimmt, da das Betragsquadrat $|\psi_1(x)|^2 = 1$ unabhängig vom Ort ist (Abb. 3.3). Wenn wir dagegen den Ort des Teilchens genau kennen, weist das Betragsquadrat der Wellenfunktion des Teilchens ein scharfes Maximum auf. Eine hierfür geeignete Funktion $\psi_2(x)$ kann man aus einer Überlagerung unendlich vieler Wellenfunktionen konstruieren, die sich in ihrer Wellenlänge unterscheiden. In Abbildung 3.3 ist beispielsweise die Summe aus zehn Wellenfunktionen dargestellt, die bereits ein relativ scharfes Maximum liefert. Da jede Wellenfunktion durch eine andere Wellenlänge charakterisiert wird, ist nun jedoch der Impuls des Teilchens nicht genau bekannt bzw. unscharf.

Das Prinzip, dass Ort x und Impuls p_x eines Teilchens nicht gleichzeitig mit beliebiger Genauigkeit ermittelt werden können, gibt die HEISENBERGsche Unschärferelation wieder:

$$\Delta x \Delta p_x \geq \frac{\hbar}{2} \tag{3.6}$$

$\hbar$ ist eine Abkürzung für $\mathrm{h}/2\pi$; für die Unschärfe einer Größe a gilt die Beziehung $\Delta a = (\langle a^2 \rangle - \langle a \rangle^2)^{1/2}$. Neben Ort und Impuls gibt es weitere so genannte komplementäre Observablen, für die die HEISENBERGsche Unschärferelation gilt. So können beispielsweise auch Energie und Lebensdauer eines Zustandes nicht gleichzeitig genau ermittelt werden. Komplementäre Observablen zeichnen sich dadurch aus, dass ihr Produkt die gleiche Dimension wie die PLANCKsche Konstante hat.

Von SCHRÖDINGER wurde eine Theorie entwickelt, die auf der Beschreibung eines mikroskopischen Systems mit Hilfe von Wellenfunktionen basiert. In dieser Theorie stellen die Wellenfunktionen Eigenfunktionen dar. Wenn man auf eine Eigenfunktion eine mathematische Operation anwendet, dann erhält man als Ergebnis immer ein Produkt aus einer Konstanten und der Eigenfunktion. Die mathematische Operation nennt man auch Operator und die Konstante Eigenwert. Die Theorie von SCHRÖDIN-GER ist unter dem Begriff Quantenmechanik bekannt und hat das Ziel, die Eigenwerte eines mikroskopischen Systems zu ermitteln.

Zur Bestimmung der Energie E (Eigenwert) eines Teilchens wendet man den Energieoperator $\widehat{H}$ auf die Eigenfunktion ψ des Teilchens an:

$$\widehat{H}\psi = E\psi \tag{3.7}$$

Diese Gleichung wird als SCHRÖDINGER-Gleichung bezeichnet. Der Energieoperator $\widehat{H}$ heißt HAMILTON-Operator. Er hat im eindimensionalen Fall die Form

$$\widehat{H} = -\frac{\hbar^2}{2m} \cdot \frac{\partial^2}{\partial x^2} + V(x) \tag{3.8}$$

m ist die Masse und $V(x)$ die potenzielle Energie des Teilchens. Der Operator $\widehat{H}$ beinhaltet also die folgende Rechenvorschrift: Leite ψ zweimal nach der Ortskoordinate x ab, multipliziere mit $-\hbar^2/2m$ und addiere das Produkt $V(x)\psi$. Das Ergebnis ist dann das Produkt aus Energie E (Eigenwert) und Eigenfunktion ψ. Wenn sich ein Teilchen, dessen Energie ermittelt werden soll, im dreidimensionalen Raum bewegt, muss nach allen drei Ortskoordinaten abgeleitet werden:

$$\widehat{H} = -\frac{\hbar^2}{2m} \left(\frac{\partial^2}{\partial x^2} + \frac{\partial^2}{\partial y^2} + \frac{\partial^2}{\partial z^2} \right) + V(x,y,z) \tag{3.9}$$

Die Klammer mit den Ableitungen kürzt man mit einem speziellen Symbol ab, dem LAPLACE-Operator Δ. Manchmal verwendet man auch das Quadrat des NABLA-Operators ∇:

$$\nabla = \left(\frac{\partial}{\partial x}, \frac{\partial}{\partial y}, \frac{\partial}{\partial z} \right) \tag{3.10}$$

$$\nabla^2 = \frac{\partial^2}{\partial x^2} + \frac{\partial^2}{\partial y^2} + \frac{\partial^2}{\partial z^2} = \Delta \tag{3.11}$$

Der Name des HAMILTON-Operators leitet sich von der HAMILTON-Funktion ab, die in der klassischen Physik die Gesamtenergie aus kinetischer und potenzieller Energie eines Teilchens angibt:

$$H = \frac{p^2}{2m} + V \tag{3.12}$$

Je nachdem, welchen Eigenwert eines Systems man bestimmen möchte, wird ein anderer Operator auf die Eigenfunktion des Systems angewandt. In Tabelle 3.1 sind die wichtigsten Operatoren der Quantenmechanik zusammen mit den entsprechenden klassischen Ausdrücken aufgeführt.

Im Allgemeinen sind Eigenfunktionen und Operatoren komplexe Größen, d. h., sie weisen die Zahl $i = \sqrt{-1}$ auf. Wir werden sehen, dass zur Beschreibung quantenmechanischer Systeme oftmals Funktionen vom Typ

$$\psi(x) = A \exp(2\pi i x/\lambda) = A \cos(2\pi x/\lambda) + i A \sin(2\pi x/\lambda) \tag{3.13}$$

Tabelle 3.1: Die wichtigsten Operatoren der Quantenmechanik.

Größe	klass. Ausdruck	Operator
Ort	x	$\widehat{x} = x$
Impuls	p_x	$\widehat{p}_x = -\mathrm{i}\hbar\,(\partial/\partial x)$
kin. Energie	$T = p_x^2/2m$	$\widehat{T} = -(\hbar^2/2m)(\partial^2/\partial x^2)$
pot. Energie	V	$\widehat{V} = V$

herangezogen werden. Hierbei ist zu beachten, dass zur Berechnung des Betragsquadrats solcher Funktionen konjugiert komplexe Funktionen der Form

$$\psi^*(x) = A\exp(-2\pi\mathrm{i}x/\lambda) = A\cos(2\pi x/\lambda) - \mathrm{i}A\sin(2\pi x/\lambda)$$

gebildet werden müssen. Dann erhält man als Betragsquadrat

$$|\psi(x)|^2 = \psi(x)\cdot\psi^*(x) = A^2 \tag{3.14}$$

Wenn $\widehat{A}$ und $\widehat{B}$ zwei Operatoren sind, gelten folgende Beziehungen:

$$(\widehat{A} + \widehat{B})\psi = \widehat{A}\psi + \widehat{B}\psi \tag{3.15}$$

$$\widehat{A}\widehat{B}\psi \neq \widehat{B}\widehat{A}\psi \tag{3.16}$$

Das Kommutativgesetz der Multiplikation gilt für zwei Operatoren in der Regel nicht. Man muss daher stets zuerst den inneren und dann den äußeren Operator anwenden.

Bei der Ermittlung einer Eigenfunktion ψ eines Teilchens sind verschiedene Voraussetzungen zu beachten: Damit von ψ eine zweite Ableitung existiert, wie sie in der SCHRÖDINGER-Gleichung vorkommt, muss ψ stetig sein und darf keine Knicke aufweisen. Zudem muss ψ i. Allg. Randbedingungen erfüllen; z. B. muss ψ gegen null streben, wenn die potenzielle Energie des Teilchens unendlich groß wird, damit sich das Teilchen nur da befindet, wo die potenzielle Energie niedrig ist. ψ muss auch normierbar sein:

$$\int_{\text{Volumen}} |\psi|^2 \, \mathrm{d}\tau = 1 \tag{3.17}$$

$|\psi|^2$ stellt nach BORN eine Wahrscheinlichkeitsdichte dar. Daher erhält man aus dem Produkt $|\psi|^2\mathrm{d}\tau$ die Wahrscheinlichkeit, das Teilchen im Volumenelement $\mathrm{d}\tau = \mathrm{d}x\mathrm{d}y\mathrm{d}z$ zu finden. Die Integration über das gesamte zur Verfügung stehende Volumen muss eins ergeben, da das Teilchen in diesem Volumen irgendwo anzutreffen ist.

3.3 Mikroskopische Teilchen in Bewegung

3.3.1 Translation

Das Modell des Teilchens im Kasten dient zur Berechnung der möglichen Translationsenergien eines mikroskopischen Teilchens, das in einem Kasten eingesperrt ist.

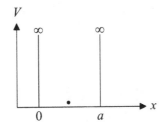

Abbildung 3.4: Verlauf der potenziellen Energie V in Abhängigkeit des Ortes x beim Modell des Teilchens im Kasten. Die Wände des Kastens liegen bei $x = 0$ und $x = a$. Innerhalb des Kastens ist $V = 0$.

Wir können also beispielsweise die kinetische Energie von Gasteilchen berechnen, die in einem Gefäß eingeschlossen sind. An den Wänden des Kastens, die sich bei $x = 0$ und $x = a$ befinden sollen, ist die potenzielle Energie V unendlich groß, so dass das Teilchen den Kasten nicht verlassen kann. Im Kasten soll das Teilchen dagegen keine potenzielle Energie besitzen (Abb. 3.4).

Die SCHRÖDINGER-Gleichung für das Modell des Teilchens im Kasten lautet damit im eindimensionalen Fall

$$-\frac{\hbar^2}{2m} \cdot \frac{\partial^2}{\partial x^2} \psi(x) = E\psi(x) \tag{3.18}$$

Als Operator wird hier der HAMILTON-Operator verwendet (Gl. 3.8), da die Energie-eigenwerte des Teilchens berechnet werden sollen. V ist gleich null gesetzt worden. Wellenfunktionen ψ, die diese SCHRÖDINGER-Gleichung erfüllen, müssen die Eigen-schaft aufweisen, dass sie die gleiche Form haben wie ihre zweite Ableitung. Solche Funktionen sind z. B. Sinus- und Cosinusfunktionen. Hinzu kommt die erste Rand-bedingung, dass die Wellenfunktionen an der Kastengrenze $x = 0$ den Wert null er-reichen müssen, da hier die potenzielle Energie unendlich ansteigt. Wir können damit folgenden Ansatz formulieren:

$$\psi(x) = A\sin(kx) \tag{3.19}$$

Die Konstante k erhält man aus der zweiten Randbedingung $\psi(a) = 0$:

$$k = \frac{n\pi}{a} \tag{3.20}$$

n ist eine ganze Zahl. Die Konstante A wird aus der Normierungsbedingung (Gl. 3.17) berechnet:

$$1 = \int\limits_0^a A^2 \sin^2(kx)\mathrm{d}x = A^2 \frac{a}{2}$$

$$A = \pm\sqrt{\frac{2}{a}} \tag{3.21}$$

Damit haben wir Wellenfunktionen gefunden, die die Zustände des Teilchens im Kasten beschreiben:

$$\psi_n(x) = \sqrt{\frac{2}{a}} \sin\left(\frac{n\pi}{a}x\right) \tag{3.22}$$

(Funktionen mit $A = -\sqrt{2/a}$ sind natürlich auch Lösungen der SCHRÖDINGER-Gleichung.) Die Energieeigenwerte E_n, die zu den Eigenfunktionen $\psi_n(x)$ gehören, werden nun berechnet, indem die Wellenfunktionen in die SCHRÖDINGER-Gleichung (Gl. 3.18) eingesetzt werden:

$$-\frac{\hbar^2}{2m} \cdot \frac{\partial^2}{\partial x^2} \sqrt{\frac{2}{a}} \sin\left(\frac{n\pi}{a}x\right) =$$

$$\frac{\hbar^2}{2m} \cdot \sqrt{\frac{2}{a}} \sin\left(\frac{n\pi}{a}x\right) \cdot \frac{n^2\pi^2}{a^2} = E_n \sqrt{\frac{2}{a}} \sin\left(\frac{n\pi}{a}x\right)$$

$$E_n = \frac{\hbar^2 n^2 \pi^2}{2ma^2} = \frac{h^2 n^2}{8ma^2} \tag{3.23}$$

Ein Teilchen in einem Kasten kann also nicht beliebige, sondern nur ganz bestimmte Energiewerte haben, die von n, einer so genannten Quantenzahl, abhängen. n kann die Werte $1, 2, 3, \ldots$ annehmen. $n = 0$ ist nicht erlaubt, weil hieraus $|\psi_0(x)|^2 = 0$ folgt, und somit keine Normierung möglich ist.

In Abbildung 3.5 sind für das Teilchen im Kasten die Wellenfunktionen $\psi_n(x)$ und die Wahrscheinlichkeitsdichten $|\psi_n(x)|^2$ zusammen mit den zugehörigen Energien E_n in ein Diagramm eingezeichnet. An den Stellen, wo die Wellenfunktionen die x-Achse schneiden, ist das Teilchen nicht anzutreffen, da hier die Wahrscheinlichkeitsdichten null sind. Mit zunehmender Quantenzahl n nimmt die Zahl dieser Schnittpunkte (Knoten) zu, und die Wahrscheinlichkeitsdichte im Kasten wird gleichförmiger. Das Ergebnis der Quantenmechanik geht daher für sehr große Quantenzahlen in das der klassischen Physik über. Dieses Verhalten wird Korrespondenzprinzip genannt.

Für ein Teilchen, das sich in einem würfelförmigen Kasten der Länge a befindet, addieren sich die Energiewerte der einzelnen Dimensionen:

$$E_{n_x,n_y,n_z} = \frac{h^2}{8ma^2}(n_x^2 + n_y^2 + n_z^2) \tag{3.24}$$

Jede dieser Quantenzahlen n_x, n_y und n_z kann die Werte $1, 2, 3, \ldots$ annehmen. Es ist dann möglich, dass es zu einer Energie mehrere Quantenzahl-Kombinationen und damit auch Eigenfunktionen ψ_{n_x,n_y,n_z} gibt. Wie man Tabelle 3.2 entnehmen kann, wird z. B. der Energiewert $6h^2/8ma^2$ durch drei verschiedene Quantenzustände realisiert. Man sagt, dieser Energiezustand ist dreifach entartet.

Für die Differenz zwischen zwei Energiewerten erhält man im eindimensionalen Fall den Ausdruck

$$E_{n+1} - E_n = \frac{h^2}{8ma^2}[(n+1)^2 - n^2] = \frac{h^2}{8ma^2}[2n+1] \tag{3.25}$$

Auch wenn diese Differenz mit zunehmendem n immer größer wird, bleibt sie jedoch unter normalen Bedingungen extrem klein, so dass sich die Translationsenergie von mikroskopischen Teilchen nahezu kontinuierlich verändern kann.

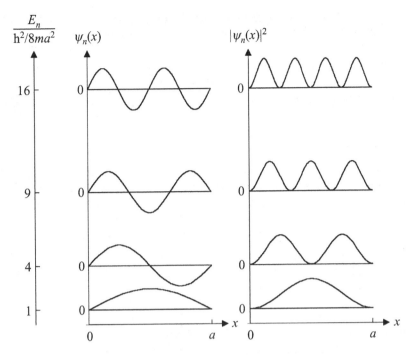

Abbildung 3.5: Energien E_n, Wellenfunktionen $\psi_n(x)$ und Wahrscheinlichkeitsdichten $|\psi_n(x)|^2$ für das Modell des Teilchens im Kasten.

Tabelle 3.2: Entartungsgrade der Energiezustände eines Teilchens in einem dreidimensionalen Kasten. Es sind nur die beiden niedrigsten Energieniveaus aufgelistet.

Quantenzustand $n_x\ n_y\ n_z$	Energiewert $E/(\text{h}^2/8ma^2)$	Entartungsgrad g
1 1 1	3	1
1 1 2		
1 2 1	6	3
2 1 1		

Beispiel:
Für He-Gas ($m = 6,647 \cdot 10^{-27}$ kg), das sich in einem Gefäß der Länge $a = 10$ cm befindet, beträgt die Energiedifferenz zwischen den niedrigsten beiden Energiezuständen nach obiger Gleichung $2,477 \cdot 10^{-39}$ J. Diese Energiedifferenz ist so klein, dass nahezu ein Energiekontinuum vorliegt. In der Regel werden daher Translationsenergien von Gasen klassisch betrachtet.

Nach dem Äquipartitionstheorem beträgt die mittlere kinetische Energie eines Teilchens in einer Dimension $\frac{1}{2}k_\text{B}T$. Bei einer Temperatur von 298 K sind das $2,058 \cdot$

10^{-21} J, woraus sich nach dem Modell des Teilchens im Kasten eine Quantenzahl von $n = 1,579 \cdot 10^9$ für obiges Beispiel berechnen lässt. Auch bei dieser großen Quantenzahl beträgt die Differenz zwischen zwei benachbarten Energieniveaus nur $2,607 \cdot 10^{-30}$ J. Der Abstand zwischen zwei Knoten der zugehörigen Wellenfunktion beträgt $a/n = 6,333 \cdot 10^{-11}$ m. Es liegt somit eine quasikontinuierliche Aufenthaltswahrscheinlichkeit der He-Atome im Gefäß vor.

3.3.2 Rotation

Die quantenmechanische Betrachtung eines starren Rotators als Modellsystem liefert Ergebnisse, die sowohl für die Rotation ganzer Moleküle als auch für die Rotation von Elektronen um Atomkerne relevant sind. Wir wollen zunächst die Beschreibung der Rotationsbewegung im Rahmen der klassischen Physik wiederholen. In der klassischen Physik beträgt die Geschwindigkeit v eines Teilchens, das sich auf einer Kreisbahn mit dem Radius r bewegt,

$$v = \frac{2\pi r}{t_1} = \omega r \tag{3.26}$$

t_1 ist die Zeit für einen Umlauf, $\omega = 2\pi/t_1$ ist die Winkelgeschwindigkeit. Für die kinetische Energie des Teilchens mit der Masse m erhält man dann

$$E = \frac{1}{2}mv^2 = \frac{1}{2}m\omega^2 r^2 = \frac{1}{2}I\omega^2 \tag{3.27}$$

$I = mr^2$ bezeichnet man als Trägheitsmoment. Beim Übergang von der Translation zur Rotation wird also formal die Masse m durch das Trägheitsmoment I und die Bahngeschwindigkeit v durch die Winkelgeschwindigkeit ω ersetzt. So ist der Drehimpuls $\vec{L}$ analog zum Bahnimpuls $\vec{p} = m\vec{v}$ definiert als

$$\vec{L} = I\vec{\omega} \tag{3.28}$$

Die Rotationsenergie des kreisenden Teilchens wird oft mit Hilfe des Drehimpulses formuliert:

$$E = \frac{L^2}{2I} \tag{3.29}$$

Wenn zwei Teilchen mit den Massen m_1 und m_2 um einen gemeinsamen Schwerpunkt rotieren, wie es bei einem zweiatomigen Molekül oder bei einem Wasserstoffatom aus Elektron und Proton der Fall ist, genügt es, stattdessen die Rotation eines einzigen fiktiven Teilchens mit einer so genannten reduzierten Masse μ zu betrachten (Abb. 3.6). Rotiert Masse m_1 im Abstand r_1 und Masse m_2 im Abstand r_2 um den gemeinsamen Schwerpunkt, dann ergeben sich aus der Schwerpunktsbedingung

$$m_1 r_1 = m_2 r_2 \tag{3.30}$$

die Beziehungen

$$r_1 = \frac{m_2}{m_1 + m_2} r \qquad r_2 = \frac{m_1}{m_1 + m_2} r \tag{3.31}$$

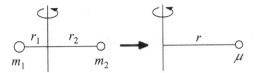

Abbildung 3.6: Die Beschreibung der Rotation zweier Massen m_1 und m_2 im Abstand r_1 und r_2 zum gemeinsamen Schwerpunkt kann durch eine Betrachtung einer fiktiven Masse μ (reduzierte Masse) im Abstand $r = r_1 + r_2$ ersetzt werden.

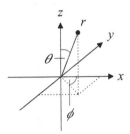

Abbildung 3.7: Definition der Kugelkoordinaten r, θ, ϕ im kartesischen Koordinatensystem. Es ist $x = r \sin\theta \cos\phi$, $y = r \sin\theta \sin\phi$ und $z = r \cos\theta$. Ein Volumenelement in Kugelkoordinaten am Ort $\vec{r}$ hat die Form $d\tau = r^2 \sin\theta d\theta d\phi dr$.

wobei $r = r_1 + r_2$ der Abstand der beiden Massen zueinander ist. Das Trägheitsmoment des Rotators ergibt sich nun zu

$$
\begin{aligned}
I &= m_1 r_1^2 + m_2 r_2^2 \\
&= m_1 \frac{m_2^2}{(m_1 + m_2)^2} r^2 + m_2 \frac{m_1^2}{(m_1 + m_2)^2} r^2 \\
&= \frac{m_1 m_2}{m_1 + m_2} r^2 = \mu r^2
\end{aligned}
\tag{3.32}
$$

Die Rotationsbewegung zweier Teilchen wird damit durch die der reduzierten Masse $\mu = m_1 m_2 / (m_1 + m_2)$ substituiert, die im Abstand $r = r_1 + r_2$ um den Schwerpunkt kreist.

Für die quantenmechanische Betrachtung der Rotation wird zunächst wieder die SCHRÖDINGER-Gleichung formuliert:

$$
-\frac{\hbar^2}{2\mu} \Delta\psi = E\psi
\tag{3.33}
$$

Der Beitrag der potenziellen Energie zum HAMILTON-Operator ist hier null gesetzt worden, weil eine Rotation nur kinetische Energie erzeugt. Es erweist sich als vorteilhaft, den LAPLACE-Operator Δ nicht als Funktion der kartesischen Koordinaten x, y, z zu schreiben, sondern Kugelkoordinaten r, θ, ϕ zu verwenden, wie sie in Abbildung 3.7 definiert werden. Man erhält:

$$
\Delta = \frac{2}{r} \frac{\partial}{\partial r} + \frac{\partial^2}{\partial r^2} + \frac{1}{r^2} \left[\frac{1}{\sin^2\theta} \frac{\partial^2}{\partial\phi^2} + \frac{1}{\sin\theta} \frac{\partial}{\partial\theta} \sin\theta \frac{\partial}{\partial\theta} \right]
\tag{3.34}
$$

Der Laplace-Operator sieht als Funktion von r, θ, ϕ zwar sehr kompliziert aus, das Lösen der Schrödinger-Gleichung fällt aber leichter, da man für die gesuchten Wellenfunktionen ψ folgenden Separationsansatz machen kann:

$$\psi = R(r)\Theta(\theta)\Phi(\phi) \tag{3.35}$$

Dieser Separationsansatz ermöglicht, nur die Bewegung eines Teilchens auf einer Kugeloberfläche zu untersuchen, wofür $R = $ konst. gesetzt wird (starrer Rotator). Unter dieser Voraussetzung ist die Ableitung von ψ nach r gleich null. Mit $\mu r^2 = I$ kann man die Schrödinger-Gleichung wie folgt umwandeln:

$$-\frac{\hbar^2}{2I}\left[\frac{1}{\sin^2\theta}\frac{\partial^2}{\partial\phi^2} + \frac{1}{\sin\theta}\frac{\partial}{\partial\theta}\sin\theta\frac{\partial}{\partial\theta}\right]\Theta\Phi = E\Theta\Phi$$

$$\Theta\frac{1}{\sin^2\theta}\frac{\partial^2\Phi}{\partial\phi^2} + \Phi\frac{1}{\sin\theta}\frac{\partial}{\partial\theta}\sin\theta\frac{\partial\Theta}{\partial\theta} = -\frac{2IE}{\hbar^2}\Theta\Phi$$

$$\underbrace{\frac{1}{\Phi}\frac{\partial^2\Phi}{\partial\phi^2}}_{-m_l^2} + \frac{1}{\Theta}\sin\theta\frac{\partial}{\partial\theta}\sin\theta\frac{\partial\Theta}{\partial\theta} = -\frac{2IE}{\hbar^2}\sin^2\theta$$

$$\tag{3.36}$$

Im ersten Schritt dieser Umformung wurde mit $-2I/\hbar^2$, im zweiten Schritt mit $\sin^2\theta/\Theta\Phi$ multipliziert. Der erste Term in Gleichung 3.36 hängt dann nur von ϕ ab, der Rest der Gleichung nur von θ, so dass der ϕ-abhängige Term einer Konstanten entspricht, die hier mit $-m_l^2$ bezeichnet werden soll. Als Lösungsansatz für die Funktion Φ kann man schreiben:

$$\Phi = A\exp(im_l\phi) \tag{3.37}$$

Denn es gilt

$$\frac{\partial^2\Phi}{\partial\phi^2} = -m_l^2 A\exp(im_l\phi) = -m_l^2 \cdot \Phi \tag{3.38}$$

Normierung der Wellenfunktion Φ liefert die Konstante A:

$$1 = \int_0^{2\pi} |\Phi|^2\,\mathrm{d}\phi$$

$$= A^2\int_0^{2\pi} \exp(im_l\phi)\exp(-im_l\phi)\,\mathrm{d}\phi$$

$$= A^2 \cdot 2\pi$$

$$A = \pm\frac{1}{\sqrt{2\pi}} \tag{3.39}$$

Mögliche Lösungen für Φ lauten somit

$$\Phi = \frac{1}{\sqrt{2\pi}} \exp(\mathrm{i}m_l\phi) \tag{3.40}$$

Die Wellenfunktionen Φ müssen eine zyklische Randbedingung erfüllen, d. h., sie müssen nach einem Umlauf wieder denselben Wert annehmen:

$$
\begin{aligned}
\Phi(\phi) &= \Phi(\phi + 2\pi) \\
\exp(\mathrm{i}m_l\phi) &= \exp(\mathrm{i}m_l\phi)\,\exp(2\pi\mathrm{i}m_l) \\
1 &= \exp(2\pi\mathrm{i}m_l) \\
&= \cos(2\pi m_l) + \mathrm{i}\sin(2\pi m_l)
\end{aligned}
\tag{3.41}
$$

Es muss daher $m_l = 0, \pm 1, \pm 2, \ldots$ gelten.

Mit den Wellenfunktionen Φ wird die Rotation in Abhängigkeit des Winkels ϕ, d. h. in der x,y-Ebene, beschrieben. Der zugehörige Drehimpulsvektor steht senkrecht zu dieser Ebene in z-Richtung. Die z-Komponente L_z des Drehimpulsvektors $\vec{L}$ und die damit verknüpfte Energie E_z erhält man aus der SCHRÖDINGER-Gleichung

$$-\frac{\hbar^2}{2I}\frac{\partial^2\Phi}{\partial\phi^2} = E_z\Phi \tag{3.42}$$

Die zweifache Ableitung von Φ nach ϕ ist durch Gleichung 3.38 gegeben. Daher ist

$$E_z = \frac{\hbar^2 m_l^2}{2I} \tag{3.43}$$

$$L_z = \hbar m_l \tag{3.44}$$

Der θ-abhängige Teil in Gleichung 3.36 ist als LEGENDRE-Gleichung bekannt, wenn man die Substitution

$$\frac{2IE}{\hbar^2} = l(l+1) \tag{3.45}$$

durchführt, woraus sich für die Rotationsenergie E und den Drehimpuls L schließlich die folgenden Ausdrücke ergeben:

$$E = \frac{\hbar^2 l(l+1)}{2I} \tag{3.46}$$

$$L = \hbar\sqrt{l(l+1)} \tag{3.47}$$

Die LEGENDRE-Gleichung ist nur lösbar, wenn

$$l = 0, 1, 2, \ldots \tag{3.48}$$

$$m_l = 0, \pm 1, \pm 2, \ldots, \pm l \tag{3.49}$$

gilt. Die Größen l und m_l sind Rotationsquantenzahlen. Die Gesamtenergie E und der Gesamtdrehimpuls L der Rotation hängen nur von l ab. m_l entscheidet dagegen

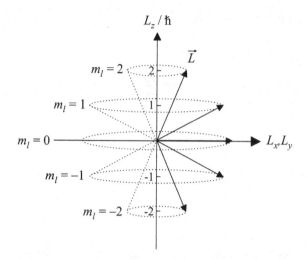

Abbildung 3.8: Quantelung der Rotation für $l = 2$. Der Drehimpulsvektor und damit das rotierende Molekül kann nur fünf verschiedene Orientierungen einnehmen, die sich durch die z-Komponenten unterscheiden. Bezüglich der x- und y-Komponenten erfolgt keine Festlegung.

Tabelle 3.3: Kugelfunktionen $Y = N\Theta(\theta)\Phi(\phi)$ zur Beschreibung der Rotation eines Teilchens.

l	m_l	N	$\Theta(\theta)$	$\Phi(\phi)$
0	0	$(1/4\pi)^{1/2}$		
1	0	$(3/4\pi)^{1/2}$	$\cos\theta$	
	± 1	$(3/8\pi)^{1/2}$	$\sin\theta$	$\exp(\pm \mathrm{i}\phi)$
2	0	$(5/16\pi)^{1/2}$	$(3\cos^2\theta - 1)$	
	± 1	$(15/8\pi)^{1/2}$	$\sin\theta\cos\theta$	$\exp(\pm \mathrm{i}\phi)$
	± 2	$(15/32\pi)^{1/2}$	$\sin^2\theta$	$\exp(\pm 2\mathrm{i}\phi)$

über die z-Komponenten E_z und L_z dieser Größen und damit über die Orientierung des Drehimpulsvektors $\vec{L}$ im Raum. Zu jedem l gibt es $(2l+1)$ verschiedene Werte von m_l, d. h., es liegt $(2l+1)$-fache Entartung vor. In Abbildung 3.8 sind beispielhaft die fünf möglichen Orientierungen des Drehimpulsvektors $\vec{L}$ für die Quantenzahl $l = 2$ dargestellt.

Die winkelabhängigen Wellenfunktionen Θ und Φ werden auch als Kugelfunktionen $Y = N\Theta\Phi$ zusammengefasst (N ist ein Normierungsfaktor). Sie sind für $l = 0, 1, 2$ in Tabelle 3.3 aufgelistet. Wie bereits erwähnt, dienen sie zur Beschreibung der Rotation von Molekülen und von Elektronen in Atomen. Während für Elektronen die Quantenzahlen l und m_l verwendet werden, schreibt man stattdessen J und m_J für Moleküle.

Beispiel:

Die reduzierte Masse eines rotierenden CO-Moleküls lässt sich aus den Atommassen $m(C) = 1,99 \cdot 10^{-26}$ kg und $m(O) = 2,66 \cdot 10^{-26}$ kg zu

$$\mu = \frac{m_C m_O}{m_C + m_O} = 1,14 \cdot 10^{-26} \text{ kg}$$

berechnen. Der Rotationsradius r der reduzierten Masse entspricht der Bindungslänge im CO-Molekül und beträgt $1,13 \cdot 10^{-10}$ m. Das CO-Molekül hat somit ein Trägheitsmoment von

$$I = \mu r^2 = 1,46 \cdot 10^{-46} \text{ kg m}^2$$

und im ersten angeregten Rotationszustand ($J = 1$) eine Energie von

$$E = \frac{\hbar^2 \cdot 2}{2I} = 7,62 \cdot 10^{-23} \text{ J} = 4,75 \cdot 10^{-4} \text{ eV}$$

3.3.3 Schwingung

In der klassischen Vorstellung kann man sich die chemische Bindung eines zweiatomigen Moleküls als Feder denken. Beide Atome können dann relativ zum gemeinsamen Schwerpunkt eine schwingende Bewegung ausführen. Zur Vereinfachung dieses Zwei-Teilchen-Problems verwendet man wie bei der Rotation die reduzierte Masse μ (Gl. 3.32), die als fiktives Teilchen schwingt.

Nach dem HOOKEschen Gesetz beträgt die rücktreibende Kraft einer ausgelenkten Feder $F_{\text{Hooke}} = -kx$. k ist die Kraftkonstante der Feder und x ist die Strecke, um die die Feder aus ihrer Gleichgewichtslage ausgelenkt ist. Diese Kraft führt zu einer Beschleunigung der Masse μ. Die Beschleunigung d^2x/dt^2 ist durch das zweite NEWTONsche Gesetz gegeben: $F_{\text{Newton}} = \mu(d^2x/dt^2)$. Mit $F_{\text{Newton}} = F_{\text{Hooke}}$ lautet die Bewegungsgleichung der reduzierten Masse

$$\mu \frac{d^2 x}{dt^2} = -kx \tag{3.50}$$

Als Lösungsansatz für diese Differentialgleichung wählen wir

$$x = A \sin(\omega t) \tag{3.51}$$

mit

$$\frac{d^2 x}{dt^2} = -\omega^2 A \sin(\omega t) = -\omega^2 x \tag{3.52}$$

Ein Vergleich dieser Beziehung mit Gleichung 3.50 liefert die Winkelgeschwindigkeit der Schwingung:

$$\omega = \sqrt{\frac{k}{\mu}} \tag{3.53}$$

Während der Schwingung hat die reduzierte Masse im Gleichgewichtsabstand die maximale kinetische Energie

$$T_{\max} = \frac{p_{x=0}^2}{2\mu} \tag{3.54}$$

und an den Umkehrpunkten die maximale potenzielle Energie

$$V_{\max} = - \int\limits_0^{x_{\max}} F_{\mathrm{Hooke}}\mathrm{d}x = \int\limits_0^{x_{\max}} kx\,\mathrm{d}x = \frac{1}{2}kx_{\max}^2 \tag{3.55}$$

Die HAMILTON-Funktion, die die Gesamtenergie zu einem beliebigen Zeitpunkt angibt, lautet somit

$$H = T + V = \frac{p_x^2}{2\mu} + \frac{1}{2}kx^2 \tag{3.56}$$

Für die quantenmechanische Beschreibung der Schwingung muss jetzt nur noch aus der HAMILTON-Funktion H der HAMILTON-Operator $\hat{H}$ konstruiert werden, indem der Impuls- und der Ortsoperator eingeführt werden (Tab. 3.1). Die SCHRÖDINGER-Gleichung eines harmonischen Oszillators, d. h. eines harmonisch schwingenden Teilchens, hat damit folgendes Aussehen:

$$-\frac{\hbar^2}{2\mu}\frac{\mathrm{d}^2\psi}{\mathrm{d}x^2} + \frac{1}{2}kx^2\psi = E\psi \tag{3.57}$$

Um die SCHRÖDINGER-Gleichung auf eine einfachere Form zu bringen, wird zunächst die Substitution $\epsilon = E/(\frac{1}{2}\hbar\omega)$ eingeführt:

$$-\frac{\hbar}{\mu\omega}\frac{\mathrm{d}^2\psi}{\mathrm{d}x^2} + \frac{kx^2}{\hbar\omega}\psi = \epsilon\psi$$

Im zweiten Schritt wird $y^2 = kx^2/(\hbar\omega)$ bzw. $\mathrm{d}y^2 = [k/(\hbar\omega)]\mathrm{d}x^2$ gesetzt:

$$-\frac{\hbar}{\mu\omega}\frac{k}{\hbar\omega}\frac{\mathrm{d}^2\psi}{\mathrm{d}y^2} + y^2\psi = \epsilon\psi$$

$$\frac{\mathrm{d}^2\psi}{\mathrm{d}y^2} + (\epsilon - y^2)\psi = 0 \tag{3.58}$$

Es wird zunächst untersucht, wie die Wellenfunktionen ψ bei großen Auslenkungen x, d. h. für $y \to \infty$, aussehen. Man kann hierfür ϵ in obiger Gleichung vernachlässigen:

$$\frac{\mathrm{d}^2\psi}{\mathrm{d}y^2} - y^2\psi = 0 \tag{3.59}$$

Als Lösungsansatz für diese Differentialgleichung wählt man eine Funktion, die für große y-Werte gegen null strebt:

$$\psi = f\exp(-y^2/2) \tag{3.60}$$

Denn es gilt für $y \to \infty$

$$\frac{d^2\psi}{dy^2} = \left[\frac{d^2f}{dy^2} - 2y\frac{df}{dy} + (y^2 - 1)f\right]\exp(-y^2/2)$$

$$\approx y^2 f \exp(-y^2/2)$$

$$= y^2\psi \qquad (3.61)$$

Zur Bestimmung des Koeffizienten f und damit der Wellenfunktionen ψ für beliebige Auslenkungen y wird der Ansatz für ψ in die ursprüngliche SCHRÖDINGER-Gleichung (Gl. 3.58) eingesetzt:

$$\left[\frac{d^2f}{dy^2} - 2y\frac{df}{dy} + (y^2 - 1)f\right]\exp(-y^2/2)$$

$$+(\epsilon - y^2)f\exp(-y^2/2) = 0$$

$$\frac{d^2f}{dy^2} - 2y\frac{df}{dy} + (\epsilon - 1)f = 0 \qquad (3.62)$$

Wenn man $\epsilon = 2v + 1$ setzt, erhält man als Lösungen für f die so genannten HERMITEschen Polynome $H_v(y)$ (die wir hier nicht ausschreiben wollen), so dass sich folgende Ausdrücke für die Wellenfunktionen und Energiewerte des harmonischen Oszillators ergeben:

$$\psi_v = N_v H_v(y)\exp(-y^2/2) \qquad (3.63)$$

$$E_v = \hbar\omega(v + 1/2) \qquad (3.64)$$

N_v ist der Normierungsfaktor und v die Quantenzahl bzgl. der Schwingung. Sie kann die Werte 0, 1, 2, ... annehmen. Für $v = 0$ ergibt sich als niedrigste Energie des Oszillators die Nullpunktsenergie $E_0 = \frac{1}{2}\hbar\omega$. $\nu = \omega/2\pi = (1/2\pi)\sqrt{k/\mu}$ ist die Eigenfrequenz der Schwingung.

In Abbildung 3.9 sind zu den Energiewerten E_v des harmonischen Oszillators die Wellenfunktionen ψ_v und die Wahrscheinlichkeitsdichten $|\psi_v|^2$ in ein Diagramm eingezeichnet. Mit zunehmendem v wird die Wahrscheinlichkeitsdichte in der Mitte des Potenzialtopfes immer kleiner, während sie an den Rändern anwächst. Für $v \to \infty$ wird damit die klassische Betrachtungsweise der Schwingung wiedergegeben, wonach ein schwingendes Teilchen am häufigsten an den Umkehrpunkten anzutreffen ist, da hier seine Geschwindigkeit am kleinsten ist (Korrespondenzprinzip). Zu beachten ist, dass man das Teilchen auch außerhalb des Potenzialtopfes mit einer begrenzten Wahrscheinlichkeit antrifft (dann ist die potenzielle Energie größer als die Gesamtenergie des Oszillators). Dieses Phänomen wird als Tunneleffekt bezeichnet und hängt damit zusammen, dass die potenzielle Energie des Teilchens am Rand des Potenzialtopfes nicht unendlich groß ist, so dass die Wellenfunktion des Teilchens hier nicht völlig auf null absinkt.

Die Differenz zwischen zwei benachbarten Energieniveaus des harmonischen Oszillators ist unabhängig von der Quantenzahl v und beträgt

$$E_{v+1} - E_v = \hbar\omega \qquad (3.65)$$

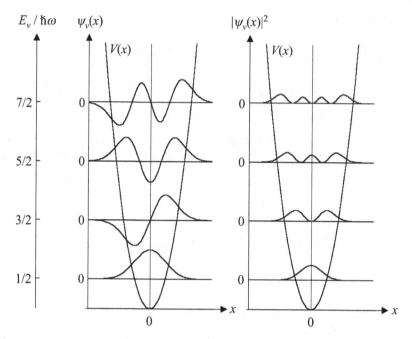

Abbildung 3.9: Energien E_v, Wellenfunktionen ψ_v und Wahrscheinlichkeitsdichten $|\psi_v|^2$ für das Modell des harmonischen Oszillators.

Beispiel:
Für das Molekül ^{1}H^{35}Cl kann man eine reduzierte Masse von $\mu = 1,63 \cdot 10^{-27}$ kg berechnen. Bei einer Kraftkonstanten der HCl-Bindung von $k = 516$ N m^{-1} ergibt sich hieraus eine Winkelgeschwindigkeit der Schwingung von $\omega = 5,63 \cdot 10^{14}$ s^{-1} und damit eine Eigenfrequenz von $\nu = 8,96 \cdot 10^{13}$ s^{-1}. Die Energiedifferenz zwischen zwei benachbarten Quantenzuständen beträgt damit $\hbar\omega = 5,94 \cdot 10^{-20}$ J bzw. 0,371 eV. Um ein HCl-Molekül in das erste angeregte Schwingungsniveau zu überführen, muss man Infrarotlicht der Wellenzahl $1/\lambda = \omega/(2\pi c) = 3000$ cm^{-1} einstrahlen.

3.4 Atome

In diesem Kapitel wird die elektronische Struktur der Atome behandelt. Die Eigenfunktionen und Energieeigenwerte des H-Atoms werden ermittelt und nach Einführung des Elektronenspins auf andere Atome übertragen, womit dann eine Erklärung für den Aufbau des Periodensystems der Elemente gegeben werden kann. Schließlich werden Termsymbole für Atome eingeführt, die für die Interpretation von Atomspektren wichtig sind.

3.4.1 Das Wasserstoffatom

Im Gegensatz zu allen anderen Atomen kann für das Wasserstoffatom die SCHRÖDINGER-Gleichung analytisch gelöst werden. Sie lautet

$$-\frac{\hbar^2}{2\mu}\Delta\varphi + V\varphi = E\varphi \tag{3.66}$$

mit φ als Wellenfunktion des H-Atoms. Da die Masse des Elektrons viel kleiner ist als die des Protons ($m_p \approx 1836\, m_e$), entspricht die reduzierte Masse des Wasserstoffatoms etwa der Elektronenmasse:

$$\mu = \frac{m_e m_p}{m_e + m_p} \approx m_e \tag{3.67}$$

Anders ausgedrückt, im H-Atom bewegt sich im Wesentlichen nur das Elektron. Die quantenmechanische Behandlung des H-Atoms lehnt sich stark an die Vorgehensweise beim starren Rotator an. Diesmal wird jedoch ein variabler Elektron-Proton-Abstand r zugelassen. Für die Wellenfunktionen φ machen wir daher den Separationsansatz

$$\varphi = R(r)Y(\theta,\phi) \tag{3.68}$$

Die Kugelfunktionen $Y(\theta,\phi)$ sind in Tabelle 3.3 aufgeführt. Der LAPLACE-Operator hat in Kugelkoordinaten die Form

$$\Delta = \frac{2}{r}\frac{\partial}{\partial r} + \frac{\partial^2}{\partial r^2} + \frac{1}{r^2}\left[\frac{1}{\sin^2\theta}\frac{\partial^2}{\partial\phi^2} + \frac{1}{\sin\theta}\frac{\partial}{\partial\theta}\sin\theta\frac{\partial}{\partial\theta}\right] \tag{3.69}$$

Die potenzielle Energie V wird durch die COULOMB-Energie zwischen Elektron und Kern bestimmt und ist kugelsymmetrisch:

$$V = \frac{1}{4\pi\varepsilon_0}\frac{(+Ze)(-e)}{r} = -\frac{1}{4\pi\varepsilon_0}\frac{Ze^2}{r} \tag{3.70}$$

Wird die Kernladungszahl Z mitgeschrieben, dann gelten die nachfolgenden Überlegungen auch für Wasserstoff-ähnliche Ionen (He^+, Li^{2+}, Be^{3+}, ...). Der mathematisch weniger interessierte Leser mag die im Folgenden skizzierte Herleitung der Eigenfunktionen und Energieeigenwerte des H-Atoms überschlagen und gleich zu den Ergebnissen, die ab Gleichung 3.85 vorgestellt werden, vorspringen.

Setzt man φ nach Gleichung 3.68 in die SCHRÖDINGER-Gleichung 3.66 ein, erhält man

$$-Y\frac{\hbar^2}{2\mu}\left[\frac{2}{r}\frac{\partial R}{\partial r} + \frac{\partial^2 R}{\partial r^2}\right]$$

$$-R\frac{\hbar^2}{2\mu r^2}\left[\frac{1}{\sin^2\theta}\frac{\partial^2 Y}{\partial\phi^2} + \frac{1}{\sin\theta}\frac{\partial}{\partial\theta}\sin\theta\frac{\partial Y}{\partial\theta}\right]$$

$$-RY\frac{1}{4\pi\varepsilon_0}\frac{Ze^2}{r} = ERY \tag{3.71}$$

Diese Gleichung lässt sich vereinfachen, da der winkelabhängige Teil bereits bei der Behandlung des starren Rotators gelöst wurde (Gl. 3.36 und 3.46):

$$\frac{1}{\sin^2\theta}\frac{\partial^2 Y}{\partial\phi^2} + \frac{1}{\sin\theta}\frac{\partial}{\partial\theta}\sin\theta\frac{\partial Y}{\partial\theta} = -l(l+1)Y \tag{3.72}$$

Setzt man dieses Ergebnis in die SCHRÖDINGER-Gleichung ein und dividiert durch Y, erhält man:

$$-\frac{\hbar^2}{2\mu}\left[\frac{2}{r}\frac{\partial R}{\partial r} + \frac{\partial^2 R}{\partial r^2}\right] + R\frac{\hbar^2 l(l+1)}{2\mu r^2} - R\frac{1}{4\pi\varepsilon_0}\frac{Ze^2}{r} = ER \tag{3.73}$$

Führt man nun die neue Funktion $g(r) = rR(r)$ ein, vereinfacht sich die SCHRÖDINGER-Gleichung weiter:

$$-\frac{\hbar^2}{2\mu}\frac{\partial^2 g}{\partial r^2} + g\left[\frac{\hbar^2 l(l+1)}{2\mu r^2} - \frac{1}{4\pi\varepsilon_0}\frac{Ze^2}{r}\right] = Eg \tag{3.74}$$

Um für Gleichung 3.74 Lösungen zu finden, kann man zunächst das Verhalten dieser Gleichung für $r \to \infty$ untersuchen. Dann wird der Term in der Klammer sehr klein und man darf schreiben:

$$-\frac{\hbar^2}{2\mu}\frac{\partial^2 g}{\partial r^2} \approx Eg \tag{3.75}$$

Sinnvolle Lösungen g haben die Form

$$g = f\exp\left(-\sqrt{-2\mu E/\hbar^2}\,r\right) \tag{3.76}$$

Denn es gilt

$$\frac{\partial^2 g}{\partial r^2} = \left[\frac{\partial^2 f}{\partial r^2} - 2\sqrt{-\frac{2\mu E}{\hbar^2}}\frac{\partial f}{\partial r} - \frac{2\mu E}{\hbar^2}f\right]\exp\left(-\sqrt{-\frac{2\mu E}{\hbar^2}}\,r\right)$$

$$= -\frac{2\mu E}{\hbar^2}f\exp\left(-\sqrt{-\frac{2\mu E}{\hbar^2}}\,r\right) \tag{3.77}$$

wobei der Faktor f im Rahmen der asymptotischen Näherung unabhängig von r ist. Für allgemeine Lösungen von Gleichung 3.74 für beliebige Werte von r nimmt f die Form eines Polynoms an, das von r abhängig ist. Die Ableitungen $\partial^2 f/\partial r^2$ und $\partial f/\partial r$ sind nun von null verschieden. Aus der SCHRÖDINGER-Gleichung 3.74 erhält man nach wenigen Umformungen den Ausdruck

$$\frac{\partial^2 f}{\partial r^2} - 2\sqrt{-\frac{2\mu E}{\hbar^2}}\frac{\partial f}{\partial r} - \frac{l(l+1)}{r^2}f + \frac{2\mu}{\hbar^2}\frac{1}{4\pi\varepsilon_0}\frac{Ze^2}{r}f = 0 \tag{3.78}$$

Für das Polynom f und dessen Ableitungen nach r gilt:

$$f = \sum_{\nu=0}^{n} c_\nu r^\nu \tag{3.79}$$

$$\frac{\partial f}{\partial r} = \sum_{\nu=0}^{n} \nu c_\nu r^{\nu-1} \qquad (3.80)$$

$$\frac{\partial^2 f}{\partial r^2} = \sum_{\nu=0}^{n} \nu(\nu-1)c_\nu r^{\nu-2} \qquad (3.81)$$

Setzt man diese Beziehungen in Gleichung 3.78 ein, kann man schreiben:

$$\sum_\nu \left\{ \nu(\nu-1)c_\nu r^{\nu-2} - 2\sqrt{-\frac{2\mu E}{\hbar^2}} \nu c_\nu r^{\nu-1} \right.$$

$$\left. -l(l+1)c_\nu r^{\nu-2} + \frac{2\mu}{\hbar^2}\frac{Ze^2}{4\pi\varepsilon_0}c_\nu r^{\nu-1} \right\} = 0 \qquad (3.82)$$

Der Koeffizient jeder Potenz von r muss verschwinden. Wenn $\nu \geq 1$ ist, ergibt sich aus dem Koeffizienten von $r^{\nu-1}$ die Beziehung

$$(\nu+1)\nu c_{\nu+1} - 2\sqrt{-\frac{2\mu E}{\hbar^2}} \nu c_\nu$$

$$-l(l+1)c_{\nu+1} + \frac{2\mu}{\hbar^2}\frac{Ze^2}{4\pi\varepsilon_0}c_\nu = 0 \qquad (3.83)$$

Hieraus kann man die folgende Rekursionsformel für die Koeffizienten des Polynoms f ableiten:

$$c_{\nu+1} = c_\nu \frac{2\sqrt{-2\mu E/\hbar^2}\,\nu - (2\mu/\hbar^2)(Ze^2/4\pi\varepsilon_0)}{\nu(\nu+1) - l(l+1)}$$

$$= c_\nu \frac{2\sqrt{-2\mu E/\hbar^2}\,\nu - 2Z/a}{\nu(\nu+1) - l(l+1)} \qquad (3.84)$$

mit der Abkürzung $a = 4\pi\varepsilon_0\hbar^2/\mu e^2$. Wenn die reduzierte Masse der Elektronenmasse entspricht, $\mu = m_e$, dann ist a der BOHRsche Radius a_0 mit dem Wert $5,292\cdot10^{-11}$ m. f ist ein Polynom vom Grad n, so dass $c_{n+1} = 0$ sein muss. Das führt zu

$$2\sqrt{-\frac{2\mu E}{\hbar^2}}\,n - \frac{2Z}{a} = 0$$

$$E_n = -\frac{\hbar^2}{2\mu}\frac{Z^2}{a^2 n^2} \qquad (3.85)$$

Diese Gleichung gibt die möglichen Energiewerte des Wasserstoffatoms an. Sie hängen nur von einer Quantenzahl n, der so genannten Hauptquantenzahl, ab. Um jetzt die Funktionen $g(r)$ (Gl. 3.76) und daraus die radialen Wellenfunktionen $R(r) = g(r)/r$ explizit berechnen zu können, wird die Energie E nach Gleichung 3.85 in die Rekursionsformel 3.84 eingesetzt:

$$c_{\nu+1} = c_\nu \frac{2Z}{an}\frac{\nu-n}{\nu(\nu+1)-l(l+1)} \qquad (3.86)$$

Tabelle 3.4: Radiale Wellenfunktionen für das Wasserstoffatom. Z ist die Kernladungszahl und a ist eine Abkürzung für $4\pi\varepsilon_0(h/2\pi)^2/\mu e^2$, wobei a für $\mu = m_e$ dem BOHRschen Radius a_0 entspricht.

n	l	$R(r)/(Z/a)^{3/2}$		
1	0		2	$\exp(-Zr/a)$
2	0	$(1/2\sqrt{2})$	$[2 - (Zr/a)]$	$\exp(-Zr/2a)$
	1	$(1/2\sqrt{6})$	(Zr/a)	$\exp(-Zr/2a)$
3	0	$(2/81\sqrt{3})$	$[27 - 18(Zr/a) + 2(Zr/a)^2]$	$\exp(-Zr/3a)$
	1	$(4/81\sqrt{6})$	$[6(Zr/a) - (Zr/a)^2]$	$\exp(-Zr/3a)$
	2	$(4/81\sqrt{30})$	$(Zr/a)^2$	$\exp(-Zr/3a)$

In Tabelle 3.4 sind die mit Hilfe dieser Rekursionsformel ermittelten Funktionen $R(r)$ für $n = 1, 2, 3$ aufgeführt.

Die Wellenfunktionen $\varphi = R(r)Y(\theta, \phi)$ des H-Atoms, die man mit Hilfe der Tabellen 3.4 und 3.3 berechnen kann, nennt man Atomorbitale. Während die Energie des H-Atoms nur von der Hauptquantenzahl n abhängt, werden die radialen Wellenfunktionen $R(r)$ von n und l bestimmt. l bezeichnet man auch als Nebenquantenzahl. Die Kugelfunktionen $Y(\theta, \phi)$ sind wiederum Funktionen von l und m_l, der magnetischen Quantenzahl. Zusammenfassend lassen sich für das Wasserstoffatom folgende Beziehungen für die drei Quantenzahlen n, l und m_l angeben, die sich aus der Rekursionsformel und den Gleichungen 3.48 und 3.49 ergeben:

$$n = 1, 2, 3, \ldots \tag{3.87}$$

$$l = 0, 1, 2, \ldots, n - 1 \tag{3.88}$$

$$m_l = -l, \ldots, 0, \ldots, l \tag{3.89}$$

Speziell bezeichnet man Funktionen mit $l = 0$ als s-Orbitale, solche mit $l = 1$ als p-Orbitale, solche mir $l = 2$ als d-Orbitale und solche mit $l = 3$ als f-Orbitale. Vor einen Buchstaben s, p, d oder f setzt man die Hauptquantenzahl n, wenn ein ganz bestimmtes Orbital gemeint ist. Ein 3p-Orbital ist beispielsweise eine der drei Wellenfunktionen φ des H-Atoms, für die $n = 3$ und $l = 1$ gilt ($m_l = -1$, 0 oder 1). Das Betragsquadrat $|\varphi|^2$ ist eine Wahrscheinlichkeitsdichte, und das Produkt $|\varphi|^2 d\tau$ kann als Wahrscheinlichkeit interpretiert werden, ein Elektron im Volumenelement $d\tau$ zu finden, das durch die Koordinaten r, θ, ϕ lokalisiert ist.

Es gibt verschiedene Möglichkeiten, Atomorbitale grafisch darzustellen. s-Orbitale sind reelle, kugelsymmetrische Funktionen. Man kann in diesem Fall das Volumenelement $d\tau$ als $4\pi r^2 dr$ und die Wellenfunktionen φ als $R(r)/\sqrt{4\pi}$ schreiben. In Abbildung 3.10 sind so genannte radiale Verteilungsfunktionen $P(r) = 4\pi r^2 \varphi^2 = r^2 R^2(r)$ dargestellt. $P(r)dr$ gibt die Wahrscheinlichkeit an, das Elektron in einer Kugelschale mit dem Radius r und der Dicke dr anzutreffen. Im Gegensatz zu den s-Orbitalen φ nehmen die zugehörigen radialen Verteilungsfunktionen $P(r)$ bei $r = 0$ den Wert null an. Die Wahrscheinlichkeit, ein Elektron am Kern anzutreffen, ist somit

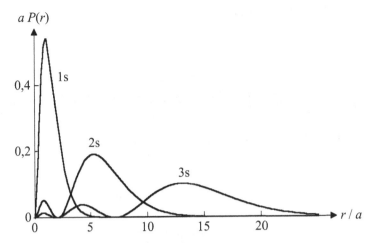

Abbildung 3.10: Radiale Verteilungsfunktionen $P(r) = 4\pi r^2 \varphi^2$, gebildet aus den s-Orbitalen des H-Atoms für $n = 1, 2, 3$ $(a = 4\pi\varepsilon_0 (h/2\pi)^2/\mu e^2)$.

gleich null, da das Volumenelement $4\pi r^2 \mathrm{d}r$ null ist. Das Maximum der $P(r)$-Funktion eines 1s-Elektrons, d. h. der wahrscheinlichste Abstand des Elektrons vom Kern, liegt bei $r = a$ bzw. $r = a_0$ für $\mu = m_e$.

p-, d- und f-Orbitale sind z. T. komplexe Funktionen. Es gibt beispielsweise drei entartete 2p-Orbitale, von denen zwei komplex sind. Durch Linearkombination kann man aus diesen komplexen Orbitalen reelle Funktionen bilden, die weiterhin Eigenfunktionen des H-Atoms sind, und die den gleichen Energiewert wie die ursprünglichen Funktionen haben:

$$(2\mathrm{p}_x) = \frac{1}{\sqrt{2}}[(2\mathrm{p}_{m_l=1}) + (2\mathrm{p}_{m_l=-1})]$$

$$= \frac{1}{4\sqrt{2\pi}}\left(\frac{Z}{a}\right)^{5/2} x \, \exp\left(-\frac{Zr}{2a}\right) \tag{3.90}$$

$$(2\mathrm{p}_y) = \frac{1}{\mathrm{i}\sqrt{2}}[(2\mathrm{p}_{m_l=1}) - (2\mathrm{p}_{m_l=-1})]$$

$$= \frac{1}{4\sqrt{2\pi}}\left(\frac{Z}{a}\right)^{5/2} y \, \exp\left(-\frac{Zr}{2a}\right) \tag{3.91}$$

$$(2\mathrm{p}_z) = (2\mathrm{p}_{m_l=0})$$

$$= \frac{1}{4\sqrt{2\pi}}\left(\frac{Z}{a}\right)^{5/2} z \, \exp\left(-\frac{Zr}{2a}\right) \tag{3.92}$$

Die neuen Orbitale, $2\mathrm{p}_x$, $2\mathrm{p}_y$ und $2\mathrm{p}_z$, sind in Richtung der x-, y- und z-Achse orientiert und einander äquivalent.

Bei den fünf entarteten 3d-Orbitalen geht man ähnlich vor:

$$(3\mathrm{d}_{x^2-y^2}) = \frac{1}{\sqrt{2}}[(3\mathrm{d}_{m_l=2}) + (3\mathrm{d}_{m_l=-2})]$$

$$= \frac{1}{81\sqrt{2\pi}}\left(\frac{Z}{a}\right)^{7/2}(x^2-y^2)\,\exp\left(-\frac{Zr}{3a}\right) \tag{3.93}$$

$$(3\mathrm{d}_{xy}) = \frac{1}{i\sqrt{2}}[(3\mathrm{d}_{m_l=2}) - (3\mathrm{d}_{m_l=-2})]$$

$$= \frac{\sqrt{2}}{81\sqrt{\pi}}\left(\frac{Z}{a}\right)^{7/2} xy\,\exp\left(-\frac{Zr}{3a}\right) \tag{3.94}$$

$$(3\mathrm{d}_{xz}) = \frac{1}{\sqrt{2}}[(3\mathrm{d}_{m_l=1}) + (3\mathrm{d}_{m_l=-1})]$$

$$= \frac{\sqrt{2}}{81\sqrt{\pi}}\left(\frac{Z}{a}\right)^{7/2} xz\,\exp\left(-\frac{Zr}{3a}\right) \tag{3.95}$$

$$(3\mathrm{d}_{yz}) = \frac{1}{i\sqrt{2}}[(3\mathrm{d}_{m_l=1}) - (3\mathrm{d}_{m_l=-1})]$$

$$= \frac{\sqrt{2}}{81\sqrt{\pi}}\left(\frac{Z}{a}\right)^{7/2} yz\,\exp\left(-\frac{Zr}{3a}\right) \tag{3.96}$$

$$(3\mathrm{d}_{z^2}) = (3\mathrm{d}_{m_l=0})$$

$$= \frac{1}{81\sqrt{6\pi}}\left(\frac{Z}{a}\right)^{7/2}(3z^2-r^2)\,\exp\left(-\frac{Zr}{3a}\right) \tag{3.97}$$

Die drei neuen Orbitale $3\mathrm{d}_{xy}$, $3\mathrm{d}_{xz}$ und $3\mathrm{d}_{yz}$ sind äquivalent und zwischen den Achsen x und y, x und z, sowie y und z zu finden. Das $3\mathrm{d}_{x^2-y^2}$-Orbital kann durch Drehung um 45° in das $3\mathrm{d}_{xy}$-Orbital überführt werden. Reelle p- und d-Funktionen werden bei der theoretischen Beschreibung von Molekülen gegenüber den komplexen Orbitalen bevorzugt, da sie häufig bereits in Richtung chemischer Bindungen weisen. In Abbildung 3.11 sind die drei reellen 2p-Orbitale und die fünf reellen 3d-Orbitale dargestellt.

3.4.2   Der Elektronenspin

Die Emissionsspektren von Atomen können erst im Detail gedeutet werden, wenn man einem Elektron in einem Atom zusätzlich zum Bahndrehimpuls einen Eigendrehimpuls zuordnet, den man als Spin bezeichnet. Während der Bahndrehimpuls durch die Quantenzahlen l und m_l charakterisiert wird, schreibt man dem Spin die Quantenzahlen s und m_s zu. Deren mögliche Werte sind ausschließlich:

$$s = \frac{1}{2} \tag{3.98}$$

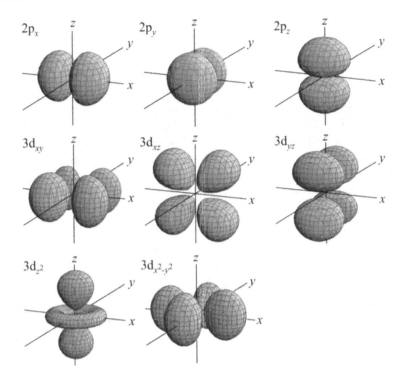

Abbildung 3.11: Reelle 2p- und 3d-Orbitale. Gezeichnet ist jeweils das Volumen, in dem die Wahrscheinlichkeitsdichte φ^2 größer als $10^{-4}/a^3$ ist ($Z = 1$).

$$m_s = -\frac{1}{2} \text{ oder } +\frac{1}{2} \tag{3.99}$$

Der Elektronenspin und dessen z-Komponente berechnen sich analog zu den Gleichungen 3.47 und 3.44:

$$S = \hbar\sqrt{s(s+1)} = \sqrt{3/4}\,\hbar \tag{3.100}$$

$$S_z = \hbar m_s = -\frac{1}{2}\,\hbar \text{ oder } +\frac{1}{2}\,\hbar \tag{3.101}$$

Zu den Eigenwerten $S_z = +(1/2)\hbar$ und $S_z = -(1/2)\hbar$ gehören jeweils die Eigenfunktionen α und β, die als Spinfunktionen bezeichnet werden. Aus einer Spinfunktion und einem Atomorbital φ bildet man für ein Elektron ein so genanntes Spinorbital Ψ, welches das Elektron nicht nur hinsichtlich der Ortskoordinaten r, θ, ϕ festlegt, sondern auch über die Orientierung seines Spins ($m_s = +1/2$ oder $-1/2$) Auskunft gibt:

$$\Psi_1 = \varphi_1\alpha \qquad \Psi_2 = \varphi_1\beta \tag{3.102}$$

Die Formulierung von Spinorbitalen Ψ entspricht einer einfachen Fassung des PAULI-Prinzips, wonach ein Atomorbital φ höchstens von zwei Elektronen besetzt werden kann. Wenn zwei Elektronen dasselbe Orbital besetzen, dann müssen sie sich in ihrer Spinquantenzahl m_s unterscheiden.

3.4.3 Aufbau des Periodensystems der Elemente

Ein Spinorbital ist eine Einelektronenwellenfunktion, die von den Ortskoordinaten r, θ und ϕ abhängt und dem Elektronenspin eine Orientierung zuschreibt. Ein Elektron, das dieses Spinorbital besetzt, ist dann durch die vier Quantenzahlen n, l, m_l und m_s charakterisiert (zusätzlich hat das Elektron die Spinquantenzahl s, die jedoch für alle Elektronen gleich $1/2$ ist). Die elektronische Gesamtwellenfunktion eines Atoms mit mehreren Elektronen ist entsprechend eine Funktion der Ortskoordinaten und Spinorientierungen aller Elektronen des Atoms. Die zentrale Anforderung an solche Mehrelektronenwellenfunktionen ist, dass sie sich antisymmetrisch in Bezug auf eine Vertauschung zweier Elektronen verhalten (allgemeine Formulierung des PAULI-Prinzips):

$$\Phi(1, 2, \ldots, n) = -\Phi(2, 1, \ldots, n) \tag{3.103}$$

Das heißt, wenn beispielsweise dem Elektron 1 die Ortskoordinaten und der Spin des Elektrons 2 zugeordnet werden und umgekehrt, dann muss sich das Vorzeichen der elektronischen Gesamtwellenfunktion des Atoms ändern. Wir wollen das PAULI-Prinzip hier als Postulat auffassen, obwohl dieses Prinzip aus relativistischen Überlegungen heraus für Teilchen mit halbzahliger Spinquantenzahl ($s = 1/2, 3/2, \ldots$) abgeleitet werden konnte. Eine mögliche Gesamtwellenfunktion eines Atoms, die automatisch dem PAULI-Prinzip entspricht, lässt sich mit Hilfe einer SLATER-Determinante aus Spinorbitalen Ψ_i berechnen:

$$\Phi(1, \ldots, n) = \frac{1}{\sqrt{n!}} \begin{vmatrix} \Psi_1(1) & \Psi_2(1) & \ldots & \Psi_n(1) \\ \Psi_1(2) & \Psi_2(2) & \ldots & \Psi_n(2) \\ \vdots & \vdots & \vdots & \vdots \\ \Psi_1(n) & \Psi_2(n) & \ldots & \Psi_n(n) \end{vmatrix} \tag{3.104}$$

n ist hier die Zahl der Elektronen im Atom. Jedes Spinorbital ist ein Produkt aus einem Atomorbital und einer Spinfunktion: $\Psi_1 = \varphi_1\alpha$, $\Psi_2 = \varphi_1\beta$, $\Psi_3 = \varphi_2\alpha$, $\Psi_4 = \varphi_2\beta$, ... In den runden Klammern hinter jedem Spinorbital steht die Nummer des Elektrons, das dieses Spinorbital besetzt.

Beispiel:

In einem Helium-Atom besetzen im Grundzustand zwei Elektronen dasselbe 1s-Atomorbital. Sie unterscheiden sich jedoch in ihren Spinfunktionen. Die beiden Spinorbitale der Elektronen sind dann $\Psi_1 = 1s\,\alpha$ und $\Psi_2 = 1s\,\beta$. Die elektronische Gesamtwellenfunktion erhalten wir durch Berechnung der SLATER-Determinante:

$$\Phi(1, 2) = \frac{1}{\sqrt{2}} \begin{vmatrix} \Psi_1(1) & \Psi_2(1) \\ \Psi_1(2) & \Psi_2(2) \end{vmatrix}$$

$$= \frac{1}{\sqrt{2}} \left[\Psi_1(1)\Psi_2(2) - \Psi_2(1)\Psi_1(2)\right]$$

$$= \ 1s(1) \ 1s(2) \cdot \frac{1}{\sqrt{2}} \left[\alpha(1)\beta(2) - \beta(1)\alpha(2)\right]$$

Vertauschen wir die beiden Elektronen im Helium-Atom, gilt:

$$\Phi(2,1) \ = \ 1s(2) \ 1s(1) \cdot \frac{1}{\sqrt{2}} \left[\alpha(2)\beta(1) - \beta(2)\alpha(1)\right]$$

$$= \ -1s(1) \ 1s(2) \cdot \frac{1}{\sqrt{2}} \left[\alpha(1)\beta(2) - \beta(1)\alpha(2)\right]$$

$$= \ -\Phi(1,2)$$

Die Gesamtwellenfunktion $\Phi(1,2)$ ist also gemäß dem PAULI-Prinzip antisymmetrisch.

Man kann sich leicht überlegen, dass sich die Atomorbitale eines Mehrelektronenatoms von denen des H-Atoms unterscheiden müssen. Beispielsweise wirkt auf ein 2s-Elektron eines Kohlenstoffatoms nicht die volle Kernladung von 6e, da die Kernladung von den beiden kernnahen 1s-Elektronen und teilweise auch von dem zweiten 2s-Elektron abgeschirmt wird. Zur Ermittlung der Atomorbitale φ_μ eines Mehrelektronenatoms und der zugehörigen Orbitalenergien ε_μ müssen wir daher die SCHRÖDINGER-Gleichung erneut lösen.

Wenn man den HAMILTON-Operator $\widehat{H}$ für ein Atom mit n Elektronen formuliert, muss man im Vergleich zum H-Atom einen zusätzlichen COULOMB-Term ergänzen, der die Elektronenabstoßung berücksichtigt:

$$\widehat{H} = -\frac{\hbar^2}{2m_e} \sum_{k=1}^{n} \Delta_k - \frac{Ze^2}{4\pi\varepsilon_0} \sum_{k=1}^{n} \frac{1}{r_k} + \frac{e^2}{4\pi\varepsilon_0} \sum_{k=1}^{n-1} \sum_{l=k+1}^{n} \frac{1}{r_{kl}} \tag{3.105}$$

r_k ist der Abstand des Elektrons k der Masse m_e zum Atomkern mit der Ladungszahl Z, r_{kl} ist der Abstand zwischen Elektron k und Elektron l. Berechnet man die Energie eines Atoms unter Verwendung dieses HAMILTON-Operators und einer SLATER-Determinante (Gl. 3.104) als Gesamtwellenfunktion, dann kann man nach einer Reihe von Umformungen, die hier zu weit führen würden, zu folgender Eigenwertgleichung gelangen:

$$\widehat{F}\varphi_\mu = \varepsilon_\mu \varphi_\mu \tag{3.106}$$

Wir haben damit die SCHRÖDINGER-Gleichung des Mehrelektronenatoms in Einelektronen-SCHRÖDINGER-Gleichungen separiert. Gleichung 3.106 ist unter dem Namen HARTREE-FOCK-Gleichung bekannt. Sie gilt in dieser Form allerdings nur für Atome mit abgeschlossenen Schalen, die Beschreibung anderer Atome ist komplizierter. $\widehat{F}$ ist der FOCK-Operator, dessen Eigenfunktionen φ_μ die gesuchten Atomorbitale sind:

$$\widehat{F} = -\frac{\hbar^2}{2m_e} \Delta - \frac{1}{4\pi\varepsilon_0} \frac{Ze^2}{r} + \sum_{\nu=1}^{n/2} \left[2\widehat{J}_\nu - \widehat{K}_\nu\right] \tag{3.107}$$

Die ersten beiden Terme von $\widehat{F}$ entsprechen den Operatoren der kinetischen und potenziellen Energie, wie sie auch für das H-Atom verwendet werden (Gl. 3.66). Der

Summenterm berücksichtigt, dass sich ein Elektron in einem effektiven Feld bewegt, das durch die Ladungen der anderen Elektronen erzeugt wird. Bei insgesamt n Elektronen im Atom gibt es $n/2$ doppelt besetzte Atomorbitale. Daher läuft die Summe in $\widehat{F}$ von 1 bis $n/2$. Der COULOMB-Operator $\widehat{J}_\nu$ ist wie folgt definiert:

$$\int \varphi_\mu^*(1) \, \widehat{J}_\nu \, \varphi_\mu(1) \, \mathrm{d}\tau_1$$

$$= \frac{e^2}{4\pi\varepsilon_0} \int \int \frac{\varphi_\mu^*(1)\varphi_\mu(1) \cdot \varphi_\nu^*(2)\varphi_\nu(2)}{r_{12}} \mathrm{d}\tau_1 \mathrm{d}\tau_2 \tag{3.108}$$

Es wird hier also die Wahrscheinlichkeitsdichte des Elektrons 1, das das Atomorbital φ_μ besetzt, mit der Wahrscheinlichkeitsdichte des Elektrons 2, das das Atomorbital φ_ν besetzt, multipliziert und anschließend über die Koordinaten beider Elektronen integriert. Klassisch entspricht dieses Doppelintegral der COULOMB-Wechselwirkung zwischen den Elektronen 1 und 2.

Die Bedeutung des Austausch-Operators $\widehat{K}_\nu$ kann dagegen nicht klassisch gedeutet werden. Er ist letztlich eine Konsequenz der Ununterscheidbarkeit der Elektronen. Der durch diesen Operator beschriebene quantenmechanische Wechselwirkungseffekt heißt Austauschwechselwirkung. Die Definition dieses Operators lautet:

$$\int \varphi_\mu^*(1) \, \widehat{K}_\nu \, \varphi_\mu(2) \, \mathrm{d}\tau_1$$

$$= \frac{e^2}{4\pi\varepsilon_0} \int \int \frac{\varphi_\mu^*(1)\varphi_\nu(1) \cdot \varphi_\nu^*(2)\varphi_\mu(2)}{r_{12}} \mathrm{d}\tau_1 \mathrm{d}\tau_2 \tag{3.109}$$

Die HARTREE-FOCK-Gleichung 3.106 kann nicht analytisch gelöst werden. Will man die Eigenfunktionen φ_μ des Operators $\widehat{F}$ ermitteln, so muss man diese Eigenfunktionen eigentlich schon kennen, da sie ja in den Operatoren $\widehat{J}_\nu$ und $\widehat{K}_\nu$ vorkommen. Man geht deshalb im Prinzip wie folgt vor: Zunächst rät man einen Satz von Atomorbitalen φ_μ. Diese Orbitale werden den Funktionen des H-Atoms ähneln. Dann berechnet man hieraus den FOCK-Operator und dessen Eigenfunktionen, die einen neuen Satz von verbesserten Atomorbitalen φ_μ darstellen. Hieraus ermittelt man einen neuen FOCK-Operator und wiederum verbesserte Atomorbitale und so fort. Zu jedem verbesserten Satz von Atomorbitalen wird ferner die Gesamtenergie E des Atoms bestimmt. Wenn diese Energie einen Minimalwert erreicht hat und sich die Atomorbitale nicht mehr ändern, dann hat man die optimalen Atomorbitale φ_μ und Atomorbitalenergien ε_μ gefunden. Dieses mathematische Iterationsverfahren ist als HARTREE-FOCK-SCF-Methode bekannt (SCF steht für self-consistent field).

In Abbildung 3.12 sind die Atomorbitalenergien ε_μ der Atome der Ordnungszahlen 1 (H) bis 17 (Cl) grafisch dargestellt. Sie wurden mit Hilfe einer HARTREE-FOCK-SCF-Rechnung erhalten. Ein sehr wichtiges Ergebnis einer solchen Rechnung ist die Aufhebung der Entartung von Orbitalen mit gleicher Hauptquantenzahl n und verschiedener Nebenquantenzahl l. Während die H-Atomorbitalenergien nur von n abhängen (Gl. 3.85), findet man nun steigende Orbitalenergien in der Reihenfolge ns, np, nd, nf. Nach dem Aufbauprinzip kann man die Elektronenkonfiguration eines

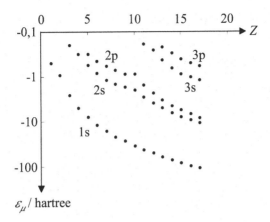

Abbildung 3.12: HARTREE-FOCK-Atomorbitalenergien der Atome H bis Cl. Die Energieeinheit hartree hat den Wert $(h/2\pi)^2/m_e a_0{}^2 = 4,3597 \cdot 10^{-18}$ J. a_0 ist der BOHRsche Radius.

Atoms im Grundzustand dadurch ermitteln, dass man die energetisch am tiefsten liegenden Atomorbitale jeweils paarweise mit Elektronen besetzt. Dabei gilt die folgende Reihenfolge der Orbitalenergien (von einigen Ausnahmen wie Cr und Cu abgesehen):

$$
\begin{array}{llll}
1\mathrm{s} & & & \\
<2\mathrm{s} & & & <2\mathrm{p} \\
<3\mathrm{s} & & & <3\mathrm{p} \\
<4\mathrm{s} & & <3\mathrm{d} & <4\mathrm{p} \\
<5\mathrm{s} & & <4\mathrm{d} & <5\mathrm{p} \\
<6\mathrm{s} & <4\mathrm{f} & <5\mathrm{d} & <6\mathrm{p} \\
<7\mathrm{s} & <5\mathrm{f} & <6\mathrm{d} & <7\mathrm{p} \\
\cdots & & &
\end{array}
$$

nd-Orbitale werden erst gefüllt, wenn das $(n+1)$s-Orbital zweifach besetzt ist. Gibt es nf-Orbitale, dann werden sie nach dem $(n+2)$s-Orbital und vor den $(n+1)$d-Orbitalen aufgefüllt. Die obige energetische Reihenfolge der Atomorbitale spiegelt die Struktur des Periodensystems der Elemente wider. Betrachtet man nur die energiereichsten, äußeren Elektronen eines Atoms, die so genannten Valenzelektronen, dann haben die Alkalimetalle die Elektronenkonfiguration ns und die Erdalkalimetalle die Konfiguration $n\mathrm{s}^2$. Die Zahl der Valenzelektronen wird hier als Exponent geschrieben. Elemente der dritten bis achten Hauptgruppe zeichnen sich durch die Elektronenkonfiguration $n\mathrm{s}^2 n\mathrm{p}^x$ aus, wobei x die Werte eins bis sechs annimmt. Die schrittweise Auffüllung der d-Orbitale mit jeweils zehn Elektronen führt zu den Übergangselementen, die der f-Orbitale mit jeweils 14 Elektronen zu den seltenen Erden und Actiniden. Somit lautet beispielsweise die Konfiguration der Valenzelektronen von Blei-Atomen $6\mathrm{s}^2 4\mathrm{f}^{14} 5\mathrm{d}^{10} 6\mathrm{p}^2$.

Tabelle 3.5: Mögliche Kombinationen der Quantenzahlen m_l und m_s einer p^2-Konfiguration.

$m_l(1)$	$m_l(2)$	$m_s(1)$	$m_s(2)$	M_L	M_S
1	1	+1/2	-1/2	2	0
1	0	+1/2	+1/2	1	1
1	0	+1/2	-1/2	1	0
1	0	-1/2	+1/2	1	0
1	0	-1/2	-1/2	1	-1
1	-1	+1/2	+1/2	0	1
1	-1	+1/2	-1/2	0	0
1	-1	-1/2	+1/2	0	0
1	-1	-1/2	-1/2	0	-1
0	0	+1/2	-1/2	0	0
0	-1	+1/2	+1/2	-1	1
0	-1	+1/2	-1/2	-1	0
0	-1	-1/2	+1/2	-1	0
0	-1	-1/2	-1/2	-1	-1
-1	-1	+1/2	-1/2	-2	0

3.4.4 Termsymbole für Atome

Die Angabe der Elektronenkonfiguration eines Atoms ist i. d. R. nicht ausreichend, um seinen Energiezustand zu charakterisieren. Beispielsweise wird mit der Kohlenstoff-Konfiguration $1s^2 2s^2 2p^2$ nicht festgelegt, welche der Quantenzahlen $m_l = 1, 0, -1$ und $m_s = 1/2, -1/2$ die beiden 2p-Elektronen aufweisen. Den Energiezustand eines Atoms kennzeichnet man mit Hilfe eines so genannten Termsymbols. Zur Ermittlung eines Termsymbols berechnet man zunächst zu jeder möglichen Kombination der Quantenzahlen m_l und m_s die Summen

$$M_L = \sum_{k=1}^{n} m_l(k) \tag{3.110}$$

$$M_S = \sum_{k=1}^{n} m_s(k) \tag{3.111}$$

In Tabelle 3.5 sind die entsprechenden Kombinationen beispielhaft für das Kohlenstoffatom aufgelistet. Für die Quantenzahlen M_L und M_S gelten analog zu den Quantenzahlen m_l und m_s die Regeln

$$M_L = L, L - 1, \ldots, -L \tag{3.112}$$

$$M_S = S, S - 1, \ldots, -S \tag{3.113}$$

wobei L die Gesamt-Bahndrehimpuls-Quantenzahl und S die Gesamt-Spin-Quantenzahl aller Elektronen im Atom ist. Der größte M_L-Wert in Tabelle 3.5 ist 2, der zugehörige M_S-Wert beträgt 0. Somit gehören fünf Kombinationen mit $M_L = 2, 1, 0, -1, -2$ und $M_S = 0$ zu einem Term mit $L = 2$ und $S = 0$. In einem Termsymbol schreibt man für $L = 0, 1, 2, 3, \ldots$ die Buchstaben S, P, D, F, ... Aus S berechnet man die so genannte Spin-Multiplizität $2S + 1$ und stellt sie dem Buchstabensymbol für L als Hochzahl voran. Damit ergibt sich für unser Beispiel das Termsymbol ^{1}D. Unter den restlichen 10 Kombinationen in Tabelle 3.5 findet man einen weiteren Term, der 9 Kombinationen mit $M_L = 1, 0, -1$ und $M_S = 1, 0, -1$ zusammenfasst. Wegen $L = 1$ und $S = 1$ erhält dieser Term das Symbol ^{3}P. Für die verbleibende Kombination in Tabelle 3.5 gilt $M_L = 0$ und $M_S = 0$ und daher $L = 0$ und $S = 0$, was dem Termsymbol ^{1}S entspricht.

Zur p^2-Konfiguration des Kohlenstoffatoms, für die man 15 Kombinationen bzgl. der Quantenzahlen m_l und m_s angeben kann, gibt es also nur die drei Terme ^{1}D (fünffach entartet), ^{3}P (neunfach entartet) und ^{1}S (nicht entartet), die sich in ihrer Energie unterscheiden. Nach der HUNDschen Regel zeichnet sich der Grundzustand eines Atoms durch eine maximale Zahl ungepaarter Elektronen, d. h. durch eine maximale Spinmultiplizität $2S + 1$, aus. Gibt es zwei Terme mit gleicher maximaler Spinmultiplizität, dann ist der Term mit größerer Quantenzahl L der energetisch niedrigste. Somit wird der Grundzustand des C-Atoms mit dem Termsymbol ^{3}P beschrieben.

Schließlich muss noch erwähnt werden, dass der Spin und der Bahndrehimpuls eines Elektrons in einem Atom jeweils mit einem magnetischen Moment verknüpft sind und daher miteinander wechselwirken können. Diese Spin-Bahn-Wechselwirkung ist umso stärker, je größer die Kernladungszahl des Atoms ist. Bei Atomen mit kleiner Ordnungszahl, also kleiner Spin-Bahn-Wechselwirkung, kann man zur Ermittlung des Gesamt-Drehimpulses der Elektronen eines Atoms das Verfahren der RUSSELL-SAUNDERS-Kopplung anwenden. Aus den Bahndrehimpulsen der Elektronen resultiert ein Gesamt-Bahndrehimpuls (charakterisiert durch L), die Spins der Elektronen liefern einen Gesamt-Spin (charakterisiert durch S). Erst zwischen diesen beiden Gesamt-Größen tritt eine merkliche Spin-Bahn-Kopplung auf, die zu Gesamt-Drehimpulsen führt, deren Quantenzahlen mit Hilfe der CLEBSCH-GORDAN-Reihe erhalten werden können:

$$J = L + S, L + S - 1, \ldots, |L - S| \tag{3.114}$$

Die Gesamt-Drehimpuls-Quantenzahl J wird rechts unten am Termsymbol vermerkt: $^{2S+1}L_J$. Für den ^{3}P-Term des Kohlenstoffatoms erhält man so die Termsymbole ^{3}P$_2$, ^{3}P$_1$ und ^{3}P$_0$. Die kleine Aufspaltung eines Terms aufgrund einer Spin-Bahn-Kopplung führt in Atomspektren zu einer Feinstruktur. Beispielsweise zeigt Natrium zwei eng benachbarte Emissionslinien bei 589,2 nm und 589,8 nm, die jeweils den Übergängen ^{2}P$_{3/2} \rightarrow {}^2$S$_{1/2}$ und ^{2}P$_{1/2} \rightarrow {}^2$S$_{1/2}$ entsprechen. Diese Übergänge rufen die gelbe Farbe des Natriums in einer Flamme hervor.

Bei schweren Atomen ist die Spin-Bahn-Wechselwirkung so stark, dass zunächst für jedes einzelne Elektron ein Gesamt-Drehimpuls berechnet wird, der über die Quantenzahl j charakterisiert wird. Aus den einzelnen j-Werten wird dann die Gesamt-

Drehimpuls-Quantenzahl J aller Elektronen gebildet. Daher bezeichnet man dieses Verfahren als jj-Kopplung.

3.5 Moleküle

In diesem Kapitel werden die wichtigsten quantenmechanischen Grundlagen erläutert, die für eine theoretische Beschreibung einer kovalenten chemischen Bindung relevant sind. Für das einfachste Molekül mit nur einem Elektron (H_2^+) werden Eigenfunktionen und Energieeigenwerte hergeleitet. Eigenfunktionen und Energieeigenwerte beliebiger (aber nicht beliebig großer) Moleküle können heutzutage routinemäßig mit Hilfe von kommerziellen Computer-Programmen erhalten werden. Hierzu wird eine kurze Einführung gegeben.

3.5.1 Die BORN-OPPENHEIMER-Näherung

Moleküle werden ebenso wie Atome mit Hilfe der SCHRÖDINGER-Gleichung beschrieben. Für ein zweiatomiges Molekül mit n Elektronen lautet der HAMILTON-Operator beispielsweise

$$\widehat{H} \;=\; \widehat{T}_a + \widehat{T}_b + \sum_{k=1}^{n} \widehat{T}_k$$

$$+\frac{e^2}{4\pi\varepsilon_0}\left\{ -\sum_{k=1}^{n}\frac{Z_a}{|\vec{R}_a - \vec{r}_k|} - \sum_{k=1}^{n}\frac{Z_b}{|\vec{R}_b - \vec{r}_k|}\right.$$

$$\left. +\sum_{k=1}^{n-1}\sum_{l=k+1}^{n}\frac{1}{|\vec{r}_k - \vec{r}_l|} + \frac{Z_a Z_b}{|\vec{R}_a - \vec{R}_b|}\right\} \tag{3.115}$$

Die ersten beiden Summanden auf der rechten Seite der Gleichung beschreiben die kinetische Energie der zwei Atomkerne a und b und der dritte die kinetische Energie der n Elektronen. Der letzte Term beschreibt die potenzielle Energie zwischen den Elektronen und Kern a, zwischen den Elektronen und Kern b, zwischen den Elektronen untereinander und zwischen den beiden Atomkernen a und b. Z_a und Z_b sind die Kernladungszahlen der Atomkerne, die Vektoren $\vec{R}_a$ und $\vec{R}_b$ geben ihre Positionen an. $\vec{r}_k$ und $\vec{r}_l$ sind die Ortsvektoren der Elektronen k und l.

Im Rahmen der BORN-OPPENHEIMER-Näherung kann man die Bewegungen von Atomkernen und Elektronen getrennt behandeln. Diese Näherung beruht auf der viel kleineren Masse und dadurch viel schnelleren Bewegung der Elektronen im Molekül relativ zu den Atomkernen. Aus der Sicht der Elektronen erscheinen die Kernabstände konstant. Für die Molekülwellenfunktion kann man daher den folgenden Separationsansatz machen:

$$\psi = \psi_E \psi_K \tag{3.116}$$

ψ_E beschreibt die Elektronen, ψ_K die Kerne. Der elektronische Anteil des HAMILTON-Operators eines zweiatomigen Moleküls mit n Elektronen, der auf ψ_E angewandt wird, lautet:

$$\widehat{H} = \sum_{k=1}^{n} \widehat{T}_k + \frac{e^2}{4\pi\varepsilon_0} \left\{ -\sum_{k=1}^{n} \frac{Z_a}{|\vec{R}_a - \vec{r}_k|} - \sum_{k=1}^{n} \frac{Z_b}{|\vec{R}_b - \vec{r}_k|} \right.$$

$$\left. + \sum_{k=1}^{n-1} \sum_{l=k+1}^{n} \frac{1}{|\vec{r}_k - \vec{r}_l|} + \frac{Z_a Z_b}{R} \right\} \qquad (3.117)$$

wobei $R = |\vec{R}_a - \vec{R}_b|$ eine Konstante ist. Trägt man den niedrigsten Energieeigenwert dieses HAMILTON-Operators als Funktion von R auf, ergibt sich eine Potenzialkurve. Das Minimum der Potenzialkurve entspricht dem Gleichgewichtsabstand der Atomkerne im Molekül. Im Folgenden beschäftigen wir uns nur mit dem elektronischen Anteil ψ_E der Molekülwellenfunktion.

3.5.2 Der LCAO-Ansatz

Das so genannte Variationsprinzip der Quantenmechanik besagt, dass der Erwartungswert der Energie, der mit einer beliebigen Wellenfunktion berechnet wird, größer als der tiefste Energieeigenwert des Systems ist oder diesem gleicht:

$$\langle E \rangle = \frac{\int \psi^* \widehat{H} \psi \mathrm{d}\tau}{\int \psi^* \psi \mathrm{d}\tau} \geq E_0 \qquad (3.118)$$

Hierin ist $\langle E \rangle$ der Erwartungswert der Energie, ψ eine beliebige Wellenfunktion und E_0 der tiefste Energieeigenwert des Systems. Wir können also gute Näherungen für die Eigenfunktion und den Energieeigenwert eines Systems im Grundzustand erhalten, indem wir die Form einer beliebigen Wellenfunktion variieren und dabei den Erwartungswert der Energie zu einem Minimum machen.

Atomorbitale (AO) sind Einelektronenwellenfunktionen eines Atoms. Sie können jeweils von zwei Elektronen mit entgegengesetztem Spin besetzt werden. In Molekülen heißen Einelektronenwellenfunktionen Molekülorbitale (MO). Auch sie können von zwei Elektronen mit α- und β-Spin besetzt werden. Da sich ein MO über das ganze Molekül erstrecken kann, lässt sich ein Elektron, das dieses MO besetzt, keinem bestimmten Atom mehr zuordnen. Der LCAO-Ansatz zur Ermittlung von Molekülorbitalen beruht auf einer Variationsrechnung. LCAO bedeutet „linear combination of atomic orbitals." Ein Molekülorbital ψ wird dementsprechend als Linearkombination von (normierten) Atomorbitalen φ_μ geschrieben:

$$\psi = \sum_{\mu} c_\mu \varphi_\mu \qquad (3.119)$$

Dabei können die einzelnen Atome mit einem, aber auch mit mehreren Atomorbitalen in die Rechnung eingehen. Ein Satz von Atomorbitalen φ_μ heißt Basis. Die Koeffizienten c_μ in obiger Gleichung dienen als Variationsparameter, um den Erwartungswert der Energie nach Gleichung 3.118 minimieren zu können. Einsetzen von ψ in Gleichung 3.118 führt zu (es sollen nur reelle Atomorbitale verwendet werden):

$$\langle E \rangle = \frac{\int (\sum_\mu c_\mu \varphi_\mu) \widehat{H} (\sum_\nu c_\nu \varphi_\nu) \mathrm{d}\tau}{\int (\sum_\mu c_\mu \varphi_\mu)(\sum_\nu c_\nu \varphi_\nu) \mathrm{d}\tau}$$

$$= \frac{\sum_\mu \sum_\nu c_\mu c_\nu H_{\mu\nu}}{\sum_\mu \sum_\nu c_\mu c_\nu S_{\mu\nu}} \tag{3.120}$$

$H_{\mu\nu}$ nennt man Matrixelement von $\widehat{H}$ und $S_{\mu\nu}$ Überlappungsintegral:

$$H_{\mu\nu} = \int \varphi_\mu \widehat{H} \varphi_\nu \mathrm{d}\tau \tag{3.121}$$

$$S_{\mu\nu} = \int \varphi_\mu \varphi_\nu \mathrm{d}\tau \tag{3.122}$$

Um das Minimum von $\langle E \rangle$ zu finden, leiten wir nun $\langle E \rangle$ nach einem Koeffizienten c_κ ab und setzen das Ergebnis gleich 0:

$$\langle E \rangle = \frac{Z}{N}$$

$$\frac{\partial \langle E \rangle}{\partial c_\kappa} = \frac{1}{N^2}\left(N\frac{\partial Z}{\partial c_\kappa} - Z\frac{\partial N}{\partial c_\kappa}\right) = 0$$

$$0 = \frac{\partial Z}{\partial c_\kappa} - \langle E \rangle\frac{\partial N}{\partial c_\kappa} \tag{3.123}$$

Z und N sind Abkürzungen für den Zähler und den Nenner von Gleichung 3.120. Für die Berechnung der partiellen Ableitungen von Z und N nach c_κ unterscheidet man die vier Fälle $[\mu \neq \kappa, \nu \neq \kappa]$, $[\mu \neq \kappa, \nu = \kappa]$, $[\mu = \kappa, \nu \neq \kappa]$ und $[\mu = \nu = \kappa]$:

$$\frac{\partial Z}{\partial c_\kappa} = 0 + \sum_{\substack{\mu \\ (\mu \neq \kappa)}} c_\mu H_{\mu\kappa} + \sum_{\substack{\nu \\ (\nu \neq \kappa)}} c_\nu H_{\kappa\nu} + 2c_\kappa H_{\kappa\kappa}$$

$$= 2\sum_\nu c_\nu H_{\kappa\nu} \tag{3.124}$$

$$\frac{\partial N}{\partial c_\kappa} = 0 + \sum_{\substack{\mu \\ (\mu \neq \kappa)}} c_\mu S_{\mu\kappa} + \sum_{\substack{\nu \\ (\nu \neq \kappa)}} c_\nu S_{\kappa\nu} + 2c_\kappa S_{\kappa\kappa}$$

$$= 2\sum_\nu c_\nu S_{\kappa\nu} \tag{3.125}$$

Diese beiden Ergebnisse werden jetzt in Gleichung 3.123 eingesetzt. Man erhält ein lineares Gleichungssystem für $\kappa = 1, 2, 3, \ldots$, das sich auch in Matrixform schreiben lässt:

$$\sum_\nu \left(H_{\kappa\nu} - \langle E \rangle S_{\kappa\nu}\right) c_\nu = 0$$

$$\begin{pmatrix} H_{11} - \langle E \rangle & H_{12} - \langle E \rangle S_{12} & \ldots \\ H_{21} - \langle E \rangle S_{21} & H_{22} - \langle E \rangle & \ldots \\ H_{31} - \langle E \rangle S_{31} & H_{32} - \langle E \rangle S_{32} & \ldots \\ \vdots & \vdots & \vdots \end{pmatrix} \begin{pmatrix} c_1 \\ c_2 \\ c_3 \\ \vdots \end{pmatrix} = \vec{0} \tag{3.126}$$

Die Lösung dieses homogenen Gleichungssystems liefert schließlich Energieerwartungswerte $\langle E \rangle$. Zu jedem $\langle E \rangle$ kann man dann einen Satz von Koeffizienten c_μ berechnen, aus denen sich das zugehörige Molekülorbital ergibt (Gl. 3.119). Besteht die Basis aus N Atomorbitalen, erhält man nach dieser Methode N Molekülorbitale. Die Gleichungen 3.126 nennt man auch Säkulargleichungen.

3.5.3 Die chemische Bindung

Am Beispiel des einfachsten Moleküls, dem Wasserstoffmolekül-Ion, soll das Zustandekommen einer kovalenten chemischen Bindung verdeutlicht werden. Im Gegensatz zu allen anderen Molekülen kann die SCHRÖDINGER-Gleichung für H_2^+ analytisch gelöst werden, wenn auch nur unter Anwendung der BORN-OPPENHEIMER-Näherung. Da nur zwei Protonen und ein Elektron am Aufbau dieses Moleküls beteiligt sind, nimmt der elektronische HAMILTON-Operator eine besonders einfache Form an:

$$\hat{H} = -\frac{\hbar^2}{2m_e}\Delta + \frac{e^2}{4\pi\varepsilon_0}\left\{ -\frac{1}{r_a} - \frac{1}{r_b} + \frac{1}{R} \right\} \tag{3.127}$$

mit m_e als Elektronenmasse, r_a als Elektronenabstand zu Kern a, r_b als Elektronenabstand zu Kern b und R als Kern-Kern-Abstand. Zur Ermittlung der Molekülorbitale machen wir den LCAO-Ansatz

$$\psi = c_a\varphi_a + c_b\varphi_b \tag{3.128}$$

φ_a und φ_b sollen normierte Atomorbitale des Wasserstoffatoms sein. φ_a gehört zum Atom mit Kern a, φ_b gehört zum Atom mit Kern b. Zu lösen ist nun das folgende lineare Gleichungssystem (vgl. Gl. 3.126):

$$\begin{pmatrix} H_{aa} - \langle E \rangle & H_{ab} - \langle E \rangle S \\ H_{ab} - \langle E \rangle S & H_{aa} - \langle E \rangle \end{pmatrix} \begin{pmatrix} c_a \\ c_b \end{pmatrix} = \vec{0} \tag{3.129}$$

Da wir es mit einem homonuklearen zweiatomigen Molekül zu tun haben und reelle Atomorbitale verwenden wollen, gilt $H_{aa} = H_{bb}$ und $H_{ab} = H_{ba}$. Soll dieses Gleichungssystem eine von $(c_a, c_b) = (0,0)$ verschiedene Lösung haben, dann muss die folgende Determinante (Säkulardeterminante) verschwinden:

$$\begin{vmatrix} H_{aa} - \langle E \rangle & H_{ab} - \langle E \rangle S \\ H_{ab} - \langle E \rangle S & H_{aa} - \langle E \rangle \end{vmatrix} =$$

$$(H_{aa} - \langle E \rangle)^2 - (H_{ab} - \langle E \rangle S)^2 = 0$$

$$\langle E \rangle_1 = \frac{H_{aa} + H_{ab}}{1 + S} \tag{3.130}$$

$$\langle E \rangle_2 = \frac{H_{aa} - H_{ab}}{1 - S} \tag{3.131}$$

Es gibt offenbar zwei Erwartungswerte der Energie. Werden diese nacheinander in das Gleichungssystem 3.129 eingesetzt, erhält man für $\langle E \rangle_1$ die Beziehung $c_a = c_b$ und für $\langle E \rangle_2$ die Beziehung $c_a = -c_b$. Die zugehörigen Molekülorbitale lauten daher nach Normierung:

$$\psi_1 = \frac{1}{\sqrt{2 + 2S}}(\varphi_a + \varphi_b) \tag{3.132}$$

$$\psi_2 = \frac{1}{\sqrt{2 - 2S}}(\varphi_a - \varphi_b) \tag{3.133}$$

Die Form dieser beiden Molekülorbitale sowie die Größe der zugehörigen Energien hängen davon ab, welche Atomorbitale für ihre Berechnung gewählt werden. Um den Grundzustand des H_2^+ zu erhalten, ist es sinnvoll, 1s-Atomorbitale (vgl. Tab. 3.4 und 3.3) der Form

$$\varphi_a = \sqrt{\frac{1}{\pi a_0^3}} \exp\left(-\frac{r_a}{a_0}\right) \tag{3.134}$$

$$\varphi_b = \sqrt{\frac{1}{\pi a_0^3}} \exp\left(-\frac{r_b}{a_0}\right) \tag{3.135}$$

zu wählen (a_0 ist der BOHRsche Radius). Jetzt ist es möglich, das Überlappungsintegral S zu berechnen. Wenn man die Substitutionen $f = (r_a + r_b)/R$ und $g = (r_a - r_b)/R$ einführt, lässt sich dieses Integral relativ einfach bestimmen $[\mathrm{d}\tau = (R^3/8)(f^2 - g^2)\mathrm{d}f\mathrm{d}g\mathrm{d}\phi]$:

$$\begin{aligned}
S &= \int \varphi_a \varphi_b \mathrm{d}\tau \\
&= \frac{1}{\pi a_0^3} \int_0^{2\pi} \int_{-1}^{1} \int_1^{\infty} \exp\left(-\frac{fR}{a_0}\right) \frac{R^3}{8}(f^2 - g^2)\mathrm{d}f\mathrm{d}g\mathrm{d}\phi \\
&= \left[1 + \frac{R}{a_0} + \frac{1}{3}\left(\frac{R}{a_0}\right)^2\right]\exp\left(-\frac{R}{a_0}\right) \tag{3.136}
\end{aligned}$$

Die Auswertung des Matrixelements H_{aa}, das auch den Namen COULOMB-Integral trägt, wird durch die Tatsache vereinfacht, dass das Atomorbital φ_a Eigenfunktion zum HAMILTON-Operator des H-Atoms ist (Gl. 3.66):

$$\begin{aligned}
H_{aa} &= \int \varphi_a \widehat{H} \varphi_a \mathrm{d}\tau \\
&= \int \varphi_a \left[-\frac{\hbar^2}{2m_e}\Delta + \frac{e^2}{4\pi\varepsilon_0}\left\{-\frac{1}{r_a} - \frac{1}{r_b} + \frac{1}{R}\right\}\right]\varphi_a \mathrm{d}\tau \\
&= \varepsilon_{1s} + \frac{e^2}{4\pi\varepsilon_0 R} - \frac{e^2}{4\pi\varepsilon_0}\int \varphi_a \frac{1}{r_b}\varphi_a \mathrm{d}\tau \tag{3.137}
\end{aligned}$$

ε_{1s} ist der Energieeigenwert des 1s-Atomorbitals des H-Atoms. Führt man dieselben Substitutionen durch, die zur Berechnung von S eingeführt wurden, ergibt sich das verbleibende Integral zu

$$\int \varphi_a \frac{1}{r_b} \varphi_a \mathrm{d}\tau = \frac{1}{R} \left[1 - \left(1 + \frac{R}{a_0} \right) \exp\left(-\frac{2R}{a_0} \right) \right] \qquad (3.138)$$

Somit findet man für das COULOMB-Integral:

$$H_{aa} = \frac{\hbar^2}{m_e a_0^2} \left[-\frac{1}{2} + \left(\frac{a_0}{R} + 1 \right) \exp\left(-\frac{2R}{a_0} \right) \right] \qquad (3.139)$$

Die Berechnung des Matrixelements H_{ab}, des so genannten Resonanzintegrals, ist analog zu der von H_{aa}:

$$\begin{aligned} H_{ab} &= \int \varphi_a \widehat{H} \varphi_b \mathrm{d}\tau \\[2mm] &= \int \varphi_a \left[-\frac{\hbar^2}{2m_e} \Delta + \frac{e^2}{4\pi\varepsilon_0} \left\{ -\frac{1}{r_a} - \frac{1}{r_b} + \frac{1}{R} \right\} \right] \varphi_b \mathrm{d}\tau \\[2mm] &= \varepsilon_{1s} S + \frac{e^2}{4\pi\varepsilon_0 R} S - \frac{e^2}{4\pi\varepsilon_0} \int \varphi_a \frac{1}{r_a} \varphi_b \mathrm{d}\tau \end{aligned} \qquad (3.140)$$

mit

$$\int \varphi_a \frac{1}{r_a} \varphi_b \mathrm{d}\tau = \frac{1}{a_0} \left(1 + \frac{R}{a_0} \right) \exp\left(-\frac{R}{a_0} \right) \qquad (3.141)$$

Das Resonanzintegral hat dann die Form

$$H_{ab} = \frac{\hbar^2}{m_e a_0^2} \left[-\frac{1}{2} - \frac{7}{6} \frac{R}{a_0} - \frac{1}{6} \left(\frac{R}{a_0} \right)^2 + \frac{a_0}{R} \right] \exp\left(-\frac{R}{a_0} \right) \qquad (3.142)$$

Nachdem die Größen H_{aa}, H_{ab} und S nun berechnet worden sind, können die Energieerwartungswerte $\langle E \rangle_1$ und $\langle E \rangle_2$ (Gl. 3.130 und 3.131) bestimmt werden. In Abbildung 3.13 sind sie als Funktion von R/a_0 grafisch dargestellt. Man erkennt, dass die Energie $\langle E \rangle_1$ des Molekülorbitals ψ_1 ein Minimum bei $2,49\,a_0 = 1,32$ Å aufweist. Offensichtlich ist bei diesem Kern-Kern-Abstand die Energie des H_2^+ geringer als die von getrennten H- und H^+-Teilchen. Das Molekülorbital ψ_1 beschreibt damit einen bindenden Zustand. Auch wenn die experimentell erhaltene Bindungslänge des H_2^+ nur 1,06 Å beträgt, so erklärt der verwendete LCAO-Ansatz die chemische Bindung dennoch qualitativ richtig. Dagegen führt die Besetzung des ψ_2-Molekülorbitals mit einem Elektron zu einem so genannten antibindenden Zustand. Denn die zugehörige Energie $\langle E \rangle_2$ hat ihr Minimum bei $R \to \infty$.

Wie sehen nun die zugehörigen Molekülorbitale ψ_1 und ψ_2 aus? ψ_1 ist die Summe von zwei 1s-Funktionen, ψ_2 die Differenz. Folglich weist ψ_2 im Gegensatz zu ψ_1 in der Mitte zwischen den Kernen einen Knoten auf (Abb. 3.14a). Berechnet man die Wahrscheinlichkeitsdichten ψ_1^2 und ψ_2^2 entlang der Kern-Kern-Verbindungsachse (Abb. 3.14b), findet man eine erhöhte Elektronendichte zwischen den Kernen, wenn

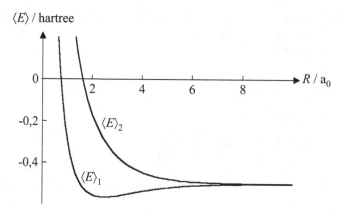

Abbildung 3.13: Die beiden niedrigsten Energieerwartungswerte des H_2^+-Molekül-Ions, ermittelt mit Hilfe des LCAO-Ansatzes. Die Energie ist in Einheiten von $(h/2\pi)^2/m_e a_0^2 = 1$ hartree aufgetragen. a_0 ist der BOHRsche Radius, m_e die Elektronenmasse.

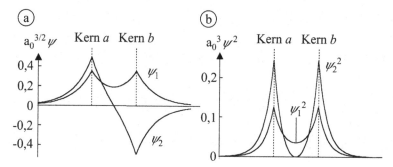

Abbildung 3.14: a: Molekülorbitale ψ_1 und ψ_2 des H_2^+-Molekülions entlang der Bindungsachse. b: Zugehörige Wahrscheinlichkeitsdichten (multipliziert mit a_0^3).

das bindende Molekülorbital ψ_1 besetzt ist, und eine reduzierte Elektronendichte bei Besetzung des antibindenden Molekülorbitals ψ_2.

Nun ist der LCAO-Ansatz für das H_2^+ unter Verwendung der 1s-Atomorbitale des H-Atoms nur eine Näherung, wie man u. a. an der zu großen Bindungslänge erkennen kann. Eine Verbesserung wird erreicht, wenn Funktionen vom Typ

$$\varphi = A \exp\left(-\eta \frac{r}{a_0}\right) \tag{3.143}$$

mit variablem Wert η anstelle der 1s-Atomorbitale φ_a und φ_b verwendet werden (A ist der Normierungsfaktor). Der Erwartungswert der Energie $\langle E \rangle_1$ hängt jetzt sowohl von R als auch von η ab. Bestimmt man für jeden Abstand R den optimalen Wert η mit Hilfe einer Variationsrechnung, dann findet man das Minimum von $\langle E \rangle_1$ bei $R = 1.06$ Å, in sehr guter Übereinstimmung mit dem experimentellen Bindungsabstand. An dieser Stelle ist $\eta = 1,25$. Im H_2^+-Molekül-Ion ist somit die Bildung der chemischen Bindung mit einer Kontraktion der 1s-Atomorbitale verbunden.

Was hält nun die Atome im Molekül zusammen? Bei der Bindungsbildung kommt es in der Bindungsregion zu einer konstruktiven Überlappung (Interferenz) der atomaren Wellenfunktionen. Es resultiert eine Vergrößerung der Aufenthaltswahrscheinlichkeit der Elektronen in der Bindungsregion. Es ist anzumerken, dass eine chemische Bindung nicht ursächlich mit der Existenz eines Elektronenpaares zusammenhängt.

3.5.4 Ab-initio-Molekülorbital-Rechnungen

Bindungslängen, Bindungswinkel, Schwingungsfrequenzen, Elektronenenergien und weitere physikalisch-chemische Eigenschaften eines beliebigen (allerdings nicht allzu großen) Moleküls lassen sich heutzutage relativ schnell und genau aus so genannten Ab-initio-Molekülorbital-Rechnungen gewinnen. Solche Rechnungen basieren ausschließlich auf der SCHRÖDINGER-Gleichung, was mit „ab initio", d. h. vom Anfang, ausgedrückt wird. Hierfür sind verschiedene Computerprogramme, wie Gaussian oder Turbomole, kommerziell erhältlich. Eine Besonderheit dieser Programme beruht auf der Verwendung von GAUSS-Funktionen der Form

$$g = A x^a y^b z^c \exp(-\alpha r^2) \tag{3.144}$$

zur Beschreibung von Atomorbitalen. In diesen Funktionen ist α ein Parameter, der die Reichweite der Funktion bestimmt, A ist der Normierungsfaktor, x, y und z sind kartesische Koordinaten mit $r^2 = x^2 + y^2 + z^2$. Mit $a = b = c = 0$ lassen sich s-Atomorbitale darstellen, $a = 1$ und $b = c = 0$ führt beispielsweise zu einem p_x-Atomorbital (Gl. 3.90), $a = b = 1$ und $c = 0$ zu einem d_{xy}-Atomorbital (Gl. 3.94). Für Rechnungen an Molekülen bevorzugt man GAUSS-Funktionen gegenüber Exponentialfunktionen, da sich dann bestimmte Integrale leichter berechnen lassen. Die Beschreibung eines Atomorbitals durch eine einzige GAUSS-Funktion ist allerdings i. d. R. sehr unbefriedigend. Während eine Exponentialfunktion am Ort des Atomkerns spitz verläuft, hat eine GAUSS-Funktion an dieser Stelle eine horizontale Tangente. Man nähert ein Atomorbital φ daher über eine Linearkombination von GAUSS-Funktionen an:

$$\varphi = \sum_{\beta} d_{\beta} g_{\beta} \tag{3.145}$$

Vor jeder Ab-initio-Rechnung wählt man einen so genannten Basissatz. In ihm sind die Koeffizienten d_{β} sowie die zugehörigen Exponenten α_{β} zur Berechnung eines Atomorbitals genau festgelegt. Diese Größen werden dann während einer Ab-initio-Rechnung nicht mehr verändert. Beispielsweise kann ein Basissatz 6 Koeffizienten d_{β} und 6 Exponenten α_{β} für ein 1s-Atomorbital enthalten, weitere 3 Koeffizienten und 3 Exponenten für ein 2s-Atomorbital und so fort.

Im nächsten Schritt wird ein Molekülorbital ψ_i im Sinne des LCAO-Ansatzes (Gl. 3.119) aus den Atomorbitalen φ_{μ} konstruiert:

$$\psi_i = \sum_{\mu=1}^{N} c_{\mu i} \varphi_{\mu} \tag{3.146}$$

μ sowie im nachfolgenden Text ν, κ und λ kennzeichnen ein bestimmtes Atomorbital, Molekülorbitale sollen mit i und j bezeichnet werden. Die Ermittlung der Koeffizienten $c_{\mu i}$ ist das zentrale Ziel einer Ab-initio-Molekülorbital-Rechnung. Aus N Atomorbitalen lassen sich durch Linearkombination N Molekülorbitale gewinnen, die in der Reihenfolge zunehmender Energie mit Elektronen aufgefüllt werden. Gibt es n Elektronen im Molekül, dann werden $n/2$ Molekülorbitale paarweise mit Elektronen besetzt. Innerhalb eines Molekülorbitals hat ein Elektron α-Spin, das andere β-Spin. Die Gesamtwellenfunktion des Moleküls ist eine SLATER-Determinante aus Spin-Molekülorbitalen (vgl. Gl. 3.104):

$$\Phi(1,\ldots,n) = \frac{1}{\sqrt{n!}} \begin{vmatrix} \psi_1\alpha(1) & \psi_1\beta(1) & \ldots & \psi_{n/2}\beta(1) \\ \psi_1\alpha(2) & \psi_1\beta(2) & \ldots & \psi_{n/2}\beta(2) \\ \vdots & \vdots & \vdots & \vdots \\ \psi_1\alpha(n) & \psi_1\beta(n) & \ldots & \psi_{n/2}\beta(n) \end{vmatrix} \tag{3.147}$$

Der HAMILTON-Operator eines beliebigen Moleküls lautet:

$$\widehat{H} = \sum_k \widehat{h}_k + \sum_k \sum_{l>k} \frac{e^2}{4\pi\varepsilon_0 r_{kl}} + \sum_p \sum_{q>p} \frac{Z_p Z_q e^2}{4\pi\varepsilon_0 R_{pq}} \tag{3.148}$$

Der zweite Summand steht für die COULOMB-Energie zwischen den Elektronen (k,l), der dritte Summand berücksichtigt die COULOMB-Energie zwischen den Atomkernen (p,q). Mit dem Operator $\widehat{h}_k$ wird die kinetische und potenzielle Energie eines einzelnen Elektrons k im Feld der Atomkerne beschrieben:

$$\widehat{h}_k = -\frac{\hbar^2}{2m_e}\Delta_k - \sum_p \frac{Z_p e^2}{4\pi\varepsilon_0 r_{kp}} \tag{3.149}$$

Ausgehend vom Variationsansatz

$$\langle E \rangle = \frac{\int \Phi\widehat{H}\Phi \mathrm{d}\tau}{\int \Phi\Phi \mathrm{d}\tau} \tag{3.150}$$

mit dem der Erwartungswert der Molekülenergie unter Verwendung der SLATER-Determinante Φ berechnet wird, erhält man nach einer Reihe von Umformungen die HARTREE-FOCK-Gleichung

$$\widehat{F}\psi_i = \varepsilon_i\psi_i \tag{3.151}$$

Der FOCK-Operator $\widehat{F}$, dessen Eigenfunktionen und Eigenwerte die Molekülorbitale ψ_i und die Energien ε_i sind, lautet:

$$\widehat{F} = \widehat{h} + \sum_{j=1}^{n/2} \left[2\widehat{J}_j - \widehat{K}_j \right] \tag{3.152}$$

$\widehat{J}_j$ ist der COULOMB-Operator (Gl. 3.108), $\widehat{K}_j$ ist der Austausch-Operator (Gl. 3.109), wobei der Index j auf das in diesen Operatoren vorkommende Molekülorbital ψ_j hinweist.

Wir berechnen nun den Erwartungswert der Energie ε eines Elektrons im Molekülorbital $\psi = \sum_\mu c_\mu \varphi_\mu$ unter Variation der Atomorbital-Koeffizienten c_μ (vgl. Gl. 3.118 und 3.126):

$$\varepsilon = \frac{\int \psi \widehat{F} \psi \, d\tau}{\int \psi \psi \, d\tau} \tag{3.153}$$

$$\sum_{\nu=1}^{N} (F_{\mu\nu} - \varepsilon S_{\mu\nu}) c_\nu = 0 \tag{3.154}$$

mit $\mu = 1, \ldots, N$. Diese Säkulargleichungen heißen ROOTHAAN-HALL-Gleichungen. $S_{\mu\nu}$ ist das Überlappungsintegral der Atomorbitale φ_μ und φ_ν. $F_{\mu\nu}$ ist ein Element der FOCK-Matrix und wird mit Hilfe des Operators $\widehat{F}$ gebildet:

$$
\begin{aligned}
F_{\mu\nu} &= h_{\mu\nu} \\
&\quad + \sum_{j=1}^{n/2} \left[2 \int \varphi_\mu(1) \widehat{J}_j \varphi_\nu(1) \, d\tau_1 - \int \varphi_\mu(1) \widehat{K}_j \varphi_\nu(2) \, d\tau_1 \right] \\
&= h_{\mu\nu} + \sum_{j=1}^{n/2} \sum_{\kappa=1}^{N} \sum_{\lambda=1}^{N} c_{\kappa j} c_{\lambda j} \left[2(\mu\nu|\kappa\lambda) - (\mu\kappa|\nu\lambda) \right]
\end{aligned}
\tag{3.155}
$$

mit den Abkürzungen (MULLIKEN-Schreibweise):

$$(\mu\nu|\kappa\lambda) = \frac{e^2}{4\pi\varepsilon_0} \int \int \frac{\varphi_\mu(1)\varphi_\nu(1)\,\varphi_\kappa(2)\varphi_\lambda(2)}{r_{12}} \, d\tau_1 d\tau_2 \tag{3.156}$$

$$(\mu\kappa|\nu\lambda) = \frac{e^2}{4\pi\varepsilon_0} \int \int \frac{\varphi_\mu(1)\varphi_\kappa(1)\,\varphi_\nu(2)\varphi_\lambda(2)}{r_{12}} \, d\tau_1 d\tau_2 \tag{3.157}$$

Die Lösung von Gleichung 3.154 liefert N Molekülorbitalenergien ε. Zu jeder Energie ε wird ein Satz c_ν ($\nu = 1, \ldots, N$) von Atomorbital-Koeffizienten erhalten, aus dem sich dann das zugehörige Molekülorbital ergibt. Allerdings ist zur Lösung dieser Gleichung die Kenntnis derjenigen Atomorbital-Koeffizienten erforderlich, die zu den $n/2$ niedrigsten Energien gehören. Man geht deshalb wie folgt vor: Zunächst berechnet man alle Integrale. Dann errät man Startwerte für die Atomorbital-Koeffizienten, die zu den $n/2$ niedrigsten Energien gehören. Nun lassen sich die Matrixelemente $F_{\mu\nu}$ bestimmen, so dass aus Gleichung 3.154 alle Molekülorbitalenergien und die zugehörigen Atomorbital-Koeffizienten ermittelt werden können. Mit diesen Koeffizienten werden die Matrixelemente $F_{\mu\nu}$ erneut berechnet, so dass aus Gleichung 3.154 wiederum verbesserte Koeffizienten gewonnen werden können. Diese Prozedur wiederholt man solange, bis am Ende die Gesamtenergie des Moleküls minimiert ist und sich die Atomorbital-Koeffizienten nicht weiter ändern. Dieses Iterationsverfahren hat den Namen HARTREE-FOCK-SCF-Methode (SCF bedeutet self-consistent field).

Es sei angemerkt, dass HARTREE-FOCK-SCF-Rechnungen nicht immer zufriedenstellende Ergebnisse liefern, da sie Elektronenkorrelationen nur in eingeschränktem

Maße berücksichtigen. HARTREE-FOCK-SCF-Rechnungen beinhalten nur gemittelte Wechselwirkungen zwischen den Elektronen eines Moleküls, instantane elektrostatische Wechselwirkungen werden nicht berücksichtigt. Da sich zwei Elektronen aufgrund ihrer Ladung abstoßen, beeinflusst die Bewegung eines Elektrons jedoch die Bewegungen der anderen Elektronen. Die Elektronen weichen einander aus, ihre Bewegungen sind korreliert. Dieses Verhalten nennt man daher Elektronenkorrelation. Um sie zu berücksichtigen, kann man eine CI-Rechnung (CI: configuration interaction) durchführen, indem man die Gesamtwellenfunktion eines Moleküls als Linearkombination mehrerer SLATER-Determinanten schreibt, wobei neben dem Grundzustand auch elektronisch angeregte Elektronenkonfigurationen berücksichtigt werden. (Man kann zeigen, dass die Energie, die sich aus der Linearkombination der Elektronenkonfigurationen des Grundzustandes und aller angeregter Zustände ergibt, die gleiche wie die ist, die man bei Lösung der vollständigen SCHRÖDINGER-Gleichung für Mehrrelektronensysteme erhalten würde.) Weitere Methoden sind die Störungstheorie von MØLLER-PLESSET und die Dichtefunktionalmethode (DFT). Sie basiert auf der Bestimmung der Molekülenergieeigenwerte über eine Berechnung der Elektronendichte des Moleküls.

Der rasante Fortschritt der Hardware und Software von Computern in Kombination mit immer genaueren Methoden der theoretischen Chemie haben zu einer breiten Anwendung quantenchemischer Berechnungen auf fast allen Gebieten der Chemie geführt. Berechnet werden können Gleichgewichtsbindungslängen und -geometrien von Molekülen, Potenzialhyperflächen, Reaktionsenergien, Übergangszustandsgeometrien und Aktivierungsenergien, sowie Elektronendichten, Dipolmomente und Normalschwingungen. Besonders interessant ist die Möglichkeit, hochreaktive Moleküle, die schwierig zu synthetisieren sind, und Übergangszustände, die experimentell nicht leicht untersucht werden können, zu berechnen.

Beispiele:

Unter Verwendung des Programms Gaussian 98[4] wurden HARTREE-FOCK-SCF-Rechnungen durchgeführt. Es wurde der Basissatz 6-31+G(d,p) verwendet. Mit einem Basissatz wird die Zahl und die Form der Atomorbitale festgelegt, aus denen dann Molekülorbitale gebildet werden. Es handelt sich hier um einen so genannten Split-valence-Basissatz, d. h. alle Valenzatomorbitale gibt es in zwei Größen. Zudem werden d-Funktionen zu p-Funktionen und p-Funktionen zu s-Funktionen addiert, um Polarisationen berücksichtigen zu können, d. h. eine Deformation der Elektronenverteilung eines Atoms bei der Molekülbildung. Der Basissatz enthält auch noch sehr große p-Funktionen, die für die Berechnung von Molekülen mit freien Elektronenpaaren wichtig sind. Die Rechnungen wurden mit einem einfachen Personalcomputer (233 MHz, 32 MB Arbeitsspeicher) durchgeführt. Molekülorbitalenergien werden im Folgenden in der Einheit hartree angegeben, wobei 1 hartree $= 4,3597 \cdot 10^{-18}$ J ist.

Stickstoff, N_2

Startwert für die Bindungslänge: 1 Å
berechnete Bindungslänge: 1,08 Å
experimentelle Bindungslänge: 1,0975 Å
Rechenzeit: 5 min
Orientierung des Moleküls: N-N-Bindung liegt in der z-Achse

In der folgenden Aufstellung werden Atomorbitale mit kleinen Koeffizienten der Übersichtlichkeit halber vernachlässigt.

$$\varepsilon_1 = -15,70 \text{ hartree}$$

$$\psi_1 = +0,70 \cdot 1s(1) + 0,70 \cdot 1s(2)$$

$$\varepsilon_2 = -15,69 \text{ hartree}$$

$$\psi_2 = +0,70 \cdot 1s(1) - 0,70 \cdot 1s(2)$$

$$\varepsilon_3 = -1,49 \text{ hartree}$$

$$\psi_3 = -0,16 \cdot 1s(1) - 0,16 \cdot 1s(2)$$

$$+0,33 \cdot 2s(1) + 0,33 \cdot 2s(2)$$

---

[4]Gaussian 98, Revision A.7, M. J. Frisch, G. W. Trucks, H. B. Schlegel, G. E. Scuseria, M. A. Robb, J. R. Cheeseman, V. G. Zakrzewski, J. A. Montgomery, Jr., R. E. Stratmann, J. C. Burant, S. Dapprich, J. M. Millam, A. D. Daniels, K. N. Kudin, M. C. Strain, O. Farkas, J. Tomasi, V. Barone, M. Cossi, R. Cammi, B. Mennucci, C. Pomelli, C. Adamo, S. Clifford, J. Ochterski, G. A. Petersson, P. Y. Ayala, Q. Cui, K. Morokuma, D. K. Malick, A. D. Rabuck, K. Raghavachari, J. B. Foresman, J. Cioslowski, J. V. Ortiz, A. G. Baboul, B. B. Stefanov, G. Liu, A. Liashenko, P. Piskorz, I. Komaromi, R. Gomperts, R. L. Martin, D. J. Fox, T. Keith, M. A. Al-Laham, C. Y. Peng, A. Nanayakkara, C. Gonzalez, M. Challacombe, P. M. W. Gill, B. Johnson, W. Chen, M. W. Wong, J. L. Andres, C. Gonzalez, M. Head-Gordon, E. S. Replogle, and J. A. Pople, Gaussian, Inc., Pittsburgh PA, 1998.

$$+0,20 \cdot 3s(1) + 0,20 \cdot 3s(2)$$

$$-0,22 \cdot 2p_z(1) + 0,22 \cdot 2p_z(2)$$

$$\varepsilon_4 \ = \ -0,77 \ \text{hartree}$$

$$\psi_4 \ = \ -0,15 \cdot 1s(1) + 0,15 \cdot 1s(2)$$

$$+0,33 \cdot 2s(1) - 0,33 \cdot 2s(2)$$

$$+0,52 \cdot 3s(1) - 0,52 \cdot 3s(2)$$

$$-0,38 \cdot 4s(1) + 0,38 \cdot 4s(2)$$

$$+0,22 \cdot 2p_z(1) + 0,22 \cdot 2p_z(2)$$

$$+0,07 \cdot 3p_z(1) + 0,07 \cdot 3p_z(2)$$

$$+0,11 \cdot 4p_z(1) + 0,11 \cdot 4p_z(2)$$

$$\varepsilon_5 \ = \ -0,64 \ \text{hartree}$$

$$\psi_5 \ = \ -0,05 \cdot 1s(1) - 0,05 \cdot 1s(2)$$

$$+0,11 \cdot 2s(1) + 0,11 \cdot 2s(2)$$

$$+0,28 \cdot 3s(1) + 0,28 \cdot 3s(2)$$

$$+0,46 \cdot 2p_z(1) - 0,46 \cdot 2p_z(2)$$

$$+0,19 \cdot 3p_z(1) - 0,19 \cdot 3p_z(2)$$

$$\varepsilon_6 \ = \ -0,63 \ \text{hartree}$$

$$\psi_6 \ = \ +0,44 \cdot 2p_y(1) + 0,44 \cdot 2p_y(2)$$

$$+0,24 \cdot 3p_y(1) + 0,24 \cdot 3p_y(2)$$

$$\varepsilon_7 \ = \ -0,63 \ \text{hartree}$$

$$\psi_7 \ = \ +0,44 \cdot 2p_x(1) + 0,44 \cdot 2p_x(2)$$

$$+0,24 \cdot 3p_x(1) + 0,24 \cdot 3p_x(2)$$

Im Stickstoff-Molekül gibt es 14 Elektronen, die paarweise die 7 energetisch am tiefsten liegenden Molekülorbitale besetzen. Bei den Orbitalen 1, 3, 5, 6 und 7 handelt es sich um bindende Molekülorbitale. Bei der Linearkombination der Atomorbitale werden hier s-, p_x- und p_y-Orbitale mit gleichen Vorzeichen addiert, während p_z-Orbitale (in Richtung der Bindung) mit entgegengesetzten Vorzeichen kombiniert werden. Dies führt zu einer konstruktiven Überlappung der Atomorbitale und damit einer erhöhten

Elektronendichte zwischen den Atomkernen. Dagegen sind ψ_2 und ψ_4 antibindende Molekülorbitale. Die so genannte Bindungsordnung im Stickstoff-Molekül beträgt somit $5 - 2 = 3$, da wir 5 bindende und 2 antibindende MO's haben.

Molekülorbitale mit Rotationssymmetrie bzgl. der Bindungsachse bezeichnet man als σ-Orbitale, wenn sie bindend sind (wie ψ_1, ψ_3 und ψ_5), oder als σ^*-Orbitale, wenn sie antibindend sind (wie ψ_2 und ψ_4). Wenn p-Orbitale überlappen, die senkrecht zur Bindungsachse stehen, werden entweder bindende π-Orbitale gebildet (wie ψ_6 und ψ_7) oder antibindende π^*-Orbitale.

Am Beispiel des Stickstoffs wird deutlich, dass nur solche Atomorbitale überlappen (konstruktiv oder destruktiv), die die gleiche Symmetrie bzgl. einer Rotation um die Bindungsachse zeigen. Ferner ist ersichtlich, dass auch die Größe der Atomorbitale für die Bildung von Molekülorbitalen eine wichtige Rolle spielt. So überlappen die beiden 1s-Atomorbitale der N-Atome, die relativ eng um die Kerne angeordnet sind, nur wenig, wie man an der geringen Energiedifferenz zwischen ε_1 und ε_2 erkennen kann.

Wasser, H_2O

Startwerte für die Bindungslängen: jeweils 1 Å
Startwert für den Bindungswinkel: 90°
berechnete Bindungslängen: jeweils 0,94 Å
berechneter Bindungswinkel: 107°
experimentelle Bindungslängen: jeweils 0,958 Å
experimenteller Bindungswinkel: 104,45°
Rechenzeit: 6 min
Orientierung des Moleküls:

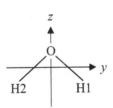

Das Molekül liegt in der y, z-Ebene.

In der folgenden Aufstellung werden wieder Atomorbitale mit kleinen Koeffizienten vernachlässigt.

$$\varepsilon_1 \;=\; -20{,}58 \text{ hartree}$$

$$\psi_1 \;=\; +0{,}99 \cdot 1s(O)$$

$$\varepsilon_2 \;=\; -1{,}36 \text{ hartree}$$

$$\psi_2 \;=\; +0{,}15 \cdot 1s(H1) + 0{,}15 \cdot 1s(H2)$$

$$-0{,}21 \cdot 1s(O) + 0{,}47 \cdot 2s(O) + 0{,}42 \cdot 3s(O)$$

$$-0{,}09 \cdot 2p_z(O)$$

$$\varepsilon_3 \;=\; -0,73 \text{ hartree}$$

$$\psi_3 \;=\; +0,24 \cdot 1s(H1) - 0,24 \cdot 1s(H2)$$

$$+0,12 \cdot 2s(H1) - 0,12 \cdot 2s(H2)$$

$$+0,51 \cdot 2p_y(O) + 0,27 \cdot 3p_y(O)$$

$$\varepsilon_4 \;=\; -0,58 \text{ hartree}$$

$$\psi_4 \;=\; -0,14 \cdot 1s(H1) - 0,14 \cdot 1s(H2)$$

$$-0,08 \cdot 2s(H1) - 0,08 \cdot 2s(H2)$$

$$-0,07 \cdot 1s(O) + 0,17 \cdot 2s(O) + 0,27 \cdot 3s(O)$$

$$+0,56 \cdot 2p_z(O) + 0,36 \cdot 3p_z(O) + 0,05 \cdot 4p_z(O)$$

$$\varepsilon_5 \;=\; -0,51 \text{ hartree}$$

$$\psi_5 \;=\; +0,64 \cdot 2p_x(O) + 0,45 \cdot 3p_x(O) + 0,09 \cdot 4p_x(O)$$

Im Wasser-Molekül gibt es 10 Elektronen, die paarweise die 5 energetisch am tiefsten liegenden Molekülorbitale besetzen. Das Molekülorbital ψ_1 besteht nahezu nur aus dem 1s-Atomorbital des Sauerstoffatoms. Der Grund hierfür ist, dass sich Molekülorbitale nur aus solchen Atomorbitalen bilden, deren Energien ähnlich sind. Die 1s-Atomorbitale der Wasserstoffatome überlappen daher bevorzugt mit den 2s- und 2p-Atomorbitalen des Sauerstoffs. Die Molekülorbitale ψ_2 und ψ_3 sind bindende Orbitale. ψ_2 entsteht im Wesentlichen durch konstruktive Interferenz zwischen den s-Orbitalen der H-Atome und den s-Orbitalen des O-Atoms. ψ_3 resultiert aus der Überlappung der s-Orbitale der H-Atome mit den p_y-Orbitalen des O-Atoms. Die s- und p_z-Orbitale des O-Atoms, die an der Bildung des ψ_4-Molekülorbitals beteiligt sind, erzeugen eine erhöhte Elektronen-Wahrscheinlichkeitsdichte auf der den H-Atomen abgewandten Seite des O-Atoms. Auf der Seite des O-Atoms, die den H-Atomen zugewandt ist, löschen sich die s- und p_z-Orbitale des O-Atoms gegenseitig aus, so dass nur eine sehr schwache Bindung mit den H-Atomen entsteht. Das ψ_4-Molekülorbital ist daher im Wesentlichen nicht-bindend; seine beiden Elektronen stellen somit ein freies Elektronenpaar dar. Schließlich ist das ψ_5-Molekülorbital ein nicht-bindendes Orbital, da es mit den H-Atomorbitalen nicht überlappt. Es wird von einem freien Elektronenpaar besetzt.

Benzol, C_6H_6

Startwerte für die Bindungslängen: jeweils 1 Å
Startwerte für die Bindungswinkel: jeweils 120°

berechnete Bindungslängen:	1,39 Å (C-C) und 1,08 Å (C-H)
berechnete Bindungswinkel:	jeweils 120°
experimentelle Bindungslängen:	1,395 Å (C-C) und 1,084 Å (C-H)
experimentelle Bindungswinkel:	jeweils 120°

Rechenzeit: 2 h, 45 min
Orientierung des Moleküls: Molekül liegt in der x, y-Ebene.

In der folgenden Tabelle sind die wesentlichen Atomorbital-Koeffizienten der bindenden π-Orbitale aufgelistet:

i	ε_i / hartree	C-Atom	$2p_z$	$3p_z$
17	$-0,50$	1	0,21	0,13
		2	0,21	0,13
		3	0,21	0,13
		4	0,21	0,13
		5	0,21	0,13
		6	0,21	0,13
20	$-0,34$	1	-	-
		2	0,27	0,21
		3	0,27	0,21
		4	-	-
		5	-0,27	-0,21
		6	-0,27	-0,21
21	$-0,34$	1	0,31	0,24
		2	0,16	0,12
		3	-0,16	-0,12
		4	-0,31	-0,24
		5	-0,16	-0,12
		6	0,16	0,12

Schematische Darstellung der π-Molekülorbitale:

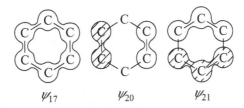

ψ_{17} ψ_{20} ψ_{21}

Die Schraffuren deuten ein negatives Vorzeichen der Molekülorbitale an.

Die 42 Elektronen des Benzol-Moleküls besetzen 21 Molekülorbitale, drei von
diesen sind bindende π-Orbitale. Das Molekülorbital ψ_{17} resultiert aus 6 konstruktiven
Überlappungen zwischen den 6 p_z-Atomorbitalen der C-Atome. Das Molekülorbital
ψ_{20} entsteht dagegen nur durch 2 konstruktive Überlappungen, an denen die Atome C2
und C3 sowie C5 und C6 beteiligt sind. 4 konstruktive und 2 destruktive Interferenzen
zwischen den p_z-Atomorbitalen der C-Atome führen zum Molekülorbital ψ_{21}, das
damit die gleiche Bindungsordnung und Energie wie das Molekülorbital ψ_{20} aufweist.

3.5.5 Molekulardynamik-Computersimulationen

Quantenchemischen Berechnungen sind Grenzen gesetzt. Eine Beschränkung ergibt sich in der Größe der zu berechnenden Systeme, was dann den Einsatz von Näherungsmethoden erforderlich macht. Zum anderen können die quantenchemischen Methoden i. Allg. nur auf isolierte Moleküle in der Gasphase angewendet werden. Ein großer Teil der Chemie findet jedoch in der flüssigen Phase statt. Ein Ansatz zur Simulation von Flüssigkeiten oder Molekülen in fluider Umgebung (z. B. gelöste Peptide) ist die Molekulardynamik-Computersimulation. Hierbei berechnet man die Bahnen aller N Teilchen unter dem Einfluss ihres Wechselwirkungspotenzials $V(\vec{r}_1, \vec{r}_2, \ldots, \vec{r}_N)$, d. h. eines sog. Kraftfeldes. Für Moleküle enthält es neben intermolekularen Beiträgen (VAN DER WAALS- und COULOMB-Wechselwirkung) auch intramolekulare Beiträge (Bindungslängen, Bindungswinkel, Diederwinkel) sowie Wechselwirkungen mit dem Lösungsmittel. Die Parametrisierung des Kraftfeldes erfolgt mit Hilfe physikalischer Eigenschaften des Systems (strukturelle, thermodynamische und spektroskopische Daten) und quantenmechanischen Berechnungen. In einer Molekulardynamik-Computersimulation werden die NEWTONschen Bewegungsgleichungen über kleine Zeitschritte Δt (ca. 10^{-15} s) numerisch integriert. Für jedes Teilchen i (Molekül, Molekülgruppe oder Atom) wird die Kraft $\vec{F}_i$ aus dem Gradienten der potenziellen Energie berechnet:

$$\vec{F}_i = -\nabla V(\vec{r}_1, \vec{r}_2, \ldots, \vec{r}_N) = m_i \vec{a}_i \tag{3.158}$$

Hierin bedeutet ∇ die Ableitung nach den Ortskoordinaten x, y und z. $\vec{a}_i$ ist die Beschleunigung. Nach Festlegung der Anfangsorte $\vec{r}_i$ und der Anfangsgeschwindigkeiten $\vec{v}_i$ lassen sich für jeden Zeitschritt Δt durch Integration die neuen Orte $\vec{r}_i(t + \Delta t)$ und die neuen Geschwindigkeiten $\vec{v}_i(t + \Delta t)$ berechnen. Beispielsweise können die folgenden Näherungen verwendet werden:

$$\vec{r}_i(t + \Delta t) \quad \approx \quad \vec{r}_i(t) + \vec{v}_i(t)\Delta t + \frac{1}{2}\vec{a}_i(t)\Delta t^2 \tag{3.159}$$

$$\vec{v}_i(t + \Delta t) \quad \approx \quad \vec{v}_i(t) + \vec{a}_i(t)\Delta t \tag{3.160}$$

Die neuen Orte der Teilchen liefern eine veränderte potenzielle Energie $V(\vec{r}_1, \vec{r}_2, \ldots, \vec{r}_N)$, aus der sich neue Kräfte und Beschleunigungen ergeben. Diese verwendet man dann wieder zur Berechnung der Orte und Geschwindigkeiten nach dem nächsten Zeitschritt. Bis zu Hunderttausende derartiger Zeitschritte werden heute in Computersimulationen durchgeführt. Aus der Kenntnis der Orte und Geschwindigkeiten aller Teilchen zu allen Zeitpunkten lassen sich schließlich strukturelle, dynamische und thermodynamische Eigenschaften des Systems ermitteln. Für Flüssigkeiten erhält man auf diese Weise radiale Verteilungsfunktionen, aus denen neben strukturellen auch thermodynamische Eigenschaften der Flüssigkeiten gewonnen werden können. Weiterhin lassen sich dynamische Größen, wie der Diffusionskoeffizient der Teilchen, bestimmen.

3.5.6 Die HÜCKEL-MO-Methode

Wenn in einem Molekül p-Atomorbitale überlappen, die senkrecht zur Bindungsachse stehen, werden π-Molekülorbitale gebildet. Qualitativ lassen sich π-Molekülorbitale konjugierter π-Elektronensysteme gut mit Hilfe der HÜCKEL-MO-Methode beschreiben. Bei dieser Methode werden allerdings drastische Näherungen gemacht. Ausgangspunkt der HÜCKEL-Methode ist der Variationsansatz (Gl. 3.118)

$$\varepsilon = \frac{\int \psi \widehat{H}^{\text{eff}} \psi \mathrm{d}\tau}{\int \psi \psi \mathrm{d}\tau} \tag{3.161}$$

in dem $\widehat{H}^{\text{eff}}$ ein effektiver Einelektronen-HAMILTON-Operator ist, der neben der kinetischen und potenziellen Energie eines Elektrons im Feld der Atomkerne eine gemittelte Abstoßung der π-Elektronen berücksichtigt. Seine genaue Form ist im Folgenden aber unerheblich.

Ein π-Molekülorbital ψ wird als Linearkombination reeller p_z-Atomorbitale, die senkrecht zur Bindungsachse in z-Richtung stehen, geschrieben (Gl. 3.119):

$$\psi = \sum_{\mu=1}^{N} c_\mu (\mathrm{p}_z)_\mu \tag{3.162}$$

N ist die Zahl der Atome, die jeweils ein p_z-Orbital zum Molekülorbital beitragen. Unter Variation der Atomorbitalkoeffizienten c_μ erhalten wir dann die Säkulargleichungen (Gl. 3.126):

$$\sum_{\nu=1}^{N} \left(H_{\mu\nu}^{\text{eff}} - \varepsilon S_{\mu\nu} \right) c_\nu = 0 \tag{3.163}$$

mit $\mu = 1, 2, 3, \ldots, N$. $H_{\mu\nu}^{\text{eff}}$ ist das Matrixelement des Operators $\widehat{H}^{\text{eff}}$ und $S_{\mu\nu}$ das Überlappungsintegral; diese Größen werden aus den Atomorbitalen $(\mathrm{p}_z)_\mu$ und $(\mathrm{p}_z)_\nu$ gebildet. Jetzt setzt man

$$H_{\mu\nu}^{\text{eff}} = \alpha \qquad \text{für } \mu = \nu \tag{3.164}$$

$$H_{\mu\nu}^{\text{eff}} = \beta \qquad \text{für } \mu \neq \nu \text{ (nur benachbarte Atome)} \tag{3.165}$$

$$H_{\mu\nu}^{\text{eff}} = 0 \qquad \text{für } \mu \neq \nu \text{ (nicht benachbarte Atome)} \tag{3.166}$$

$$S_{\mu\nu} = 1 \qquad \text{für } \mu = \nu \tag{3.167}$$

$$S_{\mu\nu} = 0 \qquad \text{für } \mu \neq \nu \tag{3.168}$$

Die letzte Näherung ist eigentlich gar nicht zulässig, denn wenn das Überlappungsintegral verschwindet, gibt es auch keine chemische Bindung. Damit die Säkulargleichungen sinnvolle Lösungen haben, muss die Säkulardeterminante verschwinden. Im Fall des Benzols gilt:

$$\begin{vmatrix} \alpha - \varepsilon & \beta & 0 & 0 & 0 & \beta \\ \beta & \alpha - \varepsilon & \beta & 0 & 0 & 0 \\ 0 & \beta & \alpha - \varepsilon & \beta & 0 & 0 \\ 0 & 0 & \beta & \alpha - \varepsilon & \beta & 0 \\ 0 & 0 & 0 & \beta & \alpha - \varepsilon & \beta \\ \beta & 0 & 0 & 0 & \beta & \alpha - \varepsilon \end{vmatrix} = 0$$

Bestimmt man die möglichen Werte für ε und setzt diese Lösungen nacheinander in die Säkulargleichungen zur Bestimmung der Atomorbital-Koeffizienten ein, erhält man folgende Aufstellung der π-MO-Energien und π-MO-Linearkombinationen:

$$\varepsilon_1 = \alpha + 2\beta$$

$$\psi_1 = A_1\left[(\mathrm{p}_z)_1 + (\mathrm{p}_z)_2 + (\mathrm{p}_z)_3 + (\mathrm{p}_z)_4 + (\mathrm{p}_z)_5 + (\mathrm{p}_z)_6\right]$$

$$\varepsilon_2 = \alpha + \beta$$

$$\psi_2 = A_2\left[(\mathrm{p}_z)_2 + (\mathrm{p}_z)_3 - (\mathrm{p}_z)_5 - (\mathrm{p}_z)_6\right]$$

$$\varepsilon_3 = \alpha + \beta$$

$$\psi_3 = A_3\left[2(\mathrm{p}_z)_1 + (\mathrm{p}_z)_2 - (\mathrm{p}_z)_3 - 2(\mathrm{p}_z)_4 - (\mathrm{p}_z)_5 + (\mathrm{p}_z)_6\right]$$

$$\varepsilon_4 = \alpha - \beta$$

$$\psi_4 = A_4\left[2(\mathrm{p}_z)_1 - (\mathrm{p}_z)_2 - (\mathrm{p}_z)_3 + 2(\mathrm{p}_z)_4 - (\mathrm{p}_z)_5 - (\mathrm{p}_z)_6\right]$$

$$\varepsilon_5 = \alpha - \beta$$

$$\psi_5 = A_5\left[(\mathrm{p}_z)_2 - (\mathrm{p}_z)_3 + (\mathrm{p}_z)_5 - (\mathrm{p}_z)_6\right]$$

$$\varepsilon_6 = \alpha - 2\beta$$

$$\psi_6 = A_6\left[(\mathrm{p}_z)_1 - (\mathrm{p}_z)_2 + (\mathrm{p}_z)_3 - (\mathrm{p}_z)_4 + (\mathrm{p}_z)_5 - (\mathrm{p}_z)_6\right]$$

A_i ($i = 1, \ldots, 6$) sind Normierungsfaktoren. Aus den 6 p_z-Atomorbitalen des Benzols wurden somit 6 π-Molekülorbitale gewonnen. Da β negativ ist, liegen die Orbitale ψ_1, ψ_2 und ψ_3 energetisch am niedrigsten und werden paarweise mit Elektronen besetzt. Ein Vergleich mit exakteren HARTREE-FOCK-SCF-Rechnungen zum Benzol (siehe vorausgehendes Beispiel) zeigt, dass die HÜCKEL-Methode sowohl die richtige energetische Reihenfolge als auch sinnvolle Atomorbital-Koeffizienten für die π-Molekülorbitale liefert. Die gesamte π-Bindungsenergie des Benzols beträgt nach der HÜCKEL-Methode somit $2(\varepsilon_1 + \varepsilon_2 + \varepsilon_3) = 6\alpha + 8\beta$. Drei isolierte π-Bindungen haben im HÜCKEL-Modell zusammen eine Energie von $6\alpha + 6\beta$, so dass die Delokalisierung der π-Elektronen im Benzol mit einer Energieerniedrigung um 2β verbunden ist (so genannte Resonanzenergie).

Die beiden Orbitale ψ_2 und ψ_3 bezeichnet man auch als HOMO (highest occupied molecular orbital, höchstes besetztes MO), die Orbitale ψ_4 und ψ_5 als LUMO (lowest unoccupied molecular orbital, niedrigstes unbesetztes MO). HOMO und LUMO eines Moleküls bilden die Grenzorbitale (frontier orbitals), die meist für die spektroskopischen und chemischen Eigenschaften des Moleküls verantwortlich sind.

Das HÜCKEL-Modell ist auch nützlich, um die Energieniveaus in einem Festkörper zu verstehen. Man kann sich diesen als ein riesiges Molekül mit mehr oder weniger freien Elektronen vorstellen. Das Modell führt zu Energiebändern, die durch Bandlücken voneinander getrennt sind, in denen keine Quantenzustände erlaubt sind. Jedes dieser Energiebänder enthält ebenso viele Energieniveaus, wie Atome in dem als

Riesenmolekül anzusehenden Festkörper vorliegen. Die Energieniveaus liegen in den Energiebändern in Anbetracht der großen Zahl an Orbitalen so dicht zusammen, dass man von quasi-kontinuierlichen Energiebändern sprechen kann. Ihre Besetzung erfolgt wieder nach dem PAULI-Prinzip. Liegen nur voll besetzte Energiebänder vor und gibt es eine Lücke zum nächsten energetisch höher liegenden unbesetzten Energieband, ist der Festkörper ein Isolator (z. B. Diamant) oder, falls die Lücke nur einige $k_B T$ groß ist, ein Halbleiter (z. B. Si und Ge). Tatsächlich müssen jedoch die Kristallstrukturen in die Berechnung der Energiebänder eingehen. Hierfür gibt es in der Festkörperphysik Verfahren, deren Behandlung hier allerdings zu weit führen würde.

3.6 Photoelektronenspektroskopie

Mit Hilfe der Photoelektronenspektroskopie ist es möglich, Atom- und Molekülorbitalenergien zu messen. Grundlage der Photoelektronenspektroskopie ist der photoelektrische Effekt. Bestrahlt man ein Metall mit elektromagnetischer Strahlung der Frequenz ν, dann werden Elektronen aus dem Metall freigesetzt, wenn die Energie $h\nu$ der Strahlung größer als die so genannte Austrittsarbeit des Metalls ist (Gl. 3.3). Wenn man statt eines Metalls Atome oder Moleküle in der Gasphase untersucht, dann tritt an die Stelle der Austrittsarbeit die Ionisierungsenergie. Die Strahlungsenergie $h\nu$ teilt sich dann in die Ionisierungsenergie und die kinetische Energie eines Photoelektrons auf:

$$h\nu = I_i + \frac{1}{2}m_e v^2 \qquad (3.169)$$

In dieser Gleichung ist I_i die Ionisierungsenergie, um ein Elektron im Orbital ψ_i freizusetzen, m_e und v sind die Masse und die Geschwindigkeit des freigesetzten Elektrons. In der Praxis verwendet man monochromatische Strahlung und detektiert die kinetischen Energien der Photoelektronen, die anschließend in Ionisierungsenergien umgerechnet werden. Zur Freisetzung von Valenzelektronen braucht man UV-Licht, das mit He- oder Ne-Gasentladungslampen erzeugt werden kann. Man spricht dann von UV-Photoelektronenspektroskopie oder kurz UPS. Rumpfelektronen, d. h. Elektronen, die sich nahe an den Atomkernen aufhalten, können nur mit energiereicher RÖNTGEN-Strahlung aus einem Atom oder Molekül entfernt werden. In diesem Fall kommt die XPS (X-ray photoelectron spectroscopy) zum Einsatz. Sowohl UPS als auch XPS wird heutzutage auch unter Verwendung von Synchrotronstrahlung durchgeführt. Die Photoelektronen durchfliegen nach ihrer Freisetzung einen gekrümmten Raum, dessen Wände elektrisch geladen sind. Nur diejenigen Elektronen können den Raum passieren und am Ende von einem Detektor registriert werden, deren Flugbahn genau in der Mitte des Raumes verläuft. Aus der Ladung der Wände bzw. der elektrischen Feldstärke im Raum kann dann die kinetische Energie der detektierten Photoelektronen ermittelt werden. In Abbildung 3.15 ist der Aufbau eines Photoelektronenspektrometers schematisch dargestellt.

Das KOOPMANSsche Theorem verknüpft eine gemessene Ionisierungsenergie mit einer Atom- oder Molekülorbitalenergie: $I_i = -\varepsilon_i$. Dieses Theorem ist jedoch nur eine Näherung, denn wenn ein Elektron ein Atom oder ein Molekül verlässt, dann werden sich die verbleibenden Elektronen in gewissem Maße umorganisieren. Die Ionisierungsenergie I_i entspricht dem Prozess M $\rightarrow$ M$^+$ + e$^-$, wobei M$^+$ eine bereits

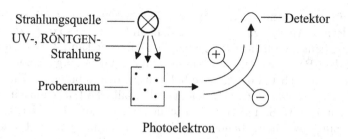

Abbildung 3.15: Prinzipieller Aufbau eines Photoelektronenspektrometers.

umorganisierte Elektronenverteilung aufweist. Die Orbitalenergie ε_i ist dagegen die Energie eines Elektrons innerhalb einer ungestörten, nicht umorganisierten Elektronenverteilung.

4 Statistische Thermodynamik

Die statistische Thermodynamik, in die hier eine kurze Einführung gegeben wird, ist das Bindeglied zwischen der Quantenmechanik und der Thermodynamik. Die Quantenmechanik dient der Beschreibung mikroskopischer Systeme, während man mit der Thermodynamik makroskopische Systemeigenschaften erfasst. Wichtige Größen der Thermodynamik können mit Hilfe der statistischen Thermodynamik direkt aus quantenmechanischen Größen abgeleitet werden. Dies gilt insbesondere für ideale Gase.

4.1 Isolierte Systeme

In einem isolierten System sind die Teilchenzahl N, das Systemvolumen V und die Systemenergie E konstant. Die experimentelle Realisierung eines solchen Systems gelingt z. B. mit einem geschlossenen und möglichst gut wärmeisolierenden Dewargefäß. Die Systemenergie ist die Summe aller Teilchenenergien, wobei ein einzelnes Teilchen verschiedene Quantenzustände j einnehmen kann:

$$E = \sum_{\text{Teilchen}} \varepsilon_j = \text{konst.} \tag{4.1}$$

Es ist zu beachten, dass Quantenzustände entartet sein können, d. h., dass sie den gleichen Energieeigenwert haben (Abb. 4.1a).

Die Festlegung aller Teilchen-Quantenzustände führt zu einem System-Quantenzustand, den man auch Mikrozustand nennt. Die Mikrozustände eines isolierten Systems, für die Gleichung 4.1 erfüllt sein muss, bilden ein mikrokanonisches Ensemble (Gesamtheit). Bezeichnet man die Zahl der Mikrozustände im mikrokanonischen Ensemble mit Ω, dann besitzt jeder einzelne Mikrozustand die Wahrscheinlichkeit $1/\Omega$ (sog. Postulat der gleichen A-priori-Wahrscheinlichkeit).

Jeder Mikrozustand eines mikrokanonischen Ensembles lässt sich einer Verteilung $\{N_0, N_1, N_2, \ldots\}$ zuordnen. Eine solche Verteilung gibt an, dass N_0 Teilchen im Quantenzustand $j = 0$, N_1 Teilchen im Quantenzustand $j = 1$, N_2 Teilchen im Quantenzustand $j = 2$ u. s. w. sind. Man kann sich leicht davon überzeugen, dass einige Verteilungen durch sehr viele Mikrozustände realisiert werden können, während andere nur aus einem einzigen Mikrozustand resultieren (Tab. 4.1). Die Zahl der Realisierungsmöglichkeiten für eine bestimmte Verteilung ist durch folgende Gleichung gegeben:

$$W = \frac{N!}{N_0! N_1! N_2! \ldots} \tag{4.2}$$

Mikrozustände eines isolierten Systems müssen die beiden folgenden Nebenbedingungen erfüllen:

$$N = \sum_j N_j \tag{4.3}$$

$$E = \sum_j N_j \varepsilon_j \tag{4.4}$$

Tabelle 4.1: Beispiele möglicher Verteilungen der Energie $E = 6a$ eines isolierten Systems auf $N = 6$ Teilchen. a sei der Abstand der Energieniveaus eines Teilchens. W gibt die Zahl der Realisierungsmöglichkeiten für die jeweilige Verteilung an.

j	ε_j	N_j		
0	0		5	3
1	a	6		1
2	$2a$			1
3	$3a$			1
4	$4a$			
5	$5a$			
6	$6a$	1		
W		1	6	120

Wir suchen nun nach derjenigen Verteilung, für die es die größte Zahl an Realisierungsmöglichkeiten gibt, die also die größte Wahrscheinlichkeit besitzt. Zur Ermittlung des Maximums der Funktion $W(N_0, N_1, N_2, \ldots)$ muss das totale Differential von W gebildet und gleich null gesetzt werden: $dW = 0$. Wie wir weiter unten sehen werden, kommt es in der statistischen Thermodynamik jedoch nicht auf W, sondern auf $\ln W$ an. Daher bildet man

$$\mathrm{d}\ln W = \sum_j \frac{\partial \ln W}{\partial N_j} \mathrm{d}N_j = 0 \tag{4.5}$$

Zudem müssen die beiden Nebenbedingungen für N und E berücksichtigt werden:

$$\mathrm{d}N = \sum_j \mathrm{d}N_j = 0 \tag{4.6}$$

$$\mathrm{d}E = \sum_j \varepsilon_j \mathrm{d}N_j = 0 \tag{4.7}$$

Zur Lösung dieses Problems wendet man das LAGRANGEsche Verfahren an. Hierfür werden die beiden Nebenbedingungen mit den zunächst unbestimmten Größen α und β multipliziert und von Gleichung 4.5 subtrahiert:

$$\sum_j \frac{\partial \ln W}{\partial N_j} \mathrm{d}N_j - \alpha \sum_j \mathrm{d}N_j - \beta \sum_j \varepsilon_j \mathrm{d}N_j = 0 \tag{4.8}$$

Hieraus folgt für jedes j:

$$\frac{\partial \ln W}{\partial N_j} - \alpha - \beta \varepsilon_j = 0 \tag{4.9}$$

Unter Berücksichtigung von Gleichung 4.2 und der STIRLING-Formel[5] folgt nach we-

---

[5] $\ln x! \approx x \ln x - x$

nigen Umformungen:

$$\frac{\partial \ln W}{\partial N_j} = -\frac{\partial \ln(N_j!)}{\partial N_j} = -\ln N_j \qquad (4.10)$$

Dieser Ausdruck wird in Gleichung 4.9 eingesetzt:

$$-\ln N_j - \alpha - \beta\varepsilon_j = 0$$

$$\exp(-\alpha)\exp(-\beta\varepsilon_j) = N_j \qquad (4.11)$$

Den Faktor $\exp(-\alpha)$ erhält man aus

$$N = \sum_j N_j = \exp(-\alpha)\sum_j \exp(-\beta\varepsilon_j) \qquad (4.12)$$

Durch einen Vergleich thermodynamischer Größen mit Ergebnissen der statistischen Thermodynamik, der hier nicht durchgeführt werden soll, findet man $\beta = 1/(k_B T)$. k_B ist die BOLTZMANN-Konstante und T ist die absolute Temperatur.

Division von Gleichung 4.11 durch Gleichung 4.12 führt zur so genannten BOLTZMANN-Verteilung für die wahrscheinlichste Besetzungszahl N_j eines Quantenzustandes j:

$$\frac{N_j}{N} = \frac{\exp(-\varepsilon_j/k_B T)}{\sum_j \exp(-\varepsilon_j/k_B T)} \qquad (4.13)$$

Wird nicht über die Quantenzustände j eines Teilchens, sondern über die Energieniveaus i summiert, die g_i-fach entartet sind (Abb. 4.1b), dann erhält man

$$\frac{N_i}{N} = \frac{g_i \exp(-\varepsilon_i/k_B T)}{\sum_i g_i \exp(-\varepsilon_i/k_B T)} \qquad (4.14)$$

Der Term $\exp(-\varepsilon_i/k_B T)$ heißt BOLTZMANN-Faktor. Die Summe im Nenner der BOLTZMANN-Verteilung heißt Molekülzustandssumme:

$$z = \sum_j \exp(-\varepsilon_j/k_B T) = \sum_i g_i \exp(-\varepsilon_i/k_B T) \qquad (4.15)$$

Die Molekülzustandssumme gibt an, wie viele Zustände einem Molekül bei einer gegebenen Temperatur T thermisch zugänglich sind. Für $T = 0$ gilt $z = g_0$, wenn $i = 0$ der Grundzustand mit $\varepsilon_0 = 0$ ist, d. h., die Molekülzustandssumme entspricht dem Entartungsgrad im Grundzustand. Für $T \to \infty$ ist $z = \sum_i g_i$, d. h., das Molekül kann in allen Zuständen existieren.

4.2 Geschlossene Systeme

In einem geschlossenen System sind die Teilchenzahl N, das Systemvolumen V und die Temperatur T konstant. Die experimentelle Realisierung eines solchen Systems gelingt z. B. mit einem geschlossenen, möglichst gut wärmeleitenden Metallbehälter. Im Gegensatz zu einem isolierten System kann die Energie eines geschlossenen

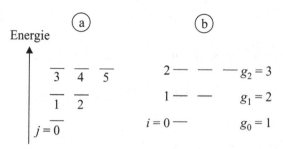

Abbildung 4.1: Mögliche Quantenzustände eines Teilchens. a: Der Index j kennzeichnet einen bestimmten Quantenzustand. b: Der Index i kennzeichnet ein bestimmtes Energieniveau. Der Entartungsgrad g_i ist die Zahl der Quantenzustände der Energie ε_i.

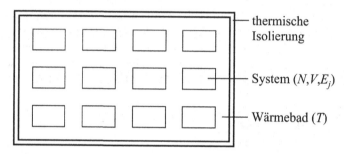

Abbildung 4.2: n Kopien eines geschlossenen Systems stehen über ein Wärmebad der Temperatur T miteinander in thermischem Gleichgewicht. Jede Kopie hat die gleiche Teilchenzahl N und das gleiche Volumen V. Eine Systemkopie kann dagegen in verschiedenen Quantenzuständen j der Energie E_j existieren.

Systems beliebige Werte annehmen. Die Teilchen können daher in beliebigen Quantenzuständen existieren. Die hieraus resultierenden System-Quantenzustände, d. h. Mikrozustände, bilden ein kanonisches Ensemble (Gesamtheit).

Während eines genügend langen Zeitraums wird ein geschlossenes System alle möglichen Mikrozustände durchlaufen. Thermodynamische Größen des Systems, wie die mittlere Energie, sind somit Mittelwerte über zeitlich fluktuierende Größen. GIBBS hat postuliert, dass Zeitmittelwerte als Ensemblemittelwerte berechnet werden können (Ergodenhypothese). Hierfür stellt man sich n Kopien des geschlossenen Systems vor, die miteinander in thermischem Kontakt stehen. Die n Kopien sollen zur Umgebung hin isoliert sein und eine konstante Gesamtenergie E_{Ensemble} haben (Abb. 4.2). Jede Systemkopie kann in verschiedenen Quantenzuständen (Mikrozuständen) j existieren. Bezeichnet man die Zahl der Kopien im Quantenzustand j mit n_j, dann gibt es

$$W = \frac{n!}{n_0! n_1! n_2! \ldots} \tag{4.16}$$

Realisierungsmöglichkeiten für die Verteilung $\{n_0, n_1, n_2, \ldots\}$. Für die Gesamtzahl n

und die Gesamtenergie E_{Ensemble} der Kopien gelten die folgenden Nebenbedingungen:

$$n = \sum_j n_j \tag{4.17}$$

$$E_{\text{Ensemble}} = \sum_j n_j E_j \tag{4.18}$$

Die Ermittlung des Maximums von $\ln W$ führt zu den mit größter Wahrscheinlichkeit realisierten Besetzungszahlen n_j. Die Wahrscheinlichkeit, dass sich das System im Zustand j befindet, ist dann durch n_j/n gegeben. Die Gleichungen 4.16 bis 4.18 sind völlig analog zu den Gleichungen 4.2 bis 4.4. Daher erhalten wir wieder eine BOLTZMANN-Verteilung:

$$\frac{n_j}{n} = \frac{\exp(-E_j/\mathrm{k_B}T)}{\sum_j \exp(-E_j/\mathrm{k_B}T)} \tag{4.19}$$

Zählen wir nicht die Quantenzustände j, sondern die Energieniveaus i des Systems, die Ω_i-fach entartet sind (im vorangehenden Abschnitt hatten wir die Zahl der Mikrozustände eines isolierten Systems mit Ω bezeichnet), dann erhalten wir die BOLTZMANN-Verteilung in der Form

$$\frac{n_i}{n} = \frac{\Omega_i \exp(-E_i/\mathrm{k_B}T)}{\sum_i \Omega_i \exp(-E_i/\mathrm{k_B}T)} \tag{4.20}$$

Ein geschlossenes System mit Teilchenzahl N, Systemvolumen V und Temperatur T hat mit der Wahrscheinlichkeit n_i/n die Systemenergie E_i. Die Summe im Nenner dieser BOLTZMANN-Verteilung nennt man Systemzustandssumme:

$$Z = \sum_j \exp(-E_j/\mathrm{k_B}T) = \sum_i \Omega_i \exp(-E_i/\mathrm{k_B}T) \tag{4.21}$$

Die Systemzustandssumme Z kann man auf die Molekülzustandssumme z (Gl. 4.15) zurückführen. Wenn die N Teilchen des Systems unterscheidbar sind, gilt:

$$Z = z^N \tag{4.22}$$

Beispielsweise lassen sich die Teilchen in einem Kristall durch ihre unterschiedlichen festen Gitterplätze voneinander unterscheiden. Wenn in einem Kristall Teilchen 1 in Quantenzustand a und Teilchen 2 in Quantenzustand b ist, dann führt eine Vertauschung dieser Teilchen zu einem anderen Mikrozustand des Systems. Für ununterscheidbare Teilchen, wie Gasteilchen, gilt hingegen:

$$Z = \frac{z^N}{N!} \tag{4.23}$$

Der Korrekturfaktor $1/N!$ berücksichtigt, dass eine Vertauschung zweier Teilchen zu keinem neuen Mikrozustand des Systems führt.

4.2.1 Thermodynamische Größen geschlossener Systeme

Thermodynamische Größen geschlossener Systeme lassen sich aus der Systemzustandssumme Z berechnen. Die innere Energie U eines geschlossenen Systems ist
der Ensemblemittelwert der fluktuierenden Systemenergien E_j. Jede Energie E_j muss
mit der Wahrscheinlichkeit n_j/n (Gl. 4.19) gewichtet werden:

$$U \;=\; \sum_j \frac{n_j}{n} E_j$$

$$ \;=\; \frac{1}{Z} \sum_j E_j \exp(-E_j/k_B T) \tag{4.24}$$

Z ist die Systemzustandssumme nach Gleichung 4.21. Mit Hilfe der Nebenrechnung

$$\left(\frac{\partial Z}{\partial T}\right)_{N,V} = \sum_j \exp(-E_j/k_B T)\frac{E_j}{k_B T^2} \tag{4.25}$$

folgt für die innere Energie:

$$U \;=\; \frac{1}{Z} k_B T^2 \left(\frac{\partial Z}{\partial T}\right)_{N,V}$$

$$ \;=\; k_B T^2 \left(\frac{\partial \ln Z}{\partial T}\right)_{N,V} \tag{4.26}$$

Die Entropie eines Ensembles von n Systemkopien mit gleichen Teilchenzahlen
und gleichen Volumina kann allgemein wie folgt beschrieben werden:

$$S_{\text{Ensemble}} \;=\; k_B \ln W \tag{4.27}$$

Diese Gleichung wurde von BOLTZMANN aufgestellt und ist wohl die bekannteste
der statistischen Thermodynamik. W ist die Zahl der Realisierungsmöglichkeiten für
eine bestimmte Verteilung $\{n_0, n_1, n_2, \ldots\}$, wobei n_j die Zahl der Systemkopien im
Quantenzustand j angibt. W ist durch Gleichung 4.16 gegeben. Anschaulich lässt sich
die Größe Entropie mit dem Begriff der Unordnung in Beziehung bringen: Wenn sich
alle n Systemkopien des Ensembles in demselben Quantenzustand befinden, sagen wir
$j = 0$, dann ist $n_0 = n$ und $n_1 = n_2 = \ldots = 0$, was einen vollständig geordneten
Zustand des Ensembles darstellt. Hieraus folgt $W = 1$, der kleinste mögliche Wert,
und somit $S = 0$. Andererseits sind die Besetzungszahlen n_j der Quantenzutände j
in einem vollständig ungeordneten Zustand des Ensembles alle gleich groß. W und
damit auch S nimmt dann einen Maximalwert an.

Substituiert man W nach Gleichung 4.16 und benutzt die STIRLING-Formel[5],
dann kann man schreiben:

$$S_{\text{Ensemble}} \;=\; k_B \left(n \ln n - n - \sum_j [n_j \ln n_j - n_j] \right)$$

$$= \mathrm{k_B} \left(n \ln n - \sum_j n_j \ln n_j \right)$$

$$= \mathrm{k_B} n \left(\ln n - \sum_j \frac{n_j}{n} \left[\ln \frac{n_j}{n} + \ln n \right] \right)$$

$$= -\mathrm{k_B} n \sum_j \frac{n_j}{n} \ln \frac{n_j}{n} \tag{4.28}$$

Die Entropie eines Systems ist S_{Ensemble}/n:

$$S = -\mathrm{k_B} \sum_j \frac{n_j}{n} \ln \frac{n_j}{n} \tag{4.29}$$

Wir haben nun die BOLTZMANN-Gleichung 4.27 so umgeformt, dass wir die Entropie eines Systems aus den Wahrscheinlichkeiten n_j/n berechnen können. n_j/n gibt die Wahrscheinlichkeit an, dass das System im Quantenzustand j ist. Man kann sich n_j/n auch als den Bruchteil der Zeit vorstellen, den das System im Zustand j zubringt. Da $n_j/n \le 1$ ist, folgt $S \ge 0$. Bei $T = 0$ K erwartet man, dass sich das System im Grundzustand befindet. Es ist also $n_0/n = 1$ und $n_1/n = n_2/n = \ldots = 0$, so dass $S = 0$ folgt. Damit haben wir den dritten Hauptsatz der Thermodynamik (Gl. 2.85) mit Hilfe der statistischen Thermodynamik begründet.

Wir können zunächst die Entropie eines isolierten Systems berechnen. In isolierten Systemen gibt es Ω Mikrozustände ($j = 1, \ldots, \Omega$), die jeweils die Wahrscheinlichkeit $n_j/n = 1/\Omega$ haben. Dann gilt:

$$S = -\mathrm{k_B} \sum_{j=1}^{\Omega} \frac{1}{\Omega} \ln \frac{1}{\Omega} = \mathrm{k_B} \ln \Omega \tag{4.30}$$

Es gibt Kristalle, für die der dritte Hauptsatz der Thermodynamik scheinbar nicht erfüllt ist. So findet man z. B. für Kristalle des CO eine Nullpunktsentropie von 4,6 J K^{-1}mol^{-1}, die jedoch wie folgt erklärt werden kann: Beim Abkühlen eines CO-Kristalls auf $T = 0$ K wird kein völlig geordneter Zustand mit parallel ausgerichteten Dipolen erreicht, da die Rotation der CO-Moleküle eingefroren wird. Nimmt man zwei mögliche Orientierungen eines CO-Dipols bei $T = 0$ K an (parallel und antiparallel), dann gibt es für ein System aus N Molekülen $\Omega = 2^N$ Mikrozustände mit einer Entropie von $S = N\mathrm{k_B} \ln 2$ bzw. $S_\mathrm{m} = 5,76$ J K^{-1}mol^{-1}, die die beobachtete Nullpunktsentropie recht gut erklärt.

Im Fall geschlossener Systeme ist die Wahrscheinlichkeit n_j/n durch die BOLTZMANN-Verteilung (Gl. 4.19) gegeben:

$$S = -\mathrm{k_B} \sum_j \frac{\exp(-E_j/\mathrm{k_B}T)}{Z} \ln \frac{\exp(-E_j/\mathrm{k_B}T)}{Z}$$

$$= -\mathrm{k_B} \sum_j \frac{\exp(-E_j/\mathrm{k_B}T)}{Z} (-E_j/\mathrm{k_B}T - \ln Z)$$

$$= \frac{1}{T} \sum_j \frac{E_j \exp(-E_j/k_B T)}{Z} + k_B \ln Z \sum_j \frac{\exp(-E_j/k_B T)}{Z}$$

$$= \underbrace{k_B T \left(\frac{\partial \ln Z}{\partial T} \right)_{N,V}}_{=\,U/T} + k_B \ln Z \tag{4.31}$$

Im letzten Schritt dieser Umformung wurde wieder die Nebenrechnung 4.25 benutzt.

Wir können nun alle anderen thermodynamischen Größen eines geschlossenen Systems in Abhängigkeit der Systemzustandssumme Z angeben:

$$A = U - TS = -k_B T \ln Z \tag{4.32}$$

$$p = -\left(\frac{\partial A}{\partial V} \right)_{N,T} = k_B T \left(\frac{\partial \ln Z}{\partial V} \right)_{N,T} \tag{4.33}$$

$$\mu = \left(\frac{\partial A}{\partial n} \right)_{V,T} = -RT \left(\frac{\partial \ln Z}{\partial N} \right)_{V,T} \tag{4.34}$$

$$H = U + pV$$

$$= k_B T \left\{ T \left(\frac{\partial \ln Z}{\partial T} \right)_{N,V} + V \left(\frac{\partial \ln Z}{\partial V} \right)_{N,T} \right\} \tag{4.35}$$

$$G = A + pV$$

$$= k_B T \left\{ -\ln Z + V \left(\frac{\partial \ln Z}{\partial V} \right)_{N,T} \right\} \tag{4.36}$$

Alle so berechneten Größen stellen Ensemblemittelwerte dar. Die Fluktuationen um diese Mittelwerte sind i. d. R. sehr klein. (Ausnahme: Am kritischen Punkt des Flüssigkeit/Gas-Zweiphasengebiets werden die Fluktuationen der Teilchenzahldichte sehr groß, so dass sie sich durch starke Lichtstreuung (Opaleszenz) bemerkbar machen.) Messgeräte zeigen meist direkt diese Mittelwerte als Zeitmittelwerte an, da die Zeitskala der Messungen im Vergleich zu der der Fluktuationen langsam ist.

4.3 Offene Systeme

Dieser Abschnitt gibt eine kurze Einführung in die statistische Beschreibung offener Systeme; er mag beim ersten Lesen übersprungen werden.

In einem offenen System sind das chemische Potenzial μ der Teilchen, das Systemvolumen V und die Temperatur T konstant. Die Energie und die Teilchenzahl des Systems können dagegen zeitlich fluktuieren. Dies entspricht einem offenen, gut wärmeleitenden Behälter. Ein Mikrozustand eines offenen Systems wird zunächst durch die Teilchenzahl N bestimmt. Zu jedem Wert von N gibt es einen Satz von System-Quantenzuständen j mit den Systemenergien E_{Nj}. Die Mikrozustände eines offenen Systems bilden ein großkanonisches Ensemble (Gesamtheit).

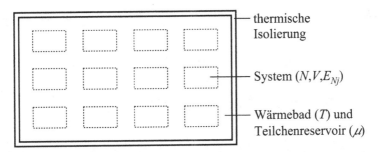

Abbildung 4.3: n Kopien eines offenen Systems stehen über ein Wärmebad der Temperatur T miteinander in thermischem Gleichgewicht und über ein Teilchenreservoir mit dem chemischen Potenzial μ miteinander in chemischem Gleichgewicht. Jede Kopie hat das gleiche Volumen V. Dagegen sind die Teilchenzahl N und die Energie E_{Nj} variabel.

Wie im Fall eines geschlossenen Systems berechnet man Zeitmittelwerte eines offenen Systems als Ensemblemittelwerte. Das Ensemble besteht hier aus n Systemkopien mit der Gesamtenergie E_{Ensemble} und der Gesamtteilchenzahl N_{Ensemble}, wie es in Abbildung 4.3 dargestellt ist. n_{Nj} soll die Zahl derjenigen Systemkopien im Ensemble sein, die aus N Teilchen bestehen und sich im System-Quantenzustand j befinden. Die Zahl der Realisierungsmöglichkeiten für eine bestimmte Verteilung $\{n_{10}, n_{11}, n_{12}, \ldots, n_{20}, n_{21}, n_{22}, \ldots\}$ beträgt

$$W = \frac{n!}{\prod_N n_{N0}! n_{N1}! n_{N2}! \ldots} \tag{4.37}$$

mit den drei Nebenbedingungen

$$n = \sum_N \sum_j n_{Nj} \tag{4.38}$$

$$E_{\text{Ensemble}} = \sum_N \sum_j n_{Nj} E_{Nj} \tag{4.39}$$

$$N_{\text{Ensemble}} = \sum_N \sum_j n_{Nj} N \tag{4.40}$$

Ermittelt man das Maximum von W, erhält man die Wahrscheinlichkeit dafür, dass das offene System aus N Teilchen besteht und den System-Quantenzustand j besetzt. Man findet:

$$\frac{n_{Nj}}{n} = \frac{\exp(-E_{Nj}/k_\mathrm{B}T)\exp(\mu N/k_\mathrm{B}T)}{\sum_N \sum_j \exp(-E_{Nj}/k_\mathrm{B}T)\exp(\mu N/k_\mathrm{B}T)} \tag{4.41}$$

Die Wahrscheinlichkeit, dass das offene System aus N Teilchen besteht und die Energie E_{Ni} besitzt, ist dann

$$\frac{n_{Ni}}{n} = \frac{\Omega_{Ni}\exp(-E_{Ni}/k_\mathrm{B}T)\exp(\mu N/k_\mathrm{B}T)}{\sum_N \sum_i \Omega_{Ni}\exp(-E_{Ni}/k_\mathrm{B}T)\exp(\mu N/k_\mathrm{B}T)} \tag{4.42}$$

mit Ω_{Ni} als Entartungsgrad der Energie i eines N-Teilchensystems. Der Nenner dieser Verteilungsfunktionen heißt großkanonische Zustandssumme:

$$\Xi = \sum_N \sum_j \exp(-E_{Nj}/k_B T)\exp(\mu N/k_B T)$$

$$= \sum_N \sum_i \Omega_{Ni} \exp(-E_{Ni}/k_B T)\exp(\mu N/k_B T) \qquad (4.43)$$

Die großkanonische Zustandssumme kann aus der kanonischen Systemzustandssumme, die von N abhängig ist, abgeleitet werden:

$$\Xi = \sum_N Z \exp(\mu N/k_B T) \qquad (4.44)$$

4.3.1 Thermodynamische Größen offener Systeme

Die mittlere Teilchenzahl eines offenen Systems mit chemischem Potenzial μ, Volumen V und Temperatur T berechnet sich mit Hilfe der Verteilungsfunktion 4.41 zu

$$\langle N \rangle = \sum_N \sum_j \frac{n_{Nj}}{n} N$$

$$= \frac{1}{\Xi} \sum_N \sum_j N \exp(-E_{Nj}/k_B T)\exp(\mu N/k_B T) \qquad (4.45)$$

Ξ ist die großkanonische Zustandssumme (Gl. 4.43). Wir machen die Nebenrechnung

$$\left(\frac{\partial \Xi}{\partial \mu}\right)_{V,T} = \sum_N \sum_j \exp(-E_{Nj}/k_B T)\exp(\mu N/k_B T)\frac{N}{k_B T} \qquad (4.46)$$

und schreiben dann

$$\langle N \rangle = \frac{1}{\Xi} k_B T \left(\frac{\partial \Xi}{\partial \mu}\right)_{V,T}$$

$$= k_B T \left(\frac{\partial \ln \Xi}{\partial \mu}\right)_{V,T} \qquad (4.47)$$

Die innere Energie U eines offenen Systems lässt sich wie $\langle N \rangle$ aus der großkanonischen Zustandssumme berechnen:

$$U = \sum_N \sum_j \frac{n_{Nj}}{n} E_{Nj}$$

$$= \frac{1}{\Xi} \sum_N \sum_j E_{Nj} \exp(-E_{Nj}/k_B T)\exp(\mu N/k_B T) \qquad (4.48)$$

Mit der Nebenrechnung

$$\left(\frac{\partial \Xi}{\partial T}\right)_{\mu,V} = \sum_N \sum_j \exp(-E_{Nj}/k_B T) \exp(\mu N/k_B T)\frac{E_{Nj}}{k_B T^2}$$

$$- \sum_N \sum_j \exp(-E_{Nj}/k_B T) \exp(\mu N/k_B T)\frac{\mu N}{k_B T^2}$$

$$= \frac{\Xi U}{k_B T^2} - \frac{\mu}{T}\left(\frac{\partial \Xi}{\partial \mu}\right)_{V,T} \tag{4.49}$$

folgt für die innere Energie:

$$U = k_B T\left\{T\left(\frac{\partial \ln \Xi}{\partial T}\right)_{\mu,V} + \mu\left(\frac{\partial \ln \Xi}{\partial \mu}\right)_{V,T}\right\} \tag{4.50}$$

Die Entropie eines offenen Systems kann mit Hilfe von Gleichung 4.29 berechnet werden, wobei diesmal auch über alle Teilchenzahlen N summiert werden muss:

$$S = -k_B \sum_N \sum_j \frac{n_{Nj}}{n} \ln \frac{n_{Nj}}{n} \tag{4.51}$$

Die Wahrscheinlichkeit n_{Nj}/n ist durch die Verteilung 4.41 gegeben. Daraus folgt:

$$S = -k_B \sum_N \sum_j \frac{\exp(-E_{Nj}/k_B T) \exp(\mu N/k_B T)}{\Xi}$$

$$\cdot \left(-\frac{E_{Nj}}{k_B T} + \frac{\mu N}{k_B T} - \ln \Xi\right)$$

$$= \frac{k_B T}{\Xi} \sum_N \sum_j \exp(-E_{Nj}/k_B T) \exp(\mu N/k_B T)$$

$$\cdot \left(\frac{E_{Nj}}{k_B T^2} - \frac{\mu N}{k_B T^2} + \frac{\ln \Xi}{T}\right)$$

$$= k_B T\left(\frac{\partial \ln \Xi}{\partial T}\right)_{\mu,V} + k_B \ln \Xi \tag{4.52}$$

Im letzten Schritt dieser Umformung wurde die Nebenrechnung 4.49 verwendet. Die HELMHOLTZ-Energie $A = U - TS$ und die GIBBS-Energie $G = \langle N\rangle \mu$ lauten als Funktion der großkanonischen Zustandssumme Ξ:

$$A = k_B T\left\{\mu\left(\frac{\partial \ln \Xi}{\partial \mu}\right)_{V,T} - \ln \Xi\right\} \tag{4.53}$$

$$G = k_B T \mu\left(\frac{\partial \ln \Xi}{\partial \mu}\right)_{V,T} \tag{4.54}$$

Ein besonders einfacher Zusammenhang mit Ξ ergibt sich für das Produkt $pV = G - A$:

$$pV = k_B T \ln \Xi \tag{4.55}$$

Dieser Ausdruck ist für die statistische Behandlung realer Gase nützlich.

In den folgenden Kapiteln behandeln wir nur einfache Systeme, wie nichtwechselwirkende Teilchen in der Gasphase (ideale Gase und ihre Reaktionen) und ideale Festkörper. In Flüssigkeiten spielen intermolekulare Wechselwirkungen eine große Rolle. Ihre statistisch-thermodynamische Behandlung muss daher auch die Paarverteilungsfunktion der Teilchen (Kap. 1.3.1) einbeziehen. Auf Einzelheiten können wir hier aber nicht eingehen.

4.4 Anwendung: Ideale Gase

Wir betrachten im Folgenden ein ideales Gas, das aus zweiatomigen Molekülen bestehen soll. Die Energie eines Moleküls kann man näherungsweise als Summe der Translations-, Rotations-, Schwingungs- und elektronischen Energie schreiben:

$$E_{\text{Molekül},i} = E_{\text{trans},n_x,n_y,n_z} + E_{\text{rot},J} + E_{\text{vib},v} + E_{\text{el},k} \tag{4.56}$$

Die Molekülzustandssumme z (Gl. 4.15) ist dann ein Produkt aus den Zustandssummen der einzelnen Freiheitsgrade:

$$
\begin{aligned}
z \;=\;& \sum_i g_i \exp(-E_{\text{Molekül},i}/k_B T) \\[6pt]
=\;& \sum_{n_x,n_y,n_z} \sum_J \sum_v \sum_k g_{\text{rot},J}\, g_{\text{el},k} \exp(-[E_{\text{trans},n_x,n_y,n_z} \\[4pt]
& \quad + E_{\text{rot},J} + E_{\text{vib},v} + E_{\text{el},k}]/k_B T) \\[6pt]
=\;& \sum_{n_x,n_y,n_z} \exp(-E_{\text{trans},n_x,n_y,n_z}/k_B T) \\[4pt]
& \cdot \sum_J g_{\text{rot},J} \exp(-E_{\text{rot},J}/k_B T) \cdot \sum_v \exp(-E_{\text{vib},v}/k_B T) \\[4pt]
& \cdot \sum_k g_{\text{el},k} \exp(-E_{\text{el},k}/k_B T) \\[6pt]
=\;& z_{\text{trans}}\, z_{\text{rot}}\, z_{\text{vib}}\, z_{\text{el}}
\end{aligned}
\tag{4.57}
$$

Die dreidimensionale molekulare Translationszustandssumme z_{trans} lässt sich mit Hilfe von Gleichung 3.24 auf die eindimensionale Translationszustandssumme $z_{\text{trans},x}$ zurückführen:

$$z_{\text{trans}} = \sum_{n_x,n_y,n_z} \exp(-E_{\text{trans},n_x,n_y,n_z}/k_B T)$$

$$= \sum_{n_x} \exp(-E_{\mathrm{trans},n_x}/\mathrm{k_B}T) \cdot \sum_{n_y} \exp(-E_{\mathrm{trans},n_y}/\mathrm{k_B}T)$$

$$\cdot \sum_{n_z} \exp(-E_{\mathrm{trans},n_z}/\mathrm{k_B}T)$$

$$= z_{\mathrm{trans},x}^3 \tag{4.58}$$

Diese kann man berechnen, wenn man die Translationsenergie $E_{n_x} = \mathrm{h}^2 n_x^2/8ma^2$ (Gl. 3.23) nach dem Modell des Teilchens im Kasten in die Zustandssumme einsetzt:

$$z_{\mathrm{trans},x} = \sum_{n_x=1}^{\infty} \exp\left(-\frac{\mathrm{h}^2 n_x^2}{8ma^2\mathrm{k_B}T}\right) \tag{4.59}$$

Die Energieniveaus sind im Modell des Teilchens im Kasten nicht entartet, daher gilt $g_{n_x} = 1$. Weil die Exponenten der Translationszustandssumme sehr klein sind, besitzen zwei aufeinanderfolgende Summanden fast den gleichen Wert, so dass die Summation in obiger Gleichung näherungsweise durch eine Integration ersetzt werden darf. Mit der Substitution $\alpha = \mathrm{h}n_x/(a\sqrt{8m\mathrm{k_B}T})$ folgt

$$z_{\mathrm{trans},x} \approx \int_0^{\infty} \exp\left(-\frac{\mathrm{h}^2 n_x^2}{8ma^2\mathrm{k_B}T}\right) \, \mathrm{d}n_x$$

$$= \sqrt{8m\mathrm{k_B}T}\,\frac{a}{\mathrm{h}} \int_0^{\infty} \exp(-\alpha^2) \, \mathrm{d}\alpha$$

$$= \sqrt{2\pi m\mathrm{k_B}T}\,\frac{a}{\mathrm{h}} \tag{4.60}$$

Für den dreidimensionalen Fall gilt:

$$z_{\mathrm{trans}} = (2\pi m\mathrm{k_B}T)^{3/2}\frac{V}{\mathrm{h}^3} = \frac{V}{\Lambda^3} \tag{4.61}$$

Hierbei wurde a^3 als Systemvolumen V geschrieben. Die Abkürzung $\Lambda = \mathrm{h}/\sqrt{2\pi m\mathrm{k_B}T}$ nennt man thermische Wellenlänge.

Zur Berechnung der molekularen Rotationszustandssumme z_{rot} eines zweiatomigen Moleküls wird die Energie des starren Rotators $E_{\mathrm{rot},J} = \hbar^2 J(J+1)/2I$ (Gl. 3.46) in die Zustandssumme eingesetzt:

$$z_{\mathrm{rot}} = \sum_{J=0}^{\infty} (2J+1) \exp\left(-\frac{\hbar^2 J(J+1)}{2I\mathrm{k_B}T}\right) \tag{4.62}$$

Der Vorfaktor $2J+1$ ist der Entartungsgrad $g_{\mathrm{rot},J}$ des Niveaus J. Für höhere Temperaturen kann die Summe in obiger Gleichung wie im Fall der Translation durch ein Integral substituiert werden, das sich leicht lösen lässt, wenn man $\alpha = J(J+1)$ setzt:

$$z_{\mathrm{rot}} \approx \int_0^{\infty} (2J+1) \exp\left(-\frac{\hbar^2 J(J+1)}{2I\mathrm{k_B}T}\right) \, \mathrm{d}J$$

$$= \int\limits_{0}^{\infty} \exp\left(-\frac{\hbar^2 \alpha}{2I k_B T}\right) \, d\alpha$$

$$= \frac{2I k_B T}{\hbar^2} \tag{4.63}$$

Diese Beziehung ist allerdings nur für unsymmetrische Moleküle, wie HCl oder CO, anwendbar. Solche Moleküle können die Rotationsquantenzahlen $J = 0, 1, 2, 3, \ldots$ annehmen. Bei symmetrischen Molekülen, wie H_2 oder D_2, können dagegen entweder nur die Rotationsniveaus mit geradem J oder nur die mit ungeradem J besetzt werden.[6] Näherungsweise gilt in diesem Fall:

$$\sum_{J=0,2,4,\ldots} g_{\mathrm{rot},J} \exp(-E_{\mathrm{rot},J}/k_B T)$$

$$\approx \sum_{J=1,3,5,\ldots} g_{\mathrm{rot},J} \exp(-E_{\mathrm{rot},J}/k_B T)$$

$$\approx \frac{1}{2} \sum_{J=0,1,2,3,\ldots} g_{\mathrm{rot},J} \exp(-E_{\mathrm{rot},J}/k_B T) \tag{4.64}$$

Die Zahl 2 im Nenner nennt man Symmetriezahl σ. Allgemein entspricht die Symmetriezahl der Zahl an ununterscheidbaren Orientierungen, die ein Molekül bei Rotation um seine Symmetrieachsen einnehmen kann. Beispielsweise ist $\sigma = 2$ für H_2 und H_2O, und $\sigma = 3$ für NH_3. Wir schreiben die molekulare Rotationszustandssumme daher als

$$z_{\mathrm{rot}} = \frac{2I k_B T}{\sigma \hbar^2} = \frac{T}{\sigma \theta_{\mathrm{rot}}} \tag{4.65}$$

$\theta_{\mathrm{rot}} = \hbar^2/2I k_B$ ist die so genannte Rotationstemperatur.

Die Energie des harmonischen Oszillators $E_{\mathrm{vib},v} = \hbar\omega(v + \frac{1}{2})$ (Gl. 3.64) wird zur Berechnung der molekularen Schwingungszustandssumme herangezogen:

$$z_{\mathrm{vib}} = \sum_{v=0}^{\infty} \exp\left(-\frac{\hbar\omega(v + \frac{1}{2})}{k_B T}\right) \tag{4.66}$$

Für die Entartungsgrade gilt jeweils $g_v = 1$. Anders als in den Fällen der Translation und der Rotation kann hier die Summation nicht durch eine Integration ersetzt werden, da die Exponenten der Schwingungszustandssumme zu groß sind. Man kann sich jedoch mit folgendem „Trick" behelfen:

$$z_{\mathrm{vib}} \exp\left(-\frac{\hbar\omega}{k_B T}\right) = \sum_{v=0}^{\infty} \exp\left(-\frac{\hbar\omega(v + \frac{1}{2})}{k_B T}\right) \exp\left(-\frac{\hbar\omega}{k_B T}\right)$$

---

[6]Da Protonen Fermionen sind, muss die Gesamtwellenfunktion des H_2 gegenüber einer Vertauschung der Atomkerne antisymmetrisch sein (PAULI-Prinzip). Die Gesamtwellenfunktion ist ein Produkt aus den Wellenfunktionen der Translation, der Rotation, der Schwingung, des Elektronenzustandes und des Kernzustandes. Da die Wellenfunktionen der Translation, der Schwingung und des Elektronengrundzustandes symmetrisch sind, ist die Wellenfunktion der Rotation symmetrisch ($J = 0, 2, 4, \ldots$), wenn die Kernwellenfunktion antisymmetrisch ist, und antisymmetrisch ($J = 1, 3, 5, \ldots$), wenn die Kernwellenfunktion symmetrisch ist.

$$= \sum_{v=0}^{\infty} \exp\left(-\frac{\hbar\omega(v+\frac{3}{2})}{k_B T}\right)$$

$$= \sum_{v=1}^{\infty} \exp\left(-\frac{\hbar\omega(v+\frac{1}{2})}{k_B T}\right) \tag{4.67}$$

Wenn man diesen Ausdruck von der Schwingungszustandssumme z_{vib} (Gl. 4.66) abzieht, fallen alle Summanden mit Ausnahme des ersten für $v = 0$ weg:

$$z_{vib} - z_{vib} \exp\left(-\frac{\hbar\omega}{k_B T}\right) = \exp\left(-\frac{\hbar\omega}{2k_B T}\right)$$

$$z_{vib} = \frac{\exp(-\hbar\omega/2k_B T)}{1 - \exp(-\hbar\omega/k_B T)}$$

$$= \frac{\exp(-\theta_{vib}/2T)}{1 - \exp(-\theta_{vib}/T)} \tag{4.68}$$

mit $\theta_{vib} = \hbar\omega/k_B$ als sog. Schwingungstemperatur. Es ist üblich und für die Berechnung chemischer Gleichgewichtskonstanten (s. u.) sehr hilfreich, die Nullpunktsenergie der Schwingung $\frac{1}{2}\hbar\omega = \frac{1}{2}k_B\theta_{vib}$ als Nullpunktsenergie E_0 des Moleküls zu schreiben und die neue Schwingungszustandssumme z'_{vib} einzuführen:

$$z_{vib} = \frac{\exp(-E_0/k_B T)}{1 - \exp(-\theta_{vib}/T)} = z'_{vib} \exp(-E_0/k_B T) \tag{4.69}$$

wobei $z_{vib} = z'_{vib}$ für $E_0 = 0$ ist.

Schließlich gilt für den Beitrag der Elektronen zur Molekülzustandssumme:

$$z_{el} = \sum_{k} g_{el,k} \exp(-E_{el,k}/k_B T) \tag{4.70}$$

$E_{el,k}$ ist die Energie des elektronischen Niveaus k, $g_{el,k}$ ist der zugehörige Entartungsgrad. Wir wollen hier die Molekülenergie relativ zum elektronischen Grundzustand $k = 0$ angeben und $E_{el,0} = 0$ setzen. Die Energien $E_{el,1}$, $E_{el,2}$, ... der elektronisch angeregten Zustände sind bei den meisten Molekülen viel größer als $k_B T$, so dass die Beiträge dieser Zustände zur elektronischen Molekülzustandssumme i. Allg. vernachlässigt werden können. Man erhält dann:

$$z_{el} \approx g_{el,0} \tag{4.71}$$

Damit ist die Zustandssumme eines zweiatomigen Moleküls eines idealen Gases bestimmt (vgl. Gl. 4.57):

$$z = \frac{V}{\Lambda^3} \cdot \frac{T}{\sigma\theta_{rot}} \cdot \frac{\exp(-E_0/k_B T)}{1 - \exp(-\theta_{vib}/T)} \cdot g_{el,0} \tag{4.72}$$

4.4.1   Thermodynamische Größen idealer Gase

Wir sind nun an einem zentralen Ergebnis der statistischen Thermodynamik ange-
kommen. Mit Hilfe von Gleichung 4.72 sind wir in der Lage, die thermodynamischen
(makroskopischen) Eigenschaften eines idealen Gases aus den (mikroskopischen) Mo-
lekülgrößen Λ, θ_{rot}, θ_{vib} und $g_{\mathrm{el},0}$ berechnen zu können. Wir ermitteln zunächst die
Systemzustandssumme für N Moleküle nach Gleichung 4.23 zu

$$Z = \frac{1}{N!}(z_{\mathrm{trans}}z_{\mathrm{rot}}z_{\mathrm{vib}}z_{\mathrm{el}})^N \tag{4.73}$$

Die innere Energie des idealen Gases lässt sich in die vier Anteile der Translation, der
Rotation, der Schwingung und des Elektronenzustandes separieren (Gl. 4.26):

$$
\begin{aligned}
U &= k_B T^2 \left(\frac{\partial \ln Z}{\partial T}\right)_{N,V} \\[2mm]
&= k_B T^2 \left(\frac{\partial}{\partial T}\left[N\ln(z_{\mathrm{trans}}z_{\mathrm{rot}}z_{\mathrm{vib}}z_{\mathrm{el}}) - \ln N!\right]\right)_{N,V} \\[2mm]
&= N k_B T^2 \left(\frac{\partial \ln z_{\mathrm{trans}}}{\partial T}\right)_{N,V} + N k_B T^2 \left(\frac{\partial \ln z_{\mathrm{rot}}}{\partial T}\right)_{N,V} \\[2mm]
&\quad + N k_B T^2 \left(\frac{\partial \ln z_{\mathrm{vib}}}{\partial T}\right)_{N,V} + N k_B T^2 \left(\frac{\partial \ln z_{\mathrm{el}}}{\partial T}\right)_{N,V} \tag{4.74}
\end{aligned}
$$

Für diese Anteile von U findet man explizit:

$$
\begin{aligned}
U_{\mathrm{trans}} &= N k_B T^2 \left(\frac{\partial \ln z_{\mathrm{trans}}}{\partial T}\right)_{N,V} \\[2mm]
&= N k_B T^2 \left(\frac{\partial}{\partial T}\ln\left[(2\pi m k_B T)^{3/2}\frac{V}{\mathrm{h}^3}\right]\right)_{N,V} \\[2mm]
&= \frac{3}{2}N k_B T \tag{4.75}
\end{aligned}
$$

$$
\begin{aligned}
U_{\mathrm{rot}} &= N k_B T^2 \left(\frac{\partial \ln z_{\mathrm{rot}}}{\partial T}\right)_{N,V} \\[2mm]
&= N k_B T^2 \left(\frac{\partial}{\partial T}\ln\frac{T}{\sigma\theta_{\mathrm{rot}}}\right)_{N,V} \\[2mm]
&= N k_B T \tag{4.76}
\end{aligned}
$$

$$
\begin{aligned}
U_{\mathrm{vib}} &= N k_B T^2 \left(\frac{\partial \ln z_{\mathrm{vib}}}{\partial T}\right)_{N,V} \\[2mm]
&= N k_B T^2 \left(\frac{\partial}{\partial T}\ln\frac{\exp(-\theta_{\mathrm{vib}}/2T)}{1-\exp(-\theta_{\mathrm{vib}}/T)}\right)_{N,V}
\end{aligned}
$$

$$= Nk_BT^2$$

$$\cdot \left(\frac{\partial}{\partial T} \left[-\frac{\theta_{vib}}{2T} - \ln \left\{ 1 - \exp(-\theta_{vib}/T) \right\} \right] \right)_{N,V}$$

$$= Nk_BT^2 \left(\frac{\theta_{vib}}{2T^2} + \frac{\exp(-\theta_{vib}/T)}{1 - \exp(-\theta_{vib}/T)} \frac{\theta_{vib}}{T^2} \right)$$

$$= \frac{1}{2}Nk_B\theta_{vib} + Nk_B\theta_{vib} \frac{1}{\exp(\theta_{vib}/T) - 1} \tag{4.77}$$

$$U_{el} = Nk_BT^2 \left(\frac{\partial \ln z_{el}}{\partial T} \right)_{N,V}$$

$$\approx Nk_BT^2 \left(\frac{\partial \ln g_{el,0}}{\partial T} \right)_{N,V} = 0 \tag{4.78}$$

Aus der inneren Energie U kann die Wärmekapazität bei konstantem Volumen als $C_V = (\partial U/\partial T)_V$ berechnet werden. Für ein ideales Gas aus zweiatomigen Molekülen setzt sie sich aus den folgenden Beiträgen zusammen:

$$C_{V,trans} = \left(\frac{\partial U_{trans}}{\partial T} \right)_V = \frac{3}{2}Nk_B \tag{4.79}$$

$$C_{V,rot} = \left(\frac{\partial U_{rot}}{\partial T} \right)_V = Nk_B \tag{4.80}$$

$$C_{V,vib} = \left(\frac{\partial U_{vib}}{\partial T} \right)_V = Nk_B \frac{\exp(\theta_{vib}/T)}{(\exp(\theta_{vib}/T) - 1)^2} \frac{\theta_{vib}^2}{T^2} \tag{4.81}$$

Nicht lineare Moleküle haben 3 Rotationsfreiheitsgrade. Aus dem Äquipartitionstheorem (siehe nächsten Abschnitt) ergibt sich, dass solche Moleküle eine innere Rotationsenergie von $U_{rot} = (3/2)Nk_BT$ und entsprechend eine Wärmekapazität von $C_{V,rot} = (3/2)Nk_B$ haben.

Wenn ein Molekül aus ν Atomen aufgebaut ist, dann hat jedes Atom 3 Translationsfreiheitsgrade und das ganze Molekül folglich 3ν Freiheitsgrade. Um die Anzahl der Oszillatoren (Normalschwingungen, s. Abschnitt 8.4.2) in einem ν-atomigen Molekül zu bestimmen, subtrahiert man von 3ν die Zahl der Translationsfreiheitsgrade des ganzen Moleküls (das sind 3) und die Zahl der Rotationsfreiheitsgrade des ganzen Moleküls (das sind 2 bei linearen und 3 bei nicht linearen Molekülen). Es gibt damit $3\nu - 5$ Normalschwingungen in linearen Molekülen und $3\nu - 6$ Normalschwingungen in nicht linearen Molekülen. Jede dieser Schwingungen ist durch eine Schwingungstemperatur charakterisiert und liefert den Beitrag $C_{V,vib}$ zur Wärmekapazität C_V des Moleküls.

Beispiele:

1) Cl_2-Moleküle haben eine Schwingungstemperatur von 813 K. Aus den Gleichungen

4.79 bis 4.81 ergibt sich die Wärmekapazität C_V von Cl_2-Gas bei einer Temperatur von 298 K zu:

$$C_V = C_{V,\text{trans}} + C_{V,\text{rot}} + C_{V,\text{vib}}$$

$$= \left(\frac{3}{2} + 1 + 0,557\right) Nk_B = 3,057 Nk_B$$

Die molare Wärmekapazität ist dann $C_{V,m} = 3,057$ R.

2) Ein H_2O-Molekül ist nicht linear und besteht aus 3 Atomen. Folglich gibt es $3 \cdot 3 - 6 = 3$ Normalschwingungen im Molekül. Man findet experimentell:

$$\theta_{\text{vib},1} = 2294 \text{ K} \quad \Rightarrow \quad C_{V,\text{vib},1} = 0,027 Nk_B$$

$$\theta_{\text{vib},2} = 5260 \text{ K} \quad \Rightarrow \quad C_{V,\text{vib},2} = 6,7 \cdot 10^{-6} Nk_B$$

$$\theta_{\text{vib},3} = 5403 \text{ K} \quad \Rightarrow \quad C_{V,\text{vib},3} = 4,4 \cdot 10^{-6} Nk_B$$

Aufgrund der Translation und der Rotation von H_2O gibt es noch die Beiträge $C_{V,\text{trans}} = (3/2)Nk_B$ und $C_{V,\text{rot}} = (3/2)Nk_B$, so dass die gesamte Wärmekapazität

$$C_V = \left(\frac{3}{2} + \frac{3}{2} + 0,027 + 6,7 \cdot 10^{-6} + 4,4 \cdot 10^{-6}\right) Nk_B$$

$$= 3,027 Nk_B$$

beträgt. Die molare Wärmekapazität ist $C_{V,m} = 3,027$ R.

Die Entropie eines idealen Gases kann wie die innere Energie als Summe aus Translations-, Rotations-, Schwingungs- und Elektronenbeitrag geschrieben werden (vgl. Gl. 4.31):

$$S = k_B T \left(\frac{\partial \ln Z}{\partial T}\right)_{N,V} + k_B \ln Z$$

$$= k_B T \left(\frac{\partial}{\partial T} [N \ln(z_{\text{trans}} z_{\text{rot}} z_{\text{vib}} z_{\text{el}}) - \ln N!]\right)_{N,V}$$

$$+ k_B [N \ln(z_{\text{trans}} z_{\text{rot}} z_{\text{vib}} z_{\text{el}}) - \ln N!]$$

$$= Nk_B T \left(\frac{\partial \ln z_{\text{trans}}}{\partial T}\right)_{N,V} + Nk_B \ln z_{\text{trans}}$$

$$+ Nk_B T \left(\frac{\partial \ln z_{\text{rot}}}{\partial T}\right)_{N,V} + Nk_B \ln z_{\text{rot}}$$

$$+ Nk_B T \left(\frac{\partial \ln z_{\text{vib}}}{\partial T}\right)_{N,V} + Nk_B \ln z_{\text{vib}}$$

$$+Nk_BT\left(\frac{\partial \ln z_{el}}{\partial T}\right)_{N,V} + Nk_B \ln z_{el}$$

$$-k_B \ln N! \tag{4.82}$$

Wenn man den Term $-k_B \ln N!$ zur Translationsentropie S_{trans} zählt und die STIRLING-Formel[5] anwendet, erhält man:

$$S_{trans} = Nk_BT\left(\frac{\partial \ln z_{trans}}{\partial T}\right)_{N,V} + Nk_B \ln z_{trans} - k_B \ln N!$$

$$= \frac{3}{2}Nk_B + Nk_B \ln \frac{V}{\Lambda^3} - Nk_B \ln N + Nk_B$$

$$= \frac{5}{2}Nk_B + Nk_B \ln \frac{V}{\Lambda^3 N} \tag{4.83}$$

$$S_{rot} = Nk_BT\left(\frac{\partial \ln z_{rot}}{\partial T}\right)_{N,V} + Nk_B \ln z_{rot}$$

$$= Nk_B + Nk_B \ln \frac{T}{\sigma\theta_{rot}} \tag{4.84}$$

$$S_{vib} = Nk_BT\left(\frac{\partial \ln z_{vib}}{\partial T}\right)_{N,V} + Nk_B \ln z_{vib}$$

$$= Nk_BT\left(\frac{\theta_{vib}}{2T^2} + \frac{\exp(-\theta_{vib}/T)}{1-\exp(-\theta_{vib}/T)}\frac{\theta_{vib}}{T^2}\right)$$

$$+Nk_B \ln \frac{\exp(-\theta_{vib}/2T)}{1-\exp(-\theta_{vib}/T)}$$

$$= Nk_B\frac{\exp(-\theta_{vib}/T)}{1-\exp(-\theta_{vib}/T)}\frac{\theta_{vib}}{T}$$

$$-Nk_B \ln\left[1-\exp(-\theta_{vib}/T)\right] \tag{4.85}$$

$$S_{el} = Nk_BT\left(\frac{\partial \ln z_{el}}{\partial T}\right)_{N,V} + Nk_B \ln z_{el}$$

$$\approx +Nk_B \ln g_{el,0} \tag{4.86}$$

Gleichung 4.83 ist unter dem Namen SACKUR-TETRODE-Gleichung bekannt. Die HELMHOLTZ-Energie eines idealen Gases lautet (vgl. Gl. 4.32):

$$A = -k_BT \ln Z$$

$$= -Nk_BT \ln(z_{trans}z_{rot}z_{vib}z_{el}) + k_BT(N \ln N - N)$$

$$= -Nk_BT \ln(z_{trans}z_{rot}z_{vib}z_{el}/N) - Nk_BT \tag{4.87}$$

wobei wieder die STIRLING-Formel[5] zur Anwendung kam. Schließlich sollen auch noch die Anteile der Translation, der Rotation, der Schwingung und des elektronischen Zustandes an der HELMHOLTZ-Energie A ermittelt werden:

$$A_{\text{trans}} = -Nk_BT\ln(z_{\text{trans}}/N) - Nk_BT$$

$$= -Nk_BT\ln\frac{V}{\Lambda^3N} - Nk_BT \tag{4.88}$$

$$A_{\text{rot}} = -Nk_BT\ln z_{\text{rot}}$$

$$= -Nk_BT\ln\frac{T}{\sigma\theta_{\text{rot}}} \tag{4.89}$$

$$A_{\text{vib}} = -Nk_BT\ln z_{\text{vib}}$$

$$= -Nk_BT\ln\frac{\exp(-\theta_{\text{vib}}/2T)}{1 - \exp(-\theta_{\text{vib}}/T)} \tag{4.90}$$

$$A_{\text{el}} = -Nk_BT\ln z_{\text{el}}$$

$$\approx -Nk_BT\ln g_{\text{el},0} \tag{4.91}$$

Aus $(\partial A/\partial V)_{N,T} = -p$ folgt dann der Gasdruck:

$$p_{\text{trans}} = \frac{Nk_BT}{V} \tag{4.92}$$

$$p_{\text{rot}} = 0 \tag{4.93}$$

$$p_{\text{vib}} = 0 \tag{4.94}$$

$$p_{\text{el}} = 0 \tag{4.95}$$

Der ideale Gasdruck resultiert somit nur aus der Translationsbewegung der Gasmoleküle, da nur diese Bewegung zu einer Kollision der Moleküle mit der Behälterwand führt. Mit Gleichung 4.92 haben wir hier das ideale Gasgesetz erhalten. Es ist letztlich ein Ergebnis der SCHRÖDINGER-Gleichung, aus der ja unter Verwendung des Modells des Teilchens im Kasten die möglichen Translationsenergien der Gasmoleküle erhalten wurden. Diese Energien führten zur Molekülzustandssumme der Translation, die mit dem Gasdruck direkt verknüpft ist.

Aus $(\partial A/\partial n)_{V,T} = N_A(\partial A/\partial N)_{V,T} = \mu$ kann das chemische Potenzial bestimmt werden:

$$\mu = -RT\ln\left(\frac{z_{\text{trans}}z_{\text{rot}}z_{\text{vib}}z_{\text{el}}}{N}\right) \tag{4.96}$$

Mit $z_{\text{trans}}/N = V/\Lambda^3N = k_BT/\Lambda^3p$ lässt sich das chemische Potenzial als Funktion des Gasdrucks p umformen (vgl. Gl. 2.133 und Tab. 2.3):

$$\mu = -RT\ln\left(\frac{k_BT}{\Lambda^3p}z_{\text{rot}}z_{\text{vib}}z_{\text{el}}\right)$$

$$= \underbrace{-RT \ln \left(\frac{k_B T}{\Lambda^3 p^\circ} z_{rot} z_{vib} z_{el} \right)}_{\mu^\circ} + RT \ln \frac{p}{p^\circ} \qquad (4.97)$$

μ° ist das chemische Standard-Potenzial für $p = p^\circ = 1$ bar. Führt man die Stoffmengenkonzentration $c = n/V = N/N_A V$ ein, lässt sich das chemische Potenzial auch in Abhängigkeit von c schreiben ($z_{trans}/N = V/\Lambda^3 N = 1/\Lambda^3 c N_A$):

$$\mu = -RT \ln \left(\frac{1}{\Lambda^3 c N_A} z_{rot} z_{vib} z_{el} \right)$$

$$= \underbrace{-RT \ln \left(\frac{1}{\Lambda^3 c^\circ N_A} z_{rot} z_{vib} z_{el} \right)}_{\mu^\circ} + RT \ln \frac{c}{c^\circ} \qquad (4.98)$$

mit $c^\circ = 1$ mol/L. In Kapitel 2.4 wurde beschrieben, wie man chemische Gleichgewichtskonstanten aus chemischen Standard-Potenzialen berechnen kann. Mit Hilfe der statistischen Thermodynamik ist es möglich, diese Standard-Potenziale für ideale Gase aus Molekülgrößen zu berechnen.

Für die Gleichgewichtskonstante K_p erhält man beispielsweise (Gl. 2.197):

$$\Delta_r G_m^\circ = \sum_i \nu_i \mu_i^\circ$$

$$= \sum_i \nu_i \left[-RT \ln \left(\frac{k_B T}{\Lambda_i^3 p^\circ} z_{rot,i} z_{vib,i} z_{el,i} \right) \right]$$

$$= -RT \sum_i \ln \left(\frac{k_B T}{\Lambda_i^3 p^\circ} z_{rot,i} z_{vib,i} z_{el,i} \right)^{\nu_i}$$

$$= -RT \ln \prod_i \left(\frac{k_B T}{\Lambda_i^3 p^\circ} z_{rot,i} z_{vib,i} z_{el,i} \right)^{\nu_i}$$

$$K_p = \prod_i \left(\frac{k_B T}{\Lambda_i^3 p^\circ} z_{rot,i} z_{vib,i} z_{el,i} \right)^{\nu_i}$$

$$= \prod_i \left(\frac{k_B T}{\Lambda_i^3 p^\circ} z_{rot,i} z'_{vib,i} z_{el,i} \exp(-E_{0,i}/k_B T) \right)^{\nu_i} \qquad (4.99)$$

ν_i ist der stöchiometrische Koeffizient der Komponente i im chemischen Gleichgewicht. Er ist positiv für Produkte und negativ für Edukte.

Beispiel:
Die Gleichgewichtskonstante K_p des chemischen Gleichgewichts

$$Na_2(g) \rightleftharpoons 2Na(g)$$

soll für 1000 K berechnet werden. Wir setzen ideales Gasverhalten voraus. Sie ist nach
Gleichung 4.99 wie folgt gegeben:

$$K_p = \frac{[(k_B T/\Lambda_{Na}^3 p^\circ) z_{el,Na} \exp(-E_{o,Na}/k_B T)]^2}{(k_B T/\Lambda_{Na_2}^3 p^\circ) z_{rot,Na_2} z'_{vib,Na_2} \exp(-E_{o,Na_2}/k_B T)}$$

$$= \frac{k_B T}{p^\circ} \cdot \frac{(z_{el,Na}/\Lambda_{Na}^3)^2}{z_{rot,Na_2} z'_{vib,Na_2}/\Lambda_{Na_2}^3} \cdot \exp(-\Delta E_0/k_B T)$$

Da Na-Atome keine Rotations- und Schwingungsfreiheitsgrade haben, ist $z_{rot,Na} = z'_{vib,Na} = 1$.

Ebenso ist $z_{el,Na_2} = 1$, da der elektronische Grundzustand von Na_2-Molekülen
nicht entartet ist. Dagegen ist $z_{el,Na} = g_{el,0,Na} = 2$, denn Na-Atome haben im elektronischen Grundzustand das Termsymbol $^2S_{1/2}$. Der Index rechts unten am Termsymbol
gibt die Gesamt-Drehimpuls-Quantenzahl J an, aus der hier ein Entartungsgrad von
$g_{el,0,Na} = 2J + 1 = 2$ berechnet werden kann.

$\Delta E_0 = 2E_{0,Na} - E_{0,Na_2}$ ist die Differenz der Nullpunktsenergien zwischen Produkt und Edukt. Sie entspricht der chemischen Dissoziationsenergie D_o der Na_2-
Moleküle und beträgt 70,4 kJ mol^{-1} bzw. $1,17 \cdot 10^{-19}$ J pro Molekül.

Aus den Massen von Na und Na_2 können die thermischen Wellenlängen $\Lambda_{Na} = 1,151 \cdot 10^{-11}$ m und $\Lambda_{Na_2} = 8,141 \cdot 10^{-12}$ m berechnet werden.

Na_2-Moleküle haben eine Rotationstemperatur von 0,2225 K und eine Symmetriezahl von $\sigma = 2$. Die molekulare Rotationszustandssumme beträgt daher
$z_{rot,Na_2} = 2247$.

Die Schwingungstemperatur der Na_2-Moleküle hat einen Wert von 229,0 K, so
dass eine molekulare Schwingungszustandssumme von $z'_{vib,Na_2} = 4,886$ erhalten wird.

Es resultiert damit die Gleichgewichtskonstante $K_p = 2,44$.

4.5 Das Äquipartitionstheorem

In Kapitel 1.1.3 hatten wir das Äquipartitionstheorem für die Translationsbewegung
von Gasteilchen aufgestellt. Hiernach beträgt die mittlere kinetische Energie eines
Gasteilchens in x-, y- und z-Richtung jeweils $\frac{1}{2} k_B T$. Wir können das Äquipartitionstheorem nun verallgemeinern und auf andere Bewegungsfreiheitsgrade erweitern.

Zur Berechnung der Zustandssummen der Translation und der Rotation eines Moleküls (Gl. 4.60 und 4.65) wurden die Summen durch Integrale ersetzt. Diese
Näherung ist möglich bei kleinen Exponenten in den Zustandssummen oder, was
gleichbedeutend ist, bei hohen Temperaturen. Hohe Temperaturen führen zur Besetzung von Molekülzuständen mit großen Quantenzahlen. Unter diesen Bedingungen
gehen die Ergebnisse der Quantenmechanik in die der klassischen Physik über (Korre-
spondenzprinzip, siehe auch Kap. 3.3.1), d. h., die hergeleiteten Zustandssummen der
Translation und der Rotation entsprechen dem klassischen Grenzfall. Die hieraus hergeleiteten inneren Energien U_{trans} und U_{rot} (Gl. 4.75 und 4.76) müssen daher mit den
klassischen Energieausdrücken für die Translation und Rotation eines zweiatomigen

Moleküls übereinstimmen ($N = 1$):

$$\frac{3}{2}k_B T \;=\; \frac{1}{2}m\langle v_x^2\rangle + \frac{1}{2}m\langle v_y^2\rangle + \frac{1}{2}m\langle v_z^2\rangle \tag{4.100}$$

$$k_B T \;=\; \frac{1}{2}I\langle \omega_x^2\rangle + \frac{1}{2}I\langle \omega_y^2\rangle \tag{4.101}$$

m ist die Molekülmasse und I das Trägheitsmoment. v_i gibt die Molekülgeschwindigkeit in Richtung i an, ω_i ist die Winkelgeschwindigkeit der Rotation um die Achse i. Das Trägheitsmoment für die Rotation um die Bindungsachse z des zweiatomigen Moleküls ist null.

Die hergeleiteten Beziehungen für die Schwingungszustandssumme (Gl. 4.68) und für die innere Energie der Schwingung (Gl. 4.77) gelten dagegen für beliebige Temperaturen. Im Grenzfall hoher Temperaturen findet man mit $\exp(\theta_{\mathrm{vib}}/T) \approx 1 + \theta_{\mathrm{vib}}/T$:

$$\lim_{T\to\infty} U_{\mathrm{vib}} = \frac{1}{2}Nk_B\theta_{\mathrm{vib}} + Nk_B T \tag{4.102}$$

Der erste Summand spiegelt die Energie eines Moleküls im Grundzustand der Schwingung wider. Der zweite Summand gibt demnach die innere Energie der Schwingung relativ zum Grundzustand an. Dieser Beitrag kann der HAMILTON-Funktion (Gl. 3.56) eines klassischen harmonischen Oszillators gleichgesetzt werden ($N = 1$):

$$k_B T = \frac{p_x^2}{2\mu} + \frac{1}{2}kx^2 \tag{4.103}$$

Es ist p_x der Impuls, x die Auslenkung, μ die reduzierte Masse und k die Kraftkonstante des Oszillators. Wir erhalten damit $\frac{1}{2}k_B T$ für die kinetische und $\frac{1}{2}k_B T$ für die potenzielle Energie der Schwingung.

Zusammenfassend findet man also, dass jedem klassischen (quadratischen) Energieterm eines Moleküls im Mittel die Energie $\frac{1}{2}k_B T$ zukommt (Äquipartitionstheorem oder Gleichverteilungssatz der Energie).

4.6 Anwendung: Wärmekapazitäten kristalliner Festkörper

Die Wärmekapazität kristalliner Festkörper zeigt eine charakteristische Temperaturabhängigkeit. Wir wollen im Folgenden Modelle zur Beschreibung von $C_V(T)$ vorstellen und ihren Gültigkeitsbereich betrachten.

DULONG-PETIT-Regel:
In einem Kristall aus N Atomen kann ein Atom näherungsweise in Richtung der drei Raumdimensionen harmonische Schwingungen ausführen. Es gibt also $3N$ harmonische Oszillatoren, deren mittlere Energie nach dem Äquipartitionstheorem jeweils $k_B T$ beträgt. Für die innere Energie U und die Wärmekapazität bei konstantem Volumen $C_V = (\partial U/\partial T)_V$ erhält man somit

$$U \;=\; 3Nk_B T \tag{4.104}$$

$$C_V \;=\; 3Nk_B \tag{4.105}$$

Die molare Wärmekapazität bei konstantem Volumen beträgt entsprechend $C_{V,m} = 3R = 24,9 \text{ J K}^{-1}\text{mol}^{-1}$. Dieses Ergebnis gilt jedoch nur für hohe Temperaturen.

EINSTEIN-Modell:
Die N Atome eines Kristalls sollen näherungsweise $3N$ unabhängige harmonische Schwingungen mit derselben Frequenz ν_E ausführen. Nach Gleichung 4.77 hat der Kristall dann die innere Energie

$$U = \frac{3}{2}Nk_B\theta_E + 3Nk_B\theta_E \frac{1}{\exp(\theta_E/T) - 1} \tag{4.106}$$

$\theta_E = h\nu_E/k_B$ ist die Schwingungstemperatur im EINSTEIN-Modell. Die Wärmekapazität bei konstantem Volumen ist dann

$$C_V = 3Nk_B \frac{\exp(\theta_E/T)}{(\exp(\theta_E/T) - 1)^2} \left(\frac{\theta_E}{T}\right)^2 \tag{4.107}$$

Das EINSTEIN-Modell gilt für beliebige Temperaturen. Die Übereinstimmung mit experimentellen Daten ist jedoch noch unbefriedigend. Bei hohen Temperaturen, bei denen alle Schwingungen voll angeregt sind, geht C_V in $3Nk_B$ über (DULONG-PETIT-Regel).

DEBYE-Modell:
Wie beim EINSTEIN-Modell wird auch im DEBYE-Modell ein Kristall aus N Atomen als System von $3N$ harmonischen Oszillatoren betrachtet. Diese Oszillatoren schwingen allerdings nicht mit derselben Frequenz, es gibt vielmehr ein breites Spektrum an Frequenzen. Nach DEBYE beträgt die Zahl der stehenden Wellen mit Frequenzen zwischen ν und $\nu + d\nu$ in einem elastischen isotropen Kontinuum:

$$dN = g(\nu)d\nu = \alpha\nu^2 d\nu \tag{4.108}$$

Für die Verteilungsfunktion der möglichen Schwingungsmoden gilt $g(\nu) \propto \nu^2$, da die Dichte an Schwingungszuständen proportional zu ν^2 ist. Integration dieser Gleichung über alle Oszillatoren ergibt

$$\int_0^{3N} dN = \alpha \int_0^{\nu_D} \nu^2 d\nu$$

$$3N = \alpha \frac{\nu_D^3}{3}$$

$$g(\nu) = \frac{9N}{\nu_D^3}\nu^2 \tag{4.109}$$

ν_D ist die maximale Schwingungsfrequenz im Kristall. Es ist üblich, ν_D als DEBYE-Temperatur $\theta_D = h\nu_D/k_B$ auszudrücken. Sie beträgt beispielsweise 86 K für Pb, 310 K für Cu und 1950 K für Diamant. In harten Kristallen gibt es starke Bindungskräfte und damit große Schwingungsfrequenzen. Die Schwingungsenergie eines einzigen

Oszillators in Abhängigkeit der Schwingungsfrequenz ν ist nach Gleichung 4.77 für $N = 1$ gegeben als

$$E(\nu) = \frac{1}{2}h\nu + \frac{h\nu}{\exp(h\nu/k_B T) - 1} \tag{4.110}$$

Hierbei wurde $k_B \theta_{\mathrm{vib}} = h\nu$ gesetzt. Die Schwingungsenergie aller $3N$ Oszillatoren liefert die innere Energie des Kristalls:

$$
\begin{aligned}
U &= \int\limits_0^{\nu_D} E(\nu) g(\nu) \mathrm{d}\nu \\[2mm]
&= \frac{9N}{\nu_D^3} \int\limits_0^{\nu_D} \left(\frac{1}{2}h\nu + \frac{h\nu}{\exp(h\nu/k_B T) - 1} \right) \nu^2 \mathrm{d}\nu \\[2mm]
&= \frac{9}{8}Nh\nu_D + \frac{9Nh}{\nu_D^3} \int\limits_0^{\nu_D} \frac{\nu^3}{\exp(h\nu/k_B T) - 1} \mathrm{d}\nu \\[2mm]
&= \frac{9}{8}Nh\nu_D + \frac{9N(k_B T)^4}{(h\nu_D)^3} \int\limits_0^{x_D} \frac{x^3}{\exp(x) - 1} \mathrm{d}x
\end{aligned}
\tag{4.111}
$$

mit $x = h\nu/k_B T$ und $x_D = h\nu_D/k_B T$. Die Ableitung $(\partial U/\partial T)_V$ liefert schließlich einen realistischeren Ausdruck für die Wärmekapazität C_V kristalliner Festkörper bei beliebigen Temperaturen. Allerdings kann das verbleibende Integral nur numerisch gelöst werden. Wir beschränken uns daher auf die Untersuchung der Grenzfälle für hohe und tiefe Temperaturen.

Bei hohen Temperaturen ist $\exp(x) \approx 1 + x$ und das Integral nimmt den Wert $x_D^3/3$ an:

$$U = \frac{9}{8}Nh\nu_D + 3Nk_B T \tag{4.112}$$

$$C_V = 3Nk_B \tag{4.113}$$

Wiederum wird die DULONG-PETIT-Regel bestätigt. Bei tiefen Temperaturen kann die obere Integralgrenze x_D näherungsweise durch ∞ ersetzt werden. Dann hat das Integral den Wert $\pi^4/15$:

$$U = \frac{9}{8}Nh\nu_D + \frac{3}{5}\pi^4 N \frac{(k_B T)^4}{(h\nu_D)^3} \tag{4.114}$$

$$C_V = \frac{12}{5}\pi^4 Nk_B \left(\frac{k_B T}{h\nu_D} \right)^3 \tag{4.115}$$

Dieses ist das DEBYEsche T^3-Grenzgesetz für die Wärmekapazität nicht leitender, kristalliner Festkörper bei tiefen Temperaturen. In Abbildung 4.4 ist die Wärmekapazität C_V eines Kristalls nach DULONG-PETIT, EINSTEIN und DEBYE als Funktion der

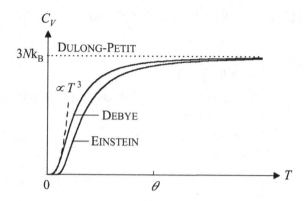

Abbildung 4.4: Wärmekapazität bei konstantem Volumen eines kristallinen Festkörpers als Funktion der Temperatur. θ ist die EINSTEIN- bzw. DEBYE-Temperatur. Bei hohen Temperaturen gilt die Regel von DULONG-PETIT, bei tiefen Temperaturen gilt das DEBYEsche T^3-Grenzgesetz.

Temperatur dargestellt. In realen Kristallen hängt die Verteilung der Schwingungszustände von der Gitterstruktur des Kristalls ab, was insbesondere im Hochfrequenzbereich von $g(\nu)$ zu Abweichungen vom DEBYE-Modell führt.

Für Metalle findet man bei tiefen Temperaturen eine temperaturabhängige Wärmekapazität der Form

$$C_V = aT^3 + bT \tag{4.116}$$

Der erste Term resultiert aus den Gitterschwingungen, während der zweite Term den Beitrag der Leitungselektronen zur Wärmekapazität darstellt. Dieser Zusatzterm ist sehr klein, so dass er sich nur bei sehr tiefen Temperaturen bemerkbar macht.

5 Oberflächenerscheinungen

5.1 Einleitung

Atome oder Moleküle, die sich an der Oberfläche einer Volumenphase befinden, sind anderen Krafteinwirkungen ausgesetzt. Bei den bisherigen Betrachtungen thermodynamischer Daten haben wir die Oberflächen vernachlässigt, da sich bei großen Systemen verhältnismäßig wenige Atome oder Moleküle an der Oberfläche befinden. Werden die Oberflächen jedoch relativ zur Volumenphase groß, so ändern sich damit die thermodynamischen Eigenschaften. Betrachten wir zum Beispiel eine Substanz der Masse m und zerteilen diese in N kleine Würfel der Kantenlänge a, dann gilt für die gesamte Oberfläche A_S (Area, Surface) der Substanz mit dem Volumen $V = N \cdot a^3 = m/\varrho$:

$$A_S = N \cdot 6a^2 = \frac{6m}{a\varrho} \tag{5.1}$$

Die Oberfläche der Substanz nimmt also mit abnehmender Größe der Würfel zu. Spezifische Oberflächeneffekte sind umso eher zu erwarten, je feiner zerteilt die Materie ist.

Beispiel:
Sandkörner werden durch kleine Würfel mit der Massendichte $\varrho = 2,3 \text{ g cm}^{-3}$ angenähert. Wie die folgende Tabelle zeigt, nimmt die spezifische Oberfläche $a_S = A_S/m$ der Sandkörner proportional zum reziproken Wert der Würfelkantenlänge a zu.

a / cm	a_S / m^2g^{-1}
10^{-1}	0,00261
10^{-2}	0,0261
10^{-3}	0,261
10^{-4}	2,61
10^{-5}	26,1
10^{-6}	261
10^{-7}	2610

Bei einem Teilchendurchmesser von $10^{-4} - 10^{-7}$ cm sind wir im Bereich der Kolloide. Hier sind große Oberflächeneffekte zu erwarten. Bei 10^{-7} cm haben wir schon molekulare Dimensionen erreicht. Unterhalb einer Kantenlänge von etwa 10^{-6} cm ist der Energieaufwand für die Zerteilung (Zunahme der Oberflächenenergie) in der Größenordnung der Verdampfungsenthalpie der Substanz. Damit wird deutlich, dass Oberflächeneffekte für diese Dimensionen berücksichtigt werden müssen.

Auch bei vielen industriellen Prozessen, wie der Flotation, der tertiären Erdölförderung, der Katalyse, sowie der Herstellung von Schmutzlösern, Dispersionen, Lacken, Mikrochips, Datenträgern und Kosmetika, spielen Grenzflächenerscheinungen eine große Rolle. In den letzten Jahrzehnten hat sich der Wissenschaftszweig, der sich speziell mit den Eigenschaften von Oberflächen und allgemein Grenzflächen beschäftigt, sehr stark entwickelt (Surface Science).

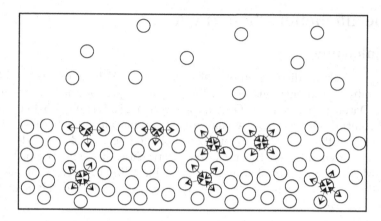

Abbildung 5.1: Modell einer Dampf/Flüssigkeit-Grenzfläche. Die Teilchen einer Flüssigkeit erfahren an der Oberfläche eine nach innen gerichtete Kraft.

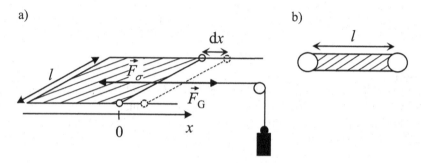

Abbildung 5.2: a) Prinzip der Drahtbügelmethode. Sie ermöglicht die Bestimmung der Oberflächenspannung σ. b) Seitenansicht.

5.2 Die Oberflächenspannung

Auf die Teilchen im Inneren einer Flüssigkeit wirken im Wesentlichen die Kräfte der nächsten Nachbarn. Die Teilchen im Flüssigkeitsinneren sind kräftefrei, da sich alle wirkenden Kräfte kompensieren. An der Oberfläche erfahren die Teilchen jedoch eine unsymmetrische Krafteinwirkung, so dass eine Kraft auf die Teilchen resultiert, die ins Innere der Flüssigkeit gerichtet ist (Abb. 5.1). Damit ist die Flüssigkeit bestrebt, ihre Oberfläche zu minimieren. Wären die Schwerkraft und andere Kräfte, die aufgrund der Wechselwirkung mit der Gefäßwand bestehen, nicht vorhanden, würde die Flüssigkeit eine kugelförmige Gestalt annehmen, denn eine Kugel hat die kleinste Oberfläche bei gegebener Substanzmenge. Beispielsweise haben Regentropfen und Quecksilbertröpfchen eine nahezu kugelförmige Gestalt. Die ideale Kugelgestalt wird jedoch nur im Weltall aufgrund der Schwerelosigkeit realisiert.

Wenn wir eine Oberfläche vergrößern wollen, müssen wir Arbeit leisten. Diese Arbeit soll im Folgenden für eine Flüssigkeitsoberfläche ermittelt werden. Zwischen einem U-förmigen Drahtrahmen und einem beweglichen Drahtbügel wird eine Flüssigkeitslamelle erzeugt (Abb. 5.2). Die Oberfläche A_S bleibt aufgrund der Kraft F_G

Tabelle 5.1: Oberflächenspannungen einiger Flüssigkeiten als Funktion der Temperatur (nach: M. D. Lechner (Hrsg.), *D'Ans-Lax Taschenbuch für Chemiker und Physiker*, 4. Aufl., Band 1, Springer-Verlag, Berlin, 1992).

T / K	σ / mN m^{-1}		
	H_2O (l)	CS_2 (l)	C_2H_5OH (l)
283,15	74,2	33,8	23,2
298,15	72,0	31,6	22,0
323,15	67,9	27,9	19,9

(Gewichtskraft), die durch das angehängte Gewicht ausgeübt wird, konstant. Bei Verringerung der Kraft zieht sich die Lamelle zusammen, d. h., es existiert eine nach innen gerichtete Kraft. Diese Kraft F_σ ist proportional zu der Länge l des beweglichen Drahtbügels. In der Seitenansicht der Lamelle erkennt man, dass die Flüssigkeitslamelle durch zwei Oberflächen begrenzt wird. Daher gilt für die Kraft F_σ:

$$F_\sigma = \sigma \cdot 2l \tag{5.2}$$

wobei die Oberflächenspannung σ als Proportionalitätskonstante eingeführt wird. Sie hat die Einheit N m^{-1} = J m^{-2} (1 mN m^{-1} = 1 dyn cm^{-1}). Bei einer Oberflächenvergrößerung wird die Lamelle gedehnt und dadurch dünner. Somit treten mehr Teilchen aus dem Inneren an die Oberfläche und vergrößern damit A_S, was energetisch ungünstig ist. Wird die Lamelle um den Weg dx gedehnt (s. Abb. 5.2), nimmt die Oberfläche um d$A_S = 2l\mathrm{d}x$ zu, so dass bei p, T = konst. die folgende reversible Arbeit geleistet werden muss:

$$\mathrm{d}W_{\mathrm{rev}} = F_\sigma \mathrm{d}x = \sigma \cdot 2l\mathrm{d}x = \sigma\mathrm{d}A_S \tag{5.3}$$

$$W_{\mathrm{rev}} = \int_0^{W_{\mathrm{rev}}} \mathrm{d}W_{\mathrm{rev}} = \int_{A_S(0)}^{A_S(x)} \sigma\mathrm{d}A_S = \sigma\Delta A_S \tag{5.4}$$

Bei konstanter Temperatur und konstantem Druck erhalten wir also für die Oberflächenspannung den Ausdruck:

$$\sigma = \left(\frac{W_{\mathrm{rev}}}{\Delta A_S}\right)_{p,T} \tag{5.5}$$

Die Oberflächenspannung ist das Verhältnis aus reversibler Arbeit, die aufgewendet werden muss, um eine Oberfläche um ΔA_S zu vergrößern, und ΔA_S. Sie ist eine stoffspezifische Größe. In der Tabelle 5.1 sind Oberflächenspannungen einiger Flüssigkeiten in Kontakt mit den gesättigten Gasphasen angegeben. Die Oberflächenspannung normaler Flüssigkeiten liegt im Bereich von 10 − 100 mN m^{-1} und nimmt mit steigender Temperatur ab. Wasser besitzt im Vergleich zu organischen Flüssigkeiten eine relativ große Oberflächenspannung. σ von Salzschmelzen und flüssigen Metallen ist

a)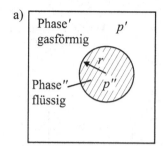

b)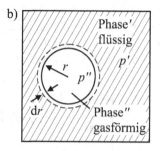

Abbildung 5.3: Beispiele für gekrümmte Oberflächen: Flüssigkeitstropfen in Luft (a) und Gasblase in einer Flüssigkeit (b).

einige 100 mN m^{-1} groß. Als Beispiele seien $\sigma(\text{Hg(l)}, 298 \text{ K}) = 485,5$ mN m^{-1} und $\sigma(\text{Au(l)}, 1473 \text{ K}) = 1070$ mN m^{-1} genannt. Es werden im Folgenden noch weitere Methoden zur Bestimmung der Oberflächenspannung besprochen, die Blasendruck- und die Kapillarmethode.

5.3 Gekrümmte Oberflächen

Man kann zwei Möglichkeiten für die Krümmung einer Oberfläche unterscheiden: Die Oberfläche ist konvex gegen die Gasphase gekrümmt, wie z. B. bei einem Regentropfen oder einem Tropfen an einer Pipette (Abb. 5.3a), oder sie ist konkav gegen die Gasphase gekrümmt, wie z. B. bei einer Gasblase in einer Flüssigkeit (Abb. 5.3b). Bei der Vergrößerung eines kugelförmigen Tropfens oder einer Gasblase wird an Phase'' Oberflächenarbeit und von Phase'' Volumenarbeit geleistet:

$$\text{d}W''_{\text{rev}} = \sigma \text{d}A_S - p''\text{d}V''$$

$$= \sigma \cdot 8\pi r \text{d}r - p'' \cdot 4\pi r^2 \text{d}r \tag{5.6}$$

mit $A_S = 4\pi r^2$ und $V'' = \frac{4}{3}\pi r^3$. An Phase' wird Volumenarbeit geleistet ($\text{d}V' = -\text{d}V''$):

$$\text{d}W'_{\text{rev}} = -p'\text{d}V' = p' \cdot 4\pi r^2 \text{d}r \tag{5.7}$$

Aus $\text{d}W'_{\text{rev}} + \text{d}W''_{\text{rev}} = 0$ folgt:

$$p_\sigma = p'' - p' = \frac{2\sigma}{r} \tag{5.8}$$

Die erhaltene Gleichung 5.8 wird als YOUNG-LAPLACE-Gleichung bezeichnet und gilt für sphärische Phasen. Wir erhalten das allgemeingültige Resultat: Im Inneren einer kugelförmigen Oberfläche vom Radius r existiert ein zusätzlicher Druck $p_\sigma = p'' - p'$ (sog. Kapillar- oder Blasendruck). Damit stehen z. B. Gasbläschen in Flüssigkeiten oder Flüssigkeitstropfen in Luft unter dem zusätzlichen Druck $2\sigma/r$. So existiert z. B. in einer Gasblase vom Radius 0,1 mm ein zusätzlicher Druck von etwa 1,5 kPa. Geht der Radius r gegen unendlich, geht dieser Zusatzdruck gegen null. Für nicht sphärisch gekrümmte Oberflächen gelten analoge Gleichungen. Im Folgenden werden wir einige Anwendungen der YOUNG-LAPLACE-Gleichung kennenlernen.

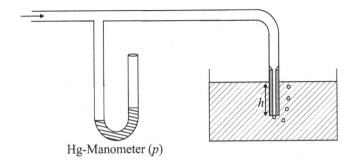

Hg-Manometer (*p*)

Abbildung 5.4: Schematische Darstellung der Blasendruckmethode zur Ermittlung der Oberflächenspannung.

Blasendruckmethode

Die Blasendruckmethode zur Ermittlung der Oberflächenspannung einer Flüssigkeit basiert auf Gleichung 5.8 (Abb. 5.4). Das Kapillarende, an dem Blasen austreten, taucht in eine Flüssigkeit ein. Es wird ein Überdruck benötigt, um eine Blase austreten zu lassen. Hierzu wird Inertgas eingepresst. Der Überdruck ist zum Überwinden des hydrostatischen Drucks und zur Kompensation des Kapillardrucks aufzubringen. Der hydrostatische Druck p_h hängt von der Eintauchtiefe h der Kapillare in die Flüssigkeit, der Dichte ϱ^l der Flüssigkeit, der Dichte ϱ^g des einströmenden Gases und der Erdbeschleunigung g ab ($p_h = \Delta\varrho g h$ mit $\Delta\varrho = \varrho^l - \varrho^g \approx \varrho^l$). Experimentell bestimmt man den Überdruck p_{max}, bei welchem die Blasen sich gerade von der Kapillare ablösen (Gl. 5.9), und bestimmt daraus bei bekanntem Kapillarradius r die Oberflächenspannung σ.

$$p_{max} = p_h + p_\sigma = \Delta\varrho g h + \frac{2\sigma}{r} \tag{5.9}$$

Dampfdruck über Tröpfchen

Die YOUNG-LAPLACE-Gleichung hat auch Konsequenzen für den Dampfdruck über gekrümmten Flüssigkeitsoberflächen. Zur Berechnung dieses Dampfdrucks gehen wir von der Gleichgewichtsbedingung für die GIBBS-Energie in flüssiger und gasförmiger Phase aus:

$$G_m^l = G_m^g$$

$$dG_m^l = dG_m^g$$

$$V_m^l dp^l - S_m^l dT = V_m^g dp^g - S_m^g dT \tag{5.10}$$

Für $T =$ konst. gilt:

$$dp^l = \frac{V_m^g}{V_m^l} dp^g \tag{5.11}$$

Aus der YOUNG-LAPLACE-Gleichung erhalten wir:

$$dp^l - dp^g = d\left(\frac{2\sigma}{r}\right) \tag{5.12}$$

Tabelle 5.2: Für Wassertröpfchen ergeben sich mit $\sigma = 72$ mN m^{-1} und $V_{\mathrm{m}}^{\mathrm{l}} = 18$ cm^{3}mol^{-1} bei 298,15 K die angegebenen Quotienten p^{g}/p^* in Abhängigkeit vom Tröpfchenradius r.

Tröpfchenradius r	$p_\sigma/10^5$ Pa	p^{g}/p^*
∞	0	1
1 μm	1,44	1,001
100 nm	14,4	1,011
10 nm	144	1,110
1 nm	1440	2,845

Unter der Voraussetzung, dass die Oberflächenspannung σ unabhängig vom Radius r ist, erhält man aus den Gleichungen 5.11 und 5.12:

$$2\sigma \mathrm{d}\left(\frac{1}{r}\right) = \left(\frac{V_{\mathrm{m}}^{\mathrm{g}}}{V_{\mathrm{m}}^{\mathrm{l}}} - 1\right) \mathrm{d}p^{\mathrm{g}} \tag{5.13}$$

Verhält sich das Gas ideal, erhalten wir wegen $V_{\mathrm{m}}^{\mathrm{g}} \gg V_{\mathrm{m}}^{\mathrm{l}}$:

$$2\sigma \mathrm{d}\left(\frac{1}{r}\right) = \frac{RT}{V_{\mathrm{m}}^{\mathrm{l}}} \frac{\mathrm{d}p^{\mathrm{g}}}{p^{\mathrm{g}}}$$

$$2\sigma \int_0^{1/r} \mathrm{d}\left(\frac{1}{r}\right) = \frac{RT}{V_{\mathrm{m}}^{\mathrm{l}}} \int_{p^*}^{p^{\mathrm{g}}} \frac{\mathrm{d}p^{\mathrm{g}}}{p^{\mathrm{g}}}$$

$$\frac{2\sigma}{r} = \frac{RT}{V_{\mathrm{m}}^{\mathrm{l}}} \cdot \ln \frac{p^{\mathrm{g}}}{p^*} \tag{5.14}$$

Das molare Volumen der Flüssigkeit $V_{\mathrm{m}}^{\mathrm{l}}$ wird hier als druckunabhängig angenommen. Gleichung 5.14 wird KELVIN-Gleichung genannt. Sie gilt für Flüssigkeitstropfen ($1/r > 0$, konvexe Krümmung) und Gasblasen ($1/r < 0$, konkave Krümmung). $p^* = p_{r\to\infty}^{\mathrm{g}}$ ist der Gleichgewichtsdampfdruck über einer ebenen Oberfläche ($r \to \infty$) und p^{g} der Dampfdruck der Flüssigkeit mit gekrümmter Oberfläche. Man erkennt, dass $p^{\mathrm{g}} > p^*$, wenn $1/r > 0$. Der Dampfdruck ist über kleinen Tröpfchen größer als der Dampfdruck über der ebenen Flüssigkeitsoberfläche. Nur sehr kleine Tropfen besitzen jedoch einen merklich höheren Dampfdruck. Tabelle 5.2 gibt ein Beispiel.

Da der Dampfdruck über kleinen Tröpfchen größer ist als über großen, „fressen" die großen Tröpfchen die kleinen auf, indem der Dampf von den kleineren auf die größeren Tröpfchen hinüberdestilliert wird. Derartige Prozesse spielen in der Meteorologie eine große Rolle. Bei hoher Luftfeuchtigkeit bildet sich Nebel, da über Nebeltröpfchen der Wasserdampfdruck größer ist als über einer ebenen Wasseroberfläche.

Wenn sich ein kleines Flüssigkeitströpfchen (Kondensationskeim mit $r < 1$ nm) aus einer homogenen Dampfphase bildet, hat es zunächst einen sehr hohen Dampfdruck und geht daher beim Sättigungsdampfdruck p^* leicht wieder in die Dampfphase über. Erst ab einem gewissen Übersättigungsgrad $p^g/p^* > 1$ entstehen durch Dichtefluktuationen Tröpfchen, die gerade so groß sind, dass sie stabil bleiben und weiter wachsen können. Die Kondensation von Flüssigkeitströpfchen wird durch das Vorhandensein von Fremdsubstanzen, wie Stäube, Ionen, Tröpfchen und Gefäßwände, erleichtert (heterogene Kondensation).

Wenn eine Flüssigkeit siedet, entspricht ihr Dampfdruck dem Atmosphärendruck. Die Bildung von Gasblasen im Inneren der Flüssigkeit kann jedoch erst erfolgen, wenn der Dampfdruck weiter ansteigt, denn dieser muss gemäß der KELVIN-Gleichung größer als der Innendruck der Gasblasen sein, die wenigstens Atmosphärendruck aufweisen müssen, um stabil zu sein. Dieser Effekt führt zum Überhitzen von Flüssigkeiten.

Ist die Flüssigkeitsoberfläche konkav zur Dampfphase gekrümmt, wie bei einer benetzenden Flüssigkeit in einer Kapillare, gilt wegen $1/r < 0$ $p^g < p^*$. Es kann daher zur Kondensation von Flüssigkeiten in engen Kapillaren bei Drücken kleiner als p^* kommen (Kapillarkondensation einer benetzenden Flüssigkeit). Wir sehen also, dass der Dampfdruck über konvexen Flüssigkeitsoberflächen erhöht und über konkaven Flüssigkeitsoberflächen erniedrigt ist.

5.4   Benetzung fester Oberflächen

Befindet sich ein Flüssigkeitstropfen auf einer festen Oberfläche, dann gibt es drei Grenzflächen: flüssig/gasförmig, flüssig/fest und fest/gasförmig (Abb. 5.5a). Die drei Grenzflächen sind jeweils durch eine Grenzflächenspannung charakterisiert. Jede dieser drei Grenzflächenspannungen ist proportional zu einer Kraft, die tangential zur jeweiligen Grenzfläche wirkt. Durch sie ist eine Grenzfläche i. d. R. betrebt, sich zu verkleinern. Im Fall der flüssig/fest-Grenzfläche gibt es jedoch auch negative Grenzflächenspannungen, wenn die Atome oder Moleküle des Festkörpers die Flüssgkeitsmoleküle stärker anziehen als diese sich selbst. Im Gleichgewicht gilt für den Tropfen folgende Gleichung (Abb. 5.5a):

$$\sigma_{sg} = \sigma_{ls} + \sigma_{lg} \cos\theta \tag{5.15}$$

Dies ist die Gleichung von YOUNG. θ nennt man Kontaktwinkel.

Wenn eine Flüssigkeit die Innenwand einer Kapillare benetzt, dann ist der Kontaktwinkel kleiner als 90°, so dass sich ein konkaver Meniskus relativ zur Luft ausbildet (Abb. 5.5b). Als Folge besteht in der Flüssigkeit unterhalb des Meniskus ein negativer Kapillardruck gegenüber dem äußeren Luftdruck. Aufgrund dieses Unterdrucks steigt die Flüssigkeit in der Kapillare hoch, bis der Kapillardruck dem hydrostatischen Druck entspricht:

$$\varrho g h = \frac{2\sigma}{r} = \frac{2\sigma \cos\theta}{R} \tag{5.16}$$

Hier ist ϱ die Dichte der Flüssigkeit, g die Erdbeschleunigung, h die Steighöhe, σ die Oberflächenspannung der Flüssigkeit (flüssig/gasförmig-Grenzflächenspannung), r der Radius des Meniskus, R der Kapillarradius und θ der Kontaktwinkel. Die Steighöhe ist damit umgekehrt proportional zum Kapillarradius, was z. B. für den Transport von Wasser in Pflanzen wichtig ist. Die obige Gleichung gilt auch für Kontaktwinkel,

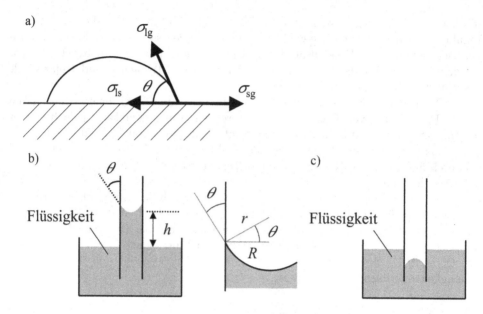

Abbildung 5.5: Benetzung fester Oberflächen. a) Flüssigkeitstropfen auf einer festen Oberfläche. Es wird ein Kontaktwinkel ausgebildet, der von den drei Grenzflächenspannungen σ_{lg}, σ_{ls} und σ_{sg} bestimmt wird. b) In Kapillaren steigt eine Flüssigkeit nach oben, wenn der Kontaktwinkel kleiner als 90° ist. R bezeichnet den Kapillarradius und r den Radius des Meniskus. c) Bei Kontaktwinkeln größer als 90° erfolgt eine Kapillardepression.

die größer als 90° sind. Hierfür resultiert eine negative Steighöhe, d. h., es kommt zu einer Kapillardepression, wie man sie für Quecksilber findet (Abb. 5.5c).

Beispiel:
Die Oberflächenspannung von Wasser beträgt bei 298 K 72 mN m^{-1}. Mit einer Dichte von 0,997 g cm^{-3}, bei einem Kapillarradius von 0,01 mm und vollständiger Benetzung ($\theta = 0°$) ergibt sich eine Steighöhe von 1,47 m.

5.5 Thermodynamische Oberflächengrößen

In fluiden Einstoffsystemen mit einer Oberfläche treten als Arbeitsterme die Volumenarbeit $-pdV$ und die Oberflächenarbeit σdA_S auf. Durch die Kombination des ersten und zweiten Hauptsatzes der Thermodynamik ergibt sich bei infinitesimalen reversiblen Zustandsänderungen für die innere Energie U:

$$dU = đQ_{rev} + đW_{rev}$$

$$= TdS - pdV + \sigma dA_S \tag{5.17}$$

Der entsprechende Ausdruck für die HELMHOLTZ-Energie $(A = U - TS)$ lautet:

$$
\begin{aligned}
\mathrm{d}A &= \mathrm{d}U - T\mathrm{d}S - S\mathrm{d}T \\[4pt]
&= T\mathrm{d}S - p\mathrm{d}V + \sigma\mathrm{d}A_\mathrm{S} - T\mathrm{d}S - S\mathrm{d}T \\[4pt]
&= -S\mathrm{d}T - p\mathrm{d}V + \sigma\mathrm{d}A_\mathrm{S}
\end{aligned}
\tag{5.18}
$$

Wir bilden das totale Differential von $A(T, V, A_\mathrm{S})$:

$$
\mathrm{d}A = \left(\frac{\partial A}{\partial T}\right)_{V,A_\mathrm{S}} \mathrm{d}T + \left(\frac{\partial A}{\partial V}\right)_{T,A_\mathrm{S}} \mathrm{d}V + \left(\frac{\partial A}{\partial A_\mathrm{S}}\right)_{T,V} \mathrm{d}A_\mathrm{S}
\tag{5.19}
$$

Der Koeffizientenvergleich mit Gleichung 5.18 liefert:

$$
\left(\frac{\partial A}{\partial T}\right)_{V,A_\mathrm{S}} = -S
\tag{5.20}
$$

$$
\left(\frac{\partial A}{\partial V}\right)_{T,A_\mathrm{S}} = -p
\tag{5.21}
$$

$$
\left(\frac{\partial A}{\partial A_\mathrm{S}}\right)_{T,V} = \sigma
\tag{5.22}
$$

Somit entspricht die Oberflächenspannung der Änderung der HELMHOLTZ-Energie des Systems pro Änderung der Oberfläche bei konstantem T und V, d. h. bei isotherm-isochorer Vergrößerung der Oberfläche (man stelle sich z. B. ein halbvoll mit Flüssigkeit gefülltes, verschlossenes Reagenzglas in einem Thermostaten vor, wobei die Flüssigkeitsoberfläche durch Drehen des Reagenzglases in eine horizontale Lage vergrößert wird).

Für die GIBBS-Energie $(G = U - TS + pV)$ des betrachteten Systems erhalten wir analog:

$$
\left(\frac{\partial G}{\partial A_\mathrm{S}}\right)_{T,p} = \sigma
\tag{5.23}
$$

Die Oberflächenspannung entspricht somit der Änderung der GIBBS-Energie pro isotherm-isobarer Änderung der Oberfläche. Oftmals werden die auf die Größe der Oberfläche bezogenen thermodynamischen Oberflächengrößen angegeben. Sie lauten z. B. GIBBS-Oberflächenenergie

$$
G^\mathrm{S} = \left(\frac{\partial G}{\partial A_\mathrm{S}}\right)_{T,p} = \sigma
\tag{5.24}
$$

Oberflächenentropie

$$
S^\mathrm{S} = \left(\frac{\partial S}{\partial A_\mathrm{S}}\right)_{T,p} = -\left(\frac{\partial^2 G}{\partial A_\mathrm{S} \partial T}\right)_p = -\left(\frac{\partial \sigma}{\partial T}\right)_{A_\mathrm{S},p}
\tag{5.25}
$$

und Oberflächenenthalpie

$$
H^\mathrm{S} = G^\mathrm{S} + TS^\mathrm{S} = \sigma - T\left(\frac{\partial \sigma}{\partial T}\right)_{A_\mathrm{S},p}
\tag{5.26}
$$

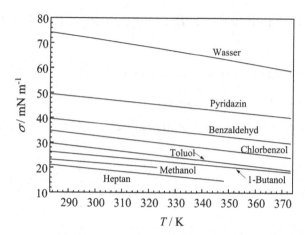

Abbildung 5.6: Temperaturabhängigkeit der Oberflächenspannung σ einiger Flüssigkeiten (nach: D. R. Lide (Hrsg.), *CRC Handbook of Chemistry and Physics*, 81. Aufl., CRC Press, Boca Raton, Florida, 2000).

Für Wasser bei 293 K beträgt die Oberflächenspannung und damit die GIBBS-Oberflächenenergie $72,8$ mN m^{-1}, $d\sigma/dT = -0,152$ mN m^{-1}K^{-1}, so dass sich die Oberflächenenthalpie zu $H^S = 117$ mN m^{-1} ergibt. Wir beobachten stets eine positive Oberflächenentropie, d. h., die Entropie an der Oberfläche ist verglichen mit der im Inneren der Flüssigkeit, wo die Teilchen enger gepackt sind, vergrößert.

Um die Oberflächenspannungen verschiedener Stoffe miteinander vergleichen zu können, wird die molare Oberflächenspannung definiert, die sich auf den Transport von einem Mol Teilchen an die Oberfläche bezieht:

$$\sigma_m = \sigma V_m^{2/3} \tag{5.27}$$

$V_m^{2/3}$ entspricht dem Flächenbedarf von einem Mol der Teilchen bei einer Packungsdichte, die der kondensierten Phase entspricht. Die Temperaturabhängigkeit der Oberflächenspannung ist für einige Substanzen in Abbildung 5.6 dargestellt. Der Verlauf der Kurven zeigt eine annähernd lineare Abnahme der Oberflächenspannung mit zunehmender Temperatur bis in die Nähe der kritischen Temperatur T_{kr}, bei der $\sigma = 0$ wird. Eine empirische Regel, die den Zusammenhang zwischen der molaren Oberflächenspannung und der Temperatur beschreibt, geht auf EÖTVÖS zurück:

$$\sigma_m = k_\sigma (T_{kr} - 6\,K - T) \tag{5.28}$$

Die EÖTVÖSsche Konstante k_σ hat bei normalen, nicht-assoziierten Flüssigkeiten einen Wert von etwa $2,1 \cdot 10^{-7}$ J K^{-1} mol$^{-2/3}$ und bei assoziierten Flüssigkeiten einen von etwa $1,2 \cdot 10^{-7}$ J K^{-1} mol$^{-2/3}$. Nach dieser Regel hängt die molare Oberflächenspannung linear von der Temperatur ab. Dies kann experimentell für Temperaturen bis knapp (ca. 6 K) unter T_{kr} vielfach bestätigt werden.

Bisher haben wir die Betrachtungen zur Oberflächenspannung auf eine reine Flüssigkeit in Kontakt mit der umgebenden Gasphase beschränkt. Eine analoge Betrachtung ist auch für die Grenzfläche zwischen zwei nicht mischbaren Flüssigkeiten möglich. Hier spricht man dann von Grenzflächenspannung.

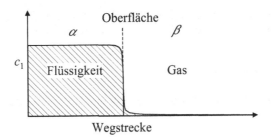

Abbildung 5.7: Schematische Darstellung des GIBBSschen Modells zur Adsorption an der Flüssigkeit/Gas-Grenzfläche. Es ist die Konzentration c_1 des Lösungsmittels senkrecht zur Oberfläche aufgetragen.

5.6 Oberflächenerscheinungen von Mischungen

Neue Gesichtspunkte treten auf, wenn wir die Oberfläche einer binären Mischung gegen Luft behandeln. Im Allgemeinen ist das Konzentrationsverhältnis der zwei Komponenten an der Oberfläche anders als in der Volumenphase, d. h., es kann eine Ab- oder Anreicherung einer Komponente an der Oberfläche auftreten.

5.6.1 Oberflächenkonzentrationen

Wir betrachten im Folgenden das GIBBSsche Modell: Komponente 1 sei das Lösungsmittel, z. B. Wasser, und Komponente 2 die gelöste Substanz, z. B. Buttersäure. Zwei Phasen α und β grenzen aneinander: α sei die fluide Phase, β die Dampfphase (Abb. 5.7). Das Volumen der Oberflächenschicht γ wird per definitionem gleich null gesetzt, d. h. $V^\gamma = 0$. Somit erhält man für die GIBBS-Energie und das Volumen des Systems:

$$G = G^\alpha + G^\beta + G^\gamma \tag{5.29}$$

$$V = V^\alpha + V^\beta \tag{5.30}$$

Wir wollen die GIBBS-Energie der Oberfläche berechnen. Bei konstanter Temperatur und konstantem Druck gilt für die Oberflächenschicht:

$$dG^\gamma = \sigma dA_S + \sum_i \mu_i dn_i^\gamma \tag{5.31}$$

σ ist die Oberflächenspannung. Integration der Gleichung ergibt:

$$G^\gamma = \sigma A_S + \sum_i \mu_i n_i^\gamma \tag{5.32}$$

Für das totale Differential von G^γ erhält man:

$$dG^\gamma = \sigma dA_S + A_S d\sigma + \sum_i \mu_i dn_i^\gamma + \sum_i n_i^\gamma d\mu_i \tag{5.33}$$

Der Vergleich von Gleichung 5.31 mit Gleichung 5.33 ergibt eine Beziehung analog der GIBBS-DUHEM-Beziehung:

$$A_S d\sigma + \sum_i n_i^\gamma d\mu_i = 0 \tag{5.34}$$

Damit ist ein Zusammenhang zwischen der Oberflächenspannung σ, den chemischen Potenzialen μ_i und den Stoffmengen n_i^γ an der Oberfläche gegeben. Betrachten wir nun ein System aus zwei Komponenten:

$$A_S d\sigma + n_1^\gamma d\mu_1 + n_2^\gamma d\mu_2 = 0 \qquad (5.35)$$

Wir führen jetzt ein neues Konzentrationsmaß ein, die so genannte Oberflächenkonzentration von i:

$$\Gamma_i = \frac{n_i^\gamma}{A_S} \qquad (5.36)$$

Wir erhalten so aus Gleichung 5.35:

$$d\sigma = -\Gamma_1 d\mu_1 - \Gamma_2 d\mu_2 \qquad (5.37)$$

Die Oberflächenkonzentration ist eine Exzesskonzentration, d. h., sie kann, je nach Vorzeichen von n_i^γ, positiv oder negativ sein. Sie gibt an, ob die Oberfläche bezüglich der Komponente i gegenüber der Volumenphase an- oder abgereichert ist.

Die Lage der Oberfläche wird nun so definiert, dass die Oberflächenkonzentration Γ_1 des Lösungsmittels gleich null ist (Abb. 5.7). Dann gilt:

$$d\sigma = -\Gamma_2 d\mu_2 \qquad (5.38)$$

Γ_2 ist nun die Oberflächenkonzentration von Stoff 2 im Lösungsmittel 1. Mit $\mu_2 = \mu_2^\infty + RT \ln a_2$ folgt ($p, T =$ konst.):

$$d\sigma = -\Gamma_2 RT \, d\ln a_2$$

$$\Gamma_2 = -\frac{1}{RT} \frac{d\sigma}{d\ln a_2} \qquad (5.39)$$

Für ideal verdünnte Lösungen kann $d\ln a_2$ durch $d\ln(c_2/c^\circ)$ substituiert werden. c_2 ist die Stoffmengenkonzentration von Komponente 2 ($c^\circ = 1$ mol L^{-1}):

$$\Gamma_2 \approx -\frac{1}{RT} \frac{d\sigma}{d\ln(c_2/c^\circ)} \qquad (5.40)$$

Gleichung 5.40 wird als GIBBSsche Adsorptionsgleichung bezeichnet. Sie ermöglicht es, aus der Oberflächenspannung die Anreicherung oder Verarmung der Oberfläche an dem gelösten Stoff 2 zu ermitteln. Dazu wird σ gegen $\ln(c_2/c^\circ)$ aufgetragen. Aus der Steigung an jedem Punkt der Kurve erhält man die Oberflächenkonzentration Γ_2 bei der Konzentration c_2 (Abb. 5.8). Es ergibt sich folgende Fallunterscheidung: Die Steigung ist positiv, d. h., mit zunehmender Konzentration des Gelösten steigt die Oberflächenspannung. Damit ist Γ_2 negativ und die Oberfläche verarmt an Gelöstem. Stoffe, die zu einer Erhöhung der Oberflächenspannung führen, heißen oberflächeninaktiv oder kapillarinaktiv. Beispiele sind Elektrolyte, wie KCl oder KNO$_3$, in Wasser.

Ist die Steigung dagegen negativ, nimmt die Oberflächenspannung mit zunehmender Konzentration an Gelöstem ab. Der gelöste Stoff reichert sich an der Oberfläche an. Diese Stoffe werden als oberflächen- oder kapillaraktiv bezeichnet. Beispiele für kapillaraktive Stoffe sind Alkohole, organische Säuren, Lipide und Tenside in

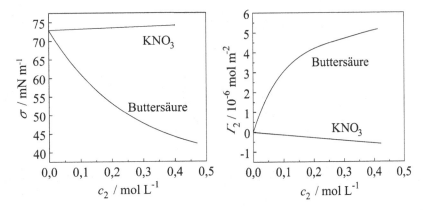

Abbildung 5.8: Oberflächenspannung σ als Funktion der Konzentration c_2 einer kapillarinaktiven (KNO$_3$) und einer kapillaraktiven (Buttersäure) Substanz (links) und Grenzflächenkonzentration der gelösten Stoffe als Funktion der Konzentration c_2 (rechts).

wässriger Lösung. Man beobachtet für solche Stoffe oftmals eine dramatische Erniedrigung der Oberflächenspannung, wobei geringe Mengen an Gelöstem ausreichen. Diese Moleküle besitzen einen polaren, hydrophilen Teil, der mit Wasser eine starke Wechselwirkung eingeht, und einen unpolaren, hydrophoben Teil. Sie werden daher auch Amphiphile genannt. Bei dem unpolaren Teil des Moleküls handelt es sich i. Allg. um eine Alkylkette, während die polaren Teile durch funktionelle Gruppen verschiedener Stoffklassen gegeben sind. Da der unpolare Teil der organischen Moleküle nur unter einem erheblichen Aufwand an freier Energie in die Lösung hineinzuziehen ist, weisen die unpolaren Teile aus der Lösung heraus. Damit wird der Kontakt der hydrophoben Gruppen mit dem polaren Wasser verringert und die Oberflächenspannung herabgesetzt. Die kapillaraktive Wirkung organischer Moleküle einer homologen Reihe nimmt kontinuierlich mit der Kettenlänge zu (Regel von TRAUBE). Fettsäuren mit mehr als etwa 10 C-Atomen sind bereits kaum mehr in der Volumenphase löslich und reichern sich praktisch nur noch an der Grenzfläche an. Seifen und Detergenzien setzen die Oberflächenspannung besonders stark herab. Sie bilden Oberflächenfilme auf Schmutzpartikeln und haben daher ihre praktische Wirksamkeit als Waschmittel.

Kapillarinaktive Stoffe, d. h. Substanzen, die die Oberflächenspannung erhöhen, sind insbesondere anorganische Salze. Der Effekt der Erhöhung der Oberflächenspannung ist jedoch nicht so stark wie der, der im umgekehrten Fall bei den kapillaraktiven Stoffen zu beobachten ist. Die Ionen der anorganischen Salze streben die Ausbildung einer vollständigen Hydrathülle an. Da dies an der Oberfläche weniger gut als im Inneren der Flüssigkeit möglich ist, werden die Ionen nicht an der Oberfläche angereichert. Auch viele organische, insbesondere niedermolekulare hydrophile Stoffe, sind kapillarinaktiv, wie z. B. Zucker und Glycerin.

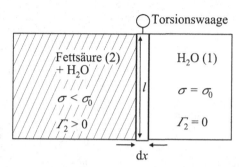

Abbildung 5.9: Prinzip einer LANGMUIR-Filmwaage.

5.6.2   Der Spreitungsdruck von Oberflächenfilmen

Die Änderung der Oberflächenspannung durch den Zusatz kapillaraktiver Stoffe kann direkt demonstriert werden. Dazu schauen wir uns kapillaraktive höhere Fettsäuren an, die in Wasser fast unlöslich sind. Der hydrophile Teil der amphiphilen Moleküle wird durch die funktionelle Säuregruppe -COOH gebildet, während die lange Alkylkette unpolar ist. Bringt man eine geringe Menge der Substanz auf die Oberfläche von Wasser, etwa durch Auftragen einer Lösung der Substanz in einem organischen Lösungsmittel, welches anschließend verdampft, so erhält man einen zusammenhängenden Flüssigkeitsfilm mit bemerkenswerten Eigenschaften. Dieser Flüssigkeitsfilm kann mit einer Filmwaage untersucht werden (Abb. 5.9). Die Oberfläche der mit Wasser gefüllten Filmwaage ist durch eine bewegliche Barriere der Länge l zweigeteilt. Auf die linke Seite wird eine bekannte Menge der nicht flüchtigen Fettsäure gegeben. Die Größe der Oberfläche, die dem sich ausbreitenden Fettsäurefilm zur Verfügung steht, kann durch Verschieben der beweglichen Barriere variiert werden. Wird die Barriere so verschoben, dass sich die Oberfläche um $dA_S = l dx$ vergrößert, dann beträgt die dabei geleistete Arbeit bzw. Änderung der freien Energie $dA_{links} = \sigma dA_S$. Wenn die linke Oberfläche vergrößert wird, verkleinern wir gleichzeitig die rechte Oberfläche, die frei von Fettsäure ist. Auf dieser Seite ist die Oberflächenspannung des reinen Wassers, σ_0, wirksam und die Änderung der freien Energie beträgt $dA_{rechts} = -\sigma_0 dA_S$. Insgesamt ergibt sich für die Änderung der freien Energie:

$$dA = dA_{links} + dA_{rechts} = (\sigma - \sigma_0)dA_S \qquad (5.41)$$

Jetzt definieren wir den Spreitungsdruck (Oberflächendruck) als die negative Ableitung der freien Energie nach der Oberfläche:

$$\Pi = -\frac{dA}{dA_S} = \sigma_0 - \sigma \qquad (5.42)$$

Der Spreitungsdruck Π ist direkt mit einer Torsionswaage messbar. Wenn die Oberflächenspannung mit steigender Konzentration der Fettsäure c_2 linear abnimmt, d. h. $\sigma = \sigma_0 - b \cdot c_2$, ergibt sich für den Spreitungsdruck:

$$\Pi = b \cdot c_2 = -\frac{d\sigma}{dc_2} \cdot c_2 = -\frac{d\sigma}{d\ln(c_2/c^\circ)} \qquad (5.43)$$

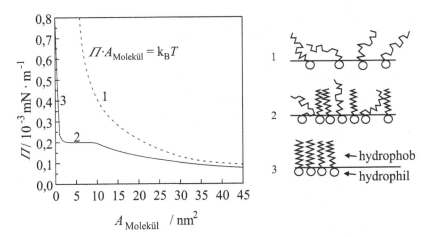

Abbildung 5.10: Darstellung des Spreitungsdrucks Π verschiedener Fettsäuren als Funktion der Fläche $A_{\text{Molekül}}$ und schematische Darstellung des Platzangebots der Moleküle an der Oberfläche.

Einsetzen in die GIBBSsche Gleichung 5.40 liefert:

$$\Pi = \Gamma_2 \cdot RT \tag{5.44}$$

Man erhält eine Zustandsgleichung, die formal der eines zweidimensionalen idealen Gases entspricht ($\Gamma_2 = n_2^{\gamma}/A_{\text{S}}$):

$$\Pi A_{\text{S}} = n_2^{\gamma} \cdot RT \tag{5.45}$$

Wegen $\Pi A_{\text{Molekül}} = k_B T$ (folgt aus Gl. 5.45 bei Division durch die Anzahl $N_A \cdot n_2^{\gamma}$ von Fettsäuremolekülen) lässt sich die Fläche $A_{\text{Molekül}}$, die einem Molekül an der Oberfläche zur Verfügung steht, ermitteln. Die Ergebnisse werden in einem $\Pi(A_{\text{Molekül}})$-Diagramm dargestellt (Abb. 5.10).

Wenn das Platzangebot der Moleküle groß ist, beobachtet man das „zweidimensionale Gasgesetz" als experimentelles Grenzgesetz (1 in Abb. 5.10). Die Moleküle haben eine große Bewegungsfreiheit. Bei Verringerung von A_{S} beobachtet man oft einen $\Pi(A_{\text{Molekül}})$-Kurvenverlauf, der dem einer Isothermen im p,V-Diagramm eines realen Gases während der Kondensation ähnelt (2 in Abb. 5.10). Ab einem bestimmten Wert von $A_{\text{Molekül}}$ erscheint ein horizontal verlaufendes Zweiphasengebiet. Nach Durchlaufen des Zweiphasengebiets beobachtet man einen steilen Anstieg des Oberflächendrucks mit fallendem Flächenwert (3 in Abb. 5.10). Dies entspricht dem Verhalten kondensierter Phasen.

Es gibt noch eine große Zahl besonderer struktureller Effekte in diesen Systemen. Durch Kombination mit spektroskopischen und Beugungsmethoden lassen sich solche Monoschichtsysteme näher charakterisieren. Mit Hilfe dieser Techniken ist es z. B. möglich, Modellbiomembransysteme zu untersuchen. Im Jahre 1935 gelang es LANGMUIR und seiner Mitarbeiterin BLODGETT, Monoschichten auf Glasplättchen zu übertragen und auch Mehrschichtsysteme herzustellen (sog. LANGMUIR-BLODGETT-Schichten). Die Mehrschichtsysteme können mit definierter Schichtstruktur und variabler Zusammensetzung aufgebaut werden. Sie sind für das Studium biologischer, photochemischer und elektrooptischer Prozesse von Interesse.

5.7 Gasadsorption an Festkörperoberflächen

Gasreaktionen an Festkörperoberflächen unterscheiden sich drastisch von denen in der homogenen Gasphase. Sie besitzen meist eine viel niedrigere Aktivierungsenergie. Die Oberflächen wirken dann als Katalysatoren (heterogene Katalyse). Zur quantitativen Erfassung der Vorgänge an Festkörperoberflächen ist zunächst eine Charakterisierung der Oberflächen erforderlich. Informationen über die Struktur und die Zusammensetzung der Oberfläche erhält man z. B. aus Beugungsexperimenten (z. B. der niederenergetischen Elektronenbeugung), der Rastertunnel- und Rasterkraftmikroskopie und einer Reihe spektroskopischer Verfahren, wie der Elektronen-Energieverlustspektroskopie und der Auger-Elektronenspektroskopie. Auf diese speziellen Verfahren können wir hier jedoch nicht eingehen. Im Folgenden werden wir allerdings typische Gasadsorptionsmodelle besprechen.

Die bei der Gasadsorption an Festkörperoberflächen auftretenden Phänomene sind aufgrund der Vielfalt von Festkörperstrukturen vielgestaltig. Das Gasteilchen erfährt an der Oberfläche eine Anziehungskraft, da an der Oberfläche des Festkörpers die anziehenden Kräfte, die die Atome oder Ionen innerhalb des Festkörpers aufeinander ausüben, nicht abgesättigt sind. Das Adsorptionsmittel, der Feststoff, wird als Adsorbens, das Gas als Adsorptiv und die adsorbierte Schicht als Adsorbat bezeichnet. Man unterscheidet Physisorption und Chemisorption:

Die Physisorption beruht auf den relativ schwachen VAN DER WAALS-Wechselwirkungen zwischen Adsorptiv und Adsorbens. Die Adsorption ist abhängig vom Gasdruck und reversibel: Bei hohem Gasdruck ist die Belegung der Oberfläche groß, bei Verringerung des Gasdrucks tritt Desorption auf. Die Adsorptionsenthalpie ist von der Größenordnung der Kondensationsenthalpien (sie wird hier als $\Delta_{ads} H = H^\gamma - H^g$ definiert und beträgt etwa -20 kJ mol^{-1}). Außer vom Druck hängt die Stärke der physikalischen Adsorption von der Temperatur, der Art des Gases und der des festen Stoffes ab.

Die Chemisorption beruht auf chemischen Bindungskräften, und das Adsorptiv wird oft nur an bestimmten Stellen des Adsorbens gebunden (lokalisierte Adsorption). Die Chemisorption ist meist irreversibel, und es kann zur Dissoziation des Moleküls kommen (z. B. bei der katalytischen Reaktion von H_2 an einer Pd-Oberfläche). Die Adsorptionsenthalpie ist viel größer und mit Reaktionsenthalpien vergleichbar (z. B. $\Delta_{ads} H = -192$ kJ mol^{-1} für CO(g) auf Fe). Im Gegensatz zur Physisorption werden bei der Chemisorption nur monomolekulare Schichten gebildet.

Experimentell beobachtet man oftmals gleitende Übergänge zwischen beiden Arten der Adsorption. Eine Auftragung des adsorbierten Gasvolumens V_{ads}, der adsorbierten Teilchenzahl N_S oder des Bedeckungsgrads θ (s. u.) gegen den Gasdruck p oder gegen p/p^* wird als Adsorptionsisotherme bezeichnet (p^* ist der Sättigungsdampfdruck des Adsorptivs bei gegebener Temperatur über dem flüssigen Zustand). Beispiele für Adsorbentien sind Silikagel und Aktivkohle, die pro Gramm etwa 500 m^2 Oberfläche besitzt. Die Bestimmung der Adsorptionsisothermen kann z. B. gravimetrisch (Thermowaage) oder gasvolumetrisch erfolgen. Hierbei wird das Volumen des

Gases in einer Vakuumapparatur in Abhängigkeit vom Druck gemessen und mit Messungen eines Inertgases (z. B. He), das nicht adsorbiert wird, verglichen. Die Differenz der Volumina ergibt die Gasmenge V_{ads}, die adsorbiert wurde.

5.7.1 Theorien der Gasadsorption

Mit einer LANGMUIR-Adsorptionsisotherme wird eine Monoschichtadsorption beschrieben. Hierbei wird vorausgesetzt, dass die Oberfläche N_{mon} gleichwertige Adsorptionsplätze besitzt und zwischen den adsorbierten Teilchen keine Wechselwirkungen bestehen. Für das Gas wird ideales Verhalten angenommen. Wenn N_S die Anzahl der adsorbierten Teilchen und p der Druck des Gases ist, dann gilt für die Adsorptionsgeschwindigkeit [Teilchen/s]:

$$v_{ads} = k_{ads}(N_{mon} - N_S) \cdot p \tag{5.46}$$

und für die Desorptionsgeschwindigkeit:

$$v_{des} = k_{des} N_S \tag{5.47}$$

Im dynamischen Gleichgewicht ($v_{des} = v_{ads}$) gilt:

$$k_{des} N_S = k_{ads}(N_{mon} - N_S)p$$

$$\frac{k_{des}}{k_{ads}} \cdot \frac{N_S}{N_{mon}} = \left(1 - \frac{N_S}{N_{mon}}\right)p$$

$$\frac{N_S}{N_{mon}}\left(\frac{k_{des}}{k_{ads}} + p\right) = p$$

$$\frac{N_S}{N_{mon}} = \frac{p}{k_{des}/k_{ads} + p} \tag{5.48}$$

bzw.

$$\theta = \frac{p}{b + p} \tag{5.49}$$

mit $b = k_{des}/k_{ads}$. Das Verhältnis der Anzahl der adsorbierten Teilchen N_S zu der Anzahl der Adsorptionsplätze N_{mon} (für monomolekulare Belegung) wird als Bedeckungsgrad θ bezeichnet. Dieser entspricht auch dem Gasvolumen der adsorbierten Teilchen bezogen auf das Gasvolumen einer monomolekularen Schicht ($\theta = N_S/N_{mon} = V_{ads}/V_{ads,mon}$). Linearisierung der Gleichung 5.48 ergibt

$$\frac{1}{N_S} = \frac{1}{N_{mon}} + \frac{b}{N_{mon}} \cdot \frac{1}{p} \tag{5.50}$$

Man erhält N_{mon} (bzw. $V_{ads,mon}$) und b aus dem Ordinatenabschnitt und der Steigung einer Auftragung von $1/N_S$ gegen $1/p$.

Für kleine Werte von p steigt die Adsorptionsisotherme linear mit p an und für große p-Werte nähert sie sich asymptotisch der monomolekularen Belegung ($\theta = 1$).

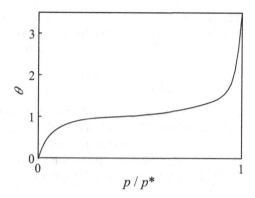

Abbildung 5.11: Schematische Darstellung einer BET-Adsorptionsisotherme.

Der Parameter b nimmt mit steigender Temperatur und positiverer Adsorptionsenthalpie zu. Die einsetzende Kondensation eines Gases bei $p/p^* = 1$ wird durch die LANGMUIRsche Adsorptionsisotherme nicht wiedergegeben.

Die BET-Adsorptionsisotherme nach S. BRUNAUER, P. EMMETT und E. TELLER stellt eine Erweiterung des LANGMUIRschen Modells dar. Es sind mehrere Adsorptionsschichten möglich, da angenommen wird, dass auf jedem adsorbierten Teilchen ein weiteres adsorbiert werden kann, was letztlich die Kondensation eines Gases bei $p/p^* = 1$ widerspiegelt. Die Adsorptionsenthalpie in den höheren Schichten ist in der Größenordnung der Kondensationsenthalpie ($\Delta_{ads} H_m \approx \Delta_{gl} H_m$).

Als Ergebnis für die Adsorptionsisotherme erhält man in diesem Modell (Abb. 5.11):

$$\theta = \frac{p}{(1 - p/p^*)\left(\frac{p^* - p}{C} + p\right)} \tag{5.51}$$

bzw. nach Linearisierung:

$$\frac{p}{V_{ads}(p^* - p)} = \frac{1}{V_{ads,mon} \cdot C} + \frac{C - 1}{V_{ads,mon} \cdot C} \cdot \frac{p}{p^*} \tag{5.52}$$

Dabei ist C eine temperaturabhängige Konstante, die von der Differenz zwischen der molaren Adsorptionsenthalpie $\Delta_{ads} H_m$ der ersten Schicht und der molaren Kondensationsenthalpie $\Delta_{gl} H_m$ abhängt: $C \approx \exp[-(\Delta_{ads} H_m - \Delta_{gl} H_m)/RT]$. Die Auftragung der linken Seite der Gleichung gegen p/p^* sollte eine Gerade mit der Steigung $(C - 1)/(V_{ads,mon} \cdot C)$ und dem Ordinatenabschnitt $(V_{ads,mon} \cdot C)^{-1}$ ergeben, woraus die monomolekulare Belegung $V_{ads,mon}$ und die Konstante C bestimmt werden kann. Für geringe Drücke, d. h. $p << p^*$, erhalten wir als Grenzverhalten

$$\theta = \frac{p}{p^*/C + p} \tag{5.53}$$

die LANGMUIR-Isotherme. Für große Drücke, d. h. $p/p^* \approx 1$, geht V_{ads} gegen unendlich. Die Anwendung des BET-Modells ermöglicht eine genauere Bestimmung der Monoschichtkapazität N_{mon} und ist somit eine gute Methode zur Bestimmung der Gesamtoberfläche eines Adsorbens. Die Methode ist daher wichtig für die Bestimmung der spezifischen Oberfläche von technischen Adsorptionsmitteln und Katalysatoren.

Kennt man den Platzbedarf w eines adsorbierten Moleküls, etwa aus einer Betrachtung der kristallinen festen Phase oder abgeschätzt über die Dichte der Flüssigkeit, so lässt sich aus der Monoschichtkapazität die Gesamtoberfläche des Adsorbens ermitteln: $A_S = w \cdot N_{mon}$.

Beispiel:
N_2-Adsorption auf Silikagel. Der aus der Dichte des N_2 bei 78 K abgeschätzte Flächenbedarf eines N_2-Moleküls ist $w = 0,16$ nm^2. $V_{ads,mon}$ wurde für Silikagel zu 129 cm^3 pro Gramm Adsorbens gefunden ($p = 10^5$ Pa, $T = 273$ K). Damit ergibt sich für die Gesamtoberfläche pro Gramm Adsorbens unter Anwendung des idealen Gasgesetzes $A_S = w \cdot N_{mon} = w \cdot p V_{ads,mon}/k_B T = 547$ m^2.

Oftmals werden auch nur empirische Ansätze zur Beschreibung experimenteller Adsorptionsisothermen herangezogen (z. B. FREUNDLICH-Adsorptionsisotherme $V_{ads} = k \cdot p^n$, k und n sind systemspezifische Konstanten). Mit ihrer Hilfe lässt sich dann die Belegung berechnen. Für die technische Anwendung in Form der heterogenen Katalyse sind solche Informationen unentbehrlich.

5.7.2 Isostere Adsorptionsenthalpie

Die Wärme, die bei der Adsorption eines Gases frei wird, hängt vom Bedeckungsgrad θ der Oberfläche ab. Daher werden isostere (θ = konst.) Adsorptionsenthalpien gemessen. Wir erhalten die isostere Adsorptionsenthalpie aus der Gleichgewichtsbedingung für das chemische Potenzial des Adsorptivs (g) und des Adsorbats (γ):

$$d\mu^g = d\mu^\gamma$$

$$-S_m^g dT + V_m^g dp = -S_m^\gamma dT + V_m^\gamma dp + \left(\frac{\partial \mu^\gamma}{\partial \theta}\right)_{T,p} d\theta \qquad (5.54)$$

Mit θ = konst. und $V_m^g = RT/p >> V_m^\gamma$ folgt:

$$\frac{RT}{p} dp = -\Delta_{ads} S_m dT$$

$$\frac{d\ln(p/p^\circ)}{dT} = -\frac{\Delta_{ads} S_m}{RT} = -\frac{\Delta_{ads} H_m}{RT^2}$$

$$\frac{d\ln(p/p^\circ)}{d(1/T)} = \frac{\Delta_{ads} H_m}{R} \qquad (5.55)$$

Die isostere Adsorptionsenthalpie $\Delta_{ads} H_m = H_m^\gamma - H_m^g$ ergibt sich somit aus der Steigung einer Auftragung von $\ln(p/p^\circ)$ gegen $1/T$ bei θ = konst. Hierfür misst man die Adsorptionsisothermen für verschiedene Temperaturen T. Je höher die Temperatur, desto flacher die Kurve, d. h., wir brauchen einen höheren Druck, um eine bestimmte Belegung zu erzielen.

Wichtige Anwendungsbeispiele von Adsorptionseffekten sind z. B. die chromatographischen Verfahren. Verschiedene Adsorptive besitzen unterschiedliche Gleichgewichtskonzentrationen in der adsorbierten bzw. gasförmigen Phase, d. h., sie werden von einem gegebenen Trägermaterial unterschiedlich stark adsorbiert. In der Gaschromatographie wird ein Strom eines inerten Gases mit dem zu trennenden Gemisch beladen und kontinuierlich über ein Adsorbens geleitet, wo die Mischungskomponenten adsorbieren. Der stetige Gasstrom hat auch einen desorbierenden Effekt, so dass man auf einer Trennsäule von geeigneter Länge eine räumliche Trennung der Mischungskomponenten erzielt. Beim Verlassen der Trennsäule erreicht man somit eine zeitliche Trennung der verschiedenen Mischungskomponenten, die einen Detektor passieren. Neben festen Adsorbensmaterialien finden auch Flüssigkeiten, die auf einem festen Träger aufgebracht sind, häufig Anwendung. Dann werden Verteilungsgleichgewichte für die Trennung wichtig.

6 Elektrochemie

Bislang haben wir uns fast ausschließlich mit elektrisch neutralen Teilchen (Atomen, Molekülen) beschäftigt. Beim Lösen von Salzen in wässrigen oder nicht wässrigen Lösungsmitteln entstehen durch vollständige oder partielle Dissoziation jedoch geladene Teilchen. Mit dem Auftreten geladener Teilchen treten neue Phänomene auf, die dem Gebiet der Elektrochemie zugeordnet sind.

6.1 Ionentransport in Elektrolytlösungen

Wir betrachten das Lösen eines Salzes in Wasser, z. B.:

$$NaCl(s) \xrightarrow{H_2O} Na^+(aq) + Cl^-(aq)$$

Es werden positiv geladene Kationen und negativ geladene Anionen gebildet. Ein Maß für die Löslichkeit eines aus Ionen aufgebauten Feststoffes ist das Löslichkeitsprodukt. Die Existenz von Ionen in wässriger Lösung lässt sich durch Leitfähigkeitsmessungen nachweisen. Hierbei wandern die gebildeten Ionen in einem angelegten elektrischen Feld. Über die Messung des elektrischen Widerstandes, z. B. mit einer WHEATSTO-NEschen Brückenschaltung, wird die Leitfähigkeit der Salzlösung, die auch Elektrolytlösung genannt wird, bestimmt. In die Elektrolytlösung tauchen zwei elektrisch gut leitende Elektroden, z. B. Pt-Elektroden (Abb. 6.1). Die Leitfähigkeitsmessung erfolgt unter Verwendung von hochfrequentem Wechselstrom im kHz-Bereich, da die Verwendung von Gleichstrom zum Aufbau von Ladungen an den Elektroden (Polarisation) und zur Elektrolyse, d. h. zu chemischen Umsetzungen an den Elektroden, führen kann, wodurch die Leitfähigkeitsmessung verfälscht würde. Wenn Wechselspannung angelegt wird, kehrt der Strom laufend seine Richtung um, und eine Polarisation an den Elektroden wird vermieden.

Für den elektrischen Widerstand $R = U/I$ eines homogenen Leiters der Länge l und der Querschnittsfläche A gilt:

$$R = \varrho \cdot \frac{l}{A} \tag{6.1}$$

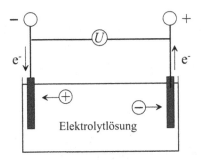

Abbildung 6.1: In einem angelegten elektrischen Feld wandern die Ionen in einer Elektrolytlösung entsprechend ihrer Ladung zur Kathode (Minuspol) bzw. Anode (Pluspol). Für Leitfähigkeitsmessungen muss hochfrequente Wechselspannung angelegt werden.

Tabelle 6.1: Spezifischer Widerstand ϱ einiger ausgewählter Substanzen bei der angegebenen Temperatur (nach: G. Wedler, *Lehrbuch der Physikalischen Chemie*, 3. Aufl., VCH, Weinheim, 1987; ∘ C. H. Hamann, W. Vielstich, *Elektrochemie*, 3. Aufl., Wiley-VCH, Weinheim, 1998; * R. C. Weast, M. J. Astle, W. H. Beyer (Hrsg.), *CRC Handbook of Chemistry and Physics*, 65. Aufl., CRC Press, Boca Raton, Florida, 1984).

Substanz	T/K	$\varrho/(\Omega\ \text{cm})$
Au (s)	273	$2,06 \cdot 10^{-6}$
Cu (s)	273	$1,55 \cdot 10^{-6}$
Hg (l)	273	$9,43 \cdot 10^{-5}$
NaCl (l)	1073	$0,27$
H_2O (rein)	273	$6,33 \cdot 10^7$
H_2O (rein)∘	298	$1,56 \cdot 10^7$
10^{-1} M KCl*	298	$77,6$
10^{-3} M KCl*	298	$6808,3$
1 M CH_3COOH	291	$769,2$
$1,11 \cdot 10^{-4}$ M CH_3COOH ∘	298	70289

In unserem Fall ist l der Abstand der Elektroden und A ist deren Querschnittsfläche. ϱ ist der spezifische Widerstand mit der SI-Einheit Ω m. Der Quotient l/A wird als Zellkonstante bezeichnet und im Allgemeinen durch Kalibriermessungen mit einer Elektrolytlösung bekannten spezifischen Widerstands (z. B. 0,1 M KCl-Lösung) bestimmt. In der Tabelle 6.1 sind Beispiele für den spezifischen Widerstand ausgewählter Substanzen bei den angegebenen Temperaturen aufgeführt.

Die spezifische Leitfähigkeit κ ist der Reziprokwert des spezifischen Widerstandes:

$$\kappa = \frac{1}{\varrho} = \frac{l}{RA} \tag{6.2}$$

Die SI-Einheit der spezifischen Leitfähigkeit ist $\Omega^{-1}\text{m}^{-1} = \text{S m}^{-1}$ (S = Siemens). Die spezifische Leitfähigkeit einer Elektrolytlösung hängt von der Anzahl der Ladungsträger, d. h. der Salzkonzentration, ab. Man definiert daher die molare Leitfähigkeit Λ_m mit der SI-Einheit $\Omega^{-1}\text{m}^2\text{mol}^{-1}$:

$$\Lambda_\text{m} = \frac{\kappa}{c} \tag{6.3}$$

c ist die molare Salzkonzentration. Die spezifische Leitfähigkeit der Lösung ist weiterhin umso größer, je höher die Ladung der Ionen ist. Daher wird die, meist früher verwendete, Äquivalentleitfähigkeit Λ_eq definiert, die Mehrfachladungen von Ionen mitberücksichtigt:

$$\Lambda_\text{eq} = \frac{\kappa}{c^*} \tag{6.4}$$

Tabelle 6.2: Grenzleitfähigkeiten verschiedener Anionen und Kationen bei 298 K (nach: R. C. Weast, M. J. Astle, W. H. Beyer (Hrsg.), *CRC Handbook of Chemistry and Physics*, 65. Aufl., CRC Press, Boca Raton, Florida, 1984).

Ion	λ_m^∞ / Ω^{-1} cm^{2}mol^{-1}	Ion	λ_m^∞ / Ω^{-1} cm^{2}mol^{-1}
H^+	349,7	OH^-	198,0
Zn^{2+}	105,6	SO_4^{2-}	160,0
K^+	73,5	Br^-	78,1
Ag^+	61,9	Cl^-	76,3
Na^+	50,1	ClO_4^-	67,3

c^* ist die Äquivalentkonzentration ($c^* = c \cdot z_+ \cdot \nu_+ = c \cdot |z_-| \cdot \nu_-$; z_+, z_- sind die vorzeichenbehafteten Ladungszahlen und ν_+, ν_- die stöchiometrischen Koeffizienten von Kation und Anion). Beispielsweise hat eine 0,2 M MgBr$_2$-Lösung eine Äquivalentkonzentration von $c^* = 0,2 \cdot 2 \cdot 1$ mol L$^{-1} = 0,4$ mol L^{-1}. Wir haben mit der Äquivalentleitfähigkeit also eine Größe, die auf die Konzentration der positiven oder negativen Ladungen bezogen ist. Die Äquivalentleitfähigkeiten sind bei gewöhnlichen, vollständig dissoziierten (starken) Elektrolyten in der Größenordnung 10^2 Ω^{-1} cm^2 mol^{-1}.

Die molare Leitfähigkeit zeigt trotz der Normierung auf c eine Konzentrationsabhängigkeit. Diese ist auf interionische Wechselwirkungen und die Konzentrationsabhängigkeit der Dissoziation zurückzuführen. Für starke Elektrolyte mit vollständiger Dissoziation hat KOHLRAUSCH im Jahre 1900 folgende Abhängigkeit der molaren Leitfähigkeit von der Konzentration festgestellt (KOHLRAUSCHsches Quadratwurzelgesetz):

$$\Lambda_m = \Lambda_m^\infty - k \cdot \sqrt{c} \tag{6.5}$$

Λ_m^∞ ist die molare Grenzleitfähigkeit für unendliche Verdünnung und k eine Konstante. Die molare Grenzleitfähigkeit erhält man aus einer Auftragung der molaren Leitfähigkeit gegen $\sqrt{c}$ und der Extrapolation auf $c = 0$. Dieses Gesetz besitzt jedoch nur für kleine Konzentrationen Gültigkeit.

In ideal verdünnten Lösungen besitzen die einzelnen Ionen unabhängig vom Gegenion individuelle Wanderungsgeschwindigkeiten im elektrischen Feld. Damit setzt sich die molare Grenzleitfähigkeit eines Salzes $K_{\nu_+}^{z+} A_{\nu_-}^{z-}$ additiv aus den Ionengrenzleitfähigkeiten der vorhandenen Ionen zusammen (Gesetz der unabhängigen Ionenwanderung):

$$\Lambda_m^\infty = \nu_+ \cdot \lambda_{m,+}^\infty + \nu_- \cdot \lambda_{m,-}^\infty \tag{6.6}$$

$\lambda_{m,+}^\infty$ ist die molare Ionengrenzleitfähigkeit des Kations und $\lambda_{m,-}^\infty$ die des Anions. In der Tabelle 6.2 sind einige Beispiele für die Grenzleitfähigkeit von Ionen bei 298 K aufgeführt. Die Konzentrationsabhängigkeit der molaren Leitfähigkeit eines typischen starken und eines typischen schwachen Elektrolyten, der unvollständig dissoziiert, ist in Abbildung 6.2 dargestellt. Nur bei unendlicher Verdünnung sind die molaren Leit-

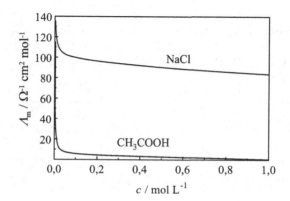

Abbildung 6.2: Konzentrationsabhängigkeit der molaren Leitfähigkeit Λ_m eines starken (NaCl) und eines schwachen Elektrolyten (CH_3COOH). Die molare Grenzleitfähigkeit der Essigsäure beträgt 390,57 Ω^{-1} cm^2 mol^{-1} (Werte entnommen aus: R. C. Weast, M. J. Astle, W. H. Beyer (Hrsg.), *CRC Handbook of Chemistry and Physics*, 65. Aufl., CRC Press, Boca Raton, Florida, 1984 (NaCl); Landolt-Börnstein, *Zahlenwerte und Funktionen*, II. Band, 7. Teil, Springer Verlag, Berlin, 1960 (CH_3COOH)).

fähigkeiten tatsächlich stoffspezifische Größen. Allgemein hängen sie von der Stoffkonzentration c und den Konzentrationen aller anderen Ionen in der Lösung ab. Bei Kenntnis der Ionengrenzleitfähigkeiten $\lambda_{m,+}^{\infty}$ und $\lambda_{m,-}^{\infty}$ kann man die molare Grenzleitfähigkeit nach Gleichung 6.6 berechnen. Die Berechnung der molaren Grenzleitfähigkeit eines Salzes gelingt auch durch Kombination molarer Grenzleitfähigkeiten verschiedener Salze (siehe folgendes Beispiel). Bei einer Elektrolytkonzentration von $c = 0,1$ M beträgt die Abweichung vom Grenzleitfähigkeitsgesetz (Gl. 6.6) bereits etwa 6 %.

Beispiel:

$$\Lambda_m^{\infty}(NaCl) = \lambda_m^{\infty}(Na^+) + \lambda_m^{\infty}(Cl^-)$$

$$= \lambda_m^{\infty}(Na^+) + \lambda_m^{\infty}(ClO_4^-) + \lambda_m^{\infty}(K^+) + \lambda_m^{\infty}(Cl^-)$$

$$-\lambda_m^{\infty}(K^+) - \lambda_m^{\infty}(ClO_4^-)$$

$$= \Lambda_m^{\infty}(NaClO_4) + \Lambda_m^{\infty}(KCl) - \Lambda_m^{\infty}(KClO_4)$$

$$= (117,4 + 149,8 - 140,8)\ \Omega^{-1}cm^2mol^{-1}$$

$$= 126,4\ \Omega^{-1}cm^2mol^{-1}$$

Aufgrund der Tatsache, dass die spezifische Leitfähigkeit eine einfache Funktion der Konzentration ist ($\kappa = c\Lambda_m$), werden Leitfähigkeitsmessungen für Konzentrationsbestimmungen in der Analytik eingesetzt. Wie wir später sehen werden, können auch

Löslichkeitsprodukte, Gleichgewichtskonstanten, Aktivitätskoeffizienten von Elektrolyten und Geschwindigkeitskonstanten bestimmt werden, wenn bei der Reaktion Ionen im Spiel sind.

6.1.1 Mikroskopische Beschreibung der Ionenwanderung im elektrischen Feld

Wir wenden uns jetzt einer detaillierteren Betrachtung des Ladungstransportes zu. Die Ionenbeweglichkeit u_j eines Ions j ist definiert als seine mittlere Geschwindigkeit (Driftgeschwindigkeit) v_j im elektrischen Feld, normiert auf die Feldstärke $E_{\text{Feld}} = U/l$:

$$u_j = \frac{v_j}{E_{\text{Feld}}} \tag{6.7}$$

Für die spezifische Leitfähigkeit einer Ionensorte j erhält man (Ionenladung z_j, Elementarladung e und Teilchenzahldichte N_j/V):

$$\kappa_j = \frac{N_j}{V}|z_j|\mathrm{e}u_j \tag{6.8}$$

Die molare Leitfähigkeit der Ionensorte j ist damit folgendermaßen mit der Beweglichkeit verknüpft:

$$\lambda_{\mathrm{m},j} = \frac{\kappa_j}{c_j} = \frac{N_j|z_j|\mathrm{e}u_j}{Vc_j} = \mathrm{N_A}|z_j|\mathrm{e}u_j = |z_j|\mathrm{F}u_j \tag{6.9}$$

F ist die FARADAY-Konstante; sie gibt die Ladung von einem Mol Elektronen an (F $= \mathrm{N_A}$e $= 96485$ C mol^{-1}, C = Coulomb). Ionen, die z-fach geladen sind, tragen somit z-fach zur molaren Leitfähigkeit bei.

Durch das angelegte elektrische Feld der Feldstärke E_{Feld} erfährt das Ion eine Beschleunigung, welche seiner BROWNschen Molekularbewegung überlagert ist. Das Ion driftet in Richtung der entgegengesetzt geladenen Elektrode und erfährt dabei einen Reibungswiderstand durch das Lösungsmittel. Die Reibungskraft wird durch das STOKESsche Gesetz ($F_{\text{Reibung}} = 6\pi\eta R_j v_j$) näherungsweise beschrieben, die im dynamischen Gleichgewicht der antreibenden Kraft des elektrischen Felds gleichzusetzen ist:

$$F_{\text{Reibung}} = F_{\text{Feld}}$$

$$6\pi\eta R_j v_j = |z_j|\mathrm{e}E_{\text{Feld}} \tag{6.10}$$

η ist der Viskositätskoeffizient des Lösungsmittels, R_j der effektive Ionenradius unter Berücksichtigung der Hydrathülle (hydrodynamischer Radius) und v_j die mittlere Driftgeschwindigkeit des Ions j. Die beiden Kräfte wirken in entgegengesetzter Richtung und nach kurzer Zeit erreichen die Ionen eine konstante Wanderungsgeschwindigkeit, die sog. Driftgeschwindigkeit. Umformung von Gleichung 6.10 liefert für die Beweglichkeit des Ions:

$$u_j = \frac{v_j}{E_{\text{Feld}}} = \frac{|z_j|\mathrm{e}}{6\pi\eta R_j} \tag{6.11}$$

Tabelle 6.3: Beweglichkeiten verschiedener Ionen in Wasser bei unendlicher Verdünnung für 298 K (berechnet mit Daten für λ_m^∞ nach R. C. Weast, M. J. Astle, W. H. Beyer (Hrsg.), *CRC Handbook of Chemistry and Physics*, 65. Aufl., CRC Press, Boca Raton, Florida, 1984).

Kation	u_j^∞ / 10^{-8} m^{2}V^{-1}s^{-1}	Anion	u_j^∞ / 10^{-8} m^{2}V^{-1}s^{-1}
H$^+$	36,24	OH$^-$	20,52
Li$^+$	4,01	F$^-$	5,74
Na$^+$	5,19	Cl$^-$	7,91
K$^+$	7,62	NO$_3^-$	7,40
NH$_4^+$	7,62	ClO$_4^-$	6,98
Mg^{2+}	5,50	C$_6$H$_5$CO$_2^-$	3,36
Ca^{2+}	6,17	SO$_4^{2-}$	8,29
Pb^{2+}	7,20	CO$_3^{2-}$	7,18

Man sieht, dass die Ionenbeweglichkeit über die Viskosität (η) sowohl temperatur- und druckabhängig, als auch lösungsmittelabhängig ist. Die Beweglichkeit des Ions ist umgekehrt proportional zu seinem hydrodynamischen Radius. Er lässt sich bei bekannter Beweglichkeit aus Gleichung 6.11 bestimmen. In der Tabelle 6.3 sind einige Ionenbeweglichkeiten für Kationen und Anionen angegeben. Es ist bemerkenswert, dass die Beweglichkeit des Li$^+$-Ions geringer als die des K$^+$-Ions ist. Das Li$^+$-Ion besitzt allerdings aufgrund seines kleineren Radius eine höhere Ladungsdichte und führt somit eine größere Hydrathülle mit sich, d. h., der hydrodynamische Radius des Li$^+$-Ions ist größer. Die Hydrathüllen sind jedoch keine stabilen Gebilde. Die H$_2$O-Moleküle in der Koordinationssphäre tauschen sehr schnell mit den Wassermolekülen der Volumenphase aus.

Beispiel:
Für das K$^+$-Ion ergibt sich mit der Beweglichkeit $u_j = 7,62 \cdot 10^{-4}$ cm^{2}V^{-1}s^{-1} in Wasser bei 298 K in einem elektrischen Feld der Feldstärke $E_{\text{Feld}} = 1$ V cm^{-1} eine Driftgeschwindigkeit von $v_j = 7,62 \cdot 10^{-4}$ cm s^{-1}. Nehmen wir für den Durchmesser eines Wassermoleküls etwa $3 \cdot 10^{-10}$ m an, so können wir leicht berechnen, dass das K$^+$-Ion ca. $3 \cdot 10^4$ Wassermoleküle pro Sekunde passiert.

Aus Gleichung 6.11 resultiert die WALDENsche Regel, die besagt, dass das Produkt aus der Beweglichkeit u_j^∞ eines Ions bei „unendlicher" Verdünnung (bzw. aus $\lambda_{m,j}^\infty$ oder Λ_m^∞) und dem Viskositätskoeffizienten des Lösungsmittels konstant ist:

$$u_j^\infty \cdot \eta = \frac{|z_j|e}{6\pi R_j} = \text{konst.} \tag{6.12}$$

Dies setzt voraus, dass sich der hydrodynamische Ionenradius im betrachteten Temperaturintervall nicht ändert, so dass die Temperaturabhängigkeit von u_j^∞ auf die der Viskosität zurückgeführt werden kann. Da die Viskosität von Flüssigkeiten mit

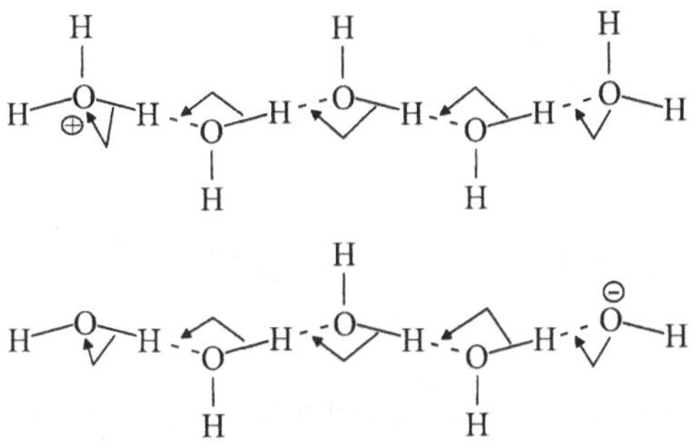

Abbildung 6.3: Der GROTTHUSS-Mechanismus erklärt die besonders hohe Beweglichkeit der Hydronium- und Hydroxid-Ionen.

steigender Temperatur abnimmt $[\eta \propto \exp(E_a/RT)]$, nimmt die Ionenleitfähigkeit entsprechend zu.

Die STOKESsche Näherung gilt nicht für das Hydroxid- und das Hydronium-Ion, da hier ein anderer Bewegungsmechanismus vorliegt. In flüssigem Wasser und in Eis sind die Wassermoleküle durch Wasserstoffbrücken-Bindungen miteinander verbunden. Hydroxid- und Hydronium-Ionen werden in Wasser durch einen „Stafetten-Mechanismus" (GROTTHUSS-Mechanismus) besonders beweglich (s. Tab. 6.3 und Abb. 6.3). Bei der H^+-Ionenleitung handelt es sich um eine Art Sprungbewegung eines der Protonen eines H_3O^+-Ions zu einem H_2O-Molekül in unmittelbarer Nachbarschaft, welches gerade eine günstige Orientierung besitzt. Dann wird dieses H_2O zum H_3O^+ u. s. w. Es wandern also keine individuellen H_3O^+-Teilchen. Die hohe Beweglichkeit der Protonen über Wasserstoffbrücken lässt vermuten, dass ein quantenmechanisches Tunneln beim Transportprozess beteiligt ist. Der geschwindigkeitsbestimmende Faktor ist die rotatorische Ausrichtung der Wasser-Moleküle. Die Beweglichkeit des Protons ist in flüssigem Wasser ca. 50 mal geringer als in Eis, da im Eis ein perfektes tetrahedrales H-Brückennetzwerk vorliegt. Ein entsprechender Prozess ist für die OH^--Leitfähigkeit verantwortlich, welche jedoch geringer ist.

Qualitative Deutung der Ionenleitfähigkeit in Elektrolyten

Es stellt sich noch die Frage, wie das Verhalten der molaren Leitfähigkeit starker Elektrolyte, das durch das KOHLRAUSCH-Gesetz beschrieben wird, erklärt werden kann. Die theoretische Ableitung nach DEBYE, HÜCKEL und ONSAGER basiert auf zwei qualitativ verständlichen Effekten als Ursache der Konzentrationsabhängigkeit der Ionenleitfähigkeit starker Elektrolyte:

1. Elektrophoretischer Effekt: Positive und negative Ionen bewegen sich mit ihren Hydrathüllen im elektrischen Feld in entgegengesetzten Richtungen. Die Ionen werden durch die Reibung ihrer Hydrathüllen aneinander gebremst.

2. Relaxationseffekt: Ist das elektrische Feld gleich null, so ist das Ion von einer symmetrischen Ionenwolke entgegengesetzter Ladung umgeben. Bei einem angelegten elektrischen Feld wandert das Ion, und es bildet sich aufgrund der Trägheit der Ionenwolke eine asymmetrische Ladungswolke aus, wodurch die Drift des Ions gehemmt wird („elektrostatische Bremse", Abb. 6.4).

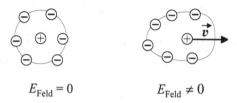

$$E_{\text{Feld}} = 0 \qquad\qquad E_{\text{Feld}} \neq 0$$

Abbildung 6.4: Ein angelegtes elektrisches Feld führt zu einer Verzerrung der symmetrischen Ladungswolke um das Zentralion. Die Drift des Kations zur Kathode nach rechts wird durch eine entgegengesetzt gerichtete, elektrostatische Kraft nach links gehemmt.

Diese beiden Effekte wirken der Bewegung des Ions durch die Lösung entgegen, woraus bei quantitativer Ableitung die $\sqrt{c}$-Abhängigkeit folgt. Aus der DEBYE-HÜCKEL-ONSAGER-Theorie folgt für 1:1-Elektrolyte, die vollständig dissoziieren, bei einer Konzentration kleiner als 0,1 M:

$$\Lambda_{\mathrm{m}} = \Lambda_{\mathrm{m}}^{\infty} - (B_1 \cdot \Lambda_{\mathrm{m}}^{\infty} + B_2)\sqrt{c} \tag{6.13}$$

mit

$$B_1 = 0,586 \cdot \frac{z^3 \mathrm{eF}^2}{24\pi\varepsilon\mathrm{R}T} \cdot \sqrt{\frac{2}{\pi\varepsilon\mathrm{R}T}}$$

$$B_2 = \frac{z^2 \mathrm{eF}^2}{3\pi\eta} \cdot \sqrt{\frac{2}{\varepsilon\mathrm{R}T}}$$

Vergleichen wir diese Beziehung mit dem $\sqrt{c}$-Gesetz von KOHLRAUSCH, Gleichung 6.5, erkennen wir, dass die Konstante k von dem Viskositätskoeffizienten η des Lösungsmittels, dessen Dielektrizitätskonstante ε, der Temperatur T und der Ladungszahl z der Ionen abhängt. Für die Gültigkeit der Theorie gibt es experimentelle Hinweise. Wird die Leitfähigkeit bei sehr hoher Frequenz ($10^7 - 10^8$ Hz) gemessen, so kommt die Ausbildung der Ionenatmosphäre der Ionenbewegung nicht mehr nach. Damit kann sich keine asymmetrische Ladungswolke mehr ausbilden, der zweite retardierende Effekt auf die Ionenwanderung entfällt, und die Leitfähigkeit steigt etwas an (DEBYE-FALKENHAGEN-Effekt). Weiterhin nimmt die Leitfähigkeit bei sehr hohem angelegten elektrischen Feld zu, da die Ionen so schnell werden, dass sie aus der Ionenatmosphäre herauslaufen (1. WIEN-Effekt).

6.1.2 Diffusion in Elektrolytlösungen

Wir sahen bisher, dass Ionen unter dem Einfluss eines elektrischen Feldes wandern. Dabei trat die elektrische Feldstärke als treibende Kraft auf. Jetzt betrachten wir den Fall, dass sich ein Ion auch aufgrund lokal unterschiedlicher Konzentrationen bewegt, also die Wanderung eines Stoffes in einem chemischen Potenzialgefälle. Das nennen wir Diffusion. Da sich die Konzentrationsunterschiede zum Erreichen des Gleichgewichts ausgleichen, haben wir eine Vorzugsrichtung der Bewegung der Teilchen dahin, wo die Konzentration geringer ist. Wir beschränken uns hier auf die eindimensionale Diffusion in x-Richtung. Als treibende Kraft wirkt ganz allgemein die thermodynamische Kraft F_{th}:

$$F_{th} = -\frac{1}{N_A} \left(\frac{\partial \mu_j}{\partial x} \right)_{p,T} \qquad (6.14)$$

$(\partial \mu_j / \partial x)_{p,T}$ ist das chemische Potenzialgefälle. Es ist negativ in Richtung der Diffusion. Durch Division durch die AVOGADRO-Konstante erhalten wir die Kraft auf das Teilchen j. F_{th} ist durch das chemische Potenzial $\mu_j = \mu_j^\infty + RT \ln a_j$ gegeben:

$$F_{th} = -k_B T \left(\frac{\partial \ln a_j}{\partial x} \right)_{p,T} \qquad (6.15)$$

Für hinreichend verdünnte Lösungen gilt $(a_j \to x_j \propto c_j)$:

$$F_{th} = -k_B T \left(\frac{\partial \ln(c_j/c^\circ)}{\partial x} \right)_{p,T} \qquad (6.16)$$

$$= -\frac{k_B T}{c_j} \left(\frac{\partial c_j}{\partial x} \right)_{p,T} \qquad (6.17)$$

c_j ist die molare Konzentration des gelösten Stoffes j und c° die Standard-Konzentration 1 mol L^{-1}. Das erste FICKsche Gesetz beschreibt das Diffusionsverhalten in einem solchen Konzentrationsgradienten in x-Richtung:

$$J_x = -D_j \frac{dc_j}{dx} \qquad (6.18)$$

J_x ist hier der molare Teilchenfluss mit der Einheit mol m^{-2}s^{-1}. J_x ist auch mit der Driftgeschwindigkeit v_j der Teilchen über

$$J_x = v_j c_j \qquad (6.19)$$

verknüpft. Kombinieren wir die beiden Gleichungen, erhalten wir:

$$D_j = -\frac{v_j c_j}{dc_j/dx} \qquad (6.20)$$

Der Vergleich mit Gleichung 6.17 liefert:

$$D_j = \frac{v_j k_B T}{F_{th}} \qquad (6.21)$$

Wenn die treibende Kraft und die Driftgeschwindigkeit des Teilchens bekannt sind, lässt sich der Diffusionskoeffizient berechnen.

Der Stofftransport kann allgemein durch Diffusion im Konzentrationsgradienten und Migration (Wanderung im elektrischen Feld) erfolgen. Wenn die treibende Kraft, die auf das Ion wirkt, allein eine elektrische Kraft ist, d. h. $F_{th} = |z_j| e E_{Feld}$ und $v_j = u_j E_{Feld}$, folgt mit Gleichung 6.21 die EINSTEIN-Beziehung zwischen dem Diffusionskoeffizienten D_j und der Ionenbeweglichkeit u_j des Ions j:

$$D_j = \frac{u_j k_B T}{|z_j| e} = \frac{u_j RT}{|z_j| F} \qquad (6.22)$$

Beispiel:
Wir betrachten eine wässrige NaCl-Lösung ($c = 0,1$ mol L^{-1}) bei 298 K. Die gemessene Ionenbeweglichkeit der Na^+-Ionen beträgt $u_{Na^+} = 5,19 \cdot 10^{-8}$ $m^2V^{-1}s^{-1}$, und für den Diffusionskoeffizienten der Na^+-Ionen berechnen wir $D_{Na^+} = 1,3 \cdot 10^{-9}$ m^2s^{-1}. Die Wurzel aus der mittleren quadratischen Verschiebung der Na^+-Ionen $\sqrt{\langle x^2 \rangle} = \sqrt{2D_{Na^+}t}$ beträgt damit etwa 3 mm in einer Stunde.

Die EINSTEIN-Beziehung ermöglicht auch eine Verknüpfung der molaren Grenzleitfähigkeit mit dem Diffusionskoeffizienten des Ions:

$$\lambda^\infty_{m,j} = |z_j| F u^\infty_j = \frac{D_j z_j^2 F^2}{RT} \tag{6.23}$$

Für die molare Grenzleitfähigkeit eines Elektrolyten gilt Gleichung 6.6. Setzt man für die molare Grenzleitfähigkeit der Anionen und Kationen Gleichung 6.23 ein, erhält man die NERNST-EINSTEIN-Beziehung:

$$\Lambda^\infty_m = \frac{F^2}{RT}(\nu_+ z_+^2 D_+ + \nu_- z_-^2 D_-) \tag{6.24}$$

Somit lassen sich aus Leitfähigkeitsmessungen Diffusionskoeffizienten ermitteln. Wegen der Elektroneutralität beobachtet man i. Allg. keine Diffusion von Einzelionen (aber: Tracer- oder Selbstdiffusionskoeffizienten von radioaktiven Ionen sind bestimmbar, z. B. von $^{24}Na^+$ in $^{23}NaCl$). Bei der Diffusion von Salzen müssen wir einen geeigneten Mittelwert der Diffusionskoeffizienten der Ionen zur Wiedergabe des gesamten Diffusionskoeffizienten D benutzen. NERNST zeigte, dass für die Diffusion eines Salzes $K^{z_+}_{\nu_+} A^{z_-}_{\nu_-}$ gilt:

$$D = \frac{(\nu_+ + \nu_-) \cdot D_+ D_-}{D_+ + D_-} \tag{6.25}$$

Der treibenden Kraft für die Diffusion eines Ions wirkt eine gleich große Reibungskraft entgegen, so dass auch $F_{th} = 6\pi\eta R_j v_j$ gilt. Aus Gleichung 6.21 folgt dann die STOKES-EINSTEIN-Beziehung, die eine Beziehung zwischen dem Diffusionskoeffizienten des Ions j und dem Viskositätskoeffizienten η der Lösung herstellt:

$$D_j = \frac{k_B T}{6\pi\eta R_j} \tag{6.26}$$

Die Gleichung gilt für sphärische Teilchen, die nicht zu klein sind. Da keine Abhängigkeit von der Ladung des diffundierenden Teilchens mehr besteht, gilt diese Gleichung auch für elektrisch neutrale Moleküle. In Tabelle 6.4 sind einige Diffusionskoeffizienten beispielhaft aufgeführt.

6.1.3 FARADAY-Gesetze (Coulombmeter)

Wir wollen auf die Wirkung von Gleichstrom in einer Salzlösung zurückkommen. Durch Anlegen einer Gleichspannung beobachten wir elektrochemische Auflösungs- bzw. Abscheidungsreaktionen an den Elektroden, eine Elektrolyse. Fließt durch den

Tabelle 6.4: Diffusionskoeffizienten verschiedener Teilchen in verdünnter wässriger Lösung bei 298 K (nach: D. R. Lide (Hrsg.), *CRC Handbook of Chemistry and Physics*, 76. Aufl., CRC Press, Boca Raton, Florida, 1995).

Teilchen	H^+	Na^+	K^+	OH^-
D_j / 10^{-9} m^{2}s^{-1}	9,311	1,334	1,957	5,273

äußeren Stromkreis einer Elektrolyse-Zelle während der Zeit t der Strom I, so wird dadurch die Ladungsmenge Q transportiert, welche der in der gleichen Zeit zwischen Anode und Kathode ausgetauschten Ladung gleicht. Wird in der Zeit t an einer Elektrode die Masse m an Ionen entladen, so entspricht dies einer Stoffmenge von m/M und entsprechend $|z|N_A m/M$ Elektronen. Für die ausgetauschte, im Elektrolyten transportierte Ladung Q gilt somit:

$$Q = It = |z|eN_A \frac{m}{M} = |z|F\frac{m}{M} = |z|Fn \qquad (6.27)$$

Damit ist also die Menge eines abgeschiedenen oder aufgelösten Stoffes der dabei geflossenen elektrischen Ladung $Q = It$ proportional (erstes FARADAYsches Gesetz). Der Proportionalitätsfaktor ist die FARADAY-Konstante.

Für It = konst. folgt das zweite FARADAYsche Gesetz:

$$\frac{m_1}{m_2} = \frac{M_1/|z_1|}{M_2/|z_2|} \qquad (6.28)$$

Die durch gleiche Elektrizitätsmengen abgeschiedenen Massen m_1 und m_2 verschiedener Stoffe verhalten sich somit wie die durch die Ladungszahlen dividierten molaren Massen. Anwendung finden die FARADAY-Gesetze mit dem Coulombmeter (z. B. Silbercoulombmeter, Knallgascoulombmeter), indem über die quantitative Bestimmung des abgeschiedenen Elektrolyseproduktes die geflossene Ladungsmenge oder die Ladungszahl z berechnet werden kann. Andererseits können durch die Messung der geflossenen Ladungsmenge auch die Stoffmengen der abgeschiedenen oder aufgelösten Stoffe bestimmt werden. Im folgenden Kapitel wollen wir die FARADAY-Gesetze nutzen, um Überführungszahlen und damit Einzelionenbeweglichkeiten zu bestimmen.

6.1.4 Überführungszahlen

Leitfähigkeitsmessungen liefern uns nur Summen molarer Ionenleitfähigkeiten oder Ionenbeweglichkeiten. Der Ladungstransport in Elektrolytlösungen erfolgt jedoch nicht durch alle Ionen gleichermaßen. Hier werden wir kennenlernen, wie molare Leitfähigkeiten einzelner Ionensorten bestimmt werden können. Das Verfahren basiert auf der Bestimmung der sog. Überführungszahlen. Die Überführungszahl t_+ des Kations bzw. t_- des Anions eines Elektrolyten ist als der Anteil am Gesamtstrom I definiert, der von den Kationen bzw. Anionen transportiert wird:

$$t_+ = \frac{I_+}{I} \qquad\qquad t_- = \frac{I_-}{I} \qquad (6.29)$$

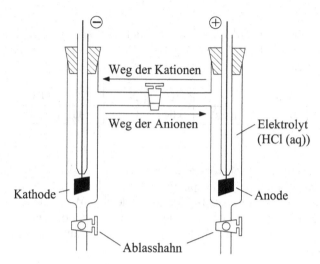

Weg der Kationen

Weg der Anionen

Elektrolyt
(HCl (aq))

Kathode

Anode

Ablasshahn

Abbildung 6.5: Aufbau der Elektrolysezelle nach HITTORF zur Bestimmung von Überführungszahlen. Als Elektroden werden inerte Pt-Elektroden verwendet.

Da $I = I_+ + I_-$, ist $t_+ + t_- = 1$. Für den Fall unendlicher Verdünnung ($c \to 0$) gilt wegen Gleichung 6.6:

$$t_+^\infty = \frac{\nu_+ \lambda_{m,+}^\infty}{\Lambda_m^\infty} \qquad\qquad t_-^\infty = \frac{\nu_- \lambda_{m,-}^\infty}{\Lambda_m^\infty} \tag{6.30}$$

Den Zusammenhang mit den Ionenbeweglichkeiten erhält man mit Hilfe der Gleichungen 6.6 und 6.9. Für einen symmetrischen Elektrolyten ($\nu_+ = \nu_-$ und $z_+ = |z_-|$) erhält man:

$$t_+^\infty = \frac{\nu_+ z_+ \mathrm{F} u_+^\infty}{\nu_+ z_+ \mathrm{F} u_+^\infty + \nu_- |z_-| \mathrm{F} u_-^\infty} = \frac{u_+^\infty}{u_+^\infty + u_-^\infty} \tag{6.31}$$

$$t_-^\infty = \frac{\nu_- |z_-| \mathrm{F} u_-^\infty}{\nu_+ z_+ \mathrm{F} u_+^\infty + \nu_- |z_-| \mathrm{F} u_-^\infty} = \frac{u_-^\infty}{u_+^\infty + u_-^\infty} \tag{6.32}$$

Es folgt weiter (Gl. 6.11):

$$\frac{t_+^\infty}{t_-^\infty} = \frac{\nu_+ \lambda_{m,+}^\infty}{\nu_- \lambda_{m,-}^\infty} = \frac{\nu_+ z_+ u_+^\infty}{\nu_- |z_-| u_-^\infty} = \frac{\nu_+ z_+^2 / R_+}{\nu_- z_-^2 / R_-} \tag{6.33}$$

In wässrigen Elektrolytlösungen ist t_+^∞ / t_-^∞ somit abhängig vom Verhältnis der Ladungszahlen und der effektiven Ionenradien.

Die Überführungszahlen der Anionen und Kationen sind unabhängig voneinander messbar und somit auch die einzelnen Ionenleitfähigkeiten und Ionenbeweglichkeiten. Die Bestimmung der Überführungszahlen erfolgt z. B. mit Hilfe der Elektrolyse-Methode nach HITTORF (Abb. 6.5). Die Elektroden bestehen aus Pt-Blech, der Elektrolyt sei z. B. Salzsäure. Bei der Elektrolyse scheidet sich kathodisch Wasserstoff und anodisch Chlorgas ab:

Tabelle 6.5: Stoffmengenänderungen Δn von HCl beim Ladungstransport der Menge Q in der HITTORFschen Elektrolyseapparatur.

Raum	Ion	Stoffmengenänderungen Δn der Ionen		
		Entladung	Wanderung	Gesamt
Kathodenraum	H^+	$-Q/F$	t_+Q/F	$\Delta n_+ = -t_-Q/F$
	Cl^-	-	$-t_-Q/F$	$\Delta n_- = -t_-Q/F$
Anodenraum	H^+	-	$-t_+Q/F$	$\Delta n_+ = -t_+Q/F$
	Cl^-	$-Q/F$	t_-Q/F	$\Delta n_- = -t_+Q/F$
	Stoffmengenänderung Δn des Elektrolyten			
Kathodenraum	$\Delta n_{HCl} = -t_-Q/F$			
Anodenraum	$\Delta n_{HCl} = -t_+Q/F$			

$$\text{Anode:} \quad Cl^-(aq) \quad \rightarrow \quad \tfrac{1}{2}Cl_2(g) + e^-$$

$$\text{Kathode:} \quad H^+(aq) + e^- \rightarrow \quad \tfrac{1}{2}H_2(g)$$

Die Kenntnis der Elektrodenvorgänge ist Voraussetzung für die Anwendung dieser Methode. Die Stoffmengenänderung an HCl in den beiden Elektrodenräumen beim Ladungstransport der Menge Q, die entsprechend dem 1. FARADAY-Gesetz zur Abscheidung von Kationen bzw. Anionen führt, ist in Tabelle 6.5 aufgeführt. Bei Stromfluss stellt man in unterschiedlichem Maße Konzentrationsänderungen in beiden Elektrodenräumen fest, wenn zu Beginn in beiden Hälften der Zelle gleiche Konzentrationen vorlagen. Dies ist auf die unterschiedlichen Beweglichkeiten bzw. Wanderungsgeschwindigkeiten von Anion und Kation unter Beibehaltung der Elektroneutralität zurückzuführen. Die Änderung der Stoffmenge des Elektrolyten ist durch Titration bestimmbar. Man misst nach einer gewissen Zeit eine Abnahme des Elektrolytgehaltes, z. B. im Anodenraum, und erhält daraus, wie in Tabelle 6.5 gezeigt, t_+. Analog erhält man t_- aus der Abnahme des Elektrolytgehaltes im Kathodenraum. Dabei muss natürlich $t_+ + t_- = 1$ gelten. Die Konzentrationsänderungen greifen kontinuierlich in den Raum um die Elektroden hinaus. In hinreichender Entfernung, im Mittelteil der Apparatur, ist die Konzentration unverändert. Die Ionenwanderung im elektrischen Feld ist schematisch in Abbildung 6.6 dargestellt. Es sei $u_+ = 4u_-$, so dass $4/5$ des Stromes in der Elektrolytlösung durch die Kationenwanderung und $1/5$ des Stromes durch die Anionenwanderung bewirkt werden. An der Kathode werden in derselben Zeit genauso viele Kationen entladen (Reduktion) wie Anionen an der Anode (Oxidation).

Eine weitere Methode zur Bestimmung von Überführungszahlen ist die Methode der „Wandernden Grenzfläche". Dabei wird die Verschiebung der Phasengrenze zwischen einer gefärbten und einer ungefärbten Elektrolytlösung (z. B. $KMnO_4$ und K_2SO_4) unter dem Einfluss eines elektrischen Feldes beobachtet. Die Versuchsanordnung ist in Abbildung 6.7 schematisch gezeigt. Zwischen zwei Elektroden befindet sich auf einer Plexiglasplatte ein Film einer verdünnten K_2SO_4-Lösung. An der Kathode

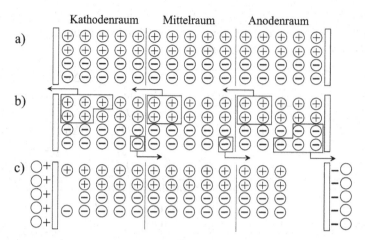

Kathodenraum   Mittelraum   Anodenraum

Abbildung 6.6: Schematische Darstellung der Ionenwanderung im elektrischen Feld. a) Zu Beginn der Elektrolyse. b) Während der Elektrolyse werden 5 mol Ionen pro Zeiteinheit entladen, d. h. 5 mol Kationen reduziert und 5 mol Anionen oxidiert. In derselben Zeit müssen aus Elektroneutralitätsgründen 4 mol Kationen aus dem Mittelraum in den Kathodenraum und 4 mol Kationen aus dem Anodenraum in den Mittelraum wandern. Jeweils 1 mol Anionen wandert in derselben Zeit vom Kathoden- in den Mittelraum und vom Mittel- in den Anodenraum. c) Als Resultat dieses Vorgangs hat die Elektrolytlösung 5 mol des Elektrolyten verloren, davon 1 mol im Kathodenraum und 4 mol im Anodenraum (nach: G. Wedler, *Lehrbuch der Physikalischen Chemie*, VCH, Weinheim, 1987).

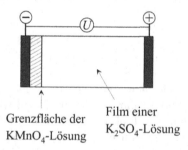

Grenzfläche der   Film einer
KMnO$_4$-Lösung   K$_2$SO$_4$-Lösung

Abbildung 6.7: Methode der „Wandernden Grenzfläche" (Moving boundary-Methode).

ist in der K$_2$SO$_4$-Lösung etwas violettes KMnO$_4$ gelöst. Beim Anlegen einer Spannung U wandern Permanganat-Ionen zur Anode. Die Wanderungsgeschwindigkeit v_- wird bestimmt, indem die Verschiebung der Farbgrenze mit der Zeit t gemessen wird. Die Ionenbeweglichkeit u_- wird mit Gleichung 6.7 berechnet. Die Überführungszahl des Permanganations erhält man über folgende Beziehung:

$$t_- = \frac{\lambda_{m,-}}{\Lambda_m} = \frac{Fu_-}{\kappa/c} \tag{6.34}$$

Hier ist c die molare Konzentration und κ die spezifische Leitfähigkeit der KMnO$_4$-

Tabelle 6.6: Überführungszahlen von Kationen und Anionen verschiedener Salze in 0,01 M Lösung bei 298 K (nach: Landolt-Börnstein, *Zahlenwerte und Funktionen*, II. Band, 7. Teil, Springer Verlag, Berlin, 1960).

Elektrolyt	t_+	t_-
HCl	0,825	0,175
LiCl	0,329	0,671
NaCl	0,3918	0,6082
KCl	0,496	0,504
CaCl$_2$	0,4264	0,5736
KBr	0,4841	0,5159
KI	0,4884	0,5116

Lösung. Eine weitere Methode zur Bestimmung von Überführungszahlen werden wir später kennenlernen (Kap. 6.4.4).

Die Überführungszahlen hängen nur schwach von der Konzentration der Lösung ab. Bei etwa $c = 0,01$ M ist $t_+ \approx t_+^\infty$ bzw. $t_- \approx t_-^\infty$, so dass mit der molaren Grenzleitfähigkeit Λ_m^∞ die molaren Ionengrenzleitfähigkeiten $\lambda_{m,+}^\infty$ und $\lambda_{m,-}^\infty$ berechnet werden können. In der Tabelle 6.6 sind einige Zahlenwerte von t_+ und t_- bei 298 K aufgeführt. Wie die Tabelle zeigt, hängen die Überführungszahlen von der Natur des Gegenions ab.

6.1.5 Leitfähigkeit schwacher Elektrolyte

Schwache Elektrolyte sind Substanzen, die in Lösung nur unvollständig ionisiert vorliegen, wie z. B. schwache BRØNSTED-Säuren und -Basen, worunter viele organische Säuren (z. B. Essigsäure) und Basen fallen. Der Verlauf der molaren Leitfähigkeit in Abhängigkeit von der Konzentration ist für schwache Elektrolyte deutlich verschieden von dem starker Elektrolyte, für die bei hinreichend kleiner Konzentration das KOHLRAUSCHsche Quadratwurzelgesetz gilt (s. Abb. 6.2). Die Leitfähigkeit hängt von der Anzahl der Ionen in der Lösung ab und vom Dissoziationsgrad α der Substanz. Betrachten wir das Protolysegleichgewicht einer schwachen Säure HA der Ausgangskonzentration c:

$$HA(aq) + H_2O(l) \rightleftharpoons H_3O^+(aq) + A^-(aq)$$

mit

$$c_{H_3O^+} = \alpha \cdot c \qquad c_{A^-} = \alpha \cdot c$$

$$c_{HA} = (1 - \alpha) \cdot c$$

Damit folgt für die Dissoziations- oder Säurekonstante:

$$K_S = \frac{c_{H_3O^+} \, c_{A^-}}{c_{HA}} = \frac{\alpha^2 c}{(1 - \alpha)} \tag{6.35}$$

Dabei wird die Konzentration des Wassers c_{H_2O} als konstant angenommen. Als Beispiel sei hier die Dissoziationskonstante der Essigsäure genannt, die bei 298 K $1,754 \cdot 10^{-5}$ mol L^{-1} beträgt.

Die molare Leitfähigkeit eines teilweise dissoziierten Stoffes kann durch $\Lambda_m = \alpha \cdot \Lambda_m'$ ausgedrückt werden. Λ_m' ist die hypothetische molare Leitfähigkeit bei vollständiger Dissoziation. Bei geringen Konzentrationen kann Λ_m' durch die molare Grenzleitfähigkeit ersetzt werden ($c \to 0$, $\alpha \to 1$) und man erhält:

$$\alpha = \frac{\Lambda_m}{\Lambda_m^\infty} \tag{6.36}$$

Umformen von Gleichung 6.35 mit Gleichung 6.36 ergibt das OSTWALDsche Verdünnungsgesetz:

$$K_S = \frac{\Lambda_m^2 c}{\Lambda_m^\infty (\Lambda_m^\infty - \Lambda_m)} \tag{6.37}$$

Linearisierung dieser Gleichung führt zu:

$$\frac{1}{\Lambda_m} = \frac{1}{\Lambda_m^\infty} + \frac{\Lambda_m c}{(\Lambda_m^\infty)^2 K_S} \tag{6.38}$$

Das OSTWALDsche Verdünnungsgesetz beschreibt die beobachtete Konzentrationsabhängigkeit der molaren Leitfähigkeit schwacher Elektrolyte. Wegen des geringen Dissoziationsgrades spielen interionische Wechselwirkungen keine so große Rolle für $\Lambda_m(c)$ wie für starke Elektrolyte. Die Auftragung von $(\Lambda_m)^{-1}$ gegen $\Lambda_m c$ liefert den reziproken Wert der molaren Grenzleitfähigkeit als Ordinatenabschnitt. Damit kann dann mit Gleichung 6.36 der Dissoziationgrad α berechnet werden. Mit steigender Verdünnung steigt Λ_m wegen der zunehmenden Dissoziation steil an.

Beispiel:
Die molare Leitfähigkeit von Essigsäure wurde bei zwei verschiedenen Konzentrationen gemessen, um hieraus den Dissoziationsgrad zu ermitteln:

$c = 2,0 \cdot 10^{-2}$ mol L^{-1} $\quad \Lambda_m = 11,6\ \Omega^{-1}$cm^{2}mol^{-1} $\quad \alpha = 0,032$
$c = 1,1 \cdot 10^{-4}$ mol L^{-1} $\quad \Lambda_m = 127,7\ \Omega^{-1}$cm^{2}mol^{-1} $\quad \alpha = 0,357$

6.2 Thermodynamische Eigenschaften von Ionen in Lösung

Viele der Überlegungen zu thermodynamischen Größen neutraler Teilchen können auf Elektrolytlösungen übertragen werden. Standard-Bildungs-GIBBS-Energien und Standard-Bildungsenthalpien werden analog zu denen der Neutralteilchen definiert, d. h., es wird die Bildung der Teilchen aus den Elementen in deren Referenzzuständen betrachtet. Wir nehmen als Beispiel:

$$\text{Ag(s)} + \tfrac{1}{2}\text{Cl}_2\text{(g)} \overset{H_2O}{\rightleftharpoons} \text{Ag}^+\text{(aq)} + \text{Cl}^-\text{(aq)} \tag{6.39}$$

$$\Delta_r H_m^\circ = \Delta_f H_m^\circ(\text{Ag}^+(\text{aq})) + \Delta_f H_m^\circ(\text{Cl}^-(\text{aq})) \tag{6.40}$$

Die Standard-Bildungsenthalpien der Edukte, die als reine Elemente vorliegen, sind gleich null. Da die Herstellung einer Salzlösung neben Kationen immer auch Anionen liefert, sind die einzelnen Standard-Bildungsenthalpien der Prozesse

$$\text{Ag(s)} \xrightarrow{\text{H}_2\text{O}} \text{Ag}^+(\text{aq}) + \text{e}^-$$

$$\tfrac{1}{2}\text{Cl}_2(\text{g}) + \text{e}^- \xrightarrow{\text{H}_2\text{O}} \text{Cl}^-(\text{aq})$$

experimentell nicht zugänglich. Um das Problem zu lösen, wird folgende für alle Temperaturen gültige Definition getroffen:

$$\Delta_f H_m^\circ(\text{H}^+(\text{aq})) = 0 \tag{6.41}$$

Damit können dann alle anderen $\Delta_f H_m^\circ$-Werte experimentell bestimmt werden. Es gilt z. B. für die Reaktion

$$\tfrac{1}{2}\text{H}_2(\text{g}) + \tfrac{1}{2}\text{Cl}_2(\text{g}) \xrightarrow{\text{H}_2\text{O}} \text{H}^+(\text{aq}) + \text{Cl}^-(\text{aq})$$

$$
\begin{aligned}
\Delta_r H_m^\circ &= \Delta_f H_m^\circ(\text{H}^+(\text{aq})) + \Delta_f H_m^\circ(\text{Cl}^-(\text{aq})) \\
&= \Delta_f H_m^\circ(\text{Cl}^-(\text{aq})) \tag{6.42}
\end{aligned}
$$

Hiermit kann dann auch die Standard-Bildungsenthalpie $\Delta_f H_m^\circ(\text{Ag}^+(\text{aq}))$ für die Reaktion 6.39 berechnet werden.

Für die Standard-Bildungs-GIBBS-Energie gilt unabhängig von der Temperatur analog:

$$\Delta_f G_m^\circ(\text{H}^+(\text{aq})) = 0 \tag{6.43}$$

womit die Berechnung der Standard-Bildungs-GIBBS-Energie von Ionen möglich wird. Für $\text{Br}^-(\text{aq})$ und $\text{Cl}^-(\text{aq})$ werden z. B. folgende Werte gefunden: $\Delta_f G_m^\circ(\text{Br}^-(\text{aq})) = -104 \text{ kJ mol}^{-1}$, $\Delta_f G_m^\circ(\text{Cl}^-(\text{aq})) = -131 \text{ kJ mol}^{-1}$. Der Unterschied dieser beiden Werte lässt sich im Wesentlichen auf eine unterschiedlich starke Solvatation zurückführen, wie es im Folgenden gezeigt werden soll. Als Ansatz wählen wir den BORN-HABER-Kreisprozess, der in Tabelle 6.7 dargestellt ist. Man erhält:

$$\Delta_f G_m^\circ(\text{Cl}^-(\text{aq})) - \Delta_f G_m^\circ(\text{Br}^-(\text{aq})) = Z - Z' \tag{6.44}$$

Die beiden unbekannten Größen Z und Z' entsprechen allgemein der Solvatations-GIBBS-Energie $\Delta_{solv} G_m^\circ$ der Anionen bzw. im Fall von Wasser als Lösungsmittel der Hydratations-GIBBS-Energie $\Delta_{hyd} G_m^\circ$. Zur näherungsweisen Ermittlung von Z bzw. Z' berechnen wir die Arbeit, die benötigt wird, um ein hypothetisches ungeladenes Teilchen in der Lösung und im Vakuum aufzuladen. Das hierbei entstehende Ion sei kugelförmig mit dem Radius R und befinde sich in einem Medium mit der Dielektrizitätskonstante ε. Wenn die Ladung des Ions q ist, dann gilt für das elektrische COULOMB-Potenzial Φ an der Ionenoberfläche:

$$\Phi = \frac{q}{4\pi\varepsilon R} \tag{6.45}$$

Tabelle 6.7: Mit Hilfe des BORN-HABER-Kreisprozesses für die Reaktion $\frac{1}{2}H_2(g) + \frac{1}{2}X_2(g) \overset{H_2O}{\rightarrow} H^+(aq) + X^-(aq)$ können wir die Standard-Bildungs-GIBBS-Energie von $Cl^-(aq)$ und $Br^-(aq)$ berechnen. $\Delta_r G_m^\circ = \Delta_f G_m^\circ(X^-(aq))$ ergibt sich aus der Summe der aufgeführten Einzelschritte (Zahlenwerte nach: P. W. Atkins, *Physical Chemistry*, Oxford University Press, Oxford, 1994).

		ΔG_m° / kJ mol^{-1}	
		X=Cl	X=Br
Dissoziation	$\frac{1}{2}H_2(g) \rightarrow H(g)$	+203	+203
Ionisation	$H(g) \rightarrow H^+(g) + e^-$	+1318	+1318
Hydratation	$H^+(g) \rightarrow H^+(aq)$	Y	Y
Dissoziation von X_2	$\frac{1}{2}X_2(g) \rightarrow X(g)$	+106	+82
Elektronenaffinität	$X(g) + e^- \rightarrow X^-(g)$	-349	-325
Hydratation	$X^-(g) \rightarrow X^-(aq)$	Z	Z'

Um die Oberfläche des Ions mit der Ladung ze aufzuladen, muss die folgende Arbeit verrichtet werden:

$$W_{el} = \int\limits_0^{ze} \Phi dq = \frac{1}{4\pi\varepsilon R}\int\limits_0^{ze} q dq = \frac{z^2 e^2}{8\pi\varepsilon R} \tag{6.46}$$

Die Dielektrizitätskonstante ε kann durch die Dielektrizitätskonstante im Vakuum ε_0 und die stoffspezifische relative Dielektrizitätszahl ε_r ausgedrückt werden: $\varepsilon = \varepsilon_r \varepsilon_0$. Die molare Solvatations-GIBBS-Energie beträgt damit:

$$\Delta_{solv} G_m^\circ = N_A \cdot (W_{el,\text{Lösung}} - W_{el,\text{Vakuum}})$$

$$= \frac{z^2 e^2 N_A}{8\pi\varepsilon_0\varepsilon_r R} - \frac{z^2 e^2 N_A}{8\pi\varepsilon_0 R}$$

$$= -\frac{z^2 e^2 N_A}{8\pi\varepsilon_0 R}\left[1 - \frac{1}{\varepsilon_r}\right] \tag{6.47}$$

Das Ergebnis in Gleichung 6.47 wird als BORNsche Gleichung bezeichnet. Je kleiner und höher geladen das Ion ist, desto negativer ist $\Delta_{solv} G_m^\circ$. Setzt man die Ionenradien von Cl^- (181 pm) und von Br^- (196 pm) und $\varepsilon_{r,H_2O} = 78,54$ in die BORNsche Gleichung ein, so erhält man für die Differenz der Standard-Bildungs-GIBBS-Energien einen Wert von -29 kJ mol^{-1}, der gut mit dem experimentell bestimmten Wert von -27 kJ mol^{-1} übereinstimmt.

Auch wenn man partielle molare Entropien gelöster Stoffe in einer Elektrolytlösung bestimmen kann, lassen sich auch hier die Beiträge von Kation und Anion nicht separieren. Man definiert daher für die molare Standard-Entropie des H^+-Ions in Wasser für alle Temperaturen:

$$S_m^\circ(H^+(aq)) = 0 \tag{6.48}$$

Damit können dann für einzelne Ionen Entropiewerte bestimmt werden, z. B.
$S_m^\circ(Cl^-(aq)) = +57$ J K^{-1}mol^{-1}, $S_m^\circ(Mg^{2+}(aq)) = -128$ J K^{-1}mol^{-1}. Kleine, hoch-
geladene Ionen, wie Mg^{2+}, bilden eine starke Solvatationshülle aus, die hoch geordnet
ist. Dies hat eine starke Abnahme der Entropie zur Folge.

Die Lösungsenthalpie $\Delta_{Lsg}H$, die beim Auflösen eines Salzes in Wasser (z. B.
NaCl(s) $\xrightarrow{H_2O}$ Na$^+$(aq) + Cl$^-$(aq)) auftritt, setzt sich aus zwei Beiträgen zusamm-
men. Bei der Trennung der Ionen aus dem Gitterverband des Festkörpers muss die
Gitterenergie überwunden werden. Dieser Vorgang ist endotherm. Daran schließt sich
die Hydratation (bzw. die Solvatation für beliebige Lösungsmittel) der Ionen an, die
exotherm verläuft und mit der Hydratationsenthalpie verbunden ist. Die Lösungsenthalpie kann daher positiv oder negativ sein, je nachdem, welcher Term überwiegt.
Sie ist keine Konstante, sondern eine Funktion der Konzentration. Löst man ein Mol
eines Salzes (Komponente 2) in einer bestimmten Menge des reinen Lösungsmittels
auf, spricht man von der integralen molaren Lösungsenthalpie $\Delta_{Lsg}H/n_2$. Die partielle molare Lösungsenthalpie entspricht dagegen der Enthalpieänderung beim Lösen
einer sehr kleinen Menge an Salz in einer Salzlösung, d. h. bei konstanter Zusammensetzung der Lösung. Die erste Lösungsenthalpie ist der Grenzwert der partiellen
molaren Lösungsenthalpie für unendliche Verdünnung des Gelösten (Komponente 2,
$n_2 \to 0$). Dieser Zustand wird meist als Standardzustand des gelösten Stoffes gewählt.
Die letzte Lösungsenthalpie entspricht der partiellen molaren Lösungsenthalpie bei der
Sättigungskonzentration. Schließlich nennt man die integrale Lösungsenthalpie auch
ganze Lösungsenthalpie, wenn man eine gesättigte Lösung aus Salz und reinem Lösungsmittel herstellt.

Die Auflösung von LiCl in Wasser ist ein exothermer Prozess, während der
Lösungsvorgang von NH$_4$NO$_3$ endotherm ist. Wenn die Lösungsenthalpie positiv ist,
ist die Löslichkeit aufgrund starker Entropiezunahme beim Übergang vom Festkörper
in die fluide Phase oft noch gut. Durch Hydratation der Ionen (Aufbau geordneter
Hydrathüllen) nimmt die Entropie jedoch in gewissem Maße wieder ab. Besonders bei
größeren Ionen kommt es allerdings zu einer Entropiezunahme durch das Aufbrechen
der Eigenstruktur des Wassers.

6.3 Aktivitätskoeffizienten von Elektrolytlösungen

Die starke elektrostatische Wechselwirkung zwischen den Ionen in Lösung hat zur Folge, dass bereits ab Ionenkonzentrationen von etwa 10^{-4} mol kg^{-1} die Aktivitätskoeffizienten signifikant von 1 abweichen. Für das chemische Potenzial eines Elektrolyten
(Komponente 2), gelöst in einem Lösungsmittel (z. B. H$_2$O, Komponente 1), mit einer
ideal verdünnten Lösung als Standardzustand gilt:

$$\mu_2 = \left(\frac{\partial G}{\partial n_2}\right)_{n_1, T, p} = \mu_2^\infty + RT \ln a_2 \qquad (6.49)$$

Wir verwenden hier als Konzentrationsmaß die sog. Molalität m_2 (Stoffmenge Elektrolyt pro Masse Lösungsmittel). Der neue Standardzustand entspricht einer hypothetischen Lösung der Molalität $m^\circ = 1$ mol kg^{-1}, in der sich die Ionen ideal verhalten
($a_2 \to m_2$). Das heißt, die Umgebung jedes Ions ist die gleiche wie bei unendlicher

Verdünnung, und es werden nur Wechselwirkungen der Komponente 2 mit dem Lösungsmittel berücksichtigt.

Wir können formal das chemische Potenzial eines starken Elektrolyten $K_{\nu_+}A_{\nu_-}$ (Komponente 2) in die chemischen Potenziale der Ionensorten zerlegen:

$$
\begin{aligned}
\mu_2 &= \nu_+\mu_+ + \nu_-\mu_- \\[2mm]
&= \nu_+\mu_+^\infty + \nu_-\mu_-^\infty + \nu_+RT\ln\frac{f_+m_+}{m^\circ} + \nu_-RT\ln\frac{f_-m_-}{m^\circ} \\[2mm]
&= \mu_2^\infty + RT\ln\frac{f_+^{\nu_+}f_-^{\nu_-}(\nu_+m_2)^{\nu_+}(\nu_-m_2)^{\nu_-}}{(m^\circ)^{\nu_++\nu_-}} \\[2mm]
&= \mu_2^\infty + RT\ln\left(\frac{f_\pm\nu_\pm m_2}{m^\circ}\right)^\nu
\end{aligned}
\tag{6.50}
$$

mit:
$$
\begin{aligned}
&m_+ = \nu_+\cdot m_2 \qquad && m_- = \nu_-\cdot m_2 \\
&\nu = \nu_+ + \nu_- && \nu_\pm^\nu = \nu_+^{\nu_+}\cdot\nu_-^{\nu_-} \\
&f_\pm^\nu = f_+^{\nu_+}\cdot f_-^{\nu_-}
\end{aligned}
$$

Gemäß Gleichung 6.49 folgt daraus:

$$
a_2 = \left(\frac{f_\pm\nu_\pm m_2}{m^\circ}\right)^\nu = a_\pm^\nu
\tag{6.51}
$$

wobei $a_\pm = f_\pm\nu_\pm m_2/m^\circ$ die mittlere Aktivität des Elektrolyten ist.

Beispiel:

$$
\begin{aligned}
&\text{LaCl}_3 \qquad \nu_+ = 1 \qquad \nu_- = 3 \qquad \nu = 4 \\
&\qquad\quad \nu_\pm^4 = 1^1\cdot 3^3 = 27 \\
&\qquad\quad \mu_{\text{LaCl}_3} = \mu_{\text{LaCl}_3}^\infty + 4RT\ln(f_\pm 27^{1/4}m_2/m^\circ)
\end{aligned}
$$

Da wir nur ein neutrales Salz lösen können, Lösungen also immer elektrisch neutral sind, gibt es keine experimentelle Möglichkeit, Einzelionenaktivitäten bzw. chemische Potenziale der Ionen getrennt zu bestimmen. Daher werden die Abweichungen vom idealen Verhalten zu gleichen Teilen beiden Ionensorten zugeschrieben, und es wird ein mittlerer Aktivitätskoeffizient $f_\pm$ definiert. Er stellt den geometrischen Mittelwert der beiden Einzelionenaktivitätskoeffizienten dar und ist in Tabellenwerken für das entsprechende Salz angegeben. Experimentell können mittlere Aktivitätskoeffizienten über eine Reihe von Methoden bestimmt werden, wie z. B. aus den kolligativen Eigenschaften der Lösung (Gefrierpunktserniedrigung, Siedepunktserhöhung), indirekt über die Bestimmung des Aktivitätskoeffizienten f_1 des Lösungsmittels Wasser mit Hilfe der GIBBS-DUHEM-Beziehung (Dampfdruckmessungen) oder aus EMK-Messungen (siehe unten).

Das Verhalten des mittleren Aktivitätskoeffizienten in Abhängigkeit der Elektrolytkonzentration in Lösung ist in Abbildung 6.8 dargestellt. Verdünnte Elektrolytlösungen zeigen eine negative Abweichung von der ideal verdünnten Lösung, d. h.

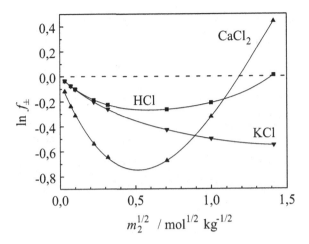

Abbildung 6.8: Konzentrationsabhängigkeit des mittleren Aktivitätskoeffizienten starker Elektrolyte in Lösung.

$f_\pm < 1$, während bei höheren Elektrolyt-Konzentrationen oftmals eine positive Abweichung, d. h. $f_\pm > 1$, auftritt. Nach dem DEBYE-HÜCKEL-Grenzgesetz (s. nächstes Kapitel) ist $\ln f_\pm$ in stark verdünnten Lösungen proportional zu $-\sqrt{m_2}$. Qualitativ ist das folgendermaßen zu verstehen: Um ein Ion aus einer verdünnten Lösung herauszuziehen, ist Arbeit aufzuwenden ($f_\pm < 1$), da das Ion durch eine entgegengesetzt geladene Ionenwolke angezogen wird. Bei hohen Konzentrationen überwiegt die gegenseitige Bedrängnis der Ionen und es besteht eine Konkurrenz um die Hydrathülle ($f_\pm > 1$).

Die Konzentrationsabhängigkeit von $f_\pm$ starker Elektrolyte ist grundsätzlich anders als die von f_2 neutraler gelöster Teilchen. Für solche Stoffe, wie z. B. Zucker, hat $d\ln f_2/dm_2$ für $m_2 \to 0$ einen endlichen positiven Wert.

6.3.1 DEBYE-HÜCKEL-Theorie

Für stark verdünnte Elektrolytlösungen können wir $f_\pm$ näherungsweise berechnen. Die Ableitung wollen wir hier nur skizzieren: Ein Ion in Lösung ist im zeitlichen Mittel von einer entgegengesetzt geladenen Ionenwolke umgeben, wobei die Lösung insgesamt elektrisch neutral ist. Die potenzielle Energie und damit das chemische Potenzial des Zentralions wird in verdünnten Lösungen durch die elektrostatische Wechselwirkung mit der Ionenwolke herabgesetzt. Dieser Effekt entspricht dem Term $\nu RT \ln f_\pm$ mit $f_\pm < 1$.

Für das COULOMB-Potenzial im Abstand r vom isolierten Ion i der Ladung $z_i e$ in einem Medium der Dielektrizitätskonstante ε gilt:

$$\Phi_i = \frac{z_i e}{4\pi\varepsilon r} \tag{6.52}$$

Die potenzielle Energie eines Ions j der Ladung $z_j e$ im Feld des Zentralions i ist:

$$E_{\text{pot}} = z_j e \cdot \Phi_i \tag{6.53}$$

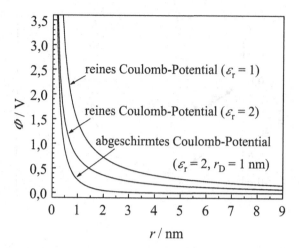

Abbildung 6.9: Darstellung des reinen und eines abgeschirmten COULOMB-Potenzials für ein Kation der Ladung $+1e$.

Das COULOMB-Potenzial Φ_i muss hier jedoch modifiziert werden, da das Zentralion durch die umgebende Ionenwolke abgeschirmt wird (Abb. 6.9). Man formuliert für das abgeschirmte COULOMB-Potenzial den Ausdruck:

$$\Phi_i = \frac{z_i e}{4\pi\varepsilon r} \cdot \exp(-r/r_D) \tag{6.54}$$

Der Parameter r_D wird als DEBYE-Länge bezeichnet (Reichweite des COULOMB-Potenzials). Wird r_D sehr groß, geht das Potenzial in das normale COULOMB-Potenzial über. Wir wollen nun r_D berechnen.

Die Ionenkonzentrationen um das Zentralion (Anion bzw. Kation) im Abstand r ergibt sich aus der elektrostatischen Anziehung zwischen dem Zentralion i und der Gegenionenwolke unter Berücksichtigung der thermischen Bewegung gemäß der BOLTZMANN-Verteilung:

$$c_+ = c_{+\circ} \exp(-z_+ e\Phi_i/k_B T) \tag{6.55}$$

$$c_- = c_{-\circ} \exp(-z_- e\Phi_i/k_B T) \tag{6.56}$$

$c_{+\circ}$, $c_{-\circ}$ sind hier die mittleren Ionenzahldichten in Lösung. Die Ladungsdichte im Abstand r vom Zentralion berechnet sich dann zu:

$$\rho_j = \sum_j z_j e c_j = \sum_j z_j e c_{j\circ} \exp(-z_j e\Phi_i/k_B T)$$

$$\approx \sum_j z_j e c_{j\circ} \left(1 - \frac{z_j e\Phi_i}{k_B T}\right) \tag{6.57}$$

Die letzte Näherung ist möglich, wenn die elektrostatische Wechselwirkungsenergie gegenüber $k_B T$ klein ist. Aufgrund der Elektroneutralität gilt $\sum_j z_j e c_{j\circ} = 0$, und es folgt

$$\rho_j = -\sum_j \frac{z_j^2 \mathrm{e}^2 c_{j\circ}}{\mathrm{k_B}T}\Phi_i \tag{6.58}$$

An dieser Stelle ist es sinnvoll, die sog. Ionenstärke einzuführen, die wir hier mit den Molalitäten m_j definieren:

$$I = \frac{1}{2}\sum_j z_j^2 m_j/m^\circ \tag{6.59}$$

Wenn man die Molalitäten $m_j \approx n_j/m_{\mathrm{Lsg}}$ in Ionenzahldichten $c_{j\circ} = N_j/V_{\mathrm{Lsg}}$ überführt, kann man schreiben:

$$Im^\circ \varrho \mathrm{N_A} = \frac{1}{2}\sum_j z_j^2 c_{j\circ} \tag{6.60}$$

wobei $\varrho = m_{\mathrm{Lsg}}/V_{\mathrm{Lsg}}$ die Dichte der Lösung ist. Diesen Ausdruck kann man in die Ladungsdichte einsetzen:

$$\rho_j = -\frac{2Im^\circ \varrho \mathrm{N_A} \mathrm{e}^2}{\mathrm{k_B}T}\Phi_i \tag{6.61}$$

Die Ladungsdichte ρ_j ist über die POISSON-Gleichung der Elektrostatik mit dem Potenzial Φ_i verknüpft:

$$\frac{1}{r^2}\frac{\mathrm{d}}{\mathrm{d}r}\left(r^2\frac{\mathrm{d}\Phi_i}{\mathrm{d}r}\right) = -\frac{\rho_j}{\varepsilon} \tag{6.62}$$

Setzt man das abgeschirmte COULOMB-Potenzial (Gl. 6.54) in den linken Teil der Gleichung ein, ergibt sich:

$$\frac{1}{r^2}\frac{\mathrm{d}}{\mathrm{d}r}\left(r^2\frac{\mathrm{d}\Phi_i}{\mathrm{d}r}\right) = \frac{1}{r_{\mathrm{D}}^2}\frac{z_i\mathrm{e}}{4\pi\varepsilon r}\exp(-r/r_{\mathrm{D}}) = \frac{1}{r_{\mathrm{D}}^2}\Phi_i \tag{6.63}$$

Für den rechten Teil der POISSON-Gleichung gilt:

$$-\frac{\rho_j}{\varepsilon} = \frac{2Im^\circ \varrho \mathrm{N_A} \mathrm{e}^2}{\varepsilon \mathrm{k_B}T}\Phi_i \tag{6.64}$$

Damit folgt für die DEBYE-Länge:

$$r_{\mathrm{D}} = \sqrt{\frac{\varepsilon \mathrm{k_B}T}{2Im^\circ \varrho \mathrm{N_A} \mathrm{e}^2}} \tag{6.65}$$

Die DEBYE-Länge ist also umso größer, desto geringer die Elektrolytkonzentration ist. Für z. B. einen 1:1-Elektrolyten beträgt die DEBYE-Länge bei einer Ionenstärke von $I = 10^{-2}$ und $T = 298$ K in wässriger Lösung $r_{\mathrm{D}} = 3,0$ nm und bei $I = 10^{-1}$ $r_{\mathrm{D}} = 0,96$ nm.

Wir berechnen nun die elektrische Arbeit W_{el}, um das von der Ionenwolke umgebene Zentralion am Ort $r = 0$ von $q = 0$ auf $q = z_i\mathrm{e}$ aufzuladen, wobei wir nur den auf die Ionenatmosphäre zurückzuführenden Anteil des Potenzials $\Delta\Phi$ berücksichtigen:

$$\Delta\Phi = \Phi_{\text{ges}} - \Phi_{\text{Ion}} = \frac{q}{4\pi\varepsilon} \cdot \left[\frac{\exp(-r/r_{\text{D}})}{r} - \frac{1}{r}\right] \tag{6.66}$$

Für $r \to 0$ erhält man nach Reihenentwicklung:

$$\Delta\Phi(r = 0) = -\frac{q}{4\pi\varepsilon}\frac{1}{r_{\text{D}}} \tag{6.67}$$

Wir berechnen W_{el} für ein Mol Ionen:

$$W_{\text{el}} = N_{\text{A}} \int_0^{z_i\text{e}} \Delta\Phi(r = 0)\text{d}q = -\frac{N_{\text{A}}}{4\pi\varepsilon r_{\text{D}}} \int_0^{z_i\text{e}} q\text{d}q$$

$$= -\frac{N_{\text{A}} z_i^2 \text{e}^2}{8\pi\varepsilon r_{\text{D}}} \tag{6.68}$$

Der entsprechende Beitrag für beide Ionensorten entspricht der gesuchten Stabilisierungsenergie der Zentralionen nach DEBYE-HÜCKEL:

$$\nu_+ W_{\text{el},+} + \nu_- W_{\text{el},-} = \nu RT \ln f_\pm \tag{6.69}$$

Unter Berücksichtigung der Elektroneutralitätsbedingung ($\nu_+ z_+ + \nu_- z_- = 0$) kommen wir mit Gleichung 6.65 nach einigen Umformungen schließlich zum DEBYE-HÜCKEL-Grenzgesetz:

$$\ln f_\pm = -|z_+ z_-| A' \sqrt{I} \tag{6.70}$$

$$A' = \frac{\text{e}^3 (2m^\circ \varrho N_{\text{A}})^{1/2}}{8\pi (\varepsilon k_{\text{B}} T)^{3/2}}$$

Das Grenzgesetz gilt nur für Molalitäten kleiner 0,01 mol kg^{-1}. Für H_2O der Dichte 0,997 g cm^{-3} und $\varepsilon_r = 78,54$ bei 298 K ergibt sich für die Konstante A' der Wert 1,172. Somit gilt für verdünnte wässrige Lösungen bei 298 K mit $A = A'/\ln 10$:

$$\log f_\pm = -|z_+ z_-| A\sqrt{I} = -0,509|z_+ z_-|\sqrt{I} \tag{6.71}$$

Nachdem wir nun Gleichung 6.71 als Ergebnis erhalten haben, sollen die Voraussetzungen, die bei der Ableitung der DEBYE-HÜCKEL-Theorie gemacht wurden, nocheinmal zusammengefasst werden: Es werden nur COULOMB-Wechselwirkungen betrachtet, die Dielektrizitätszahl des Lösungsmittels gilt auch in Ionennähe, das Ion wird als punktförmige, nicht polarisierbare Kugel betrachtet, die COULOMB-Wechselwirkungsenergie ist klein gegen $k_B T$, die Herleitung gilt nur für starke Elektrolyte, die Wechselwirkungen zwischen den Ionen in der Ionenwolke und zwischen dem zentralen Ion und dem Lösungsmittel werden vernachlässigt, und die Betrachtungsweise der Ionen ist rein statisch. Das Ergebnis kann also nur eine Näherungslösung sein.

Tabelle 6.8 zeigt experimentelle Werte für die mittleren Aktivitätskoeffizienten zweier Elektrolyte in Abhängigkeit der Elektrolytkonzentration. Abbildung 6.10 zeigt

Tabelle 6.8: Mittlere Aktivitätskoeffizienten $f_\pm$ von HCl und $CaCl_2$ in Wasser bei 298 K (nach: P. W. Atkins, *Physikalische Chemie*, VCH, Weinheim 1990).

$m_2/\text{mol kg}^{-1}$	$f_\pm(\text{HCl})$	$f_\pm(\text{CaCl}_2)$
0,001	0,996	0,888
0,005	0,929	0,789
0,01	0,905	0,732
0,05	0,830	0,584
0,1	0,798	0,524
0,5	0,769	0,510
1,0	0,811	0,725
2,0	1,011	1,554

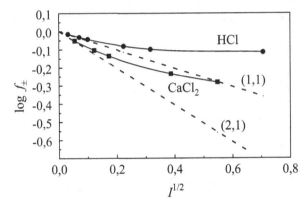

Abbildung 6.10: Test des DEBYE-HÜCKEL-Grenzgesetzes für verschiedene Elektrolyte $K_{\nu_+}^{z+} A_{\nu_-}^{z-}$: — experimentelle Werte, - - - D.-H.-Grenzgesetz.

das Ergebnis des DEBYE-HÜCKEL-Grenzgesetzes im Vergleich zu diesen experimentellen Ergebnissen. Die Übereinstimmung zwischen Theorie und Experiment endet, abhängig vom Typ des Elektrolyten, bei 10^{-2} bis 10^{-3} mol Salz pro kg Lösungsmittel.

Für höhere Konzentrationen ($0,01 \text{ mol kg}^{-1} < m_2 < 0,1 \text{ mol kg}^{-1}$) lässt sich ein erweitertes DEBYE-HÜCKEL-Gesetz verwenden:

$$\log f_\pm = -\frac{\mid z_+ z_- \mid A\sqrt{I}}{1 + Ba\sqrt{I}} \tag{6.72}$$

Die Konstante A ist identisch mit der oben genannten. a ist der Ionenradius und $B = e\sqrt{2m^\circ \varrho N_A/(\varepsilon k_B T)}$. Für H_2O ergibt sich bei 298 K für die Konstante B ein Wert von $B = 3,28 \cdot 10^9 \text{ m}^{-1}$. Für noch höhere Konzentrationen beobachtet man spezifische Abweichungen, die für alle Ionen verschieden sind, und die z. B. durch Ion-Lösungsmittel-Wechselwirkungen, Ionenassoziation oder Komplexbildung verursacht werden.

Die Ionenstärke hat einen großen Einfluss auf die Löslichkeit von Salzen. Mit dem Ionenprodukt $K_L = a_{A+} \cdot a_{B-} = (f_{\pm} m_2/m^\circ)^2$ des Salzes AB ergibt sich die Löslichkeit zu $m_2 = \sqrt{K_L} m^\circ / f_{\pm}$. Bei kleinen Ionenstärken ist $f_{\pm} < 1$. Die Löslichkeit nimmt zu, wenn $f_{\pm}$ mit steigender Ionenstärke weiter abnimmt. Dieser Effekt wird als Einsalzen bezeichnet. Für hohe Werte der Ionenstärke ist $f_{\pm} > 1$, und die Löslichkeit ist gering. Dieser Effekt wird entsprechend als Aussalzen bezeichnet. Das Einsalzen und Aussalzen wird z. B. in der Proteinanalytik genutzt. Da bei unterschiedlichen Salzkonzentrationen verschiedene Proteine ausfallen, lassen sich Proteine durch eine fraktionierte Fällung reinigen. In der Regel wird $(NH_4)_2SO_4$ zum Aussalzen verwendet.

Beispiel:

Die Löslichkeit von AgCl(s) bei 298 K beträgt $m_2 = 1{,}274 \cdot 10^{-5}$ mol kg^{-1}. Wie groß ist die Standard-Reaktions-GIBBS-Energie $\Delta_r G_m^\circ$ der Reaktion AgCl(s) $\xrightarrow{H_2O}$ Ag$^+$(aq) + Cl$^-$(aq)? Die Gleichgewichtskonstante K_a lässt sich berechnen nach:

$$K_a = \frac{a_{Ag+} \cdot a_{Cl-}}{a_{AgCl}} = \frac{a_{Ag+} \cdot a_{Cl-}}{1} = a_{\pm}^{\nu}$$

$$= \left(\frac{f_{\pm} \nu_{\pm} m_2}{m^\circ} \right)^{\nu} = \left(\frac{f_{\pm} \left(1^1 \cdot 1^1 \right)^{1/2} m_2}{m^\circ} \right)^2 = \frac{f_{\pm}^2 m_2^2}{m^{\circ 2}}$$

Die Ionenstärke der Lösung ist gegeben als

$$I = \frac{1}{2} \left(1^2 \frac{m_+}{m^\circ} + (-1)^2 \frac{m_-}{m^\circ} \right)$$

$$= \frac{1}{2} \left(1^2 \frac{\nu_+ m_2}{m^\circ} + (-1)^2 \frac{\nu_- m_2}{m^\circ} \right) = \frac{m_2}{m^\circ} = 1{,}274 \cdot 10^{-5}$$

und der mittlere Aktivitätskoeffizient folgt mit der bekannten Ionenstärke aus dem DEBYE-HÜCKEL-Grenzgesetz:

$$\log f_{\pm} = -0{,}509 |z_+ z_-| \sqrt{I}$$

$$= -0{,}509 |1 \cdot (-1)| \sqrt{1{,}274 \cdot 10^{-5}}$$

$$= -1{,}82 \cdot 10^{-3}$$

$$f_{\pm} = 0{,}996$$

Damit erhält man:

$$K_a = \frac{0{,}996^2 \cdot (1{,}274 \cdot 10^{-5} \text{mol kg}^{-1})^2}{(\text{mol kg}^{-1})^2} = 1{,}61 \cdot 10^{-10}$$

$$\Delta_r G^\circ = -RT \ln K_a$$

$$= -8{,}3144 \text{ J mol}^{-1}\text{K}^{-1} \cdot 298 \text{ K} \cdot \ln(1{,}61 \cdot 10^{-10}) = 55{,}9 \text{ kJ mol}^{-1}$$

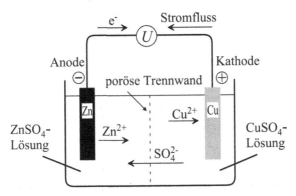

Abbildung 6.11: Darstellung der Elektrodenvorgänge im DANIELL-Element als Beispiel für eine galvanische Zelle.

6.4 Elektrochemische Thermodynamik

Wir besprechen nun die Thermodynamik elektrochemischer Reaktionen, das Zustandekommen und die Messung von Elektrodenpotenzialen sowie eine Reihe verschiedener Anwendungen. Auf die Einführung des sog. elektrochemischen Potenzials (eine Verallgemeinerung des chemischen Potenzials, um die Wirkung eines elektrischen Potenzials auf ein geladenes Teilchen einzubeziehen) wollen wir in diesem Einführungstext verzichten.

6.4.1 Die elektromotorische Kraft

Heterogene chemische Redoxreaktion können in einer elektrochemischen Zelle räumlich getrennt in zwei Elektrodenräumen (Halbzellen) ablaufen. Wir nehmen als Beispiel die Reaktion

$$Zn(s) + Cu^{2+}(aq) \rightleftharpoons Zn^{2+}(aq) + Cu(s)$$

Die Kurzschreibweise dieser elektrochemischen Zelle lautet (sog. DANIELL-Element, s. Abb. 6.11):

$$Zn(s) \mid Zn^{2+}(aq) \mid Cu^{2+}(aq) \mid Cu(s)$$

Eine Phasengrenze wird durch einen senkrechten Strich und bei Ausschaltung des direkten Kontaktes der beiden Elektrolytlösungen, z. B. durch eine Salzbrücke, durch zwei senkrechte Striche gekennzeichnet. Die Reaktion der linken Halbzelle ist als Oxidation, die der rechten als Reduktion zu formulieren. Somit steht rechts der Elektronenakzeptor und links der Elektronendonator. Die Elektrodenvorgänge sind:

linke Halbzelle: $Zn(s) \rightarrow Zn^{2+}(aq) + 2e^-$ Oxidation   Anode
rechte Halbzelle: $Cu^{2+}(aq) + 2e^- \rightarrow Cu(s)$ Reduktion   Kathode

Die Elektronen fließen durch den äußeren Stromkreis von links (negativer Pol) nach rechts (positiver Pol). Im Elektrolyten erfolgt der Stromtransport durch Wanderung

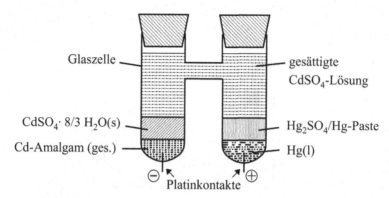

Abbildung 6.12: Das WESTON-Normalelement kann als Kalibrier-EMK verwendet werden.

positiver Ionen zur rechten Elektrode (Kathode) und negativer Ionen zur linken Elektrode (Anode). An der Kathode findet die Reduktion statt, an der Anode die Oxidation. Eine poröse Trennwand (Glasfritte) oder eine Salzbrücke (s. Kap. 6.4.3) zwischen den beiden Halbzellen ermöglicht den Ionentransport, verhindert aber die völlige Vermischung der Elektrolyte. Für die zwischen den beiden Halbzellen gemessene Klemmenspannung (Zellpotenzial) gilt:

$$U = \Delta\varphi = \varphi_{\text{rechts}} - \varphi_{\text{links}} \tag{6.73}$$

φ_{rechts} und φ_{links} sind die Elektrodenpotenziale der beiden Halbzellen. Diese sind nicht einzeln bestimmbar. Wird die Klemmenspannung bei Stromlosigkeit gemessen, erhalten wir die elektromotorische Kraft (EMK) E:

$$E = \Delta\varphi(I = 0) \tag{6.74}$$

Die Bestimmung der EMK kann z. B. mit einem hochohmigen elektronischen Voltmeter oder klassisch mit Hilfe einer Kompensationsschaltung (nach POGGENDORF) erfolgen. Die Messung der Spannung erfolgt hier durch Vergleich mit einer Kalibrier-EMK, z. B. mit dem WESTON-Normalelement (Abb. 6.12):

$$\text{Cd}(\text{Hg, ges.})|\text{CdSO}_4 \cdot \tfrac{8}{3}\text{H}_2\text{O(s)}|\text{CdSO}_4(\text{ges.})|\text{Hg}_2\text{SO}_4(\text{s})|\text{Hg(l)}$$

Die Phasengrenzen sind durch senkrechte Striche gekennzeichnet. Die Bruttoreaktion lautet:

$$\text{Cd}(\text{Hg}) + \text{Hg}_2\text{SO}_4(\text{s}) + \tfrac{8}{3}\text{H}_2\text{O(l)} \rightleftharpoons \text{CdSO}_4 \cdot \tfrac{8}{3}\text{H}_2\text{O(s)} + 2\text{Hg(l)}$$

Die Zelle liefert eine EMK von 1,0183 V bei 298 K. Sie legt auch die Polarität der Elektroden fest.

Eine elektrochemische Zelle, die aufgrund einer spontan ablaufenden chemischen Reaktion elektrische Energie liefern kann, heißt galvanische Zelle. Wird die Zellspannung durch eine gleich große Gegenspannung kompensiert, fließt kein Strom. Bei reversiblen Zellen tritt bei Erhöhung der Gegenspannung über die EMK der Zelle hinaus die Umkehrung der Zellreaktion ein. Dann wird die elektrochemische Zelle als

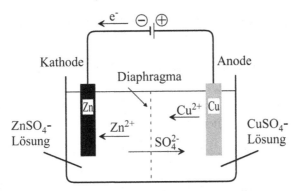

Abbildung 6.13: Darstellung des DANIELL-Elements als Elektrolyse-Zelle. Hier ruft eine externe Spannungsquelle den Elektronenfluss hervor.

Elektrolyse-Zelle betrieben. Als Beispiel ist das oben gezeigte DANIELL-Element in Abbildung 6.13 als Elektrolyse-Zelle gezeigt.

Wir betrachten nun den Zusammenhang zwischen der elektromotorischen Kraft und thermodynamischen Reaktionsgrößen. Die elektrische Arbeit, die die galvanische Zelle leistet, ergibt sich aus dem Produkt aus geflossener Ladung und Potenzialdifferenz. Für eine reversible Zellreaktion mit der EMK E folgt:

$$\mathrm{d}W_{\mathrm{rev,el}} = -E\mathrm{d}Q \tag{6.75}$$

bzw. $W_{\mathrm{rev,el}} = -|z|\mathrm{F}E$ pro Formelumsatz ($\mathrm{F} = \mathrm{N_A}e$). Für $p, T = \mathrm{konst.}$ gilt für die molare Reaktions-GIBBS-Energie, wenn z mol Elektronen transportiert werden (s. S. 69):

$$\Delta_{\mathrm{r}}G_{\mathrm{m}} = W_{\mathrm{rev,el}} = -|z|\mathrm{F}E \tag{6.76}$$

Wenn die EMK einer elektrochemischen Zelle $E > 0$ ist, läuft die Zellreaktion spontan ab, d. h. $\Delta_{\mathrm{r}}G < 0$. Für $E < 0$ ist $\Delta_{\mathrm{r}}G > 0$, und die Zellreaktion kann entsprechend der formulierten Bruttoreaktionsgleichung nicht spontan ablaufen.

Die anderen thermodynamischen Reaktionsgrößen ergeben sich aus der Temperatur- bzw. Druckabhängigkeit der EMK:

$$\Delta_{\mathrm{r}}S_{\mathrm{m}} = -\left(\frac{\partial \Delta_{\mathrm{r}}G_{\mathrm{m}}}{\partial T}\right)_p = |z|\mathrm{F}\left(\frac{\partial E}{\partial T}\right)_p \tag{6.77}$$

$$\Delta_{\mathrm{r}}H_{\mathrm{m}} = \Delta_{\mathrm{r}}G_{\mathrm{m}} + T\Delta_{\mathrm{r}}S_{\mathrm{m}} = -|z|\mathrm{F}\left\{E - T\left(\frac{\partial E}{\partial T}\right)_p\right\} \tag{6.78}$$

$$\Delta_{\mathrm{r}}V_{\mathrm{m}} = \left(\frac{\partial \Delta_{\mathrm{r}}G_{\mathrm{m}}}{\partial p}\right)_T = -|z|\mathrm{F}\left(\frac{\partial E}{\partial p}\right)_T \tag{6.79}$$

Mit Hilfe von Gleichung 6.78 ist eine nicht-kalorimetrische Bestimmung von Reaktionsenthalpien möglich. Wegen $\Delta_{\mathrm{f}}H^{\circ}(\mathrm{H^+(aq)}) = 0$ (Gl. 6.41) lassen sich daraus dann auch Standard-Bildungsenthalpien von Ionen in Lösung ermitteln. Voraussetzung für

die Anwendung der EMK-Methode zur Bestimmung thermodynamischer Reaktionsgrößen ist der Aufbau einer reversiblen elektrochemischen Zelle für die entsprechende
Reaktion.

Wenn wir die Zellreaktion allgemein schreiben als

$$|\nu_A|A + |\nu_B|B \rightleftharpoons \nu_C C + \nu_D D$$

ist molare Reaktions-GIBBS-Energie

$$\Delta_r G_m = \Delta_r G_m^\circ + RT \ln \prod_i a_i^{\nu_i}$$

$$= \Delta_r G_m^\circ + RT \ln \frac{a_C^{\nu_C} a_D^{\nu_D}}{a_A^{|\nu_A|} a_B^{|\nu_B|}} \tag{6.80}$$

ν_i ist der stöchiometrische Koeffizient der Komponente i. Er ist positiv für Produkte
und negativ für Edukte. Für $\Delta_r G_m = 0$ wird chemisches Gleichgewicht erreicht,
woraus folgt:

$$K_a = \prod_i (a_i^{Gl})^{\nu_i} = \frac{(a_C^{Gl})^{\nu_C} (a_D^{Gl})^{\nu_D}}{(a_A^{Gl})^{|\nu_A|} (a_B^{Gl})^{|\nu_B|}} \tag{6.81}$$

$$\Delta_r G_m^\circ = -RT \ln K_a \tag{6.82}$$

Die a_i^{Gl} sind die Aktivitäten der Reaktanden i im Gleichgewichtszustand. Mit Gleichung 6.76 folgt aus Gleichung 6.80 die NERNSTsche Gleichung:

$$E = E^\circ - \frac{RT}{|z|F} \ln \prod_i a_i^{\nu_i} \tag{6.83}$$

$$E^\circ = -\frac{\Delta_r G_m^\circ}{|z|F} = \frac{RT}{|z|F} \ln K_a \tag{6.84}$$

Die Bestimmung der Standard-EMK E° ist wichtig zur Bestimmung von Gleichgewichtskonstanten mit Hilfe elektrochemischer Zellen. Mit den abgeleiteten Beziehungen können alle thermodynamischen Größen aus Messungen der EMK in Abhängigkeit von p und T bestimmt werden. Eine Schwierigkeit besteht eventuell noch in der
Ausschaltung eines auftretenden Diffusionspotenzials (s. Kap. 6.4.3).

Beispiel:
Gegeben sei die folgende Reaktion mit ihrem elektrochemischen Zellaufbau:

$$H_2(g) + Hg_2Cl_2(s) \rightleftharpoons 2Hg(l) + 2HCl(aq)$$

$$Pt(s) \mid H_2(g) \mid HCl(aq) \mid Hg_2Cl_2(s) \mid Hg(l)$$

Es fließen 2 mol Elektronen pro molarem Formelumsatz ($z = 2$). Gesucht sind die
Standard-Reaktions-GIBBS-Energie, -Enthalpie und -Entropie obiger Reaktion bei 298

K. Für $E^\circ(T)$ werden folgende Werte experimentell bestimmt: $E^\circ(293\ \text{K}) = 0,2699\ \text{V}$, $E^\circ(303\ \text{K}) = 0,2669\ \text{V}$. Daraus ergibt sich:

$$\left(\frac{\partial E^\circ}{\partial T}\right)_p = -3 \cdot 10^{-4}\ \text{V K}^{-1}$$

Aus der Interpolation für 298 K folgt $E^\circ(298\ \text{K}) = 0,2684\ \text{V}$. Dann gilt für 298 K:

$$
\begin{aligned}
\Delta_r G_m^\circ &= -|z|FE^\circ = -2 \cdot 96485\ \text{C mol}^{-1} \cdot 0,2684\ \text{V}\\
&= -51,79\ \text{kJ mol}^{-1}\\[2mm]
\Delta_r S_m^\circ &= 2F\left(\frac{\partial E^\circ}{\partial T}\right)_p = -58\ \text{J K}^{-1}\text{mol}^{-1}\\[2mm]
\Delta_r H_m^\circ &= \Delta_r G_m^\circ + T\Delta_r S_m^\circ = -69\ \text{kJ mol}^{-1}
\end{aligned}
$$

Im Folgenden werden Halbzellenpotenziale (Elektrodenpotenziale) verschiedener Halbzellen (Elektroden) vorgestellt. Die EMK reversibler Zellen ergibt sich aus der Differenz der Elektrodenpotenziale der beiden Halbzellen.

1. Metallelektroden (Elektroden 1. Art):

   Halbzelle:

   $$\text{Me(s)} \mid \text{Me}^{z+}(\text{aq}, a_{\text{Me}^{z+}})$$

   Halbzellenreaktion:

   $$\text{Me}^{z+}(\text{aq}) + z e^- \rightarrow \text{Me(s)}$$

Elektrodenreaktionen werden allgemein als Reduktionsreaktionen geschrieben ($\text{Ox} + z e^- \rightarrow \text{Red}$).

Für das reine Metall gilt: $\quad\quad\quad \mu_{\text{Me}} = \mu_{\text{Me}}^*$

Für die Elektrolytlösung gilt: $\quad \mu_{\text{Me}^{z+}} = \mu_{\text{Me}^{z+}}^\infty + RT \ln a_{\text{Me}^{z+}}$

Es ist zu beachten, dass der Standardzustand für die Metallionen in der Elektrolytlösung der ideal verdünnte Zustand ist. Die Aktivitäten der reinen Metalle sind gleich eins.

Die molare Reaktions-GIBBS-Energie für die Elektrodenreaktion ergibt sich damit zu:

$$
\begin{aligned}
\Delta_r G_{m,\text{Me}|\text{Me}^{z+}} &= \mu_{\text{Me}} - \mu_{\text{Me}^{z+}}\\
&= \mu_{\text{Me}}^* - \mu_{\text{Me}^{z+}}^\infty - RT \ln a_{\text{Me}^{z+}} \quad\quad (6.85)
\end{aligned}
$$

Gemäß den Gleichungen 6.80 und 6.83 ergibt sich für das Potenzial einer Me |
Me^{z+}-Halbzelle:

$$\varphi_{Me|Me^{z+}} = \varphi^\circ_{Me|Me^{z+}} + \frac{RT}{|z|F} \ln a_{Me^{z+}} \qquad (6.86)$$

wobei:

$$\varphi^\circ_{Me|Me^{z+}} = \frac{\mu^\infty_{Me^{z+}} - \mu^*_{Me}}{|z|F} \qquad (6.87)$$

$\varphi^\circ_{Me|Me^{z+}}$ ist das Standard-Elektrodenpotenzial der Halbzelle bei p und T und
$a_{Me^{z+}} = 1$.

2. Amalgam-Elektroden (enthalten die elektrochemisch aktiven Metalle in Quecksilber gelöst)

Halbzelle:

$$Me(Hg, a_{Me}) \mid Me^{z+}(aq, a_{Me^{z+}})$$

Halbzellenreaktion:

$$Me^{z+}(aq) + ze^- \rightarrow Me(Hg)$$

Halbzellenpotenzial:

$$\varphi = \varphi^\circ_{Me|Me^{z+}} + \frac{RT}{|z|F} \ln \frac{a_{Me^{z+}}}{a_{Me}} \qquad (6.88)$$

Man sieht, dass die oxidierte Form im Zähler und die reduzierte Form im Nenner des Bruchs erscheint. Beispiele sind die Cd-Amalgam-Elektrode im WESTON-Normalelement, die Na-Amalgam-Elektrode in der technischen NaCl-Elektrolyse und die Hg-Tropfelektrode in der Polarographie (s. Kap. 6.6).

3. Gaselektroden:

Ein wichtiges Beispiel ist die Wasserstoff-Elektrode (Abb. 6.14).

Halbzelle:

$$Pt(s) \mid H_2(g, p) \mid H^+(aq, a_{H^+})$$

Halbzellenreaktion:

$$H^+(aq) + e^- \rightarrow \tfrac{1}{2} H_2(g)$$

Halbzellenpotenzial:

$$\varphi = \varphi^\circ_{H_2|H^+} + \frac{RT}{F} \ln \frac{a_{H^+}}{\sqrt{p_{H_2}/p^\circ}} \qquad (6.89)$$

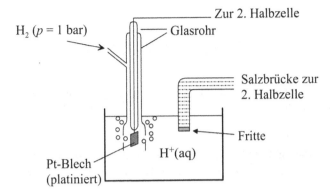

Abbildung 6.14: Schematische Darstellung der Wasserstoff-Elektrode.

Per Konvention wird das Standard-Potenzial der Normal-Wasserstoff-Elektrode ($p_{H_2} = 1$ bar und $a_{H^+} = 1$) für jede Temperatur gleich null gesetzt:

$$\varphi^\circ_{H_2|H^+} = 0 \tag{6.90}$$

Ein weiteres Beispiel ist die Chlor-Elektrode.

Halbzelle:

$$Pt(s) \mid Cl_2(g, p) \mid Cl^-(aq, a_{Cl^-})$$

Halbzellenreaktion:

$$\tfrac{1}{2}Cl_2(g) + e^- \rightarrow Cl^-(aq)$$

Halbzellenpotenzial:

$$\varphi = \varphi^\circ_{Cl^-|Cl_2} + \frac{RT}{F} \ln \frac{\sqrt{p_{Cl_2}/p^\circ}}{a_{Cl^-}} \tag{6.91}$$

Das Elektrodenpotenzial φ und das Standard-Elektrodenpotenzial φ° beziehen sich auch hier auf die Reduktionsreaktion.

4. Redoxelektroden:

   Ein in der Lösung vorliegendes Redoxgleichgewicht bestimmt hier das Elektrodenpotenzial, z. B.:

   Halbzelle:

   $$Pt(s) \mid Fe^{2+}(aq, a_{Fe^{2+}}), Fe^{3+}(aq, a_{Fe^{3+}})$$

   Halbzellenreaktion:

   $$Fe^{3+}(aq) + e^- \rightarrow Fe^{2+}(aq)$$

Halbzellenpotenzial:

$$\varphi = \varphi^\circ_{Fe^{2+}|Fe^{3+}} + \frac{RT}{F} \ln \frac{a_{Fe^{3+}}}{a_{Fe^{2+}}} \qquad (6.92)$$

Für geringe Konzentrationen kann die Aktivität durch die Konzentration (Molalität) angenähert werden.

5. Elektroden zweiter Art (Metall und schwerlösliches Metallsalz):

Ein wichtiges Beispiel ist die Ag-AgCl-Elektrode, ein mit festem AgCl überzogener Ag-Draht in einer Chlorid-Ionen-haltigen Lösung, z. B. KCl-Lösung.

Halbzelle:

$$Ag(s) \mid AgCl(s) \mid Cl^-(aq, a_{Cl^-})$$

Halbzellenreaktion:

$$AgCl(s) + e^- \rightarrow Ag(s) + Cl^-(aq)$$

Mit der Definition des Löslichkeitsproduktes $K_L = a_{Ag^+} \cdot a_{Cl^-}$ erhält man für das Elektrodenpotenzial

$$
\begin{aligned}
\varphi &= \varphi^\circ_{Ag|Ag^+} + \frac{RT}{F} \ln a_{Ag^+} \\
&= \underbrace{\varphi^\circ_{Ag|Ag^+} + \frac{RT}{F} \ln K_L}_{\varphi^\circ_{Ag|AgCl|Cl^-}} - \frac{RT}{F} \ln a_{Cl^-} \qquad (6.93)
\end{aligned}
$$

$\varphi^\circ_{Ag|AgCl|Cl^-}$ nimmt mit $\varphi^\circ_{Ag|Ag^+} = 0,7996$ V und $K_L = 1,76 \cdot 10^{-10}$ bei 298 K den Wert $+0,2228$ V an. Das Gleichgewichtspotenzial einer Elektrode zweiter Art hängt nach Gleichung 6.93 nur noch von der Lösungsaktivität des Anions des schwerlöslichen Salzes ab, die durch Zugabe eines leichtlöslichen Salzes mit gleichem Anion (z. B. KCl) gesteuert werden kann. Für eine 1 M KCl-Lösung erhält man für die $Ag|AgCl|Cl^-$-Elektrode ein Potenzial von $+0,2368$ V (bezogen auf die Normal-Wasserstoff-Elektrode).

Ein anderes Beispiel für eine Elektrode zweiter Art ist die Kalomelelektrode (s. Abb. 6.15):

Halbzelle:

$$Hg(l) \mid Hg_2Cl_2(s) \mid Cl^-(aq, a_{Cl^-})$$

Halbzellenreaktion:

$$\frac{1}{2}Hg_2Cl_2(s) + e^- \rightarrow Hg(l) + Cl^-(aq)$$

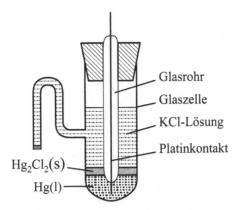

Abbildung 6.15: Schematische Darstellung der Kalomel-Elelektrode.

Halbzellenpotenzial:

$$\varphi = \varphi^{\circ}_{\text{Hg}|\text{Hg}_2\text{Cl}_2|\text{Cl}^-} - \frac{RT}{F} \ln a_{\text{Cl}^-} \tag{6.94}$$

Die Kalomelelektrode wird oft als Referenz-Halbzelle (z. B. mit 1 M oder gesättigter KCl-Lösung) verwendet.

6.4.2 Bestimmung von Standard-Potenzialen, Aktivitätskoeffizienten und pH-Werten

Da es nicht möglich ist, das Potenzial einer Halbzelle einzeln zu bestimmen, werden alle Halbzellenpotenziale gegen eine Bezugselektrode gemessen, deren Potenzial bekannt ist. Diese Bezugselektrode ist i. d. R. die Normal-Wasserstoff-Elektrode (NWE; engl. standard hydrogen electrode, SHE, s. Abb. 6.14): Ein platiniertes Pt-Blech in saurer wässriger Lösung der Protonenaktivität eins wird mit H_2 unter einem Druck von 1 bar umspült. Das Standard-Elektrodenpotenzial dieser Normal-Wasserstoff-Elektrode ist definitionsgemäß $\varphi^{\circ}_{H_2|H^+} = 0$ (Gl. 6.90). Der Zellaufbau zur Ermittlung eines Standard-Potenzials ist schematisch in Abbildung 6.16 für $\varphi^{\circ}_{\text{Cu}|\text{Cu}^{2+}}$ dargestellt.

Beispiel:
Bestimmung von φ° der $\text{Ag}|\text{AgCl}|\text{Cl}^-$-Elektrode mit der Messzelle

$$\text{Pt(s)} \mid H_2(g, p = p^{\circ}) \mid \text{HCl(aq)} \mid \text{AgCl(s)} \mid \text{Ag(s)}$$

$$
\begin{aligned}
E &= \varphi^{\circ}_{\text{Ag}|\text{AgCl}|\text{Cl}^-} - \frac{RT}{F} \ln a_{\text{Cl}^-} - \left(\varphi^{\circ}_{H_2|H^+} + \frac{RT}{F} \ln a_{H^+} \right) \\
&= \varphi^{\circ}_{\text{Ag}|\text{AgCl}|\text{Cl}^-} - \frac{2RT}{F} \ln a_{\pm,\text{HCl}}
\end{aligned}
$$

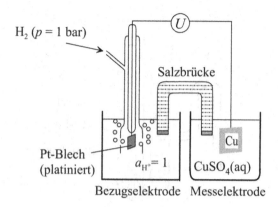

Abbildung 6.16: Die Bestimmung der Halbzellenpotenziale (rechte Halbzelle) erfolgt durch Messung gegen die Normal-Wasserstoff-Elektrode als Bezugselektrode (linke Halbzelle).

Hier haben wir $a_{\pm,\mathrm{HCl}} = \sqrt{a_{\mathrm{H}^+} \cdot a_{\mathrm{Cl}^-}}$ benutzt (Gl. 6.51). Setzt man $a_{\pm,\mathrm{HCl}} = f_{\pm,\mathrm{HCl}} \cdot m_{\mathrm{HCl}}/m^\circ$, ergibt sich:

$$E + \frac{2\mathrm{R}T}{\mathrm{F}} \ln \frac{m_{\mathrm{HCl}}}{m^\circ} = \varphi^\circ_{\mathrm{Ag|AgCl|Cl}^-} - \frac{2\mathrm{R}T}{\mathrm{F}} \ln f_{\pm,\mathrm{HCl}} \qquad (6.95)$$

Nach dem DEBYE-HÜCKEL-Grenzgesetz ist $\ln f_{\pm,\mathrm{HCl}}$ proportional zu $\sqrt{I}$ und damit zu $\sqrt{m_{\mathrm{HCl}}}$. Die Messung von E bei verschiedenen, nicht zu großen HCl-Konzentrationen erlaubt somit die Bestimmung von $\varphi^\circ_{\mathrm{Ag|AgCl|Cl}^-}$ als Ordinatenabschnitt der Auftragung der linken Seite von Gleichung 6.95 gegen $\sqrt{m_{\mathrm{HCl}}}$ (s. Abb. 6.17). Man erhält hier einen Wert von 0,2223 V. Umgekehrt kann bei Kenntnis des Standard-Potenzials $\varphi^\circ_{\mathrm{Ag|AgCl|Cl}^-}$ der mittlere Aktivitätskoeffizient $f_{\pm,\mathrm{HCl}}$ der Lösung bestimmt werden. Elektrochemische Zellen bieten allgemein eine leistungsfähige Methode zur Bestimmung von Aktivitätskoeffizienten. Sie ist genauer als andere Methoden, wie z. B. die Messung kolligativer Eigenschaften.

Das oben beschriebene Verfahren kann zur Bestimmung der Standard-Elektrodenpotenziale einer großen Zahl von Elektroden angewendet werden. Mit den Standard-Potenzialen zweier Elektroden einer galvanischen Zelle lässt sich dann die Standard-EMK $E^\circ = \varphi^\circ_{\mathrm{rechts}} - \varphi^\circ_{\mathrm{links}}$ bestimmen.

Spannungsreihe der Standard-Elektrodenpotenziale

Wie oben erläutert, werden Standard-Elektrodenpotenziale von Halbzellen bestimmt, indem sie gegen die Normal-Wasserstoff-Elektrode $\mathrm{Pt(s)|H_2(g}, p_{\mathrm{H}_2} = 1\ \mathrm{bar)|H^+(aq}, a_{\mathrm{H}^+} = 1)$ gemessen werden. Die Standard-Elektrodenpotenziale $\varphi^\circ_{\mathrm{Halbzelle}}$ werden nach steigenden Werten geordnet, wobei die Werte nach der IUPAC-Definition als Reduktionspotenziale definiert sind. Aus dieser elektrochemischen Spannungsreihe lässt sich ableiten, dass die Halbzelle mit größerem Standard-Elektrodenpotenzial („edle" Metalle) bei gleicher Ionenaktivität auf Kosten der

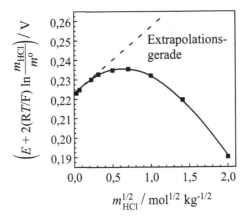

Abbildung 6.17: Mit Hilfe einer linearen Auftragung nach Gleichung 6.95 wird das Standard-Elektrodenpotenzial der Ag|AgCl|Cl$^-$-Elektrode aus dem Achsenabschnitt bestimmt.

Elektrode mit dem geringeren Standard-Elektrodenpotenzial („unedle" Metalle) spontan reduziert wird. Bei komplizierteren Redox-Elektroden ist das Standard-Elektrodenpotenzial auf die Aktivität eins aller beteiligten Ionen bezogen. Für biologische Systeme werden Standard-Elektrodenpotenziale bei pH = 7 definiert. In der Tabelle 6.9 sind Standard-Elektrodenpotenziale verschiedener Halbzellen aufgelistet.

Beispiel:
Bestimme für die Zelle Ag(s) | AgCl(s) | HCl(aq) | AgNO$_3$(aq) | Ag$^+$(aq) | Ag(s) die Standard-EMK. Wie groß ist die Änderung der Standard-GIBBS-Energie und die Gleichgewichtskonstante der Zellreaktion Ag$^+$(aq) + Cl$^-$(aq) $\rightleftharpoons$ AgCl(s)?

$$E° = \varphi°_{\text{Ag}|\text{Ag}^+} - \varphi°_{\text{Ag}|\text{AgCl}|\text{Cl}^-}$$

$$= 0,7996 \text{ V} - 0,2223 \text{ V} = 0,5773 \text{ V}$$

$$\Delta_{\text{r}}G°_{\text{m}} = -|z|FE° = -55,7 \text{ kJ mol}^{-1}$$

Mit $K_a = \exp(-\Delta_{\text{r}}G°_{\text{m}}/RT) = \exp(|z|FE°/RT)$ ergibt sich für die Gleichgewichtskonstante der Zellreaktion bei 298 K ein Wert von $5,8 \cdot 10^9$. Die Reaktion läuft also spontan ab und das Gleichgewicht liegt weit auf der Seite der Produkte.

---

pH-Wert-Messung
Der pH-Wert einer wässrigen Lösung kann auf verschiedene Art und Weise bestimmt werden:

1. Die Wasserstoffelektrode Pt(s) | H$_2$(g, p) | H$^+$(aq, a_{H^+}) mit der Halbzellenreaktion

Tabelle 6.9: Die Spannungsreihe der Standard-Elektrodenpotenziale bei $T =$ 298,15 K und 101,325 kPa (nach: R. C. Weast, M. J. Astle, W. H. Beyer (Hrsg.), *CRC Handbook of Chemistry and Physics*, 65. Aufl., CRC Press, Boca Raton, Florida, 1984). In einer Redox-Reaktion wird i. d. R. der Stoff, der weiter oben in der Spannungsreihe steht, oxidiert und der Stoff, der weiter unten steht, reduziert.

Halbzelle	Elektrodenreaktion	φ° / V
Li|Li$^+$	Li$^+$ + e$^-$ $\rightleftharpoons$ Li	$-3,0401$
Ba|Ba^{2+}	Ba^{2+} + 2e$^-$ $\rightleftharpoons$ Ba	$-2,912$
Na|Na$^+$	Na$^+$ + e$^-$ $\rightleftharpoons$ Na	$-2,71$
Al|Al^{3+}	Al^{3+} + 3e$^-$ $\rightleftharpoons$ Al	$-1,662$
Mn|Mn^{2+}	Mn^{2+} + 2e$^-$ $\rightleftharpoons$ Mn	$-1,185$
Zn|Zn^{2+}	Zn^{2+} + 2e$^-$ $\rightleftharpoons$ Zn	$-0,7618$
Fe|Fe^{2+}	Fe^{2+} + 2e$^-$ $\rightleftharpoons$ Fe	$-0,447$
Cd|Cd^{2+}	Cd^{2+} + 2e$^-$ $\rightleftharpoons$ Cd	$-0,4030$
Sn|Sn^{2+}	Sn^{2+} + 2e$^-$ $\rightleftharpoons$ Sn	$-0,1375$
Pb|Pb^{2+}	Pb^{2+} + 2e$^-$ $\rightleftharpoons$ Pb	$-0,1262$
Fe|Fe^{3+}	Fe^{3+} + 3e$^-$ $\rightleftharpoons$ Fe	$-0,037$
Pt|H$_2$ |H$^+$	2H$^+$ + 2e$^-$ $\rightleftharpoons$ H$_2$	0
Cu$^+$ |Cu^{2+}	Cu^{2+} + e$^-$ $\rightleftharpoons$ Cu$^+$	$+0,153$
Ag|AgCl|Cl$^-$	AgCl + e$^-$ $\rightleftharpoons$ Ag + Cl$^-$	$+0,22233$
Hg|Hg$_2$Cl$_2$ |Cl$^-$	Hg$_2$Cl$_2$ + 2 e$^-$ $\rightleftharpoons$ 2 Hg + 2 Cl$^-$	$+0,26808$
Cu|Cu^{2+}	Cu^{2+} + 2e$^-$ $\rightleftharpoons$ Cu	$+0,3419$
Ag|Ag$^+$	Ag$^+$ + e$^-$ $\rightleftharpoons$ Ag	$+0,7996$
F$^-$ |F$_2$ |Pt	F$_2$ + 2e$^-$ $\rightleftharpoons$ 2 F$^-$	$+2,866$

$H^+(aq) + e^- \rightarrow \frac{1}{2}H_2(g)$ hat für $p_{H_2} = p^\circ$ das Elektrodenpotenzial

$$\varphi_{H_2|H^+} = \underbrace{\varphi^\circ_{H_2|H^+}}_{=0} + \frac{RT}{F} \ln \frac{a_{H^+}}{\sqrt{p_{H_2}/p^\circ}}$$

$$= \frac{RT}{F} \ln a_{H^+}$$

$$= -\frac{RT \ln 10}{F} pH$$

$$= -0,05913 \text{ V} \cdot pH \tag{6.96}$$

mit $pH = -\log a_{H^+}$ und $T = 298$ K. Das Elektrodenpotenzial der Wasserstoff-Elektrode sinkt um 59 mV, wenn der pH-Wert um 1 steigt. Die Messung erfolgt z. B. mit der Normal-Kalomel-Elektrode als Bezugselektrode:

$$Pt(s) \mid H_2(g,p) \mid H^+(aq) \parallel Cl^-(aq, a=1) \mid Hg_2Cl_2(s) \mid Hg(l)$$

$$\tfrac{1}{2}\,Hg_2Cl_2(s) + \tfrac{1}{2}\,H_2(g) \rightarrow Hg(l) + H^+(aq) + Cl^-(aq)$$

$$E = \varphi^\circ_{Hg|Hg_2Cl_2|Cl^-} - \frac{RT}{F}\ln\frac{a_{H^+}a_{Cl^-}}{\sqrt{p_{H_2}/p^\circ}} \tag{6.97}$$

Mit $a_{Cl^-} = 1$ und $p_{H_2} = p^\circ$ folgt für die EMK der Zelle:

$$
\begin{aligned}
E &= \varphi^\circ_{Hg|Hg_2Cl_2|Cl^-} - \frac{RT}{F}\ln a_{H^+} \\[2mm]
&= 0,26808\ \text{V} + \frac{RT\ln 10}{F}\cdot \text{pH} \\[2mm]
\text{pH} &= \frac{E - 0,26808\ \text{V}}{0,05913\ \text{V}} \qquad \text{bei } T = 298\ \text{K}
\end{aligned}
\tag{6.98}
$$

2. Chinhydron-Elektrode

$$O=\!\!\langle\bigcirc\rangle\!\!=\!O + 2\,H_3O^+ + 2\,e^- \rightleftharpoons HO-\!\langle\bigcirc\rangle\!-OH + 2\,H_2O$$

$$Pt(s)\mid H_2(g,p)\mid HCl(aq), C_6H_4O_2, C_6H_4(OH)_2\mid Pt(s)$$

$$
\begin{aligned}
\varphi_{\text{Hydrochinon}|\text{Chinon}} &= \varphi^\circ_{\text{Hydrochinon}|\text{Chinon}} + \frac{RT}{2F}\ln\frac{a_{C_6H_4O_2}\,a_{H^+}^2}{a_{C_6H_4(OH)_2}} \\[2mm]
&\approx 0,699\ \text{V} + \frac{RT}{F}\ln a_{H^+}
\end{aligned}
\tag{6.99}
$$

Die Chinhydronelektrode ist vorwiegend in sauren und neutralen Lösungen einsetzbar. Im täglichen Gebrauch in Forschung und Technik wird sie, wie auch die Wasserstoffelektrode, durch die einfacher anzuwendende Glaselektrode ersetzt.

3. Glaselektrode
Glas ist eine erstarrte SiO_2-CaO-Na_2O-Schmelze. Wird die Oberfläche in Kontakt mit Wasser gebracht, werden innerhalb einer dünnen Oberflächenschicht die im SiO_2-Netzwerk gebundenen Kationen gegen H_3O^+-Ionen ausgetauscht. Ist dieser Quellvorgang abgeschlossen (ca. 24 h) und wird das Glas dann in eine protonenhaltige Lösung gebracht, so haben die Protonen im Glas eine andere Aktivität als die in der Lösung. Der Effekt kann zur Bestimmung eines unbekannten pH-Wertes herangezogen werden: Eine dünne Glasmembran, die auf beiden Seiten dem beschriebenen Quellvorgang unterworfen wurde, wird als Trennwand zwischen einer Lösung mit bekanntem pH-Wert (z. B. Phosphatpuffer) und der Lösung mit unbekanntem pH-Wert (pH_x) angeordnet (Abb. 6.18). Aufgrund der Aktivitätsdifferenz der Protonen stellt sich eine Potenzialdifferenz $\Delta\varphi = \varphi_{\text{außen}} - \varphi_{\text{innen}}$ ein. Sie wird mit zwei gleichen Ableitungs-Elektroden gemessen (z. B. $Ag|AgCl|Cl^-$-Elektroden):

$$Ag(s)|AgCl(s)|1\ \text{M}\ Cl^-|\text{pH}_{\text{Puffer}}|\text{Glasmembran}|\text{pH}_x|1\ \text{M}\ Cl^-|AgCl(s)|Ag(s)$$

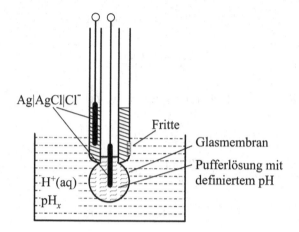

Abbildung 6.18: Schematischer Aufbau einer Glaselektrode zur pH-Wert-Messung.

Die gemessene EMK ist dem pH_x-Wert proportional:

$$E \;=\; \frac{RT \ln 10}{F} \log \frac{a_{H^+,\text{außen}}}{a_{H^+,\text{innen}}}$$

$$=\; -\frac{RT \ln 10}{F}\,(pH_x - pH_{\text{Puffer}})$$

$$pH_x \;=\; pH_{\text{Puffer}} - \frac{F}{RT \ln 10}\cdot E \tag{6.100}$$

Eine genauere Betrachtung erfordert noch die Berücksichtigung des Diffusions- und eines Asymmetriepotenzials, welches durch die unterschiedlichen Aktivitäten in den beiden Quellschichten der Elektrode hervorgerufen wird. Die Glaselektrode wird daher mit bekannten pH-Werten kalibriert, z. B. KH_2PO_4/Na_2HPO_4 in 0,1 M NaCl-Lösung (pH = 6,865 bei T = 298 K). In der Elektrochemie werden eine Vielzahl solcher ionenselektiven Elektroden zur spezifischen Detektion von Ionen in Lösung eingesetzt.

6.4.3 Diffusionspotenziale

Durch den direkten Kontakt zweier unterschiedlicher Elektrolyte (über eine poröse Trennwand) entsteht neben der Phasengrenze Elektrode|Elektrolyt eine weitere Phasengrenze. Dies führt zur Ausbildung eines so genannten Diffusions- oder Flüssigkeitspotenzials $\Delta\varphi_{\text{Diff}}$. Qualitativ kann dieser Effekt folgendermaßen verstanden werden: Betrachten wir zwei direkt aneinander grenzende, unterschiedlich konzentrierte HCl-Lösungen (mit den Molalitäten m_1, m_2). Die Cl^-- und H^+-Ionen diffundieren aufgrund des Konzentrationsgradienten in den Raum geringerer Konzentration. Da die Protonen schneller diffundieren, entsteht in Diffusionsrichtung vor der Phasengrenze ein Überschuss negativer, hinter der Phasengrenze ein Überschuss positiver Ladung und damit insgesamt eine Potenzialdifferenz. Das entstehende elektrische Feld wirkt beschleunigend auf die zurückgebliebenen Cl^-- und bremsend auf die H^+-Ionen. Im

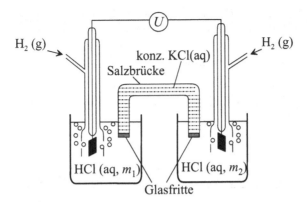

Abbildung 6.19: Aufbau einer elektrochemischen Zelle (Konzentrationszelle) unter Verwendung einer Salzbrücke.

stationären Zustand ist das Diffusionspotenzial gerade so groß, dass beide Ionensorten gleich schnell wandern. Elektrochemische Zellen mit Diffusionspotenzial werden auch als Zellen mit Überführung bezeichnet. Für z. B. gleiche Elektrolyte mit unterschiedlichen molalen Konzentrationen m_1 bzw. m_2 erhält man als quantitatives Ergebnis:

$$\Delta\varphi_{\text{Diff}} \approx -\frac{\lambda_+ - \lambda_-}{\lambda_+ + \lambda_-} \cdot \frac{RT}{|z|F} \ln \frac{m_1}{m_2} \tag{6.101}$$

Das Diffusionspotenzial verschwindet, wenn für die molaren Ionenleitfähigkeiten $\lambda_+ = \lambda_-$ gilt.

Wenn wir uns daran erinnern, dass die Überführungszahl des K^+ ungefähr gleich der des Cl^- ist, wird ersichtlich, weshalb sich eine KCl-Salzbrücke zur Unterdrückung des Diffusionspotenzials anbietet. Für eine Salzbrücke führt man das Symbol $\|$ ein. In Abbildung 6.19 ist eine Zelle mit Salzbrücke schematisch dargestellt. Neben KCl wird auch NH_4NO_3 verwendet, wenn keine Cl^--Ionen im System vorliegen dürfen. Bisweilen ist es auch möglich, das Diffusionspotenzial zu verringern, indem beiden angrenzenden Lösungen ein indifferenter Elektrolyt, dessen Anionen und Kationen gleiche Beweglichkeiten haben, im Überschuss zugesetzt wird. Im Wesentlichen wird der Strom dann von diesen Ionen transportiert.

6.4.4 Konzentrationsketten

Die Triebkraft für die Funktion einer elektrochemischen Zelle kann zum einen eine chemische Reaktion sein, wobei $\Delta_r G < 0$ ist, und zum anderen ein Konzentrationsunterschied in den Halbzellen. Hierbei ist die Zellreaktion der Konzentrationsausgleich zwischen den beiden Halbzellen, das Überführen von Ionen der Aktivität a_1 in Ionen der Aktivität a_2. Wir betrachten einige Beispiele:

Elektroden-Konzentrationsketten
1. Zwei Amalgamelektroden mit unterschiedlicher Me-Konzentration:

$$Cd(Hg, a_1) \mid Cd^{2+}(aq) \mid Cd(Hg, a_2)$$

Nach Gleichung 6.88 hat die Halbzelle mit der größeren Aktivität der Metallionen bzw. der geringeren Aktivität des im Hg gelösten Metalls das größere Halbzellenpotenzial. Für $a_1 > a_2$ werden in der rechten Halbzelle Cd-Ionen unter Aufnahme von zwei Elektronen zu Cd reduziert, während in der linken Halbzelle Cd zu Cd^{2+} oxidiert wird. Die Zellenreaktion lautet

$$Cd(Hg, a_1) \rightarrow Cd(Hg, a_2)$$

$$
\begin{aligned}
E &= \varphi_{\text{rechts}} - \varphi_{\text{links}} \\[2mm]
&= \underbrace{\varphi^{\circ}_{\text{rechts}} - \varphi^{\circ}_{\text{links}}}_{= 0} + \frac{RT}{2F} \ln \frac{a_{Cd^{2+}}}{a_2} - \frac{RT}{2F} \ln \frac{a_{Cd^{2+}}}{a_1} \\[2mm]
&= \frac{RT}{2F} \ln \frac{a_1}{a_2}
\end{aligned}
\tag{6.102}
$$

2. Zwei Gaselektroden mit unterschiedlichem Gasdruck:

$$Pt(s) \mid H_2(g, p_1) \mid HCl(aq) \mid H_2(g, p_2) \mid Pt(s)$$

Elektrodenreaktion links: $\frac{1}{2} H_2(g, p_1) \rightarrow H^+(aq) + e^-$
Elektrodenreaktion rechts: $H^+(aq) + e^- \rightarrow \frac{1}{2} H_2(g, p_2)$
Zellenreaktion: $\frac{1}{2} H_2(g, p_1) \rightarrow \frac{1}{2} H_2(g, p_2)$

$$E = \varphi_{\text{rechts}} - \varphi_{\text{links}} = \frac{RT}{2F} \ln \frac{p_1}{p_2} \tag{6.103}$$

Die EMK der Zelle ist positiv, wenn $p_2 < p_1$.

Elektrolyt-Konzentrationsketten
Beispiel:

$$Cu(s) \mid CuCl_2(aq, a_1) \mid\mid CuCl_2(aq, a_2) \mid Cu(s)$$

Elektrodenreaktion links: $Cu(s) \rightarrow Cu^{2+}(a_1) + 2e^-$
Elektrodenreaktion rechts: $Cu^{2+}(a_2) + 2e^- \rightarrow Cu(s)$
Zellenreaktion: $Cu^{2+}(a_2) \rightarrow Cu^{2+}(a_1)$

$$E = \varphi_{\text{rechts}} - \varphi_{\text{links}} = \frac{RT}{2F} \ln \frac{a_2}{a_1} \tag{6.104}$$

Reizleitung in Nervenzellen
Biologische Membranen sind als Barriere zwischen intra- und extrazellulärem Raum nur für bestimmte Ionen und Moleküle durchlässig. Nervenzellenmembranen besitzen eine höhere Durchlässigkeit für K^+- als für Na^+- und Cl^--Ionen. Die bestehende Potenzialdifferenz zwischen den beiden Membranseiten hängt daher hauptsächlich von der Konzentration der K^+-Ionen innerhalb bzw. außerhalb der Zelle ab. In der Nervenzelle ist die Konzentration der K^+-Ionen etwa um den Faktor 20 größer als außerhalb

der Zelle. Dieser Konzentrationsunterschied wird durch Ionenpumpen (Kanalproteine) in der Membran aufrechterhalten. Für die Potenzialdifferenz ergibt sich bei 37 °C:

$$\Delta\varphi = -\frac{RT}{F}\ln\frac{c_{K^+,\text{innen}}}{c_{K^+,\text{außen}}} = -26,7 \text{ mV} \cdot \ln\frac{20}{1} = -80 \text{ mV} \tag{6.105}$$

Im Ruhezustand (Nerv inaktiv) ist die K^+-Konzentration in der Zelle hoch und die Potenzialdifferenz an der Zellwand beträgt etwa -60 mV, die damit nahe der K^+-Gleichgewichtspotenzialdifferenz liegt. Wird die Nervenzelle gereizt, entspricht dies einem elektrischen Impuls, durch den sich ein anderes Kanalprotein öffnet, so dass nun Na^+-Ionen verstärkt ins Zellinnere gelangen können. Die Potenzialdifferenz ändert sich dadurch von -60 auf $+30$ mV. Somit steigt das Membranpotenzial und die Reizung wird in Form eines Potenzialabfalls an die angrenzende Nervenzelle und den Nerv entlang weitergeleitet. Nach der Reizung der Zelle wird der Ruhezustand wieder durch Ionenpumpen hergestellt.

Beispiele:
Als Anwendungsbeispiele von Konzentrationsketten wollen wir die Bestimmung des Ionenprodukts von H_2O und AgCl behandeln.

1. Für die Bestimmung des Ionenprodukts des Wassers $K_W = a_{H^+} \cdot a_{OH^-}$ verwenden wir folgende elektrochemische Zelle:

$$\text{Pt(s)}|H_2(g, p°)|0,01 \text{ M NaOH}||\text{KCl(ges.)}||0,01 \text{ M HCl}|H_2(g, p°)|\text{Pt(s)}$$

$$
\begin{aligned}
E &= \varphi_{H_2|H^+(\text{HCl})} - \varphi_{H_2|H^+(\text{NaOH})} \\[2mm]
&= \frac{RT}{F}\ln\frac{a_{H^+(\text{HCl})}}{a_{H^+(\text{NaOH})}} \\[2mm]
&= \frac{RT}{F}\ln\frac{a_{H^+(\text{HCl})}\, a_{OH^-(\text{NaOH})}}{K_W} \\[2mm]
&\approx \frac{RT}{F}\ln\frac{c_{H^+(\text{HCl})}\, c_{OH^-(\text{NaOH})}}{K_W(c°)^2}
\end{aligned}
$$

Aus der Messung der EMK erhält man K_W.

2. Das Ionenprodukt von AgCl ($K_L = a_{Ag^+} \cdot a_{Cl^-}$) kann mit folgender Zellanordnung bestimmt werden:

$$\text{Ag(s)}|\text{AgCl(s)}|0,01 \text{ M KCl}||\text{NH}_4\text{NO}_3(\text{ges.})||0,01 \text{ M AgNO}_3|\text{Ag(s)}$$

$$
\begin{aligned}
E &= \varphi_{Ag|Ag^+(\text{in AgNO}_3-\text{Lsg.})} - \varphi_{Ag|Ag^+(\text{in KCl}-\text{Lsg.})} \\[2mm]
&= \frac{RT}{F}\ln\frac{a_{Ag^+(\text{in AgNO}_3-\text{Lsg.})}}{a_{Ag^+(\text{in KCl}-\text{Lsg.})}} \\[2mm]
&= \frac{RT}{F}\ln\frac{a_{Ag^+(\text{in AgNO}_3-\text{Lsg.})}\, a_{Cl^-(\text{in KCl}-\text{Lsg.})}}{K_L}
\end{aligned}
$$

$$\approx \frac{RT}{F} \ln \frac{c_{Ag^+(in\ AgNO_3-Lsg.)}\ c_{Cl^-(in\ KCl-Lsg.)}}{K_L(c^\circ)^2}$$

Das Ionenprodrodukt K_L lässt sich somit über eine Bestimmung der EMK berechnen.

Überführungszahlen

Zur Bestimmung von Überführungszahlen werden auch galvanische Zellen mit Überführung, d. h. Zellen mit einer Grenzfläche zwischen den beiden Elektrolyten, an der sich ein Diffusionspotenzial aufbaut, verwendet. Als Beispiel für eine Zelle mit Überführung, die bezüglich der Anionen (hier Cl^-) reversibel arbeitet, betrachten wir folgende Zelle:

$$Ag(s) \mid AgCl(s) \mid HCl(aq, a_1) \mid HCl(aq, a_2) \mid AgCl(s) \mid Ag(s)$$

In der linken Halbzelle wird Silber oxidiert: $Ag(s) \rightarrow Ag^+(aq) + e^-$. Die gebildeten Silberionen bilden mit den vorhandenen Cl^--Ionen schwerlösliches AgCl: $Ag^+(aq) + Cl^-(aq, a_1) \rightarrow AgCl(s)$. Bei der Bildung von 1 mol AgCl werden 1 mol Cl^--Ionen entzogen, gleichzeitig werden t_- mol Cl^--Ionen durch die Grenzfläche von rechts nachgeliefert, und t_+ mol H^+ wandern nach rechts. Somit ist die Gesamtänderung an Cl^- bzw. HCl: $(-1 + t_-)$ mol $= -t_+$ mol. In der rechten Halbzelle werden Ag^+-Ionen reduziert: $AgCl(s) + e^- \rightarrow Ag(s) + Cl^-(aq, a_2)$. Bei der Bildung von 1 mol Ag ist 1 mol Elektronen durch die Zelle gewandert und 1 mol Cl^--Ionen freigesetzt worden. t_- mol Cl^--Ionen verlassen die Halbzelle durch die Grenzfläche, so dass die Gesamtänderung der Stoffmenge an Cl^- bzw. HCl $(+1 - t_-)$ mol $= t_+$ mol ist. Beim Durchgang von 1 mol Elektronen erhalten wir für die Reaktions-GIBBS-Energie:

$$
\begin{aligned}
\Delta_r G_m &= \sum_i \nu_i \mu_i \\[2mm]
&= t_+(\mu_{HCl}^\infty + RT \ln a_2) - t_+(\mu_{HCl}^\infty + RT \ln a_1) \\[2mm]
&= t_+ RT \ln \frac{a_2}{a_1}
\end{aligned}
\tag{6.106}
$$

Für die EMK der Zelle mit Überführung folgt wegen $\Delta_r G_m = -|z|FE$:

$$E_{mit\ Überführung} = -t_+ \frac{RT}{F} \ln \frac{a_2}{a_1} \tag{6.107}$$

Die Aktivitäten a_i von HCl können durch die mittleren Aktivitäten $a_\pm$ der Ionen H^+ und Cl^- ersetzt werden ($a_i = a_{\pm,i}^2$), so dass für die EMK folgt:

$$E_{mit\ Überführung} = -2t_+ \frac{RT}{F} \ln \frac{a_{\pm,2}}{a_{\pm,1}} \tag{6.108}$$

Durch den Vergleich mit einer geeigneten Zelle ohne Überführung, wie z. B. der HELMHOLTZschen Doppelzelle

$$Ag(s) | AgCl(s) | HCl(aq, a_1) | H_2(g) | Pt(s) | H_2(g) | HCl(aq, a_2) | AgCl(s) | Ag(s)$$

kann die Überführungszahl des Kations berechnet werden. Für die EMK der Doppelzelle erhält man

$$E_{\text{Doppelzelle}} = -2\frac{RT}{F}\ln\frac{a_{\pm,2}}{a_{\pm,1}} \tag{6.109}$$

Aus $E_{\text{mit Überführung}} = t_+ E_{\text{Doppelzelle}}$ kann die Überführungszahl t_+ von H^+ berechnet werden.

6.5 Technisch wichtige Zellen (Galvanische Elemente)

Elektrochemische Reaktionen erlauben prinzipiell mehr Arbeit zu leisten als thermische Reaktionen. Wir besprechen in diesem Kapitel einige der technisch wichtigen galvanischen Zellen.

Bleiakkumulator

Der Bleiakku besteht aus einer Blei- und einer Bleioxidelektrode. Er wurde 1859 erfunden und wird auch heute noch in Kraftfahrzeugen verwendet. Die Potenzialdifferenz beträgt 2,04 V.

Zelle: $Pb(s) \mid H_2SO_4(aq, 36\,\%) \mid PbO_2(s) \mid Pb(s)$

Anode: $Pb(s) + SO_4^{2-}(aq) \rightarrow PbSO_4(s) + 2e^-$

Kathode: $PbO_2(s) + 2H_2SO_4(aq) + 2e^- \rightarrow PbSO_4(s) + SO_4^{2-}(aq) + 2H_2O(l)$

Summe: $Pb(s) + PbO_2(s) + 2H_2SO_4(aq) \rightleftharpoons 2PbSO_4(s) + 2H_2O(l)$

Die Hinreaktion entspricht dem Entlade- und die Rückreaktion dem Ladevorgang. Der Wirkungsgrad beträgt 80 - 90 %. Der Ladevorgang ist eine Elektrolyse. Die H_2O-Zersetzung zu H_2 tritt wegen der hohen Überspannung η (s. später) bei der H_2-Bildung an Pb nicht ein ($\eta = 1,67$ V). Die Überspannung wird jedoch durch Verunreinigungen im Elektrolyten herabgesetzt und der Akku kann dann nicht mehr aufgeladen werden. Bei der Entladung wird Schwefelsäure verbraucht und Wasser gebildet, so dass der Ladungszustand des Akkus über die Messung der Dichte des Elektrolyten kontrolliert werden kann. Sechs Zellen hintereinander geschaltet liefern in Autobatterien eine Klemmenspannung von 12 V. Die Auflaung erfolgt durch den Generator des Motors im laufenden Betrieb. Der Nachteil des Bleiakkumulators liegt in seinem hohen Gewicht.

LECLANCHÉ-Element (Trockenzelle)

Das klassische LECLANCHÉ-Element ist eine Einwegbatterie. Es besteht aus einer Zn-Anode (in Form eines Zinkblech-Zylinders), einem mit MnO_2 umgebenen Graphitstab als Kathode und einer konzentrierten NH_4Cl-Lösung, die mit Stärke oder Methylcellulose verdickt ist, als Elektrolyt. Die Zellspannung beträgt etwa 1,5 V.

Zelle: $Zn(s) \mid NH_4Cl(aq, 20\%) \mid MnO_2(s) \mid C(\text{Graphit})$

Anode: $Zn(s) \rightarrow Zn^{2+}(aq) + 2e^-$

Kathode: $2MnO_2(s) + 2H^+(aq) + 2e^- \rightarrow 2MnOOH(s)$

Summe: $Zn(s) + 2MnO_2(s) + 2H^+(aq) \rightarrow 2MnOOH(s) + Zn^{2+}(aq)$

Bei Stromentnahme wird das Mangandioxid zu MnOOH reduziert ($Mn^{4+} \to Mn^{3+}$).
Zusätzlich laufen noch irreversible Folgereaktionen ab:

$$2MnOOH(s) \to Mn_2O_3(s) + H_2O(l)$$

$$OH^-(aq) + NH_4^+(aq) \to H_2O(l) + NH_3(g)$$

$$Zn^{2+}(aq) + 2NH_3(g) + 2Cl^-(aq) \to Zn(NH_3)_2Cl_2(s)$$

Die kathodische Reduktion der Protonen zu Wasserstoff findet wegen der hohen Überspannung des H_2 am Kohlenstoff nicht statt.

Nickel-Cadmium-Zelle

Die Nickel-Cadmium-Zelle liefert konstante Ströme. Eine der Elektroden ist mit $Cd(OH)_2$, die andere mit $Ni(OH)_2$ beschichtet. Als Elektrolyt wird KOH-Lösung verwendet. Die Potenzialdifferenz beträgt ca. 1,3 V.

Zelle: Stahl | $Ni(OH)_2(s)$ | $KOH(aq, 21\%)$ | $Cd(OH)_2(s)$ | Stahl

Anode: $2Ni(OH)_2(s) + 2OH^-(aq) \to 2NiOOH(s) + 2H_2O(l) + 2e^-$
Kathode: $Cd(OH)_2(s) + 2e^- \to Cd(s) + 2OH^-(aq)$

$$\text{Summe:} \quad Cd(OH)_2(s) + 2Ni(OH)_2(s) \overset{\text{Entladen}}{\underset{\text{Laden}}{\rightleftharpoons}} Cd(s) + 2NiOOH(s) + 2H_2O(l)$$

Lithium-Zelle

In einem Lithium-Ionen-Akkumulator wird eine Spannung durch die Verschiebung von Lithium-Ionen erzeugt. Im geladenen Zustand befinden sich die Lithium-Ionen zwischen den Gitterebenen von Graphit. Beim Entladen wandern sie auf freie Gitterplätze der Verbindung Lithiumcobaltdioxid:

Anode: $CLi_n \to C(s) + nLi^+ + ne^-$
Kathode: $Li_{1-n}CoO_2 + nLi^+ + ne^- \to LiCoO_2(s)$

Beim Aufladen des Akkumulators laufen die Halbzellenreaktionen in umgekehrter Richtung ab. Ein Lithium-Ionen-Akkumulator liefert eine relativ hohe Zellspannung von etwa 3,6 V. Als Elektrolyt werden Lithiumsalze in wasserfreiem Ethylencarbonat und Propylencarbonat verwendet.

Brennstoffzellen

Im Gegensatz zu den herkömmlichen Akkumulatoren werden die Reaktanden in Brennstoffzellen kontinuierlich von außen zugeführt. Als Beispiel betrachten wir die Knallgas-Zelle (BACON-Zelle, Abb. 6.20):

Zelle: $C \mid H_2(g) \mid KOH(aq) \mid O_2(g) \mid C$
Anode: $H_2(g) + 2OH^-(aq) \to 2H_2O(l) + 2e^-$
Kathode: $\frac{1}{2}O_2(g) + H_2O(l) + 2e^- \to 2OH^-(aq)$
Summe: $H_2(g) + \frac{1}{2}O_2(g) \to H_2O(l)$

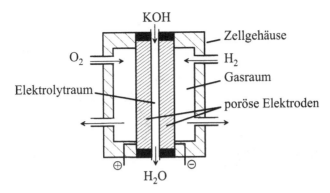

Abbildung 6.20: Schematische Darstellung einer Knallgas-Zelle (BACON-Zelle).

Als Elektrolyt wird hier konzentrierte wässrige KOH bei 200 °C und 20 − 40 bar verwendet. Die Potenzialdifferenz beträgt etwa 1,2 V und der Wirkungsgrad ist mit 60 − 70% besser als der von Wärmekraftmaschinen. Technisch bestehen die Schwierigkeiten eines hohen Innenwiderstandes und der „Vergiftung" des verwendeten Katalysators. Neben H_2 können auch Kohlenwasserstoffe (z. B. CH_4), neben O_2 auch Luft und anstelle von KOH auch geschmolzene Salze oder feste Elektrolyte (z. B. polymere Protonenaustauschmembranen) eingesetzt werden.

6.6 Elektrolyse und Potenziale von Zellen unter Belastung

Bisher haben wir im Wesentlichen elektrochemische Gleichgewichte betrachtet, d. h. reversible Prozesse, für die $E = \Delta\varphi_{\text{rev}}$ gilt. Wir wollen uns nun noch mit Vorgängen in einer elektrochemischen Zelle bei Stromfluss (gestörtem Gleichgewicht) befassen, wobei die Elektrodenreaktionen oftmals nicht mehr reversibel sind.

Der Durchgang der Ladungsträger an einer Elektrode führt im Gleichgewicht zu einer Gleichheit von anodischer und kathodischer Stromdichte ($j = I/A$, A ist die Oberfläche der Elektrode) für die an der Elektrode ablaufenden Teilreaktionen (anodische Oxidation, kathodische Reduktion): $j_{\text{Anode}} = j_{\text{Kathode}} = j_0$. j_0 wird als Austauschstromdichte bezeichnet (z. B. ist $j_0 = 7,9 \cdot 10^{-4}$ A cm^{-2} für die Reaktion $2H^+(aq) + 2e^- \rightleftharpoons H_2(g)$ an der Pt-Elektrode). Befindet sich die Reaktion nicht im Gleichgewicht, fließt ein Nettostrom durch die Elektrode. Dies ist der Fall, wenn man eine der EMK entgegengerichtete Spannung an die Elektroden anlegt (Elektrolyse) oder die EMK der galvanischen Zelle zum Betrieb eines elektrischen Verbrauchers nutzt. Dabei beobachtet man, dass sich das Potenzial einer Elektrode ändert. Die Abweichung vom Gleichgewichtselektrodenpotenzial φ_{Gl} wird als Überspannung η bezeichnet:

$$\eta(I) = \varphi(I) - \varphi_{\text{Gl}} \tag{6.110}$$

Die Überspannung ist eine Funktion des Stromes I. Abbildung 6.21 gibt ein Beispiel für die Strom-Potenzial-Charakteristik einer Elektrode. Um die möglichen Ursachen zu verstehen, betrachten wir den Ablauf einer elektrochemischen Reaktion. Sie kann als Folge von Einzelschritten aufgefasst werden:

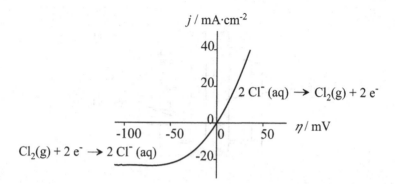

Abbildung 6.21: Stromdichte-Überspannungskurve einer chlorumspülten Pt-Elektrode $Cl^-(aq) \mid Cl_2(g) \mid Pt(s)$. Das Gleichgewichtspotenzial beträgt 1,36 V.

1. Diffusion zur Elektrode

2. Reaktion an der Elektrodenoberfläche (z. B. Desolvatation)

3. Adsorption an der Elektrodenoberfläche

4. Übergang von Elektronen oder Me^{z+}-Ionen zwischen Adsorbat und Elektrode

5. Desorption von der Elektrodenoberfläche

6. Reaktion des desorbierten Stoffes an der Elektrodenoberfläche (z. B. Solvatation)

7. Diffusion von der Elektrode in den Elektrolyten

Grundsätzlich kann jeder dieser Vorgänge gehemmt sein, wobei der langsamste Prozess die Geschwindigkeit der Gesamtreaktion bestimmt. Die Überspannung η wird daher als Summe verschiedener Überspannungsanteile geschrieben:

$$\eta(I) = \sum_i \eta_i + I\,R \tag{6.111}$$

Darin ist $I\,R$ der ohmsche Spannungsabfall im Elektrolyten. Betrachten wir nun die verschiedenen Anteile der Überspannung:

1. Durchtrittsüberspannung η_D
Die Durchtrittsreaktion $Me^{z+}(aq) + ze^- \rightleftharpoons Me(s)$ ist hier gehemmt. Das Elektrodengleichgewicht entspricht den gleich schnellen, einander entgegengesetzt gerichteten Abläufen von kathodischer ($Me^{z+}(aq) + ze^- \rightleftharpoons Me(s)$) und anodischer ($Me(s) \rightleftharpoons Me^{z+}(aq) + ze^-$) Teilreaktion (dynamisches Gleichgewicht). Die Aktivierungsenergie für die Vorgänge kann jedoch groß sein, da z. B. der Austritt aus dem Metallgitter oder das Ablegen der Solvathülle Energie erfordert. Ein Beispiel ist die Reduktion von H^+ zu $\frac{1}{2}H_2$ ($2H^+(aq) + 2e^- \rightarrow H_2(g)$) an Hg. Es handelt sich hierbei um eine so genannte unpolarisierbare Elektrode, da sich das Potenzial nur wenig mit der Stromstärke ändert. Elektroden mit stark stromabhängigen Potenzialen werden dagegen leicht polarisierbar genannt. In Abbildung 6.22 ist die Überspannung für die

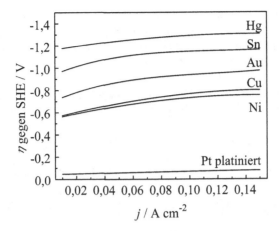

Abbildung 6.22: Überspannung der H_2-Abscheidung an verschiedenen Metall-Elektroden in Abhängigkeit der Stromdichte j (nach: Landolt-Börnstein, *Zahlenwerte und Funktionen*, II. Band, 7. Teil, Springer Verlag, Berlin, 1960).

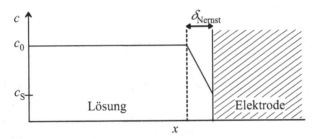

Abbildung 6.23: Konzentrationsprofil in Elektrodennähe unter Ausbildung der NERNSTschen Diffusionsschicht. Die Elektrolytlösung wird hier gerührt.

Abscheidung von H_2 an einigen Metallelektroden in Abhängigkeit der Stromdichte aufgetragen. η kann an verschiedenen Metallen sehr negativ sein. Somit ist es möglich, auch unedle Metalle aus einer wässrigen Lösung abzuscheiden, deren Standard-Potenzial normalerweise negativer ist als das von H_2.

Bei der Elektrolyse einer Lösung, die verschiedene Ionensorten enthält, scheiden sich mit wachsender Spannung die einzelnen Ionensorten nacheinander ab. An der Anode setzt die Oxidation der Ionen ein, die am leichtesten oxidiert werden, d. h., deren Potenzial am kleinsten ist. An der Kathode wird zunächst die edelste Ionensorte reduziert, deren Potenzial am positivsten ist. Somit ergibt sich eine minimale Zersetzungsspannung.

2. Diffusionsüberspannung η_{Diff}
Bei hohen Stromdichten und schneller Entladung der Ionen nimmt die Elektrolytkonzentration an der Elektrode so stark ab, dass die Diffusion der Ionen an die Elektrode zum geschwindigkeitsbestimmenden Vorgang wird (Abb. 6.23). Die Kinetik der elektrochemischen Reaktion wird somit durch die Diffusion bestimmt. Als Beispiel betrachten wir die kathodische Abscheidung einer Ionensorte (z. B. Me^{z+}) mit der

Anfangskonzentration c_0. Ohne Stromfluss ist die Elektrolyt-Konzentration überall konstant. Bei Stromfluss sinkt die Konzentration an der Elektrode von c_0 auf c_S ab, wobei sich das ausbildende Konzentrationsprofil in Elektrodennähe über eine Schicht der Dicke δ_{Nernst} (NERNSTsche Diffusionsschicht, $\delta_{\text{Nernst}} \lesssim 0,1$ mm) in den Elektrolyten erstreckt. Mit steigender Elektrolysezeit wächst die Diffusionsschicht tiefer ins Lösungsinnere und der durch die Elektrode fließende Strom nimmt weiter ab. Für die elektrochemische Stromdichte j gilt nach dem ersten FICKschen Gesetz:

$$j = z\mathrm{F}J = -z\mathrm{F}D\frac{\mathrm{d}c}{\mathrm{d}x} \approx -z\mathrm{F}D\frac{c_S - c_0}{\delta_{\text{Nernst}}} \tag{6.112}$$

Die Stromdichte geht bei zeitlich konstanter Diffusionsschichtdicke mit abnehmender Konzentration c_S gegen einen Grenzwert, den Diffusionsgrenzstrom (unter der Voraussetzung, dass die Elektrolytlösung gerührt wird und dass sämtliche ankommenden Ionen entladen werden):

$$j_{\text{Grenz}} = z\mathrm{F}D\frac{c_0}{\delta_{\text{Nernst}}} \tag{6.113}$$

Die Grenzstromdichte steigt mit wachsender Lösungskonzentration linear an. Auf diesem Effekt beruht eine wichtige Analysemethode, die Polarographie (Abb. 6.24). Es handelt sich hier um eine analytische Methode zur Bestimmung der Art und der Konzentration von Ionen in einer Elektrolytlösung. Die zu untersuchende Substanz wird an einer Quecksilber-Tropfelektrode abgeschieden. Als Leitsalz wird z. B. KNO_3 verwendet, dem die unbekannte Salzlösung zugefügt wird. Das Leitsalz sorgt für den Stromtransport, während die unbekannten Me^{z+}-Ionen durch Diffusion an die Tropf-Elektrode gelangen. Als zweite Elektrode (Bezugselektrode) wird oftmals eine Kalomel-Elektrode verwendet. Der Vorteil des Hg als Elektrodenmaterial liegt in der hohen Überspannung von Wasserstoff an Hg, so dass dieser nicht abgeschieden wird. Eine Tropf-Elektrode besitzt gegenüber einer ruhenden Hg-Oberfläche einen großen Vorteil: Die Elektrodenoberfläche wird in Form von Hg-Tropfen stetig erneuert, so dass eine Verunreinigung der Quecksilberoberfläche vermieden wird. Die Abscheidung von Substanzen kann mit einer Herabsetzung der Überspannung von Wasserstoff verbunden sein, was zu einer störenden H_2-Entwicklung führen würde. Die Spannung U (Potenzialdifferenz) wird über ein Potentiometer variiert, während der Strom I gemessen wird. Sobald an der Kathode das Abscheidungspotenzial des betreffenden Ions erreicht ist, steigt der Strom an. Liegen verschiedene Ionensorten vor, erfolgt die Abscheidung gemäß deren Abscheidungspotenzialen. Es treten dann im erhaltenen Polarogramm Stufen auf, deren Lage durch die Art des abgeschiedenen Stoffes bestimmt ist und deren Höhe ein Maß für die Konzentration ist. Der leicht oszillierende Stromverlauf entsteht durch das Wachsen und Abfallen der Hg-Tropfen. Mit Hilfe der aus der Auftragung zu bestimmenden Abscheidepotenziale (Halbstufenpotenziale $\varphi_{1/2}$) werden die Ionen identifiziert, wobei zu beachten ist, dass die Werte von der Vergleichselektrode abhängen. Im Grenzstrombereich gilt die ILKOVIČ-Gleichung, mit deren Hilfe auch die Ionenladung z bestimmt werden kann:

$$j_{\text{Grenz}} = \text{konst.}\ z\ v^{2/3}\ \tau^{1/6}\ \sqrt{D}\ c_0 \tag{6.114}$$

Darin bezeichnet v die Ausflussgeschwindigkeit des Hg aus der Kapillare und τ die Lebensdauer der Hg-Tröpfchen. In der polarographischen Praxis werden die gesuchten

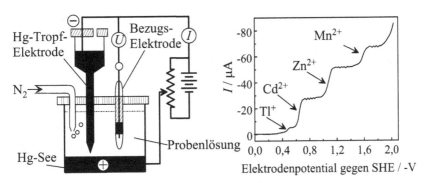

Abbildung 6.24: Links ist der Versuchsaufbau bei der Polarographie und rechts ein typisches Polarogramm dargestellt. Da auch der Sauerstoff aus der Luft am Hg reduzierbar ist, wird die Lösung mit Inertgas (z. B. N_2) gespült.

Konzentrationen c_0 selten über die ILKOVIČ-Gleichung berechnet. Stattdessen werden Kalibrierlösungen zur Konzentrationsbestimmung verwendet.

3. Reaktionsüberspannung η_R
Wenn die Diffusion und die Durchtrittsreaktion schnell ablaufen, kann eine zwischengelagerte chemische Reaktion die Geschwindigkeit der elektrochemischen Reaktion bestimmen (z. B. die Dissoziationsreaktion einer schwachen Säure).

4. Kristallisationsüberspannung η_{Kr}
Die Abscheidung von Metall-Ionen an festen Metallelektroden unterliegt oftmals einer Hemmung. Dieser Effekt ist darauf zurückzuführen, dass der Einbau in ein Kristallgitter kinetisch gehemmt sein kann.

Nach den in diesem Abschnitt angestellten Überlegungen ist es auch verständlich, dass die Zersetzungsspannung, d. h. die Potenzialdifferenz, die wir an die Elektroden einer elektrochemischen Zelle anlegen müssen, damit eine elektrochemische Reaktion eintritt, keine unmittelbare theoretische Bedeutung hat. Sie setzt sich zusammen aus der reversiblen Zellspannung, den Überspannungen an der Anode und Kathode, sowie aus dem durch Strom und Widerstand des Elektrolyten gegebenen Spannungsabfall. So liegt die Zersetzungsspannung einer 1,2 M HCl-Lösung, deren Aktivität gleich eins ist, nicht beim Gleichgewichtswert von 1,36 V, sondern um ca. 0,5 V darüber.

7 Reaktionskinetik

Die chemische Kinetik beschäftigt sich mit dem Umsatz, der Geschwindigkeitskonstanten, der Reaktionsordnung, der Struktur von Zwischenstufen und dem Mechanismus einer Reaktion. Desweiteren werden die Einflüsse der Konzentrationen der Reaktanden, der Temperatur, des Drucks, des Lösungsmittels und die von Katalysatoren und Inhibitoren untersucht. Formal wird die Kinetik in die Bereiche Makrokinetik und Mikrokinetik unterteilt:

Makrokinetik: Die Bestimmung von Geschwindigkeitsgesetzen und Reaktionsordnungen. Ihre Kenntnis ist wichtig für die Auslegung industrieller Prozesse.

Mikrokinetik: Die Bestimmung des Reaktionsmechanismus und die Erarbeitung eines molekularen Bildes für den Übergangszustand der Reaktion.

Als homogene Reaktionskinetik bezeichnet man die Kinetik chemischer Reaktionen, die in homogener Phase ablaufen, als heterogene Reaktionskinetik die Kinetik von Reaktionen, an denen mehrere Phasen beteiligt sind (z. B. Reaktionen auf Katalysatoroberflächen). Wir wollen uns hier im Wesentlichen mit homogenen Reaktionen beschäftigen.

Die Reaktionsgeschwindigkeit chemischer Reaktionen erstreckt sich über viele Größenordnungen. Die schnellsten Reaktionen in Lösung laufen in Nanosekunden ab und sind oft diffusionskontrolliert. Extrem langsame Prozesse können Tage oder länger dauern.

7.1 Grundbegriffe und Messmethoden

Wir gehen von der folgenden allgemeinen chemischen Reaktion aus:

$$|\nu_A|A + |\nu_B|B \rightarrow \nu_C C + \nu_D D$$

Die stöchiometrischen Koeffizienten der Edukte werden mit Betragsstrichen geschrieben, da sie negative Werte haben. Für die Änderungen der Stoffmengen kann man schreiben:

$$\frac{n_A - n_A^\circ}{\nu_A} = \frac{n_B - n_B^\circ}{\nu_B} = \frac{n_C - n_C^\circ}{\nu_C} = \frac{n_D - n_D^\circ}{\nu_D} = \xi \qquad (7.1)$$

Hier ist n_i die Stoffmenge des i-ten Reaktanden, n_i° die Stoffmenge des i-ten Reaktanden zur Zeit $t = 0$ und ξ die so genannte Reaktionslaufzahl. Aus Gleichung 7.1 folgt für den differentiellen Umsatz:

$$\frac{dn_A}{\nu_A} = ... = \frac{dn_D}{\nu_D} = d\xi \qquad (7.2)$$

Die totale Reaktionsgeschwindigkeit lässt sich damit als zeitliche Änderung der Reaktionslaufzahl formulieren:

$$RG_{total} = \frac{d\xi}{dt} \qquad (7.3)$$

In der Reaktionskinetik bezieht man die Reaktionsgeschwindigkeit noch auf das Volumen V:

$$r = \frac{RG_{total}}{V} = \frac{1}{V}\frac{d\xi}{dt} = \frac{1}{\nu_i}\frac{d(n_i/V)}{dt} = \frac{1}{\nu_i}\frac{dc_i}{dt} \tag{7.4}$$

Gleichung 7.3 definiert die totale Reaktionsgeschwindigkeit RG_{total} in der Einheit mol s^{-1} und Gleichung 7.4 die Reaktionsgeschwindigkeit in der Einheit mol s^{-1}m^{-3}. Für jede Reaktion, deren Stöchiometrie bekannt ist, kann man so aus jeder Konzentrationsänderung der Reaktanden eine einzige Reaktionsgeschwindigkeit berechnen.

Beispiel:
Wir betrachten die Zersetzung von Iodwasserstoff:

$$2\,HI \rightarrow H_2 + I_2$$

$$r = \frac{1}{V}\frac{d\xi}{dt} = \frac{1}{\nu_{HI}}\frac{dn_{HI}}{V dt} = \frac{1}{\nu_{H_2}}\frac{dn_{H_2}}{V dt} = \frac{1}{\nu_{I_2}}\frac{dn_{I_2}}{V dt} \tag{7.5}$$

$$= -\frac{1}{2}\frac{dc_{HI}}{dt} = \frac{dc_{H_2}}{dt} = \frac{dc_{I_2}}{dt} \tag{7.6}$$

Die stöchiometrischen Koeffizienten der Edukte sind negativ und die der Produkte positiv zu nehmen. Somit ergibt sich die Reaktionsgeschwindigkeit zur Zeit t aus der Steigung der Auftragung von $c_{HI}(t)$, $c_{H_2}(t)$ oder $c_{I_2}(t)$.

Wir wollen noch einige Ausdrücke definieren:

Elementarreaktion: Eine Reaktion, die in einem Schritt ohne Zwischenstufen abläuft, wird als Elementarreaktion bezeichnet. Die Reaktion erfolgt durch direkte intermolekulare Wechselwirkung der Reaktanden.

Reaktionsordnung: Die Geschwindigkeitsgleichung (Geschwindigkeitsgesetz) einer Reaktion lässt sich im Allgemeinen als Produktansatz

$$r = k(T)c_A^\alpha c_B^\beta c_C^\gamma... \tag{7.7}$$

schreiben. Zum Beispiel gelte: $r = k \cdot c_A \cdot c_B^{1/2} \cdot c_C$. Dabei ist k die von der Temperatur abhängige Geschwindigkeitskonstante der Reaktion. Die experimentell zu bestimmenden Exponenten α, β, γ werden als Teilordnungen bezüglich der Reaktanden A, B, C bezeichnet, und $n = \alpha + \beta + \gamma$ heißt Gesamtordnung der Reaktion oder kurz Reaktionsordnung. Für unser Beispiel ist die Reaktion von erster Ordnung in A, von ein halber Ordnung in B und von erster Ordnung in C. Die Gesamtordnung der Reaktion ist die Summe der Teilordnungen, d. h. in diesem Fall 2,5.
  Die Teilordnungen haben ebenso wie die Reaktionsordnung i. Allg. keinen Bezug zu den stöchiometrischen Koeffizienten der Reaktion. Weiterhin kann auch nicht direkt auf den Mechanismus der Reaktion geschlossen werden. Das sei durch folgende Beispiele belegt:

$N_2O_5(g) \rightarrow 2NO_2(g) + \frac{1}{2}O_2(g)$ $\quad r = k \cdot c_{N_2O_5}$ $\quad$ Reaktion 1. Ordnung

$NO_2(g) \rightarrow NO(g) + \frac{1}{2}O_2(g)$ $\quad r = k \cdot c_{NO_2}^2$ $\quad$ Reaktion 2. Ordnung

$H_2(g) + Br_2(g) \rightarrow 2HBr(g)$ $\quad r = k \cdot c_{H_2} c_{Br_2}^{1/2}$ $\quad$ Reaktion $1\frac{1}{2}$. Ordnung

Styrol $\rightarrow$ Polystyrol $\quad\quad\quad\quad\quad r = k$ $\quad$ Reaktion 0. Ordnung

Die Geschwindigkeitskonstante hat in Abhängigkeit von der Reaktionsordnung n die Einheit $(\text{mol m}^{-3})^{1-n}\text{s}^{-1}$ oder $(\text{mol L}^{-1})^{1-n}\text{s}^{-1}$ bzw. $M^{1-n}\text{s}^{-1}$.

Molekularität: Die Molekularität einer Reaktion gibt die Anzahl der Reaktandenmoleküle an, die an einer Elementarreaktion beteiligt sind. Es werden mono-, bi- und trimolekulare Reaktionen unterschieden. Eine n-molekulare Reaktion ist natürlich von der Ordnung n, aber nicht jede Reaktion von n-ter Ordnung ist zwangsläufig n-molekular. Dies wird verständlich, wenn man sich vorstellt, dass eine Reaktion erster, zweiter oder dritter Ordnung aus verschiedenen Elementarreaktionen mit unterschiedlicher Molekularität zusammengesetzt sein kann.

Messmethoden zur Bestimmung der Reaktionsgeschwindigkeit
Die Konzentrationen der Reaktionspartner müssen für $p, T = $ konst. in Abhängigkeit von der Zeit t gemessen werden. Man unterscheidet folgende Verfahren:

1. Diskontinuierliche Verfahren

   a) Probenentnahme und Analyse der Probe mit chemischen oder physikalischen Methoden
   b) Analyse der Reaktionsmischung nach Abbruch der Reaktion (z. B. durch Abschrecken, Verdünnen, pH-Änderung, Zusatz von Radikalfängern)

2. Kontinuierliche Verfahren

   Die Änderungen von physikalisch-chemischen Eigenschaften der Reaktionsmischung werden während des Ablaufs der Reaktion in situ verfolgt. Folgende Methoden kommen z. B. zur Anwendung:

   - Spektroskopische Methoden, wie UV-, IR-, Fluoreszenz-, NMR-, ESR-Spektroskopie, Massenspektrometrie
   - Volumetrische Messungen ($T = $ konst., $p = $ konst.)
   - Messungen des Drucks ($T = $ konst., $V = $ konst.) bei Gasreaktionen
   - Elektrische Methoden (Leitfähigkeit, Potentiometrie, Polarographie)
   - Messung von Brechungsindex, Dielektrizitätszahl
   - Messung von magnetischen Eigenschaften
   - Messung der Wärmeleitfähigkeit

Je nach Geschwindigkeit und Typ der zu untersuchenden Reaktion werden unterschiedliche Messverfahren eingesetzt. Für schnelle Reaktionen kommen z. B. die Strömungsmethode, die „Stopped-flow"-Methode, die Blitzlichtphotolyse, sowie Druck- und Temperatursprung-Relaxationsverfahren zum Einsatz. In der „Stopped-flow"-Technik, mit deren Hilfe Reaktionen im Millisekundenbereich untersucht werden können, werden die aus Kapillaren in eine Mischkammer eintretenden Ausgangsstoffe

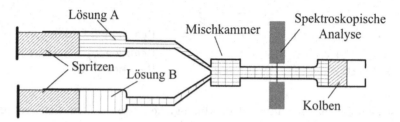

Abbildung 7.1: Schematischer Aufbau einer „Stopped-flow"-Apparatur.

turbulent gemischt, wobei Mischzeiten im Millisekundenbereich erzielt werden (Abb.
7.1). Die Strömumg wird dann abgestoppt, wenn der rechte Kolben den Anschlag
berührt. Die Reaktion kann z. B. spektroskopisch verfolgt werden. In der Blitzlichtphotolyse lösen kurze Lichtblitze, die mit Lasern erzeugt werden, eine photochemische
Reaktion aus, deren Reaktionsprodukte wieder spektroskopisch in Abhängigkeit der
Zeit verfolgt werden können (Nobelpreis für NORRISH und PORTER). Weitere Methoden zur Untersuchung schneller chemischer Reaktionen sind Relaxationsverfahren,
welche auf die Arbeiten von M. EIGEN zurückgehen. Die Verfahren beinhalten die
Störung eines im Gleichgewicht vorliegenden Systems durch die sehr schnelle Änderung eines äußeren Parameters (z. B. p- oder T-Sprung) und die Messung der Zeit
(Relaxationszeit), die benötigt wird, um das neue Gleichgewicht zu erreichen (s. Kap.
7.8).

7.2 Einfache Geschwindigkeitsgesetze (Formalkinetik)

Die Geschwindigkeitsgleichung (Gl. 7.7) stellt mathematisch gesehen eine Differentialgleichung dar. Durch Integration bei vorgegebenen Anfangsbedingungen erhält man
die Konzentration der Reaktionspartner als Funktion der Zeit. Wir betrachten einige
Beispiele:

Reaktionen 0. Ordnung

A $\rightarrow$ Produkte

$$-\frac{dc_A}{dt} = k$$

$$\int_{c_A^\circ}^{c_A} dc_A = -k \int_0^t dt$$

$$c_A = c_A^\circ - kt \tag{7.8}$$

c_A° ist die Anfangskonzentration des Eduktes A. Die Reaktionsgeschwindigkeit ist
unabhängig von der Konzentration der Reaktionsteilnehmer. Das Fortschreiten der
Reaktion wird von außen induziert, wie es z. B. bei photochemischen Reaktionen
(Einstrahlung von Licht) oder bei Katalysator-Zusätzen der Fall ist.

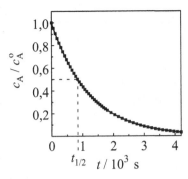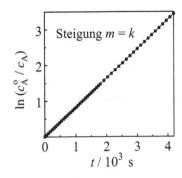

Abbildung 7.2: Bestimmung der Geschwindigkeitskonstanten einer Reaktion 1. Ordnung. Für die Geschwindigkeitskonstante erhält man hier einen Wert von $k = 8,2 \cdot 10^{-4}$ s^{-1}.

Reaktionen 1. Ordnung

A → Produkte

$$-\frac{dc_A}{dt} = k \cdot c_A$$

$$\int_{c_A^\circ}^{c_A} \frac{1}{c_A} dc_A = -k \int_0^t dt$$

$$\ln \frac{c_A}{c_A^\circ} = -kt \tag{7.9}$$

$$c_A = c_A^\circ \cdot e^{-kt} \tag{7.10}$$

Die Konzentration von A nimmt exponentiell mit der Zeit ab, wie stark, wird von der Geschwindigkeitskonstanten k bestimmt. Aus einer Auftragung von $\ln(c_A^\circ/c_A)$ gegen die Zeit t erhalten wir eine Gerade mit der Geschwindigkeitskonstanten k als Steigung (Abb. 7.2).

Als Halbwertszeit $t_{1/2}$ wird die Zeit bezeichnet, in der die Konzentration des Eduktes auf die Hälfte der Anfangskonzentration gefallen ist: $c_A = c_A^\circ/2$. Einsetzen in das Geschwindigkeitsgesetz 7.9 führt zu:

$$t_{1/2} = \frac{\ln 2}{k} \approx \frac{0,693}{k} \tag{7.11}$$

Also kann die Geschwindigkeitskonstante k auch aus der Halbwertszeit bestimmt werden. Der reziproke Wert der Geschwindigkeitskonstanten wird oftmals als mittlere Lebensdauer τ bezeichnet:

$$\frac{1}{k} = \tau \tag{7.12}$$

Beispiele:
Reaktionen 1. Ordnung sind:

1. Radioaktive Zerfallsreihen: z. B. Kern 1 → Kern 2
   Die Zahl der Zerfälle pro Zeiteinheit ist proportional zu den noch vorhandenen zerfallsfähigen Kernen 1.

2. $2\,N_2O_5(g) \rightarrow 4\,NO_2(g) + O_2(g)$
   $k = 6,2 \cdot 10^{-4}\ s^{-1}$; $t_{1/2} = 1,1 \cdot 10^3\ s = 18{,}3$ min bei 318 K

Für homogene Gasreaktionen können die Konzentrationen durch Partialdrücke ersetzt werden. In einem idealen Gasgemisch ist der Partialdruck p_i einer Komponente i seiner Konzentration proportional: $c_i = n_i/V = p_i/RT$.

Reaktionen 2. Ordnung

A + B → Produkte

$$-\frac{dc_A}{dt} = k \cdot c_A c_B \tag{7.13}$$

Es ist $\nu_A = \nu_B = -1$. Zu Beginn der Reaktion, d. h. zur Zeit $t = 0$, gilt $c_A = c_A^\circ$ und $c_B = c_B^\circ$. Wir definieren eine Umsatzvariable x:

$$x = c_A^\circ - c_A = c_B^\circ - c_B \tag{7.14}$$

Damit erhalten wir:

$$-\frac{dc_A}{dt} = -\frac{d}{dt}(c_A^\circ - x) = \frac{dx}{dt} \tag{7.15}$$

und mit Gleichung 7.13 folgt:

$$\frac{dx}{dt} = k \cdot (c_A^\circ - x)(c_B^\circ - x)$$

$$\frac{dx}{(c_A^\circ - x)(c_B^\circ - x)} = k dt \tag{7.16}$$

Um den erhaltenen Ausdruck integrieren zu können, nehmen wir eine Partialbruchzerlegung vor:

$$\frac{1}{(c_A^\circ - x)(c_B^\circ - x)} = \frac{1}{c_A^\circ - c_B^\circ} \cdot \left[-\frac{1}{c_A^\circ - x} + \frac{1}{c_B^\circ - x} \right] \tag{7.17}$$

Somit erhalten wir:

$$\frac{1}{c_A^\circ - c_B^\circ} \int_0^x \left[-\frac{1}{c_A^\circ - x} + \frac{1}{c_B^\circ - x} \right] dx = k \int_0^t dt$$

$$\frac{1}{c_A^\circ - c_B^\circ} \left[\ln(c_A^\circ - x) - \ln(c_B^\circ - x) \right] \big|_0^x = kt$$

$$\frac{1}{c_A^\circ - c_B^\circ} \cdot \ln \left[\frac{c_B^\circ}{c_A^\circ} \cdot \overbrace{\frac{c_A^\circ - x}{\underbrace{c_B^\circ - x}_{c_B}}}^{c_A} \right] = kt \tag{7.18}$$

Die Gleichung wird in eine Geradengleichung umgeformt:

$$\ln \frac{c_A}{c_B} = \ln \frac{c_A^\circ}{c_B^\circ} + (c_A^\circ - c_B^\circ) \cdot kt \tag{7.19}$$

Die Geschwindigkeitskonstante ergibt sich dann aus der Steigung der Auftragung von $\ln(c_A/c_B)$ gegen t. Wenn $c_A^\circ > c_B^\circ$, steigt das Verhältnis c_A/c_B mit der Zeit t.

Beispiel:
Die Geschwindigkeitskonstante der Reaktion $C_2H_4Br_2 + 3KI \rightarrow C_2H_4 + 2KBr + KI_3$ in methanolischer Lösung hat den Wert $k = 5 \cdot 10^{-3}$ L mol^{-1}s^{-1}.

Wir betrachten noch den Spezialfall $c_A^\circ = c_B^\circ$ (wie z. B. bei der Gasreaktion $2HI(g) \rightarrow H_2(g) + I_2(g)$):

$$-\frac{dc_A}{dt} = k \cdot c_A c_B = k \cdot c_A^2$$

$$-\int_{c_A^\circ}^{c_A} \frac{dc_A}{c_A^2} = k \int_0^t dt$$

$$\frac{1}{c_A} - \frac{1}{c_A^\circ} = kt \tag{7.20}$$

$$c_A = \frac{c_A^\circ}{1 + ktc_A^\circ}$$

Für die Halbwertszeit der Reaktion erhalten wir:

$$t_{1/2} = \frac{1}{k \cdot c_A^\circ} \tag{7.21}$$

Somit ist die Halbwertszeit im Gegensatz zu Reaktionen erster Ordnung von c_A° abhängig. Abbildung 7.3 zeigt die Konzentrationsverläufe einer Reaktion erster und zweiter Ordnung im Vergleich.

Reaktionen 3. Ordnung
Reaktionen dritter Ordnung treten vor allem in der Gasphase auf; sie sind aber verhältnismäßig selten. Wir betrachten hier nur den folgenden einfachen Fall, bei dem die Anfangskonzentrationen von A, B und C gleich sind:

$$A + B + C \rightarrow \text{Produkte}$$

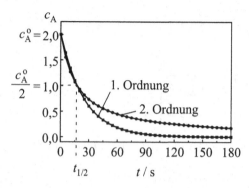

Abbildung 7.3: Konzentrations-Zeit-Verläufe einer Reaktion erster und zweiter Ordnung mit gleicher Halbwertszeit von 17,33 s. Die Geschwindigkeitskonstante der Reaktion erster Ordnung ist 0,04 s^{-1} und die der Reaktion zweiter Ordnung 0,0289 L mol^{-1}s^{-1}.

$$-\frac{\mathrm{d}c_A}{\mathrm{d}t} \;=\; k \cdot c_A c_B c_C = k c_A^3$$

$$-\int_{c_A^o}^{c_A} \frac{\mathrm{d}c_A}{c_A^3} \;=\; k \int_0^t \mathrm{d}t$$

$$\frac{1}{2}\left[\frac{1}{c_A^2} - \frac{1}{c_A^{o2}}\right] \;=\; kt \tag{7.22}$$

Für die Halbwertszeit der Reaktion ergibt sich:

$$t_{1/2} = \frac{3}{2kc_A^{o2}} \tag{7.23}$$

Sie fällt mit dem Quadrat der Anfangskonzentration ab. Die Reaktion verläuft bei großen Zeiten t noch langsamer als die bisher beschriebenen Fälle.

Unimolekulare Reaktionen

Viele Gasphasenreaktionen zeigen einen Reaktionsverlauf erster Ordnung. Einige Beispiele sind in Tabelle 7.1 gegeben. Es liegt die Vermutung nahe, dass die Reaktionen über einen geschwindigkeitsbestimmenden unimolekularen (monomolekularen) Schritt verlaufen. Für eine solche Reaktion muss im Molekül die notwendige Aktivierungsenergie vorhanden sein. Die Energieaufnahme kann durch Stöße mit anderen Molekülen erfolgen. Eine einfache Erklärung stammt von LINDEMANN und HINSHELWOOD:

$$A + A \underset{k_{-1}}{\overset{k_1}{\rightleftharpoons}} A + A^*$$

$$A^* \xrightarrow{k_2} P$$

Tabelle 7.1: Beispiele für unimolekulare Reaktionen bei $T = 500$ K. Hier ist E_a die Aktivierungsenergie der Reaktion und A der sog. Häufigkeitsfaktor (s. Kap. 7.4) (nach: D. A. McQuarrie, J. D. Simon, *Physical Chemistry: A Molecular Approach*, University Science Books, Sausalito, California, 1997).

Reaktion	$A \ / \ \mathrm{s}^{-1}$	$k \ / \ \mathrm{s}^{-1}$	$E_a \ / \ \mathrm{kJ\ mol}^{-1}$
$CH_3CH_2Cl \rightarrow C_2H_4 + HCl$	$9,6 \cdot 10^{13}$	$3,36 \cdot 10^{-12}$	244
$CH_3NC \rightarrow CH_3CN$	$3,9 \cdot 10^{13}$	$6,19 \cdot 10^{-4}$	131
Cyclopropan $\rightarrow$ Propen	$3,2 \cdot 10^{15}$	$7,85 \cdot 10^{-14}$	274

Bei einem Zusammenstoß zweier Moleküle A entsteht bei ausreichend vorhandener Energie ein aktiviertes Molekül A*. Die translatorische Energie wird in den Schwingungsfreiheitsgraden des Moleküls, das die Energie aufnimmt, gespeichert. Die Energie fluktuiert im Zuge der Schwingungen im Molekül, und sobald in einer Bindung soviel Energie vorhanden ist, dass diese brechen kann, erfolgt die Reaktion zum Produkt P. Das angeregte Molekül kann seine Energie jedoch auch wieder durch einen Stoß mit einem anderen Molekül verlieren. Für die Reaktionsgeschwindigkeiten ergibt sich somit:

$$\frac{dc_{A^*}}{dt} = k_1 c_A^2 - k_{-1} c_A c_{A^*} - k_2 c_{A^*} \tag{7.24}$$

$$\frac{dc_A}{dt} = -k_1 c_A^2 + k_{-1} c_A c_{A^*} \tag{7.25}$$

$$\frac{dc_P}{dt} = k_2 c_{A^*} \tag{7.26}$$

Wir wenden zur weiteren Lösung die Näherung des stationären Zustands für die Konzentration des angeregten Moleküls an. Diese auf BODENSTEIN zurückgehende Näherung geht davon aus, dass sich die Konzentration des angeregten Moleküls im Vergleich zu den Konzentrationen der anderen Reaktanden in hinreichender Näherung nicht ändert. Wir erhalten:

$$\frac{dc_{A^*}}{dt} = k_1 c_A^2 - k_{-1} c_A c_{A^*} - k_2 c_{A^*} \overset{!}{=} 0 \tag{7.27}$$

$$c_{A^*} = \frac{k_1 c_A^2}{k_2 + k_{-1} c_A} \tag{7.28}$$

Damit erhalten wir:

$$\frac{dc_P}{dt} = k_2 \cdot \frac{k_1 c_A^2}{k_2 + k_{-1} c_A} \tag{7.29}$$

Der erhaltene Ausdruck für die Bildung von P kann folgendermaßen interpretiert werden. Ist die Geschwindigkeit der Desaktivierung durch Stöße groß gegenüber der Produktbildung, d. h. $k_{-1} c_A \gg k_2$, folgt ein Geschwindigkeitsgesetz erster Ordnung, obwohl ein bimolekularer Aktivierungsprozess im Spiel ist:

$$\frac{dc_P}{dt} = \frac{k_1 k_2}{k_{-1}} \cdot c_A \tag{7.30}$$

Ist dagegen die Zeit bis zum Zerfall der aktivierten Teilchen klein gegenüber der bis zu einem desaktivierenden Zusammenstoß, d. h. $k_2 >> k_{-1}c_A$, folgt ein Geschwindigkeitsgesetz zweiter Ordnung:

$$\frac{dc_P}{dt} = k_1 c_A^2 \tag{7.31}$$

Bei hohen Konzentrationen (Drücken) sind diese Gasreaktionen von erster Ordnung, da dann die Desaktivierung durch Stöße schneller als der Zerfall erfolgt, bei geringen Gaskonzentrationen sind sie von zweiter Ordnung. Das gleiche Verhalten wird auch beobachtet, wenn ein Inertgas (z. B. Edelgas) zugegeben wird, so dass die Stöße nicht nur zwischen zwei Molekülen A, sondern auch zwischen A und dem Inertgas stattfinden. Weiterführende theoretische Ansätze unimolekularer Reaktionen stammen von RICE, RAMSPERGER, KASSEL und MARCUS. Sie berücksichtigen, dass der Übergang in den aktivierten Zustand eine Funktion der zur Verfügung stehenden Anregungsenergie ist.

7.3   Bestimmung der Geschwindigkeitsgleichung

Bei Kenntnis der Geschwindigkeitsgleichung kann die Geschwindigkeit einer Reaktion für alle Anfangskonzentrationen berechnet werden. Die Geschwindigkeitsgleichung muss experimentell ermittelt werden. Ein postulierter Reaktionsmechanismus muss mit der Geschwindigkeitsgleichung in Einklang stehen. Wir wollen hier zwei Verfahren zur Bestimmung der Geschwindigkeitsgleichung bzw. Reaktionsordnung einer Reaktion kennenlernen.

Integrationsmethode
Die Methode besteht darin, ein Zeitgesetz auszuwählen, dieses zu integrieren und in eine lineare Form zu bringen. Messwerte der Konzentration in Abhängigkeit von der Zeit werden gemäß der linearen Gleichung aufgetragen (s. z. B. Abb. 7.2). Stimmt das ausgewählte Zeitgesetz mit dem der Reaktion überein, ergibt die Auftragung der Messwerte eine Gerade. Hat man durch Probieren das richtige Zeitgesetz gefunden, kann aus der Steigung der Geraden die Geschwindigkeitskonstante bestimmt werden.

Beispiel:
Für die Reaktion $2A \rightarrow 2B + C$ wurden bei 318 K die folgenden Werte für die Konzentration von A gemessen:

t/s	0	200	400	600	800	1000
$c_A/\text{mol L}^{-1}$	2,33	2,109	1,909	1,728	1,564	1,416

Wir tragen $\ln(c_A/c_A^\circ)$ gegen t (Reaktion 1. Ordnung, Gl. 7.9) und $1/c_A$ gegen t (Reaktion 2. Ordnung, Gl. 7.20) auf. Die Auftragung von $\ln(c_A/c_A^\circ)$ gegen t ergibt eine Gerade, d. h., die Reaktion ist erster Ordnung.

Methode der Anfangsgeschwindigkeiten
Für eine chemische Reaktion der Form

$$|\nu_A|A + |\nu_B|B + |\nu_C|C \rightarrow \text{Produkte}$$

kann man die folgende allgemeine Geschwindigkeitsgleichung formulieren:

$$r = \frac{1}{\nu_A}\frac{dc_A}{dt} = k \cdot c_A^p \, c_B^q \, c_C^s \tag{7.32}$$

bzw.

$$\ln\frac{r}{\text{mol L}^{-1}\text{s}^{-1}} = \ln\frac{k}{(\text{mol L}^{-1})^{1-n}\text{s}^{-1}}$$

$$+p\ln\frac{c_A}{\text{mol L}^{-1}} + q\ln\frac{c_B}{\text{mol L}^{-1}}$$

$$+s\ln\frac{c_C}{\text{mol L}^{-1}} \tag{7.33}$$

Es werden verschiedene Versuche durchgeführt, in denen jeweils die Anfangskonzentration nur eines Reaktanden variiert wird, während die übrigen Reaktionsteilnehmer im Überschuss vorliegen. Die Reaktion wird z. B. durch Messung der zeitlichen Änderung der Konzentration von A verfolgt. Da sich die Konzentrationen der übrigen Reaktanden praktisch nicht verändern, sind die ersten drei Terme auf der rechten Seite folgender Gleichung konstant:

$$\ln\frac{r}{\text{mol L}^{-1}\text{s}^{-1}} =$$

$$\underbrace{\ln\frac{k}{(\text{mol L}^{-1})^{1-n}\text{s}^{-1}} + q\ln\frac{c_B^\circ}{\text{mol L}^{-1}} + s\ln\frac{c_C^\circ}{\text{mol L}^{-1}}}_{\text{konst.}}$$

$$+p\ln\frac{c_A}{\text{mol L}^{-1}} \tag{7.34}$$

Aus den verschiedenen Auftragungen von c_A gegen t wird durch Anlegen von Tangenten bei $t = 0$ die Reaktionsgeschwindigkeit bestimmt (Abb. 7.4 links). Die Reaktionsgeschwindigkeit wird bei $t = 0$ bestimmt, um eine Rückreaktion auszuschließen. Aus der Auftragung von $\ln[r(t = 0)/\text{mol L}^{-1}\text{s}^{-1}]$ gegen $\ln(c_A^\circ/\text{mol L}^{-1})$ erhalten wir somit die Reaktionsteilordnung p als Steigung m (Abb. 7.4 rechts). Wenn die übrigen Teilordnungen auf die gleiche Art und Weise bestimmt worden sind, ergibt sich die Reaktionsordnung aus deren Summe.

Neben den beiden besprochenen Methoden ist es auch möglich, die Ordnung einer Reaktion durch Bestimmung der Halbwertszeiten für verschiedene Anfangskonzentrationen zu ermitteln.

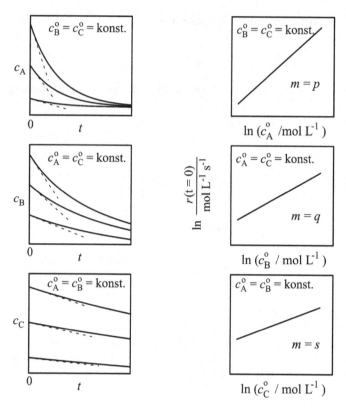

Abbildung 7.4: Mit der Methode der Anfangsgeschwindigkeiten werden Reaktionsteilordnungen bestimmt.

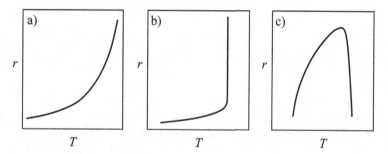

Abbildung 7.5: Beispiele für die Temperaturabhängigkeit der Reaktionsgeschwindigkeit.

7.4 Temperaturabhängigkeit der Geschwindigkeitskonstanten

Die Geschwindigkeitskonstante und damit die Reaktionsgeschwindigkeit der meisten Reaktionen steigt mit der Temperatur exponentiell an (Abb. 7.5a). Dieses Verhalten

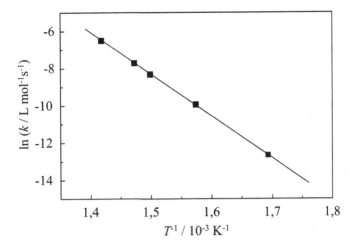

Abbildung 7.6: ARRHENIUS-Plot der Reaktion $2HI(g) \rightarrow H_2(g) + I_2(g)$. Die Steigung der Auftragung liefert $-E_a/R = -22204,9$ K, aus dem extrapolierten Ordinatenabschnitt bei $1/T = 0$ erhält man $\ln(A/L\ mol^{-1}s^{-1}) = 25,02$. Damit ist $E_a = 184,6$ kJ mol^{-1} und $A = 7,34 \cdot 10^{10}$ L $mol^{-1}s^{-1}$.

wird ARRHENIUS-Verhalten genannt. Diese Temperaturabhängigkeit der Geschwindigkeitskonstanten wurde empirisch gefunden und von VAN'T HOFF und ARRHENIUS in folgende mathematische Form gebracht:

$$k = A \cdot e^{-E_a/RT} \tag{7.35}$$

$$\ln k = \ln A - \frac{E_a}{RT} \tag{7.36}$$

$$\frac{d \ln k}{dT} = \frac{E_a}{RT^2} \tag{7.37}$$

E_a ist die Aktivierungsenergie, d. h. die Energie, die ein Teilchen besitzen muss, um reagieren zu können. Für die Aktivierungsenergie wird i. Allg. Temperaturunabhängigkeit angenommen. A wird als präexponentieller Faktor bezeichnet und wird hier ebenfalls als temperaturunabhängig angesehen. Bei hohen Temperaturen wird der präexponentielle Faktor jedoch signifikant temperaturabhängig und der ARRHENIUS-Ansatz muss modifiziert werden.

Bestimmt man die Geschwindigkeitskonstante bei verschiedenen Temperaturen, kann aus einer Auftragung von $\ln k$ gegen $1/T$ die Aktivierungsenergie aus der Steigung der erhaltenen Gerade bestimmt werden (Gl. 7.36, Abb. 7.6). Die Geschwindigkeitskonstante hängt umso stärker von der Temperatur ab, je größer die Aktivierungsenergie E_a ist. Bei der Besprechung der Theorie von Elementarreaktionen werden wir sehen, welche physikalischen Größen hinter diesen empirisch bestimmbaren ARRHENIUS-Parametern stecken.

Es gibt eine Reihe von Reaktionen, die einer solchen Temperaturabhängigkeit von k nicht folgen (Nicht-ARRHENIUS-Verhalten), wie z. B. Kettenreaktionen (Abb.

7.5b), Reaktionen, bei denen Adsorptionsgleichgewichte eine Rolle spielen, enzymatische Reaktionen (Abb. 7.5c), Reaktionen, bei denen Tunneleffekte eine Rolle spielen, und generell Reaktionen mit komplexem Reaktionsmechanismus. Für solche Reaktionen findet man z. T. auch scheinbare Aktivierungsenergien E_a, die null oder negativ sind.

7.5   Komplexe Reaktionen

Der Verlauf einer Bruttoreaktion ist häufig nicht mit den bisher angeführten einfachen Geschwindigkeitsgesetzen zu beschreiben. Folgende Grundtypen komplexer Reaktionen werden unterschieden:

1. Reversible Reaktionen

$$A \rightleftharpoons B$$

2. Parallelreaktionen

$$A\!\!\begin{array}{c} \nearrow B \\ \searrow C \end{array}$$

3. Folgereaktionen

$$A \rightarrow B \rightarrow C$$

Zusätzlich können Kombinationen dieser Grundtypen auftreten:

1. Folgereaktion mit reversiblem Teilschritt

vorgelagertes Gleichgewicht: $A \rightleftharpoons B \rightarrow C$

nachgelagertes Gleichgewicht: $A \rightarrow B \rightleftharpoons C$

2. Folgereaktion mit Parallelreaktion

$$A\!\!\begin{array}{c} \nearrow B \\ \searrow C \rightarrow D \end{array}$$

3. Konkurrierende Folgereaktion

$$A + B \;\; \rightarrow \;\; C$$

$$A + C \;\; \rightarrow \;\; D$$

4. Konkurrierende Parallelreaktion

$$A + B \;\; \rightarrow \;\; C$$

$$A + D \;\; \rightarrow \;\; E$$

5. Geschlossene Folgereaktionen (Kettenreaktion)

$$1.\ \text{A} + \text{B} \quad \rightarrow \quad \text{C} + \text{D}$$

$$2.\ \text{D} + \text{E} \quad \rightarrow \quad \text{A} + \text{C}$$

$$3.\ \text{A} + \text{B} \quad \rightarrow \quad \text{C} + \text{D} \quad \text{u.s.w.}$$

6. Oszillierende Reaktionen, bei denen die Konzentrationen der Reaktanden periodisch in Raum und Zeit oszillieren.

Viele dieser Reaktionen spielen in Natur und Technik eine große Rolle (z. B. photochemische Reaktionen, Enzymreaktionen, heterogene Katalyse, Polymerisationen, chemisches Chaos). Ein Anzeichen für das Auftreten einer komplexen Reaktion ist das Abweichen der Teilordnungen der Geschwindigkeitsgleichung von der Stöchiometrie der Reaktionsgleichung. Im Folgenden können wir nur einige einfache Beispiele komplexer Reaktionen vorstellen.

7.5.1 Reversible Reaktionen

Wir betrachten hier Reaktionen in der Nähe ihrer Gleichgewichte, wenn also Rückreaktionen wichtig werden, vom Typ

$$\text{A} \underset{k_{-1}}{\overset{k_1}{\rightleftharpoons}} \text{B}$$

Hin- und Rückreaktion seien monomolekulare Elementarreaktionen erster Ordnung (wie z. B. bei einer cis-trans-Isomerisierung). Aufgrund der Massenerhaltung gilt:

$$c_\text{A}^\circ + c_\text{B}^\circ = c_\text{A} + c_\text{B} = c_\text{A}^\infty + c_\text{B}^\infty \tag{7.38}$$

wobei das Symbol ∞ den Gleichgewichtszustand kennzeichnet ($t \rightarrow \infty$). Damit folgt:

$$\begin{aligned}
\frac{dc_\text{A}}{dt} &= -k_1 \cdot c_\text{A} + k_{-1} \cdot c_\text{B} \\
&= -k_1 \cdot c_\text{A} + k_{-1} \cdot (c_\text{A}^\circ - c_\text{A} + c_\text{B}^\circ) \\
&= -(k_1 + k_{-1}) \cdot c_\text{A} + k_{-1} \cdot (c_\text{A}^\circ + c_\text{B}^\circ)
\end{aligned} \tag{7.39}$$

Im Gleichgewicht muss gelten:

$$\frac{dc_\text{A}}{dt} = 0 \tag{7.40}$$

und

$$c_\text{A} = c_\text{A}^\infty \tag{7.41}$$

Es folgt:

$$0 = -(k_1 + k_{-1}) \cdot c_\text{A}^\infty + k_{-1} \cdot (c_\text{A}^\circ + c_\text{B}^\circ) \tag{7.42}$$

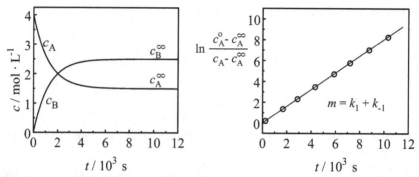

Abbildung 7.7: Konzentrations-Zeit-Verläufe einer reversiblen Reaktion und Bestimmung der Summe der Geschwindigkeitskonstanten. Die Anfangskonzentrationen von A und B zur Zeit $t = 0$ seien $c_A^\circ = 4 \text{ mol L}^{-1}$ und $c_B^\circ = 0$. m ist die Steigung der Geraden.

Setzen wir Gleichung 7.42 in Gleichung 7.39 ein, erhalten wir:

$$\frac{dc_A}{dt} = -(k_1 + k_{-1}) \cdot c_A + (k_1 + k_{-1}) \cdot c_A^\infty$$

$$= -(k_1 + k_{-1}) \cdot (c_A - c_A^\infty)$$

$$-\int_{c_A^\circ}^{c_A} \frac{dc_A}{c_A - c_A^\infty} = (k_1 + k_{-1}) \int_0^t dt$$

$$\ln \frac{c_A^\circ - c_A^\infty}{c_A - c_A^\infty} = (k_1 + k_{-1})t \tag{7.43}$$

Mit Hilfe einer entsprechenden Auftragung, wie in Abb. 7.7 gezeigt, kann $(k_1 + k_{-1})$ bestimmt werden. Um die einzelnen Geschwindigkeitskonstanten bestimmen zu können, muss die Gleichgewichtskonstante $K_c = k_1/k_{-1}$ bekannt sein. K_c liegt das Prinzip der mikroskopischen Reversibilität (engl., principle of detailed balance) zugrunde. Das chemische Gleichgewicht ist ein dynamisches Gleichgewicht. Nach dessen Einstellung beobachten wir makroskopisch keine Veränderungen des Systems mehr, da Hin- und Rückreaktion gleich schnell verlaufen.

Die Konzentrationsverläufe der Reaktanden werden beschrieben durch:

$$c_A = (c_A^\circ - c_A^\infty) \cdot e^{-(k_1+k_{-1})t} + c_A^\infty \tag{7.44}$$

$$c_B = c_A^\circ - c_A + c_B^\circ$$

$$= c_A^\circ - (c_A^\circ - c_A^\infty) \cdot e^{-(k_1+k_{-1})t} - c_A^\infty + c_B^\circ$$

$$= (c_A^\circ - c_A^\infty) \cdot \left(1 - e^{-(k_1+k_{-1})t}\right) + c_B^\circ \tag{7.45}$$

7.5.2 Parallelreaktionen 1. Ordnung

Das Molekül A zerfalle spontan zu B, reagiere aber auch, z. B. mit dem Lösungsmittel, zu C:

$$A \xrightarrow{k_1} B$$

$$A \xrightarrow{k_2} C$$

Da das Lösungsmittel im großen Überschuss vorliegt, bleibt dessen Konzentration praktisch konstant und tritt daher nicht als Reaktanden-Konzentration auf. Für die Konzentrationsänderung von A gilt daher:

$$\frac{dc_A}{dt} = -k_1 \cdot c_A - k_2 \cdot c_A$$

$$= -(k_1 + k_2) \cdot c_A$$

$$\int_{c_A^\circ}^{c_A} \frac{dc_A}{c_A} = -(k_1 + k_2) \int_0^t dt$$

$$c_A = c_A^\circ \cdot e^{-(k_1+k_2)t} \tag{7.46}$$

Für die Bildung von B gilt:

$$\frac{dc_B}{dt} = k_1 c_A$$

$$= k_1 c_A^\circ \cdot e^{-(k_1+k_2)t}$$

$$\int_0^{c_B} dc_B = k_1 c_A^\circ \int_0^t e^{-(k_1+k_2)t} dt$$

$$c_B = k_1 c_A^\circ \cdot \left[-\frac{1}{k_1 + k_2} \cdot e^{-(k_1+k_2)t} + \frac{1}{k_1 + k_2} \right]$$

$$= \frac{k_1 c_A^\circ}{k_1 + k_2} \cdot \left[1 - e^{-(k_1+k_2)t} \right] \tag{7.47}$$

Für die Bildung von C erhalten wir analog:

$$\frac{dc_C}{dt} = k_2 c_A = k_2 c_A^\circ \cdot e^{-(k_1+k_2)t}$$

$$c_C = \frac{k_2 c_A^\circ}{k_1 + k_2} \cdot \left[1 - e^{-(k_1+k_2)t} \right] \tag{7.48}$$

Die beiden Reaktionsprodukte B und C werden proportional zu den jeweiligen Geschwindigkeitskonstanten gebildet. Sind die Geschwindigkeitskonstanten k_1 und k_2

ungefähr gleich groß, entstehen die beiden Produkte zu etwa gleichen Anteilen:

$$\frac{c_B}{c_C} = \frac{k_1}{k_2} = \frac{c_B^\infty}{c_C^\infty} \tag{7.49}$$

c_B^∞ und c_C^∞ sind die Konzentrationen, die im Gleichgewicht für $t \to \infty$ erreicht werden. Somit kann aus der Analyse der Gleichgewichtskonzentrationen das Verhältnis der Geschwindigkeitskonstanten bestimmt werden. Aus dem integrierten Geschwindigkeitsgesetz erhalten wir die Summe der beiden Geschwindigkeitskonstanten, so dass mit Hilfe beider Informationen die einzelnen Geschwindigkeitskonstanten berechnet werden können.

Die Temperaturabhängigkeit der Geschwindigkeitskonstanten kann mit dem Ansatz von ARRHENIUS beschrieben werden:

$$k = k_1 + k_2 = A_1 \cdot e^{-E_{a,1}/RT} + A_2 \cdot e^{-E_{a,2}/RT} \tag{7.50}$$

Die erhaltene Beziehung genügt der einfachen ARRHENIUS-Gleichung nicht mehr. Damit ist keine Aussage über die Aktivierungsenergien aus einer Auftragung von $\ln k$ gegen $1/T$ möglich. Für den Fall, dass sich die Geschwindigkeitskonstanten k_1 und k_2 stark unterscheiden, finden wir in der ARRHENIUS-Auftragung jedoch zwei lineare Kurvenäste, woraus die verschiedenen Aktivierungsenergien näherungsweise bestimmt werden können. Als Beispiel sei hier die Bromierung von Methoxy-benzol genannt, die zu den drei möglichen Produkten ortho-, meta- und para-Brom-methoxy-benzol führt, wobei sich die jeweiligen Geschwindigkeitskonstanten stark unterscheiden.

7.5.3 Folgereaktionen

$$A \xrightarrow{k_1} B \xrightarrow{k_2} C$$

Die Geschwindigkeitsgesetze der Reaktion sind:

$$\frac{dc_A}{dt} = -k_1 \cdot c_A \quad \Rightarrow \quad c_A = c_A^\circ \cdot e^{-k_1 t} \tag{7.51}$$

$$\frac{dc_B}{dt} = k_1 \cdot c_A - k_2 \cdot c_B$$

$$= k_1 \cdot c_A^\circ \cdot e^{-k_1 t} - k_2 \cdot c_B \tag{7.52}$$

$$\frac{dc_C}{dt} = k_2 \cdot c_B \tag{7.53}$$

Der Ausdruck für die Bildung von B ist eine inhomogene Differentialgleichung. Die Umformung von Gleichung 7.52 ergibt:

$$\frac{dc_B}{dt} + k_2 \cdot c_B = k_1 \cdot c_A^\circ \cdot e^{-k_1 t} \qquad | \cdot e^{k_2 t}$$

$$\frac{dc_B}{dt} \cdot e^{k_2 t} + k_2 \cdot c_B \cdot e^{k_2 t} = k_1 \cdot c_A^\circ \cdot e^{(-k_1 + k_2) t}$$

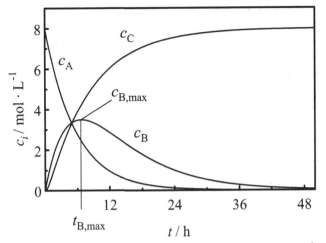

Abbildung 7.8: Konzentrations-Zeit-Verläufe der Folgereaktion A $\xrightarrow{k_1}$ B $\xrightarrow{k_2}$ C. Die Geschwindigkeitskonstanten sind hier $k_1 = 4,916 \cdot 10^{-5}$ s^{-1} und $k_2 = 3,41 \cdot 10^{-5}$ s^{-1}.

$$\frac{\mathrm{d}}{\mathrm{d}t}\left(c_B \cdot e^{k_2 t}\right) = k_1 \cdot c_A^\circ \cdot e^{(-k_1+k_2)t}$$

$$\int\limits_0^{c_B \exp(k_2 t)} \mathrm{d}\left(c_B \cdot e^{k_2 t}\right) = k_1 \cdot c_A^\circ \int\limits_0^t e^{(-k_1+k_2)t}\mathrm{d}t$$

$$c_B \cdot e^{k_2 t} = k_1 c_A^\circ \left[\frac{1}{-k_1+k_2}e^{(-k_1+k_2)t} - \frac{1}{-k_1+k_2}\right]$$

$$= \frac{k_1 c_A^\circ}{k_2-k_1} \cdot \left[e^{(k_2-k_1)t} - 1\right]$$

$$c_B = \frac{k_1 c_A^\circ}{k_2-k_1} \cdot \left[e^{-k_1 t} - e^{-k_2 t}\right] \tag{7.54}$$

Die Konzentration von C zur Zeit t ergibt sich aus dem Gesetz der Erhaltung der Masse:

$$c_C = c_A^\circ - c_A - c_B$$

$$= c_A^\circ \left[1 - e^{-k_1 t} - \frac{k_1}{k_2-k_1} \cdot \left(e^{-k_1 t} - e^{-k_2 t}\right)\right]$$

$$= c_A^\circ \left[1 - \frac{k_2 e^{-k_1 t} - k_1 e^{-k_2 t}}{k_2-k_1}\right] \tag{7.55}$$

In Abbildung 7.8 ist das Konzentrations-Zeit-Diagramm dargestellt. Das Produkt C tritt erst nach einer kurzen Verzögerungszeit auf, welche als Induktionszeit bezeichnet wird. Wenn $k_2 \ll k_1$, folgt aus Gleichung 7.54 $c_B \approx c_A^\circ - c_A$, so dass überwiegend B gebildet wird und sich die Bildung von C später daran anschließt. Für den Fall, dass $k_2 \gg k_1$, folgt aus Gleichung 7.55 $c_C \approx c_A^\circ - c_A$. Die Reaktionsgeschwindigkeit, d. h. die Bildung des Endproduktes, wird also durch den langsamsten Teilschritt bestimmt.

Wir wollen nun noch berechnen, zu welcher Zeit die Konzentration von B maximal ist. Es muss gelten:

$$\frac{dc_B}{dt} = \frac{k_1 c_A^\circ}{k_2 - k_1} \cdot \left(-k_1 e^{-k_1 t} + k_2 e^{-k_2 t}\right) \overset{!}{=} 0$$

$$t_{B,max} = \frac{1}{k_2 - k_1} \cdot \ln \frac{k_2}{k_1} \tag{7.56}$$

Setzt man diesen Ausdruck für $t_{B,max}$ in Gleichung 7.54 ein, ist die maximale Konzentration von B bestimmbar:

$$c_{B,max} = \frac{k_1 c_A^\circ}{k_2 - k_1}$$

$$\cdot \left[\exp\left(-\frac{k_1}{k_2 - k_1} \ln \frac{k_2}{k_1}\right) - \exp\left(-\frac{k_2}{k_2 - k_1} \ln \frac{k_2}{k_1}\right) \right]$$

$$= \frac{k_1 c_A^\circ}{k_2 - k_1} \cdot \left[\left(\frac{k_2}{k_1}\right)^{k_1/(k_1 - k_2)} - \left(\frac{k_2}{k_1}\right)^{k_2/(k_1 - k_2)} \right]$$

$$= \frac{k_1 c_A^\circ}{k_2 - k_1} \cdot \left(\frac{k_2}{k_1}\right)^{k_2/(k_1 - k_2)} \cdot \left[\frac{k_2}{k_1} - 1 \right]$$

$$= c_A^\circ \cdot \left(\frac{k_2}{k_1}\right)^{k_2/(k_1 - k_2)} \tag{7.57}$$

An der Stelle, an der c_B maximal ist, hat c_C seinen Wendepunkt.

Beispiele:

Folgereaktionen sind:

1. $D_2 + H_2O \rightarrow HD + HDO$; $HD + H_2O \rightarrow H_2 + HDO$

2. $(CH_3)_2CO \rightarrow CH_2CO + CH_4$; $CH_2CO \rightarrow \frac{1}{2}C_2H_4 + CO$

3. Radioaktive Zerfallsreihen, wie z. B.
   $$^{239}U \overset{t_{1/2} = 23,5 \text{ min}}{\longrightarrow} {}^{239}Np \overset{t_{1/2} = 2,35 \text{ d}}{\longrightarrow} {}^{239}Pu$$

7.5.4 Kettenreaktionen

Kettenreaktionen sind spezielle Folgereaktionen, in denen eine reaktive Zwischenstufe (z. B. freies Radikal, Atom) ständig regeneriert wird und dementsprechend in Folgeschritten weiterreagiert. Die Startreaktion kann durch hohe Temperaturen oder Photolyse (Lichtblitz) ausgelöst werden. Eine Kettenreaktion wird durch die Entfernung der reaktiven Teilchen beendet. Beispiele sind radikalische Halogenierungen von Alkanen und Polymerisationen. Sie führen meist zu relativ komplexen Ausdrücken für die Geschwindigkeitsgleichungen. Wir betrachten die Bildung von HBr aus den Elementen:

$$H_2(g) + Br_2(g) \rightarrow 2\,HBr(g)$$

Die Startreaktion kann sowohl thermisch als auch photochemisch initiiert werden. Für den Fall der thermisch induzierten Startreaktion treten folgende Teilreaktionen auf:

thermisch induzierter Start: $\quad Br_2 \xrightarrow{k_1} 2\,Br\cdot$

Reaktionskette: $\qquad \begin{cases} Br\cdot + H_2 \xrightarrow{k_2} HBr + H\cdot \\ H\cdot + Br_2 \xrightarrow{k_3} HBr + Br\cdot \end{cases}$

Inhibierung: $\qquad H\cdot + HBr \xrightarrow{k_4} H_2 + Br\cdot$

Abbruch: $\qquad 2\,Br\cdot + M \xrightarrow{k_5} Br_2 + M^*$

M ist ein Stoßpartner, der die bei der Rekombination der Radikale frei werdende Energie aufnimmt. Für die Bildungsgeschwindigkeit des Reaktionsproduktes HBr ergibt sich somit:

$$\frac{dc_{HBr}}{dt} = k_2 c_{Br\cdot} c_{H_2} + k_3 c_{H\cdot} c_{Br_2} - k_4 c_{H\cdot} c_{HBr} \tag{7.58}$$

Für die Zwischenprodukte H$\cdot$ und Br$\cdot$ wird ein stationärer Zustand angenommen:

$$\frac{dc_{H\cdot}}{dt} = k_2 c_{Br\cdot} c_{H_2} - k_3 c_{H\cdot} c_{Br_2} - k_4 c_{H\cdot} c_{HBr} \overset{!}{=} 0 \tag{7.59}$$

$$c_{H\cdot} = \frac{k_2 c_{Br\cdot} c_{H_2}}{k_3 c_{Br_2} + k_4 c_{HBr}} \tag{7.60}$$

$$\frac{dc_{Br\cdot}}{dt} = 2k_1 c_{Br_2} - k_2 c_{Br\cdot} c_{H_2} + k_3 c_{H\cdot} c_{Br_2} + k_4 c_{H\cdot} c_{HBr}$$

$$-2k_5 c_{Br\cdot}^2 \overset{!}{=} 0 \tag{7.61}$$

Setzt man in diese Gleichung die Gleichung 7.59 ein, erhält man:

$$0 = 2k_1 c_{Br_2} - 2k_5 c_{Br\cdot}^2$$

$$c_{Br\cdot} = \sqrt{\frac{k_1}{k_5}} c_{Br_2} \tag{7.62}$$

Die Konzentrationen von H· und Br· werden nun in Gleichung 7.58 eingesetzt. Nach Vereinfachung der Gleichung ergibt sich:

$$\frac{\mathrm{d}c_{\mathrm{HBr}}}{\mathrm{d}t} = \frac{2k_2 c_{\mathrm{H}_2} \cdot \sqrt{\frac{k_1}{k_5}} \cdot c_{\mathrm{Br}_2}}{1 + \frac{k_4}{k_3} c_{\mathrm{HBr}}/c_{\mathrm{Br}_2}} \tag{7.63}$$

Ein solcher Zusammenhang wurde bereits 1906 von BODENSTEIN experimentell gefunden, jedoch ohne dass dieser damals gedeutet werden konnte. Die Reaktion wird umso langsamer, je größer das Verhältnis von HBr zu Br_2 wird. Es erfolgt eine Inhibierung der Reaktion durch das Endprodukt HBr. Solche komplexen Zeitgesetze lassen sich heutzutage numerisch bequem mit dem Computer integrieren.

Die Bildung von HCl aus den Elementen kann ebenfalls thermisch und photolytisch gemäß $Cl_2 + h\nu \rightarrow 2\,Cl·$ eingeleitet werden. Allerdings spielen bei der HCl-Bildung noch mehr Elementarreaktionen eine Rolle. Die Reaktion von H_2 mit I_2 ist dagegen eine einfache Molekülreaktion, verläuft also nicht über freie Radikale und ist einfach bimolekular.

7.5.5 Explosionen

Wir wollen nun noch das Auftreten von Kettenverzweigungen betrachten. Diese treten auf, wenn ein reaktives Teilchen mehrere reaktive Teilchen im Verlaufe eines Kettengliedes oder einer Folge von Kettengliedern bildet, z. B.:

$$2H_2(g) + O_2(g) \rightarrow 2H_2O(g) \quad \text{(Knallgasreaktion)}$$

thermisch induzierter Start: $H_2 + O_2 \rightarrow 2\,HO·$

Kettenfortpflanzung: $HO· + H_2 \rightarrow H_2O + H·$

Kettenverzweigung: $\begin{cases} H· + O_2 \rightarrow HO· + ·O· \\ ·O· + H_2 \rightarrow HO· + H· \end{cases}$

Inhibierung: $H· + O_2 + M \rightarrow HO_2· + M^*$

Kettenabbruch: $2\,H· \rightarrow H_2 \quad$ (an Gefäßwand)

Durch die kaskadenförmige Bildung mehrerer Radikale aus einem Startradikal steigt die Reaktionsgeschwindigkeit stark an und es kommt zu einer Kettenverzweigungs-explosion. Außer dieser gibt es thermische Explosionen, die dann auftreten, wenn es durch hohe Temperaturen zu einem starken Anstieg der Reaktionsgeschwindigkeit kommt. Die Knallgas-Reaktion zeigt beide Typen von Explosionen (Abb. 7.9). Bei kleinen Drücken läuft die Reaktion langsam und ohne Explosion ab, da die Kettenträger, die bei den Verzweigungen entstehen, eher mit der Gefäßwand als mit anderen Molekülen zusammenstoßen. Wird der Druck bei einer Temperatur oberhalb von 730 K, z. B. bei 800 K (gestrichelte Linie), langsam erhöht, erreicht man die erste Explosionsgrenze. Es kommt zur Explosion, weil die Radikale zur Reaktion kommen,

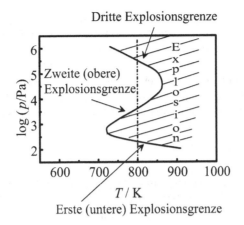

Abbildung 7.9: Darstellung der Explosionsgrenzen bei der Knallgas-Reaktion.

bevor sie an der Gefäßwand desaktiviert werden. Oberhalb der zweiten Explosionsgrenze rekombinieren die entstehenden Radikale, wobei die dabei freiwerdende Energie über Dreierstöße abgeführt wird. Dreierstöße treten erst bei höheren Drücken auf und inhibieren die Kettenfortpflanzung. Bei noch höherem Druck kommt es dann zur thermischen Explosion, da durch die höheren Radikalkonzentrationen und die stark negative Reaktionsenthalpie die Reaktionstemperatur drastisch erhöht wird, die Reaktionswärme aber nicht mehr abgeführt werden kann.

7.5.6 Oszillierende Reaktionen

Zu den komplexen Reaktionen gehören auch Reaktionen, deren Intermediate einen oszillierenden Konzentrationsverlauf annehmen können. Man kann Oszillationen sowohl im zeitlichen Verlauf der Reaktion als auch ortsabhängig beobachten. Im letzteren Fall treten räumlich oszillierende Muster (dissipative Strukturen) auf. Voraussetzung für das Auftreten oszillierender Reaktionen ist, dass das System weit vom thermodynamischen Gleichgewicht entfernt ist und mindestens einen Rückkopplungsschritt beinhaltet. D. h., die Produktbildung beeinflusst die Geschwindigkeit. Zu den bekanntesten oszillierenden Reaktionen gehört die BELOUSOV-ZHABOTINSKY-Reaktion, benannt nach B. P. Belousov und A. M. Zhabotinsky. Hierbei handelt es sich um eine durch Cer-Ionen katalysierte Oxidation von Malonsäure durch Kaliumbromat in schwefelsaurer Lösung. Im Verlauf der aus sehr vielen Teilschritten bestehenden Reaktion oszillieren die Konzentrationen der Intermediate Br^-, Ce^{4+} und Ce^{3+}. Derartige oszillierende Reaktionen sind auch in der Biologie häufig anzutreffen, z. B. in der Glykolyse und beim periodischen Schlagen des Herzens. Sie spielen zudem bei katalytischen Prozessen auf Oberflächen eine Rolle, wie der Oxidation von CO auf einer Pt-Oberfläche (G. Ertl, Nobelpreis für Chemie 2007).

7.5.7 Enzymreaktionen

In biologischen Systemen werden fast alle ablaufenden chemischen Reaktionen durch spezifische Makromoleküle, die Enzyme, katalysiert. Die Reaktionsgeschwindigkeiten werden durch die enzymatische Katalyse oft bis um einen Faktor 10^6 erhöht. Die katalytische Wirksamkeit beruht darauf, dass ein Reaktionspartner (Substrat) in genau definierter Orientierung gebunden wird und so Übergangszustände beim Bindungsaufbau oder Lösen einer Bindung stabilisiert werden können. Die Kinetik von Enzymreaktionen lässt sich sehr gut als die einer Reaktion mit vorgelagertem Gleichgewicht beschreiben. Die mathematische Behandlung geht auf MICHAELIS und MENTEN aus dem Jahr 1913 zurück. Wir betrachten das folgende Reaktionsschema:

$$S + E \underset{k_{-1}}{\overset{k_1}{\rightleftharpoons}} ES \xrightarrow{k_2} P + E$$

Darin bezeichnet S das Substrat, E das Enzym, P das Produkt und ES den Enzym-Substrat-Komplex. Eine Rückreaktion des Produktes sei hier nicht zu berücksichtigen. Die Produktbildung verläuft mit der Reaktionsgeschwindigkeit

$$\frac{dc_P}{dt} = k_2 \cdot c_{ES} \tag{7.64}$$

und die Konzentrationsänderung des Enzym-Substrat-Komplexes beträgt:

$$\frac{dc_{ES}}{dt} = k_1 c_E c_S - k_{-1} c_{ES} - k_2 c_{ES} \tag{7.65}$$

Wir nehmen an, dass die Konzentration des Enzym-Substrat-Komplexes im Gleichgewicht hinreichend konstant ist. Mit Gleichung 7.65 folgt also für den quasi-stationären Zustand:

$$\frac{dc_{ES}}{dt} = 0$$

$$c_{ES} = \frac{k_1}{k_{-1} + k_2} c_E c_S = \frac{1}{K_M} c_E c_S \tag{7.66}$$

Der Term $(k_{-1} + k_2)/k_1$ wird als MICHAELIS-Konstante K_M bezeichnet. Die Konzentration des Enzyms zur Zeit t ist durch $c_E = c_E^\circ - c_{ES}$ gegeben, wobei c_E° die Konzentration des Enzyms zur Zeit $t = 0$ ist. Einsetzen in Gleichung 7.66 liefert

$$c_{ES} = \frac{1}{K_M}(c_E^\circ - c_{ES}) c_S$$

$$c_{ES} = \frac{c_E^\circ c_S}{K_M + c_S} \tag{7.67}$$

Wird dieser Ausdruck in Gleichung 7.64 eingesetzt, erhalten wir für die Bildungsgeschwindigkeit des Produktes die MICHAELIS-MENTEN-Gleichung:

$$r = \frac{dc_P}{dt} = \frac{k_2 c_E^\circ c_S}{K_M + c_S} \tag{7.68}$$

Demnach hängt die Reaktionsgeschwindigkeit linear von der Konzentration des eingesetzten Enzyms und etwas komplizierter von der Konzentration des Substrates ab. Für die Konzentration c_S unterscheiden wir zwei Grenzfälle:

$$c_S \gg K_M : \quad r = k_2 c_E^\circ = r_{max} \qquad \text{Reaktion 0. Ordnung bzgl. } c_S$$

$$c_S \ll K_M : \quad r = (k_2/K_M) c_E^\circ c_S \qquad \text{Reaktion 1. Ordnung bzgl. } c_S$$

Ist die Substratkonzentration groß gegenüber K_M, vereinfacht sich die Geschwindig-keitsgleichung zu einem Ausdruck, der unabhängig von c_S ist, d. h., die Reaktion ist dann von 0. Ordnung bzgl. c_S. Das Enzym wird durch eine hohe Substratkonzentrati-on gesättigt, jedes aktive Zentrum ist dann mit Substrat belegt. Dieser Fall entspricht der maximalen Reaktionsgeschwindigkeit r_{max}. Für den Fall, dass c_S klein gegenüber der MICHAELIS-Konstante ist, finden wir eine Kinetik 1. Ordnung bzgl. c_S.

Die maximale Reaktionsgeschwindigkeit kann mit Hilfe der LINEWEAVER-BURK-Linearisierung grafisch bestimmt werden. Setzen wir $r_{max} = k_2 c_E^\circ$ in Gleichung 7.68 ein, erhalten wir:

$$r = \frac{dc_P}{dt} = \frac{r_{max} c_S}{K_M + c_S} \tag{7.69}$$

$$\frac{1}{r} = \frac{1}{r_{max}} + \frac{K_M}{r_{max}} \frac{1}{c_S} \tag{7.70}$$

Aus der Auftragung von $(1/r)$ gegen $(1/c_S)$ kann r_{max} aus dem Ordinatenabschnitt und K_M aus der Steigung der Geraden bestimmt werden. Beträgt die Substratkon-zentration genau K_M, so wird $r = r_{max}/2$.

Beispiel:
Für eine enzymatische Reaktion soll die MICHAELIS-Konstante und die maximale Reaktionsgeschwindigkeit r_{max} bestimmt werden. Die folgenden Anfangsgeschwindig-keiten der Reaktion wurden als Funktion der Substratkonzentration c_S gemessen:

c_S / mol L^{-1}	0,15	0,051	0,030	0,015	0,006
$r/10^{-6}$mol L^{-1}s^{-1}	10,890	8,137	6,604	4,324	2,162

Wir benutzen den Ausdruck der LINEWEAVER-BURK-Linearisierung gemäß Gleichung 7.70 (s. Abb. 7.10). Als Ordinatenabschnitt erhalten wir $1/r_{max} = 7,619 \cdot 10^4$ L s mol^{-1} und daraus $r_{max} = 1,31 \cdot 10^{-5}$ mol L^{-1}s^{-1}. Die Steigung der Geraden ist $K_M/r_{max} = 2,318 \cdot 10^3$ s. Einsetzen des ermittelten Wertes für r_{max} ergibt eine MICHAELIS-Konstante von $3,0 \cdot 10^{-2}$ mol L^{-1}.

Die Kenntnis der maximalen Reaktionsgeschwindigkeit liefert $k_2 = r_{max}/c_E^\circ$, die Geschwindigkeitskonstante der Produktbildung, die auch als Wechselzahl (engl., turnover-number) bezeichnet wird. Sie gibt, bezogen auf die Anzahl aktiver Zentren des Enzyms, die Zahl von Substratmolekülen an, die pro Sekunde maximal von einem Enzymmolekül in das Produkt überführt werden können (z. B. ist $k_2 = 3,4 \cdot 10^7$ s^{-1} für die katalytische H_2O_2-Zersetzung durch Katalase).

Es ist zu beachten, dass wir mit der MICHAELIS-MENTEN-Gleichung zwar einen häufigen Typ enzymatischer Reaktionen beschrieben haben, dies jedoch nur unter vereinfachenden Bedingungen.

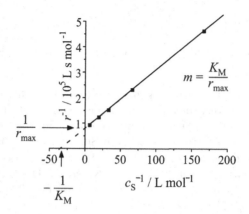

Abbildung 7.10: Mit Hilfe der Auftragung von $1/r$ gegen $1/c_S$ (LINEWEAVER-BURK-Linearisierung) kann die maximale Reaktionsgeschwindigkeit aus dem Ordinatenabschnitt und die MICHAELIS-Konstante aus der Steigung m bestimmt werden.

7.6 Theorien der Elementarreaktionen

Wir wenden uns nun Berechnungsmöglichkeiten der Geschwindigkeitskonstanten k einer Reaktion zu. Zunächst wollen wir die Geschwindigkeitskonstante bimolekularer Gasphasenreaktionen mit Hilfe der kinetischen Gastheorie berechnen.

7.6.1 Stoßtheorie bimolekularer Reaktionen

Wir betrachten die Reaktion von Teilchen A der Masse m_A mit Teilchen B der Masse m_B in der Gasphase:

$$A + B \quad \rightarrow \quad \text{Produkte}$$

$$-\frac{dc_A}{dt} \quad = \quad kc_A c_B \tag{7.71}$$

Für die Stoßzahl zwischen zwei Teilchen A und B pro Zeit und Volumeneinheit gilt:

$$Z_{AB} = \langle v_{rel} \rangle \sigma_{AB} \frac{N_A}{V} \frac{N_B}{V} \tag{7.72}$$

Hier ist $\langle v_{rel} \rangle = \sqrt{8k_B T/(\pi \mu_{AB})}$ die mittlere Relativgeschwindigkeit der Teilchen und $\sigma_{AB} = \pi d_{AB}^2$ der Stoßquerschnitt mit $d_{AB} = \frac{1}{2}(d_A + d_B)$. d_A und d_B sind die Durchmesser der Teilchen. In die Berechnung der relativen mittleren Geschwindigkeit geht die reduzierte Masse μ_{AB} des Stoßpaares ein:

$$\frac{1}{\mu_{AB}} = \frac{1}{m_A} + \frac{1}{m_B} \quad \Rightarrow \quad \mu_{AB} = \frac{m_A \cdot m_B}{m_A + m_B} \tag{7.73}$$

(Wenn wir nur eine Teilchensorte haben, ist $d_A = d_B = d$, $m_A = m_B = m$ und $N_A = N_B = N$. Unter Berücksichtigung eines Faktors $1/2$, um Stöße nicht doppelt zu zählen, geht Gleichung 7.72 in Gleichung 1.40 über.)

Im Rahmen der Stoßtheorie nimmt man nun an, dass eine Reaktionsgeschwindigkeit aus zwei Beiträgen resultiert, einem, der die Stoßfrequenz der Teilchen enthält, und einem BOLTZMANN-Term, der die Wahrscheinlichkeit berücksichtigt, dass es beim Zusammenstoß zur Reaktion kommt. Die Mindestenergie, die erforderlich ist, damit die Reaktion abläuft, nennen wir Aktivierungsenergie E_a. Unter der Annahme, dass jeder Stoß zwischen A und B zur Reaktion führt, wenn die Teilchen die für die Reaktion notwendige Energie E_a besitzen, erhalten wir damit:

$$-\frac{dc_A}{dt} = \frac{Z_{AB}}{N_A} \cdot e^{-E_a/RT}$$

$$= \sqrt{\frac{8k_B T}{\pi \mu_{AB}}} \sigma_{AB} N_A c_A c_B \cdot e^{-E_a/RT} \qquad (7.74)$$

mit der AVOGADRO-Konstante N_A. Hier haben wir die Teilchenzahldichten durch die molaren Konzentrationen c_i ersetzt ($c_i = (N_i/V)/N_A$). Die Geschwindigkeitskonstante der bimolekularen Gasphasenreaktion ist somit gegeben durch:

$$k(T) = \underbrace{\sqrt{\frac{8k_B T}{\pi \mu_{AB}}} \sigma_{AB} N_A}_{A} \cdot e^{-E_a/RT} \qquad (7.75)$$

Dabei entspricht A dem präexponentiellen Faktor der ARRHENIUS-Gleichung, solange die exponentielle Temperaturabhängigkeit die Temperaturabhängigkeit von A überwiegt. A wird auch Häufigkeits- oder Stoßfaktor genannt und entspricht dem Wert, dem sich die Geschwindigkeitskonstante annähern würde, wenn man sehr hohe Reaktionstemperaturen wählen könnte ($T \to \infty$). Typischerweise ist $\langle v_{rel} \rangle \approx 5 \cdot 10^2$ m s^{-1} und $\sigma_{AB} \approx 10^{-19}$ m^2. Damit liegt A in der Größenordnung von 10^8 m^{3}mol^{-1}s^{-1} = 10^{11} L mol^{-1}s^{-1}.

Demnach sollten alle Gasphasenreaktionen sehr schnell ablaufen, was jedoch meist experimentell nicht gefunden wird. Dies kann damit begründet werden, dass nicht jeder Stoß zur Reaktion führt. Die reagierenden Moleküle müssen i. Allg. in einer bestimmten relativen Orientierung aufeinander stoßen. Dies bewirkt besonders bei großen, komplex aufgebauten Molekülen einen wesentlich geringeren Häufigkeitsfaktor. Um diesen Effekt noch zu berücksichtigen, wird der sterische Faktor P eingeführt, der als Verhältnis des experimentellen zum theoretischen Stoßfaktor definiert ist: $P = A_{exp.}/A_{theor.}$. Damit ist schließlich:

$$k(T) = P \sqrt{\frac{8k_B T}{\pi \mu_{AB}}} \sigma_{AB} N_A \cdot e^{-E_a/RT} \qquad (7.76)$$

Da der sterische Faktor i. Allg. nur schwer abzuschätzen ist, müssen wir einen besseren Ansatz zur Bestimmung von A und der Geschwindigkeitskonstanten suchen. Insgesamt hat die einfache Stoßtheorie meist nur qualitative Bedeutung, da sich der sterische Faktor über einen derart großen Bereich (etwa $10^{-9} < P < 10^2$) erstrecken kann, dass er nicht nur auf Geometrie-Faktoren zurück geführt werden kann. In Tabelle 7.2 sind einige Beispiele aufgeführt.

Tabelle 7.2: Beispiele für experimentelle Häufigkeitsfaktoren und sterische Faktoren P einiger Gasphasenreaktionen (nach: D. R. Herschbach et al., J. Chem. Phys. **25** (1956) 736).

Reaktion	$A_{exp.}/\text{L mol}^{-1}\text{s}^{-1}$	P
$NO + O_3 \rightarrow NO_2 + O_2$	$8,0 \cdot 10^8$	$1,7 \cdot 10^{-2}$
$NO + NO_2Cl \rightarrow NOCl + NO_2$	$8,3 \cdot 10^8$	$1,2 \cdot 10^{-2}$
$2\,NOCl \rightarrow 2\,NO + Cl_2$	$9,4 \cdot 10^9$	$0,16$

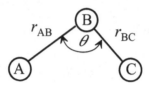

Abbildung 7.11: Schematische Darstellung der Koordinaten des reagierenden Systems $AB + C \rightarrow A + BC$.

Durch Berücksichtigung realistischer zwischenmolekularer Wechselwirkungspotenziale und inelastischer Stöße könnte dieser Ansatz verbessert werden. Bimolekulare Gasphasenreaktionen lassen sich heute im Molekularstrahlexperiment verfolgen. Dabei lässt man zwei Molekularstrahlen der beiden Teilchensorten, die miteinander reagieren sollen, unter einem vorgegebenen Winkel im Hochvakuum aufeinander treffen. Die kinetische Energie der Teilchen kann durch Geschwindigkeitsselektoren ermittelt werden, und die Masse der Teilchen wird im Massenspektrum bestimmt.

7.6.2 Theorie des Übergangszustandes

Damit eine chemische Reaktion stattfindet, müssen sich die reagierenden Teilchen nahe kommen und Aktivierungsenergie besitzen. Die beim Stoß gebildeten Molekülkomplexe werden als aktivierte Komplexe bzw. Übergangszustände bezeichnet (Zeichen: ‡). Die folgende Betrachtungsweise geht auf H. EYRING, M. G. EVANS und M. POLANYI zurück. Für eine Reaktion vom Typ

$$AB + C \rightarrow A + BC$$

z. B. $H_2 + D \rightarrow H + HD$, ist in Abbildung 7.11 eine schematische Skizze der Teilchenanordnung dargestellt. Um den Reaktionspfad zu finden, muss die potenzielle Energie dieses Systems in Abhängigkeit der Teilchenabstände r_{AB} und r_{BC} und des Winkels θ berechnet werden. Dies gelingt in einfachen Fällen mit Hilfe quantenmechanischer Verfahren. Man erhält eine Energiehyperfläche, die die potenzielle Energie des Stoßkomplexes als Funktion der Ortskoordinaten aller an der Reaktion beteiligten Atome beschreibt (Abb. 7.12). Wir betrachten hier nur $E_{pot}(r_{AB}, r_{BC})$ bei einem konstanten Winkel von $\theta = 180°$ (kollinearer Stoß), da gezeigt werden konnte, dass dieser Winkel in unserem Beispiel einem Minimum der potenziellen Energie entspricht. Aus Abbildung 7.12 geht hervor, dass die Reaktion über einen Sattelpunkt verläuft, über einen

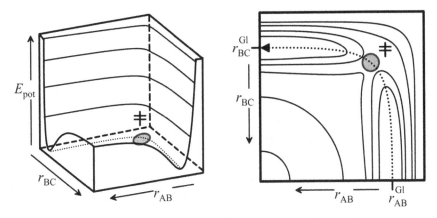

Abbildung 7.12: Dreidimensionale Darstellung (links) und Höhenliniendiagramm (rechts) der potenziellen Energie des reagierenden Systems $AB + C \rightarrow A + BC$ in Abhängigkeit der Teilchenabstände. Der Reaktionsweg ist als gepunktete Linie dargestellt.

Pass mit minimaler Energieanhebung. Die Höhe des Passes entspricht nicht genau der Aktivierungsenergie, denn die Aktivierungsenergie beinhaltet noch die Nullpunktsenergien der Kernschwingungen. Zu Beginn der Reaktion befinden sich die Atome A und B im Gleichgewichtsabstand des Moleküls, während das Teilchen C noch unendlich weit entfernt ist. Die Gesamtenergie hängt nur von den relativen Abständen der Teilchen zueinander ab. Im Verlauf der Reaktion nimmt der A-B-Abstand zu und der B-C-Abstand ab. Entsprechend wird die Bindung von AB schwächer, und die potenzielle Energie nimmt zu, bis der Sattelpunkt erreicht ist, der dem Übergangszustand entspricht. Nach Überschreiten des Sattelpunktes nimmt die potenzielle Energie wieder ab. Am Ende der Reaktion ist A unendlich weit entfernt, und r_{BC} entspricht dem Gleichgewichtsabstand des Moleküls BC. Meist trägt man nur die potenzielle Energie als Funktion der Reaktionskoordinate auf, d. h. entlang des Reaktionsweges mit minimaler Energie (Abb. 7.13), um den Fortschritt einer Reaktion darzustellen.

Wir wollen uns nun überlegen, ob es günstiger ist, wenn die Moleküle mit hoher kinetischer Energie oder in hoch angeregten Schwingungszuständen aufeinander treffen (Abb. 7.14). Man unterscheidet:

Attraktive Potenzialflächen: Der Sattelpunkt wird sehr früh erreicht. Liegt das Ausgangsmolekül in einem angeregten Schwingungszustand vor, wird bei dem Stoß mit dem anderen Teilchen der Weg C beschritten, der auf der Edukt-Seite verbleibt. Liegt die Energie im Ausgangsmolekül stattdessen im Wesentlichen als Translationsenergie vor, so wird der Reaktionsweg C* eingeschlagen, der auf die Produkt-Seite führt. Das Produkt BC entsteht im schwingungsangeregten Zustand. Reaktionen mit anziehender Potenzialfläche können leichter ablaufen, wenn die Energie von AB als Translationsenergie vorliegt.

Repulsive Potenzialflächen: Der Sattelpunkt wird sehr spät erreicht. Liegt die Energie in Form von Translationsenergie vor, führt der Reaktionsweg an der Wand des Energietales hoch hinauf, wo die Teilchen praktisch reflektiert werden, ohne den

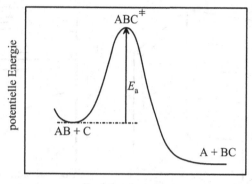

Reaktionskoordinate

Abbildung 7.13: Eindimensionale schematische Darstellung der potenziellen Energie für die Reaktion AB + C → A + BC als Funktion der Reaktionskoordinate. Damit es zur Reaktion kommt, muss eine Energiebarriere (Aktivierungsenergie) unter Bildung eines aktivierten Komplexes überwunden werden. Die Reaktionskoordinate repräsentiert die Änderungen der Bindungswinkel und -längen im Verlauf der Reaktion.

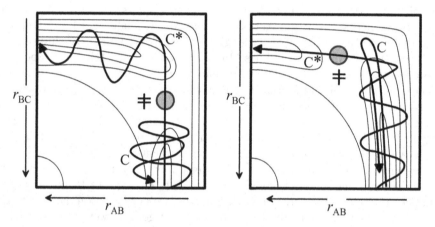

Abbildung 7.14: Höhenliniendiagramm der potenziellen Energie mit attraktiver Potenzialfläche (links) und repulsiver Potenzialfläche (rechts).

Übergangszustand zu erreichen (Weg C). Liegt die Energie stattdessen als Schwingungsenergie vor, reicht die Schwingungsbewegung des Teilchens aus, um es auf den Sattelpunkt und darüber hinaus zum Produkt zu bringen (Weg C*).

Die EYRINGsche Theorie des Übergangszustandes (engl., transition state theory) stellt den Versuch dar, mit dem Modell der Energiehyperfläche und mit Hilfe der statistischen Thermodynamik die Geschwindigkeitskonstante einer chemischen Reaktion zu berechnen. Für die quantitative Betrachtung nehmen wir eine beliebige bimolekulare Reaktion, von der wir annehmen, dass wir sie in zwei Schritte zerlegen können:

$$A + B \rightleftharpoons AB^{\ddagger} \xrightarrow{k^{\ddagger}} P$$

$k^{\ddagger}$ ist die charakteristische Zerfallskonstante des aktivierten Komplexes $AB^{\ddagger}$, der am Sattelpunkt der Energiehyperfläche zu finden ist. Für die Produktbildung gilt:

$$\frac{dc_P}{dt} = k^{\ddagger} \cdot c_{AB^{\ddagger}} \tag{7.77}$$

Mit der Gleichgewichtskonstanten $K_c^{\ddagger}$ des vorgelagerten Gleichgewichts zum aktivierten Komplex,

$$K_c^{\ddagger} = \frac{c_{AB^{\ddagger}}/c^{\circ}}{(c_A/c^{\circ})(c_B/c^{\circ})} \tag{7.78}$$

erhält man:

$$\frac{dc_P}{dt} = \underbrace{k^{\ddagger} K_c^{\ddagger} (c^{\circ})^{-1}}_{k} c_A c_B \tag{7.79}$$

Hier ist c° die Standard-Konzentration von 1 mol L^{-1}. Für ideale Gase ist die Gleichgewichtskonstante $K_c^{\ddagger}$ mit Hilfe der statistischen Thermodynamik über die Molekülzustandssummen z_i der Reaktanden i abschätzbar. Die Molekülparameter von A, B und $AB^{\ddagger}$, die eine Berechnung der Molekülzustandssummen erlauben, sind aus spektroskopischen Daten erhältlich. Wir wollen hier auf Ergebnisse aus dem Kapitel Statistische Thermodynamik zurückgreifen. Die Gleichgewichtskonstante des vorgelagerten Gleichgewichts ist gegeben durch:

$$K_c^{\ddagger} = \prod_i \left(\frac{z_i'}{V c^{\circ} N_A} \right)^{\nu_i} \cdot e^{-\Delta E_0/RT}$$

$$= V c^{\circ} N_A \cdot \frac{z_{AB^{\ddagger}}'}{z_A' z_B'} \cdot e^{-\Delta E_0/RT} \tag{7.80}$$

ΔE_0 ist die Differenz der Nullpunktsenergien von $AB^{\ddagger}$ und den Edukten A und B und z_i' die Molekülzustandssumme ohne Nullpunktsenergie der Schwingung. Wie in Kapitel 4.4 gezeigt, setzt sich die Molekülzustandssumme eines Teilchens aus dem Anteil der Translation, der Rotation, der Schwingung (Vibration) und des elektronischen Zustandes zusammen:

$$z_i' = z_{\text{trans},i} \cdot z_{\text{rot},i} \cdot z_{\text{vib},i}' \cdot z_{\text{el},i} \tag{7.81}$$

Für ein zweiatomiges ideales Gasmolekül erhalten wir die folgenden Beiträge (s. Kap. 4.4):

$$z_{\text{trans}} = \left(\frac{\sqrt{2\pi m k_B T}}{h} \right)^3 \cdot V \tag{7.82}$$

$$z_{\text{rot}} = \frac{2 I k_B T}{\sigma \hbar^2} \tag{7.83}$$

$$z'_{\mathrm{vib}} = \frac{1}{1 - \exp(-h\nu/k_B T)} \tag{7.84}$$

$$z_{\mathrm{el}} = g_{\mathrm{el},0} \tag{7.85}$$

I ist das Trägheitsmoment, σ die Symmetriezahl (für Moleküle AA: $\sigma = 2$, für Moleküle AB: $\sigma = 1$) und ν die Eigenfrequenz der Schwingung. $g_{\mathrm{el},0}$ ist der Entartungsgrad des elektronischen Grundzustandes. Einer der Schwingungsfreiheitsgrade des aktivierten Komplexes, der einer lockeren Bindung, entartet zu einem Translationsfreiheitsgrad (die Reaktionsprodukte fliegen voneinander weg), was zur Dissoziation des Komplexes in die Produkte führt. Die Schwingungsfrequenz ν geht in die viel kleinere Zerfallsfrequenz über, so dass z'_{vib} wie folgt vereinfacht werden kann:

$$z'_{\mathrm{vib}} \approx \frac{1}{1 - (1 - h\nu/k_B T)} = \frac{k_B T}{h\nu} \tag{7.86}$$

Damit erhält man für die effektive Geschwindigkeitskonstante k der Reaktion mit der Restzustandssumme $z''_{\mathrm{AB}^{\neq}}$ und $k^{\neq} = \nu$, der Zerfallsfrequenz des aktivierten Komplexes:

$$k = k^{\neq} K_c^{\neq}(c^{\circ})^{-1}$$

$$= \nu \cdot V c^{\circ} N_A \cdot \frac{z''_{\mathrm{AB}^{\neq}}}{z'_A z'_B} \cdot \frac{k_B T}{h\nu} \cdot e^{-\Delta E_0/RT} \cdot (c^{\circ})^{-1} \tag{7.87}$$

Schließlich wird noch der so genannte Durchlässigkeitsfaktor (Transmissionsfaktor) κ eingeführt, der berücksichtigt, dass nicht jeder aktivierte Komplex in die Produkte zerfällt (i. Allg. ist $0,1 < \kappa < 1$):

$$k = \kappa \frac{k_B T}{h} V N_A \frac{z''_{\mathrm{AB}^{\neq}}}{z'_A z'_B} \cdot e^{-\Delta E_0/RT} \tag{7.88}$$

Insbesondere für Atomrekombinationen nimmt κ kleine Werte an.

Beispiel:
Wir wollen uns überlegen, in welcher Größenordnung der präexponentielle Faktor in Gleichung 7.88 liegt. Wir betrachten eine Reaktion zwischen zwei Atomen, die über einen zweiatomigen linearen aktivierten Komplex führt. Die Zustandssummen der beiden Atome beinhalten nur den translatorischen Anteil und $g_{\mathrm{el},0}$, da keine Rotations- und Schwingungsfreiheitsgrade vorhanden sind. Der zweiatomige, lineare aktivierte Komplex hat insgesamt sechs Freiheitsgrade: drei translatorische, zwei rotatorische und einen Schwingungsfreiheitsgrad. Da der Zerfall des aktivierten Komplexes auf den Verlust eines Schwingungsfreiheitsgrades zurückgeführt wird, hat in diesem Fall die Schwingung keinen Anteil an der Molekülzustandssumme. Damit folgt (κ und $g_{\mathrm{el},0,i}$ seien gleich eins):

$$A = \frac{k_B T}{h} V N_A \frac{z_{\mathrm{AB}^{\neq},\mathrm{trans}} z_{\mathrm{AB}^{\neq},\mathrm{rot}}}{z_{\mathrm{A},\mathrm{trans}} z_{\mathrm{B},\mathrm{trans}}}$$

Die Größenordnung der Zustandssummen wird mit den Gleichungen 7.82 und 7.83 abgeschätzt, wobei typische Zahlenwerte für die atomaren bzw. molekularen Größen eingesetzt werden:

$$z_{\text{trans}} = \left(\frac{\sqrt{2\pi m k_B T}}{h}\right)^3 V$$

$$\approx \left(\frac{\sqrt{2\pi \cdot 10^{-26} \text{ kg} \cdot 1{,}381 \cdot 10^{-23} \text{ J K}^{-1} \cdot 298 \text{ K}}}{6{,}626 \cdot 10^{-34} \text{ J s}}\right)^3 V$$

$$\approx 10^{31} \text{ m}^{-3} \cdot V$$

$$z_{\text{rot}} = \frac{2 I k_B T}{\sigma \hbar^2}$$

$$\approx \frac{2 \cdot (0{,}5 \cdot 10^{-26} \text{ kg} \cdot 3 \cdot 10^{-20} \text{ m}^2) \cdot 1{,}381 \cdot 10^{-23} \text{ J K}^{-1} \cdot 298 \text{ K}}{1 \cdot (1{,}055 \cdot 10^{-34} \text{ J s})^2}$$

$$\approx 100$$

Für die Berechnung des präexponentiellen Faktors folgt:

$$A \approx \frac{k_B T}{h} V N_A \cdot \frac{10^{31} \text{m}^{-3} V \cdot 100}{10^{31} \text{m}^{-3} V \cdot 10^{31} \text{m}^{-3} V}$$

$$= 3{,}7 \cdot 10^7 \text{ m}^3 \text{ mol}^{-1} \text{ s}^{-1} = 3{,}7 \cdot 10^{10} \text{ L mol}^{-1} \text{ s}^{-1}$$

Für viele Reaktionen, insbesondere solche zwischen größeren Molekülen, ist es wegen der Unkenntnis der Struktur des aktivierten Komplexes nicht möglich, k mit Hilfe dieses statistisch thermodynamischen Ausdrucks zu berechnen. Oftmals hilft bei der Interpretation von kinetischen Daten jedoch eine quasi-thermodynamische Formulierung der Theorie des Übergangszustands: Für $K_c'^{\ddagger}$, das einer Gleichgewichtskonstanten für die Bildung des aktivierten Komplexes abzüglich eines Schwingungsfreiheitsgrades entspricht, gilt:

$$K_c'^{\ddagger} = V c^{\circ} N_A \cdot \frac{z_{AB^{\ddagger}}''}{z_A' z_B'} \cdot e^{-\Delta E_0/RT} \tag{7.89}$$

Man erhält bei Einführung einer Standard-Aktivierungs-GIBBS-Energie $\Delta_{\ddagger} G_m^{\circ} = -RT \ln K_c'^{\ddagger}$ (Änderung der GIBBS-Energie, wenn man von den Edukten zum aktivierten Komplex übergeht):

$$k = \kappa \nu K_c'^{\ddagger} \frac{k_B T}{h\nu} (c^{\circ})^{-1}$$

$$= \kappa \frac{k_B T}{h c^{\circ}} K_c'^{\ddagger} \tag{7.90}$$

$$= \kappa \frac{k_B T}{hc^\circ} \, e^{-\Delta_{\ddagger} G_m^\circ / RT}$$

$$= \kappa \frac{k_B T}{hc^\circ} \, e^{\Delta_{\ddagger} S_m^\circ / R} \cdot e^{-\Delta_{\ddagger} H_m^\circ / RT} \tag{7.91}$$

mit der Standard-Aktivierungsenthalpie $\Delta_{\ddagger} H_m^\circ$ und der Standard-Aktivierungsentropie $\Delta_{\ddagger} S_m^\circ$.

Wir wollen noch den weiter oben erhaltenen ARRHENIUS-Ausdruck $d \ln k / dT = E_a / RT^2$ (Gl. 7.37) für die Geschwindigkeitskonstante mit der Theorie des Übergangszustandes interpretieren. Es gilt mit Gleichung 7.90:

$$\ln k = \ln \left(\kappa \frac{k_B}{hc^\circ} \right) + \ln T + \ln K_c'^{\ddagger}$$

$$\frac{d \ln k}{dT} = \frac{1}{T} + \frac{d \ln K_c'^{\ddagger}}{dT}$$

$$= \frac{1}{T} + \frac{\Delta_{\ddagger} U_m^\circ}{RT^2}$$

$$= \frac{RT + \Delta_{\ddagger} U_m^\circ}{RT^2} \tag{7.92}$$

Der Vergleich mit Gleichung 7.37 liefert:

$$E_a = RT + \Delta_{\ddagger} U_m^\circ \tag{7.93}$$

Wegen $H = U + pV$ gilt für die Aktivierungsenthalpie:

$$\Delta_{\ddagger} H_m^\circ = \Delta_{\ddagger} U_m^\circ + \Delta_{\ddagger}(pV)_m^\circ$$

$$= E_a - RT + \Delta_{\ddagger}(pV)_m^\circ \tag{7.94}$$

Für Reaktionen in der idealen Gasphase gilt allgemein: $\Delta_{\ddagger}(pV)_m^\circ = \Delta \nu RT$. Für eine bimolekulare Reaktion ist $\Delta \nu = -1$ und damit:

$$\Delta_{\ddagger} H_m^\circ = E_a - 2RT \tag{7.95}$$

In flüssiger Phase kann man den Term $\Delta_{\ddagger}(pV)_m^\circ$ vernachlässigen, so dass $\Delta_{\ddagger} H_m^\circ \approx \Delta_{\ddagger} U_m^\circ$. Die Aktivierungsenthalpie beträgt dann:

$$\Delta_{\ddagger} H_m^\circ = E_a - RT \tag{7.96}$$

Damit ergibt sich für die Geschwindigkeitskonstante in der idealen Gasphase:

$$k = \kappa \underbrace{\frac{k_B T \exp(2)}{hc^\circ} \cdot e^{\Delta_{\ddagger} S_m^\circ / R}}_{A} \cdot e^{-E_a / RT} \tag{7.97}$$

Mit Hilfe der abgeleiteten Beziehung kann also aus dem experimentell bestimmten präexponentiellen Faktor A die Standard-Aktivierungsentropie bestimmt werden. Aus der experimentell bestimmten Aktivierungsenergie E_a (s. Abb. 7.6) kann mit Hilfe von

Gleichung 7.95 bzw. 7.96 die Standard-Aktivierungsenthalpie berechnet werden. Im Allgemeinen findet man einen negativen Wert für $\Delta_{\ddagger}S_m^{\circ}$, da bei der Bildung des aktivierten Komplexes Translations- und Rotationsfreiheitsgrade verloren gehen. Die Lebensdauer des Übergangszustands liegt in der Regel im ps-Bereich. In einigen Fällen kann der aktivierte Komplex mit der Femtosekunden-Laserspektroskopie und der Technik der gekreuzten Molekularstrahlen nachgewiesen werden.

Beispiel:
Wir betrachten die bimolekulare Reaktion $H(g) + CH_4(g) \rightleftharpoons H_2(g) + CH_3(g)$. Der bei 500 K gemessene präexponentielle Faktor wurde zu 10^{10} L mol^{-1}s^{-1} bestimmt. Mit Gleichung 7.97 ergibt sich die Standard-Aktivierungsentropie zu ($\kappa = 1$):

$$\Delta_{\ddagger}S_m^{\circ} = R \ln \frac{Ahc^{\circ}}{k_B T \exp(2)} = -74 \text{ J mol}^{-1}\text{K}^{-1}$$

Allgemein gilt in Abhängigkeit von der Reaktionsordnung n einer Gasphasenreaktion für den präexponentiellen Faktor:

$$A = \kappa \frac{k_B T}{h} \exp(n) \cdot (c^{\circ})^{1-n} e^{\Delta_{\ddagger}S_m^{\circ}/R} \tag{7.98}$$

Die thermodynamische Formulierung der EYRING-Theorie kann auch formal auf Reaktionen in Flüssigkeiten übertragen werden. Man verwendet sie für den Fall, dass die Reaktion nicht diffusionskontrolliert ist (s. Kap. 7.7). Eine Berechnung der Geschwindigkeitskonstanten ist jedoch nicht möglich, da die Zustandssummen nur in der Gasphase berechnet werden können. In der flüssigen Phase können sich die Moleküle nicht mehr frei bewegen und damit keine freien Translations- und Rotationsbewegungen ausführen.

7.6.3 Katalysatoren

Katalysatoren sind Substanzen, durch deren Anwesenheit bei einer chemischen Reaktion die Reaktionsgeschwindigkeit erhöht wird, ohne dass diese selbst umgesetzt werden. Die Reaktionen können sowohl in homogener Phase (Reaktanden und Katalysator beide gasförmig oder flüssig) als auch in heterogenen Systemen (Katalysator fest) ablaufen. Die heterogene Katalyse findet man bei vielen technischen Prozessen (z. B. bei der Ammoniaksynthese). Auf Details solcher Reaktionen, bei denen auch Adsorptionsgleichgewichte eine Rolle spielen, wollen wir hier nicht eingehen. Die Selektivität vieler katalysierter Reaktionen beruht darauf, dass ein Reaktionsweg begünstigt wird, indem er gegenüber möglichen Parallelreaktionen beschleunigt wird. Die höchste Selektivität wird bei enzymatischen Reaktionen gefunden. In der Betrachtungsweise der Theorie des aktivierten Komplexes verkleinert der Katalysator die Standard-Aktivierungs-GIBBS-Energie, indem er die Standard-Aktivierungsenthalpie herabsetzt und/oder den Durchlässigkeitsfaktor κ und die Standard-Aktivierungsentropie vergrößert (Abb. 7.15).

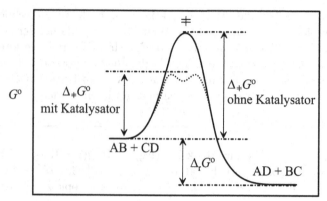

Reaktionskoordinate

Abbildung 7.15: Vereinfachtes GIBBS-Energie-Profil einer chemischen Reaktion AB + CD → AD + BC mit und ohne Katalysator. Die Standard-Reaktions-GIBBS-Energie $\Delta_r G°$ und damit auch das chemische Gleichgewicht ändern sich nicht.

7.7 Reaktionen in Lösung

Im Gegensatz zu Gasphasenreaktionen sind Reaktionen in Lösungen wesentlich schwieriger theoretisch zu beschreiben, da bereits die Flüssigkeitsstruktur sehr komplex ist. Die Raumausfüllung in Flüssigkeiten beträgt ca. 50 % (in Gasen i. Allg. ca. 0,1 %), woraus folgt, dass sich die Moleküle aneinander vorbeischieben müssen, um zur Reaktion zu kommen. Somit werden bei Reaktionen in Lösung Transportprozesse für eine Einschränkung der Reaktionsgeschwindigkeit verantwortlich. Wir untersuchen folgendes einfaches Reaktionsmodell:

$$A + B \underset{k_{-D}}{\overset{k_D}{\rightleftharpoons}} (AB)_{LM} \xrightarrow{k_R} P$$

$(AB)_{LM}$ sei das Molekülpaar im Lösungsmittelkäfig, k_D die Geschwindigkeitskonstante für den Diffusionsprozess der Annäherung der Teilchen, die durch die BROWNsche Molekularbewegung bestimmt wird, und k_R die Geschwindigkeitskonstante der Reaktion der Teilchen im Lösungsmittelkäfig. Für die Bildung des Molekülpaares nehmen wir zunächst Stationarität an:

$$\frac{dc_{AB}}{dt} = k_D c_A c_B - k_{-D} c_{AB} - k_R c_{AB} \overset{!}{=} 0 \tag{7.99}$$

$$c_{AB} = \frac{k_D}{k_{-D} + k_R} \cdot c_A c_B \tag{7.100}$$

Damit ergibt sich für die Geschwindigkeit der Reaktion:

$$r = \frac{dc_P}{dt} = k_R c_{AB} = \underbrace{\frac{k_R k_D}{k_{-D} + k_R}}_{k_{eff}} \cdot c_A c_B \tag{7.101}$$

Demnach ist die Reaktion zweiter Ordnung. Wir betrachten zwei Grenzfälle:

1. Aktivierungskontrollierte Reaktionen

$$k_{-D} \gg k_R: \qquad\qquad k_{eff} = k_R k_D / k_{-D} = k_R K$$

$K = k_D / k_{-D}$ ist die Gleichgewichtskonstante für die Bildung des Molekülpaares. Dieser Fall tritt auf, wenn die Reaktion zum Produkt mit einer hohen Aktivierungsenergie verbunden ist. Die Aktivierungsenergie muss sich dann erst noch im Stoßpaar ansammeln, was z. B. durch Wechselwirkung mit den umgebenden Lösungsmittel-Molekülen geschehen kann. Ein Beispiel für eine aktivierungskontrollierte Reaktion ist die Solvolyse von $(CH_3)_3CCl$ in H_2O, die eine Aktivierungsenergie von 100 kJ mol^{-1} benötigt.

2. Diffusionskontrollierte Reaktionen

$$k_{-D} \ll k_R: \qquad\qquad k_{eff} = k_D$$

Die Geschwindigkeitskonstante liegt in der Größenordnung von 10^9 L mol^{-1}s^{-1}, d. h., diffusionskontrollierte Reaktionen sind sehr schnell. Sie treten bei Reaktionen mit geringer Aktivierungsenergie auf, wie z. B. bei vielen Ionen- und Radikalreaktionen. Wenn die Reaktionspartner zusammentreffen, sind sie im Lösungsmittelkäfig gefangen und erfahren viele Zusammenstöße, so dass der sterische Faktor keine große Rolle spielt. Die Reaktionsgeschwindigkeit hängt dann davon ab, wie schnell die Reaktionspartner durch Diffusion zueinander finden. Die Reaktion von Teilchen B mit A erfolgt, wenn das Teilchen B durch die Kugeloberfläche der Größe $A_S = 4\pi R_{AB}^2$ tritt, d. h., wenn der Teilchenabstand $r = R_{AB} = R_A + R_B$ wird. Für den Gesamtfluss $J_B' = J_B A_S$ von B durch die Kugeloberfläche A_S gilt nach dem 1. FICKschen Gesetz $(J_B = D_B N_A (dc_B/dr))$:

$$J_B' = 4\pi r^2 D_B N_A \frac{dc_B}{dr}$$

$$\int_0^{c_B} dc_B = \frac{J_B'}{4\pi D_B N_A} \int_{R_{AB}}^{\infty} \frac{dr}{r^2}$$

$$c_B = \frac{J_B'}{4\pi R_{AB} D_B N_A} \qquad\qquad (7.102)$$

Damit folgt für die Bildung des Molekülpaares AB:

$$\frac{dc_{AB}}{dt} = J_B' \, c_A = 4\pi R_{AB} D_B N_A c_A c_B \qquad\qquad (7.103)$$

und für die Geschwindigkeitskonstante der diffusionskontrollierten Reaktion:

$$k_D = 4\pi R_{AB} D N_A \qquad\qquad (7.104)$$

Hier ist für den Diffusionskoeffizienten $D = D_A + D_B$ gesetzt worden, da auch A in der Lösung diffundiert.

Den Einfluss der Viskosität des Lösungsmittels auf die Reaktionsgeschwindigkeit erkennt man, wenn man die STOKES-EINSTEIN-Beziehung heranzieht, die streng genommen jedoch nur für große kugelförmige Moleküle i mit hydrodynamischem Radius R_i gilt (vgl. Kap. 6.1.2):

$$D_i = \frac{k_B T}{6\pi\eta R_i} \tag{7.105}$$

Darin ist η der Viskositätskoeffizient des Lösungsmittels. Einsetzen in Gleichung 7.104 ergibt:

$$
\begin{aligned}
k_D &= 4\pi R_{AB}\frac{k_B T}{6\pi\eta}\left(\frac{1}{R_A}+\frac{1}{R_B}\right)N_A \\[2mm]
&= \frac{2}{3}\frac{RT}{\eta}\frac{R_{AB}^2}{R_A \cdot R_B}
\end{aligned}
\tag{7.106}
$$

Für $R_A = R_B$ erhält man:

$$k_D = \frac{8RT}{3\eta} \tag{7.107}$$

Im Rahmen dieser Näherungen ist k_D unabhängig von den Radien der Reaktionspartner und hängt nur von der Temperatur und der Viskosität des Lösungsmittels ab. Der Viskositätskoeffizient η nimmt mit steigender Temperatur ab, so dass die Geschwindigkeitskonstante entsprechend größer wird.

Beispiel:
Für die Rekombination von I-Atomen in Hexan bei 298 K berechnen wir ($\eta = 3,26 \cdot 10^{-4}$ kg m^{-1}s^{-1}):

$$k_D = \frac{8 \cdot 8,314 \text{ J K}^{-1}\text{mol}^{-1} \cdot 298 \text{ K}}{3 \cdot 3,26 \cdot 10^{-4} \text{ kg m}^{-1}\text{s}^{-1}} = 2,0 \cdot 10^{10} \text{ L mol}^{-1}\text{s}^{-1}$$

Das Experiment ergibt einen Wert von $1,3 \cdot 10^{10}$ L mol^{-1}s^{-1}. Die Übereinstimmung ist trotz der gemachten Näherungen relativ gut.

7.7.1 Reaktionen zwischen Ionen

Bisher haben wir nur Reaktionen von Neutralteilchen in Lösung betrachtet. Für Reaktionen zwischen Ionen der Ladungszahlen z_i in Lösung wollen wir einige qualitative Überlegungen anstellen. Wir gehen von folgendem Reaktionsschema aus:

$$A^{z_A} + B^{z_B} \underset{k_{-D}}{\overset{k_D}{\rightleftharpoons}} (AB)_{LM}^{z_A+z_B} \overset{k_R}{\longrightarrow} P$$

Die Geschwindigkeit der Reaktion ist gegeben durch:

$$r = \frac{dc_P}{dt} = k_R c_{AB} \tag{7.108}$$

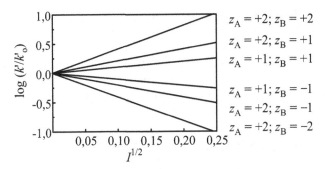

Abbildung 7.16: Abhängigkeit der Reaktionsgeschwindigkeit unterschiedlich geladener Stoßpartner A und B von der Ionenstärke I der Lösung (Lösungsmittel H_2O, $T = 298$ K).

Mit der thermodynamischen Gleichgewichtskonstanten

$$K_a = \frac{a_{AB}}{a_A a_B} = \frac{c_{AB} c^\circ}{c_A c_B} \cdot \frac{f_{AB}}{f_A f_B}$$

folgt für $k_R \ll k_{-D}$:

$$r = \underbrace{k_R \, K_a \, (c^\circ)^{-1} \, \frac{f_A f_B}{f_{AB}}}_{k'} \, c_A c_B \tag{7.109}$$

Für geringe Ionenkonzentrationen können die Aktivitätskoeffizienten f_i näherungsweise durch das DEBYE-HÜCKEL-Grenzgesetz (Gl. 6.71) ausgedrückt werden. Man erhält für den Logarithmus des Verhältnisses der Geschwindigkeitskonstanten mit (k') und ohne ($k'_\circ$) Berücksichtigung der Aktivitätskoeffizienten der Ionen in wässriger Lösung:

$$\begin{aligned} \log \frac{k'}{k'_\circ} &= \log f_A + \log f_B - \log f_{AB} \\ &= -0{,}509 \, \sqrt{I} \, (z_A^2 + z_B^2 - z_A^2 - 2 z_A z_B - z_B^2) \\ &= 1{,}018 \, z_A z_B \, \sqrt{I} \end{aligned} \tag{7.110}$$

mit $k'_\circ = k_R K_a (c^\circ)^{-1}$ und $z_{AB} = z_A + z_B$.

Mit Hilfe dieser Gleichung lässt sich der so genannte kinetische Salzeffekt, die Abhängigkeit der Reaktionsgeschwindigkeit von der Ionenstärke I der Lösung, verstehen. Haben die reagierenden Ionen gleichnamige Ladungen, führt die Erhöhung von I durch Zugabe von Fremdionen aufgrund besserer Abschirmung der Ladungen zu einer Erhöhung der Geschwindigkeitskonstanten ($k'/k'_\circ > 1$). Andererseits werden Reaktionen zwischen Ionen ungleichnamiger Ladung mit steigender Ionenstärke langsamer. Aus der Steigung einer Auftragung von $\log (k'/k'_\circ)$ gegen $\sqrt{I}$ erhält man Informationen über den Ladungstyp des aktivierten Komplexes (s. Abb. 7.16).

Die Beschreibung der Geschwindigkeitskonstanten von Ionenreaktionen ist im Detail noch wesentlich komplexer und die Interpretation der Messergebnisse wesentlich schwieriger als bei Gasphasenreaktionen. Insbesondere sind die Begriffe Molekularität und Elementarreaktion wegen der weitreichenden Wechselwirkungen und der Lösungsmitteleffekte nicht so einfach zu definieren wie bei Gasphasenreaktionen. Für Betrachtungen über das hier behandelte simple Modell hinaus wird auf weiterführende Literatur verwiesen.

7.8   Relaxationsverfahren

Die Messung sehr schneller Reaktionskinetiken gelingt mit Hilfe sog. Relaxationsverfahren. Das Prinzip dieser Methode beruht auf einer schwachen Störung eines chemischen Gleichgewichts. Beispielsweise wird durch einen positiven Temperatursprung das Gleichgewicht einer exotherm (endotherm) verlaufenden Reaktion mehr auf die Seite der Edukte (Produkte) verschoben. Es kann aber auch eine sprunghafte Änderung des Drucks oder der elektrischen Feldstärke zur Auslenkung des chemischen Gleichgewichts herangezogen werden, wenn bei der Reaktion eine Volumenänderung auftritt oder an der Reaktion Ionen beteiligt sind. Wesentlich ist, dass infolge der schwachen Störung des chemischen Gleichgewichts die Einstellung des neuen chemischen Gleichgewichts (die Relaxation) durch eine lineare Differentialgleichung beschrieben werden kann. Dies wird im Folgenden anhand eines einfachen Beispiels erläutert.

Gegeben sei eine reversible Reaktion erster Ordnung:

$$A \; \underset{k_{-1}}{\overset{k_1}{\rightleftharpoons}} \; B$$

Nach Störung des chemischen Gleichgewichts stellen sich die Konzentrationen von A und B auf ihre neuen Gleichgewichtswerte c_A^{Gl} und c_B^{Gl} ein. Zu einem beliebigen Zeitpunkt während dieser Relaxation betragen die Konzentrationen

$$c_A = c_A^{Gl} + \Delta c \tag{7.111}$$

$$c_B = c_B^{Gl} - \Delta c \tag{7.112}$$

Δc bezeichnet die aktuelle Auslenkung aus dem neuen Gleichgewicht. Für $\Delta c > 0$ liegt das neue Gleichgewicht weiter auf der Produktseite als das alte. Für die Konzentrationsänderung von A kann man schreiben:

$$\frac{dc_A}{dt} = -k_1 c_A + k_{-1} c_B$$

$$\frac{d(c_A^{Gl} + \Delta c)}{dt} = -k_1(c_A^{Gl} + \Delta c) + k_{-1}(c_B^{Gl} - \Delta c) \tag{7.113}$$

Im Verlauf der Relaxation geht Δc gegen null. Am Ende gilt:

$$\frac{dc_A^{Gl}}{dt} = -k_1 c_A^{Gl} + k_{-1} c_B^{Gl} = 0 \tag{7.114}$$

Also ist $k_1 c_A^{Gl} = k_{-1} c_B^{Gl}$, so dass aus Gleichung 7.113 folgt:

$$\frac{d\Delta c}{dt} = -k_1 \Delta c - k_{-1} \Delta c = -(k_1 + k_{-1})\Delta c \qquad (7.115)$$

Die Lösung dieser Differentialgleichung lautet:

$$\Delta c = \Delta c_0 \exp\left[-(k_1 + k_{-1})t\right] = \Delta c_0 \exp\left[-t/\tau\right] \qquad (7.116)$$

wobei Δc_0 die maximale Auslenkung aus dem neuen chemischen Gleichgewicht zur Zeit $t = 0$ ist. Die Summe der Geschwindigkeitskonstanten drückt man auch über die Relaxationszeit $\tau = 1/(k_1 + k_{-1})$ aus. Trägt man nun $\ln \Delta c$ gegen die Zeit t auf, dann ergibt sich die Relaxationszeit aus der Steigung des Graphen. Durch Messung der Gleichgewichtskonstanten $K = c_B^{Gl}/c_A^{Gl} = k_1/k_{-1}$ können schließlich die einzelnen Geschwindigkeitskonstanten der Hin- und Rückreaktion berechnet werden:

$$k_1 = \frac{K}{\tau(K+1)} \qquad (7.117)$$

$$k_{-1} = \frac{1}{\tau(K+1)} \qquad (7.118)$$

Entsprechende Beziehungen lassen sich auch für andere Typen von Reaktionsgleichungen aufstellen.

Beispiel:

Für die Autoionisation des Wassers $H_2O(l) \underset{k_{-1}}{\overset{k_1}{\rightleftharpoons}} H^+(aq) + OH^-(aq)$ erhält man unter Anwendung des Relaxationsverfahrens die Geschwindigkeitskonstanten der Hin- und Rückreaktion bei 298 K zu $k_1 = 2,5 \cdot 10^{-5}$ s^{-1} und $k_{-1} = 1,4 \cdot 10^{11}$ M^{-1}s^{-1}. (Die Konzentrationsberechnung der zugrunde liegenden Relaxation ist etwas komplizierter als oben besprochen, da die Rückreaktion eine Reaktion zweiter Ordnung ist.) Aus k_1 lässt sich ableiten, dass ein Wassermolekül etwa alle 40.000 s ($\approx$ 11 h) dissoziiert. Die Rückreaktion gehört zu den schnellsten Reaktionen, die in Lösung beobachtet werden. Das Verhältnis der Geschwindigkeitskonstanten bestimmt die Gleichgewichtskonstante der Autoionisation:

$$K = \frac{k_1}{k_{-1}} = \frac{c_{H^+} c_{OH^-}}{c_{H_2O}} = 1,8 \cdot 10^{-16} \text{ M}$$

Die „Konzentration" des Wassers beträgt bei 298 K 55,4 M, so dass man für das Ionenprodukt des Wassers den Wert $K_W = c_{H^+} c_{OH^-} = 1 \cdot 10^{-14}$ M^2 erhält. In neutraler Lösung ist $c_{H^+} = c_{OH^-}$, woraus sich dann ein pH-Wert von $-\log(c_{H^+}/c^\circ) = 7$ ergibt.

---

8 Molekülspektroskopie

Mit der Molekülspektroskopie steht uns ein Mittel zur Verfügung, das uns neben der Identifizierung von Molekülen die Bestimmung von Molekülgeometrien, elektrischen und magnetischen Moleküleigenschaften sowie Bindungsstärken ermöglicht. Ihren experimentellen Methoden liegt zugrunde, dass Moleküle elektromagnetische Strahlung absorbieren und emittieren. Dabei ändern sich in Abhängigkeit von der Wellenlänge der elektromagnetischen Strahlung die Bewegungszustände der Moleküle (Rotation, Schwingung, Elektronen- und Kernzustand). In diesem Kapitel wollen wir einige wichtige spektroskopische Methoden kennenlernen.

8.1 Elektrische Eigenschaften der Materie

Zunächst betrachten wir das elektrische Dipolmoment eines Moleküls. Moleküle sind nach außen elektrisch neutral. Der positive Ladungsschwerpunkt muss jedoch nicht mit dem negativen zusammenfallen. Befinden sich zwei gleich große, aber entgegengesetzte Ladungen q in einem Abstand $\vec{r}$ voneinander, so ordnet man diesem Dipol ein elektrisches Dipolmoment

$$\vec{\mu}_{\text{el}} = q \cdot \vec{r} \tag{8.1}$$

zu (s. Abb. 8.1a). Das elektrische Dipolmoment wird meist noch in der Einheit Debye (D) angegeben, wobei $1\,\text{D} = 3{,}336 \cdot 10^{-30}$ C m ist. Da man dem Abstand r eine Richtung, und zwar von der negativen zur positiven Ladung, zuordnet, ist das elektrische Dipolmoment eine Vektorgröße. Das elektrische Dipolmoment einer komplizierteren Anordnung von Punktladungen lässt sich bei bekannter Position der Punktladungen vektoriell aus deren Ortsvektoren in einem willkürlich festgelegten Koordinatensystem unter Berücksichtigung der Beträge der Punktladungen zusammensetzen. Bei größeren Molekülen kann man auch Partialdipolmomente von chemischen Bindungen definieren. Das elektrische Dipolmoment des Moleküls ist dann die Vektorsumme dieser Bindungsdipolmomente (s. Abb. 8.1b).

Die elektrische Polarisation $\vec{P}$ eines Systems aus elektrischen Dipolen i

$$\vec{P} = \sum_i \vec{\mu}_{\text{el},i}/V \tag{8.2}$$

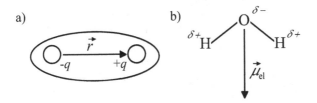

Abbildung 8.1: a) Definition des elektrischen Dipolmoments eines nach außen ungeladenen Moleküls. b) Das elektrische Dipolmoment des H_2O-Moleküls entspricht der Vektorsumme der (O-H)-Bindungsdipolmomente. Es beträgt 1,85 D.

entspricht dem Gesamtdipolmoment pro Volumeneinheit. Man unterscheidet permanente und induzierte elektrische Dipolmomente. Permanente Dipolmomente entstehen durch Partialladungen im Molekül. Das Gesamtdipolmoment einer gasförmigen oder flüssigen Probe aus permanenten elektrischen Dipolen in Abwesenheit eines elektrischen Feldes $\vec{E}_{\text{Feld}}$ ist null. Falls $\vec{E}_{\text{Feld}} \neq \vec{0}$, richten sich die permanenten elektrischen Dipole aus, wobei das Minimum der potenziellen Energie dann erreicht ist, wenn die Dipolmomente und die $\vec{E}_{\text{Feld}}$-Feldlinien parallel ausgerichtet sind. Dem entgegen wirken Dipol-Dipol-Kräfte und die ungeordnete thermische Bewegung der Dipole, die deren Ausrichtung parallel zu $\vec{E}_{\text{Feld}}$ stören. Je stärker die thermische Bewegung, d. h. je höher die Temperatur, umso kleiner ist die resultierende Polarisation durch die permanenten Dipole. Dieser Beitrag der permanenten elektrischen Dipolmomente $\vec{\mu}_{\text{el,perm}}$ zur Polarisation P wird als Orientierungspolarisation P_{O} bezeichnet. Eine theoretische Ableitung zeigt, dass die Orientierungspolarisation einen Beitrag von

$$P_{\text{O}} = \frac{N}{V} \frac{\mu_{\text{el,perm}}^2}{3 k_{\text{B}} T} E_{\text{Feld}} \tag{8.3}$$

zur Polarisation P liefert.

Ferner erfährt jedes Atom oder Molekül in einem elektrischen Feld auch ein sog. induziertes elektrisches Dipolmoment. Es entsteht durch eine Verschiebung der Elektronendichte relativ zu den Atomkernen oder durch eine Verzerrung der Kernpositionen im Molekül infolge des äußeren elektrischen Feldes. Diese beiden Effekte erzeugen die sog. Verschiebungspolarisation P_{V}. Die Polarisation P ist damit die Summe aus Orientierungs- und Verschiebungspolarisation ($P = P_{\text{O}} + P_{\text{V}}$). Der Betrag eines induzierten Dipolmoments ist von der elektrischen Feldstärke E_{Feld} abhängig und definiert als:

$$\mu_{\text{el,ind}} = \alpha E_{\text{Feld}} + \tfrac{1}{2} \beta E_{\text{Feld}}^2 \tag{8.4}$$

α ist die Polarisierbarkeit mit der SI-Einheit $C^2 m^2 J^{-1}$. Um eine weniger umständliche Einheit zu erhalten, wird α oft durch $4\pi\varepsilon_{\text{o}}$ dividiert (mit der elektrischen Feldkonstante $\varepsilon_{\text{o}} = 8{,}85419 \cdot 10^{-12}$ $C^2 J^{-1} m^{-1}$). Die erhaltene Größe hat die Einheit eines Volumens und wird als Polarisierbarkeitsvolumen bezeichnet:

$$\alpha' = \frac{\alpha}{4\pi\varepsilon_{\text{o}}} \tag{8.5}$$

α' liegt in der Größenordnung von 10^{-30} m^3. β wird als Hyperpolarisierbarkeit bezeichnet. Der quadratische Term in Gleichung 8.4 ist erst bei sehr hohen Feldern (z. B. in Laserstrahlen) relevant und hier nicht weiter von Bedeutung. Zur Polarisierbarkeit α trägt zum einen die Kernpolarisierbarkeit α_{n} bei, die ihre Ursache in der Verzerrung der Kernpositionen relativ zueinander hat, zum anderen die Verschiebung der Elektronendichte relativ zu den Atomkernen, deren Beitrag als Elektronenpolarisierbarkeit α_{e} bezeichnet wird. Sie ist umso größer, je größer das Molekülvolumen ist und je schwächer die Elektronen an die Kerne gebunden sind. Die Polarisierbarkeit ist somit die Summe aus Elektronen- und Kernpolarisierbarkeit ($\alpha_{\text{n}} \approx 0{,}1\alpha_{\text{e}}$):

$$\alpha = \alpha_{\text{e}} + \alpha_{\text{n}} \tag{8.6}$$

Der Beitrag der Verschiebungspolarisation ist somit nach Gleichung 8.2

$$P_{\text{V}} = \frac{N}{V} \alpha E_{\text{Feld}} \tag{8.7}$$

Die Polarisierbarkeit hängt genau genommen von der Orientierung des Moleküls im elektrischen Feld ab und ist damit eigentlich ein Tensor. Zum Beispiel ist das Polarisierbarkeitsvolumen des Benzolrings, wenn der Ring senkrecht zu $\vec{E}_{\text{Feld}}$ orientiert ist, $\alpha' = 12,3 \cdot 10^{-30}$ m^3 und parallel zum Feld $\alpha' = 6,7 \cdot 10^{-30}$ m^3. Diese Anisotropie der Polarisierbarkeit ist entscheidend für die RAMAN-Aktivität von Molekülen in Rotationsspektren (s. Kap. 8.5).

8.1.1 Messung von elektrischen Dipolmomenten

Die Messung elektrischer Dipolmomente erfolgt mit einer Kondensatoranordnung aus zwei ebenen, parallelen Platten der Fläche A. Wenn auf der einen Platte die Ladung $-q$ und auf der anderen die Ladung $+q$ sitzt, dann ist die Ladungsdichte (Ladung pro Flächeneinheit) $\sigma = q/A$. Zwischen den Platten besteht die Potenzialdifferenz U. Die Kapazität C des Kondensators ist:

$$C = \frac{q}{U} = \frac{\sigma A}{U} \tag{8.8}$$

Für das elektrische Feld zwischen den Platten gilt:

$$E_{\text{Feld}} = \frac{U}{d} = \frac{\sigma}{\varepsilon} \tag{8.9}$$

Hier ist d der Abstand der Platten und ε die Dielektrizitätskonstante des Mediums zwischen den Platten. Die Messung der Kapazität des Kondensators mit der zu untersuchenden und ohne (Index $_0$) die zu untersuchende Substanz zwischen den Platten liefert die relative Dielektrizitätszahl ε_{r} ($\sigma = \sigma_0$, $A = A_0$, $d = d_0$):

$$\frac{C}{C_0} = \frac{\sigma A/U}{\sigma A/U_0} = \frac{\sigma A \varepsilon/d\sigma}{\sigma A \varepsilon_0/d\sigma} = \frac{\varepsilon}{\varepsilon_0} = \varepsilon_{\text{r}} \tag{8.10}$$

Die Messung erfolgt mit einer Hochfrequenz-Brückenanordnung. Die Elektrostatik zeigt, dass die relative Dielektrizitätszahl mit der elektrischen Polarisation wie folgt verknüpft ist:

$$P = P_{\text{O}} + P_{\text{V}} = \varepsilon_0(\varepsilon_{\text{r}} - 1)E_{\text{Feld}} \tag{8.11}$$

Wir setzen nun die oben genannten Beiträge für P_{O} und P_{V} in Gleichung 8.11 ein. Dabei müssen wir beachten, dass die Feldstärke des anliegenden elektrischen Feldes nicht mit der lokalen Feldstärke am Molekülort übereinstimmt. Die Feldstärke des im Inneren der Probe am Molekülort wirkenden Feldes $\vec{E}_{\text{L}}$ ergibt sich nach LORENTZ zu:

$$E_{\text{L}} = \frac{\varepsilon_{\text{r}} + 2}{3} E_{\text{Feld}} \tag{8.12}$$

Wir schreiben daher

$$\varepsilon_0(\varepsilon_{\text{r}} - 1)E_{\text{Feld}} = \frac{N}{V}\alpha E_{\text{L}} + \frac{N}{V}\frac{\mu^2_{\text{el,perm}}}{3k_{\text{B}}T}E_{\text{L}} \tag{8.13}$$

Unter Berücksichtigung von $N/V = \varrho N_A/M$ ergibt sich so die CLAUSIUS-MOSOTTI-DEBYE-Gleichung:

$$\varepsilon_0(\varepsilon_r - 1)E_{\text{Feld}} \;=\; \frac{\varrho N_A}{M}\left(\alpha + \frac{\mu_{\text{el,perm}}^2}{3k_BT}\right)\frac{\varepsilon_r + 2}{3}E_{\text{Feld}}$$

$$P_m = \frac{\varepsilon_r - 1}{\varepsilon_r + 2}\cdot\frac{M}{\varrho} \;=\; \frac{N_A}{3\varepsilon_0}\left(\alpha + \frac{\mu_{\text{el,perm}}^2}{3k_BT}\right) \tag{8.14}$$

P_m wird molare Polarisation oder Molpolarisation genannt. Sie enthält die verschiedenen Polarisationsbeiträge, den temperaturunabhängigen Beitrag der Verschiebungspolarisation und den temperaturabhängigen der Orientierungspolarisation. Ist die Frequenz des angelegten elektrischen Felds sehr groß, größer als typische Rotationsfrequenzen (ca. 10^{11} Hz), dann können die permanenten Dipole der Richtungsänderung nicht mehr folgen, und sie tragen nicht mehr zu der molaren Polarisation bei. Es folgt die CLAUSIUS-MOSOTTI-Gleichung:

$$\frac{\varepsilon_r - 1}{\varepsilon_r + 2}\cdot\frac{M}{\varrho} = \frac{N_A}{3\varepsilon_0}\cdot\alpha \tag{8.15}$$

Zur experimentellen Bestimmung des permanenten elektrischen Dipolmoments messen wir bei verschiedenen Temperaturen die Dichte der zu untersuchenden Substanz und die Kapazität des Plattenkondensators, zwischen dessen Platten sich die Substanz befindet. Hieraus ergibt sich nach Gleichung 8.10 ε_r, so dass bei bekannter molarer Masse nach Gleichung 8.14 P_m berechnet werden kann. Die erhaltenen Werte für P_m werden nach Gleichung 8.14 gegen $1/T$ aufgetragen. Aus der erhaltenen Steigung m der Geraden ergibt sich das permanente elektrische Dipolmoment:

$$\mu_{\text{el,perm}} = \sqrt{m\cdot\frac{9\varepsilon_0 k_B}{N_A}} \tag{8.16}$$

Der Ordinatenabschnitt bei $1/T = 0$ liefert $N_A\alpha/3\varepsilon_0$ und damit α.

Abbildung 8.2 zeigt als Beispiel die Bestimmung von $\mu_{\text{el,perm}}$ des HCl. Nimmt man an, dass es sich beim gasförmigen Chlorwasserstoff um ein reines Ionenmolekül handelt (H^+Cl^-), so wäre zu erwarten, dass sich das Dipolmoment des Moleküls aus dem Bindungsabstand r und der Elementarladung e berechnen lässt. Der gemessene Wert für das elektrische Dipolmoment $\mu_{\text{el,exp}}$ ist jedoch wesentlich kleiner als das Produkt $e \cdot r$. Dies bedeutet, dass keine vollständige Ladungstrennung vorliegt. Das Verhältnis $\mu_{\text{el,exp}}/(e \cdot r)$ ist ein Maß für die Ionizität, d. h. für den Anteil der polaren Bindung an der gesamten Bindung. Im HCl-Molekül beträgt der polare Anteil 17 %, im HI-Molekül nur noch 6 %.

Die MAXWELL-Gleichungen der Elektrodynamik führen zu einem Zusammenhang des Brechungsindex $n(\nu)$ einer unmagnetischen Substanz mit der relativen Dielektrizitätszahl $\varepsilon_r(\nu)$:

$$n^2(\nu) = \varepsilon_r(\nu) \tag{8.17}$$

Damit wird deutlich, dass die relative Dielektrizitätszahl bei hohen Frequenzen (10^{15} bis 10^{16} Hz, d. h. im sichtbaren Spektralgebiet) über die Messung des Brechungsindex

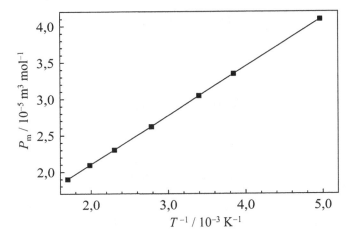

Abbildung 8.2: Die Auftragung der molaren Polarisation von HCl gegen $1/T$ liefert als Steigung einen Wert von 0,00673 m³ K mol⁻¹. Daraus wird für das permanente elektrische Dipolmoment ein Wert von $3,5 \cdot 10^{-30}$ C m = 1,05 D bestimmt. Aus dem Achsenabschnitt von $7,55 \cdot 10^{-6}$ m³mol⁻¹ erhält man die Polarisierbarkeit $\alpha = 3,3 \cdot 10^{-40}$ C²m²J⁻¹ (P_m berechnet mit Daten für ε_r nach: Landolt-Börnstein, *Zahlenwerte und Funktionen*, II. Band, 6. Teil, Springer Verlag, Berlin, 1959).

bestimmt werden kann. Üblicherweise führt man Messungen des Brechungsindex bei der Wellenlänge der Na-D-Linien (Dublett bei 589 nm) durch und erhält somit den Brechungsindex n_D. Aus dem Brechungsindex kann die sog. molare Refraktion oder Molrefraktion berechnet werden, die nur noch von der Elektronenpolarisierbarkeit abhängt:

$$R_m = \frac{n^2 - 1}{n^2 + 2} \cdot \frac{M}{\varrho} = \frac{N_A}{3\varepsilon_\circ}\alpha_e \tag{8.18}$$

Dies ist die LORENTZ-LORENZ-Gleichung, aus der α_e bestimmt werden kann.

Der aus der CLAUSIUS-MOSOTTI-DEBYE-Gleichung bestimmte Wert für das permanente Dipolmoment des Moleküls ist meist ungenau, wenn die Messung an einer reinen Flüssigkeit durchgeführt wurde. Die Problematik besteht in der gegenseitigen Wechselwirkung der Dipolmoleküle in der flüssigen Phase. Eine erweiterte Theorie von ONSAGER liefert bessere Ergebnisse. Man kann das Problem umgehen, indem man die Substanz (Komponente 2) in einem unpolaren Lösungsmittel (Komponente 1) vermisst und auf $x_2 \to 0$ extrapoliert (z. B. Chlorbenzol in Benzol).

In Abbildung 8.3 ist die Abhängigkeit der Polarisation einer Substanz von der Frequenz des angelegten Feldes dargestellt. Die relative Dielektrizitätszahl und damit auch die Polarisation nehmen stark ab, wenn die Richtungsänderung des Feldes schneller wird, als die polaren Moleküle folgen können (Mikrowellengebiet). Je nach Eigenfrequenz der einzelnen Schwingungen der Moleküle verschwindet der Anteil der Verschiebungspolarisation der Kerne bei Frequenzen im Bereich von 10^{13} Hz, d. h. im Infraroten. Bei noch höheren Frequenzen, im sichtbaren Bereich des Spektrums, sind nur noch die Elektronen in der Lage, den schnellen Richtungsänderungen des Feldes

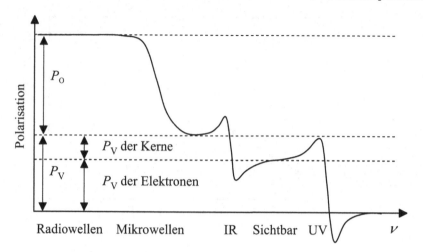

Abbildung 8.3: Abhängigkeit der Polarisation von der Frequenz ν eines elektrischen Feldes (schematische Darstellung).

zu folgen. Die Polarisation der Probe wird jetzt nur noch durch die Elektronenpolarisierbarkeit α_e bestimmt.

8.2 Prinzipien der Spektroskopie

Aus spektroskopischen Untersuchungen erhält man u. a. Informationen über die Molekülstruktur. Hierbei wird die Wechselwirkung elektromagnetischer Strahlung mit der Probe, die gasförmig, flüssig oder fest sein kann, ausgenutzt. Das Spektrometer besitzt eine Quelle, von der elektromagnetische Strahlung ausgeht, d. h. eine sich wellenförmig ausbreitende elektrische und magnetische Feldstärke. Die Lichtgeschwindigkeit c im Vakuum hängt über

$$c = \lambda \cdot \nu \tag{8.19}$$

mit der Wellenlänge λ und der Frequenz ν zusammen. Mit Hilfe von Prismen oder Gittern hinter der Strahlungsquelle lässt sich die Wellenlänge bzw. die Frequenz der elektromagnetischen Strahlung selektieren und variieren. Die elektromagnetische Welle wird beim Durchgang durch die Materie (Probe) in Vorwärtsrichtung geschwächt, indem sie absorbiert oder gestreut wird. In der Absorptionsspektroskopie interessiert nur der erstgenannte Anteil. Als Absorptionsspektrum bezeichnet man eine Darstellung, in der die Absorptionsintensität in Abhängigkeit der Wellenlänge λ, der Wellenzahl $\tilde{\nu} = 1/\lambda$ oder der Frequenz ν aufgetragen ist. Aus den Spektrallinien lassen sich dann charakteristische Molekülgrößen, wie Bindungslängen, Trägheitsmomente, Kraftkonstanten, Elektronenkonfigurationen oder Ionisierungsenergien ermitteln. Hierzu sind quantenmechanische Modelle, aufgrund derer die Energiezustände der Moleküle gedeutet werden können, heranzuziehen. Im Folgenden werden wir im Wesentlichen die Absorptionsspektren von Gasen behandeln, da diese die höchste Auflösung aufweisen.

Die eingestrahlten Lichtquanten wechselwirken mit dem Molekül, wenn ihre Energie hν der benötigten Energie für einen Übergang des Moleküls entspricht, d. h.

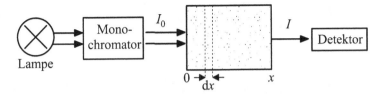

Abbildung 8.4: Schematische Darstellung der Lichtabsorption.

$\Delta E = h\nu$ ($\Delta E = E' - E''$, E' oberer, E'' unterer Energiezustand). Die Abnahme der Intensität dI ist der Schichtdicke dx der bestrahlten Probe und der Ausgangsintensität I proportional (Abb. 8.4):

$$dI = -\alpha \cdot I \, dx$$

$$\int_{I_0}^{I} \frac{dI}{I} = -\int_0^x \alpha \, dx$$

$$\ln \frac{I}{I_0} = -\alpha x$$

$$I = I_0 \cdot e^{-\alpha x} \tag{8.20}$$

Der Proportionalitätsfaktor α wird Absorptionskonstante genannt. Die durchgelassene Strahlungsintensität nimmt somit exponentiell mit der Probendicke x und der Absorptionskonstanten α ab. Für elektronische Übergänge in Lösung schreibt man die Gleichung in der Form (LAMBERT-BEERsches Gesetz):

$$I = I_0 \cdot 10^{-\varepsilon c x}$$

$$E = -\log \frac{I}{I_0} = \log \frac{I_0}{I} = \varepsilon c x \tag{8.21}$$

E wird als Extinktion oder Absorbanz bezeichnet. $\varepsilon = \varepsilon(\nu)$ ist der dekadische Extinktionskoeffizient (Absorptionskoeffizient). Diese Größe ist eine Moleküleigenschaft, d. h., sie ist unabhängig von der Konzentration c und der Anfangsintensität I_0. Für intensive elektronische Übergänge liegt ε zwischen 10^4 und 10^5 L mol^{-1}cm^{-1}. I/I_0 wird Transmission genannt.

Beispiel:
$\varepsilon = 10^5$ L mol^{-1}cm^{-1}, $c = 10^{-5}$ mol L^{-1}, $x = 1$ cm

$$\log \frac{I_0}{I} = \varepsilon c x = 1$$

$$I = 0,1 \cdot I_0$$

Das heißt, es werden 90 % des einfallenden Lichts absorbiert. Die Transmission (oder Durchlässigkeit) ist $T = I/I_0 = 0,1 = 10$ %.

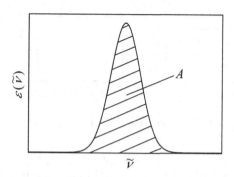

Abbildung 8.5: Das Integral über $\varepsilon(\tilde{\nu})$ entspricht dem integralen Absorptionskoeffizienten A.

Das LAMBERT-BEERsche Gesetz gilt nur für geringe Konzentrationen, da sonst Wechselwirkungen zwischen den gelösten Teilchen auftreten, die zu einer Veränderung ihrer Absorptionseigenschaften führen können. Die chemische Form des absorbierenden Stoffes könnte sich durch Assoziation, Komplexbildung oder Dissoziation ändern. Es muss auch beachtet werden, dass das Lösungsmittel nicht im relevanten Spektralbereich absorbiert.

Die Fläche A unter der erhaltenen Messkurve $\varepsilon(\tilde{\nu})$ ist ein Maß für die Gesamtintensität eines Übergangs (Abb. 8.5) und wird integraler Absorptionskoeffizient genannt:

$$A = \int \varepsilon(\tilde{\nu}) \mathrm{d}\tilde{\nu}$$

Als Maß für die Intensität eines Übergangs wird oft nur der Maximalwert des dekadischen Extinktionskoeffizienten $\varepsilon_{\mathrm{max}}$ angegeben.

Welche Übergänge können wir überhaupt beobachten? Die Gesamtenergie eines Moleküls $E_{\mathrm{Molekül}}$ setzt sich näherungsweise aus translatorischer kinetischer Energie, potenzieller zwischenmolekularer Energie, innermolekularer Rotationsenergie, innermolekularer Schwingungsenergie und innermolekularer elektronischer Energie zusammen. Die ersten beiden Anteile sind für die Molekülspektroskopie nicht relevant, da durch sie i. Allg. keine Änderung des elektrischen Dipolmoments und damit keine Wechselwirkung mit der elektromagnetischen Strahlung erfolgt. Also ist hier nur von Interesse:

$$E_{\mathrm{Molekül}} = E_{\mathrm{rot}} + E_{\mathrm{vib}} + E_{\mathrm{el}} \tag{8.22}$$

Wir behandeln alle drei Energieformen zunächst als völlig unabhängig voneinander. Dies ist nicht ganz richtig, wie wir später sehen werden (z. B. hängt die Rotationsenergie geringfügig vom Schwingungszustand ab). Damit gilt, wenn jeweils E' der obere und E'' der untere Energiezustand ist, für die spektroskopischen Übergänge:

$$\mathrm{h}\nu = \Delta E = (E'_{\mathrm{rot}} - E''_{\mathrm{rot}}) + (E'_{\mathrm{vib}} - E''_{\mathrm{vib}}) + (E'_{\mathrm{el}} - E''_{\mathrm{el}}) \tag{8.23}$$

Jede Art von Übergang hat ihren charakteristischen Spektralbereich:

1. $E'_{el} - E''_{el}$
   λ : 200 nm - 800 nm (UV/VIS)
   Anregung von Elektronen und Änderung der Ladungsverteilung

2. $E'_{vib} - E''_{vib}$
   λ : 1 μm - 100 μm (IR)
   Anregung von Schwingungen und Änderung der relativen Kernpositionen

3. $E'_{rot} - E''_{rot}$
   λ : 10^{-3} cm - 1 cm (fernes IR bis Mikrowellen)
   Anregung von Molekülrotationen

Weitere Übergänge, wie die zwischen Kernspin- (NMR-Spektroskopie) oder Elektronenspin-Zuständen (ESR-Spektroskopie), sind hier noch nicht berücksichtigt.

Das Auftreten eines Absorptionsspektrums wird generell durch folgende Faktoren bestimmt:

1. Die BOHRsche Frequenzbedingung ($h\nu = \Delta E = E' - E''$) muss für jeden Übergang erfüllt sein (Ausnahme: RAMAN-Spektroskopie). Je nach Frequenz sind verschiedene Bewegungszustände des Moleküls abtastbar.

2. Die möglichen Energieeigenwerte und damit Energieübergänge ergeben sich aus der Lösung der SCHRÖDINGER-Gleichung (Quantenmechanik).

3. Die Intensität der beobachtbaren Spektrallinien ist u. a. abhängig von der Besetzung der Energieniveaus. Die Besetzung ist mit Hilfe der BOLTZMANN-Verteilung berechenbar (vgl. Kap. Statistische Thermodynamik):

$$\frac{N_i}{N} = \frac{g_i \mathrm{e}^{-E_i/k_B T}}{\sum\limits_i g_i \mathrm{e}^{-E_i/k_B T}} \qquad (8.24)$$

Hier ist g_i der Entartungsgrad des i-ten Energieniveaus E_i. N_i/N gibt die Besetzungszahl des i-ten Energieniveaus relativ zur Gesamtzahl an Molekülen an.

4. Ob ein Übergang tatsächlich erlaubt und damit beobachtbar ist, wird durch quantenmechanische Auswahlregeln vorgegeben. Die elektromagnetische Strahlung wechselwirkt mit dem elektrischen Dipolmoment μ_{el} des Moleküls. Es folgt aus der quantenmechanischen Störungstheorie, dass ein Übergang nur beobachtet werden kann, wenn sein Übergangsdipolmoment $\vec{\mu}_{ag}$ vom Grundzustand g zum angeregten Zustand a von null verschieden ist:

$$\vec{\mu}_{ag} = \int \psi_a^* \hat{\mu}_{el} \psi_g \mathrm{d}\tau \neq 0 \qquad (8.25)$$

$\hat{\mu}_{el}$ ist der elektrische Dipolmomentoperator des Moleküls. ψ_a^* ist die konjugiert komplexe Wellenfunktion des angeregten Zustands und ψ_g die Wellenfunktion des Grundzustands. Die Integration erfolgt über die Ortskoordinaten.

Die Intensität eines Übergangs ist nach

$$I \propto |\vec{\mu}_{ag}|^2 \cdot E_o^2 \tag{8.26}$$

dem Quadrat des Übergangsdipolmoments und dem Quadrat der Amplitude des elektrischen Feldes E_o der elektromagnetischen Strahlung proportional (FERMIS Goldene Regel). Aus der Berechnung von $\vec{\mu}_{ag}$ der einzelnen Molekülübergänge ergeben sich die entsprechenden Auswahlregeln.

8.3 Reine Rotationsspektren

Wir betrachten zunächst den zweiatomigen starren Rotator als einfaches Modell für die Interpretation von Rotationsspektren. Aus der Quantenmechanik hatten wir folgendes Ergebnis für die Rotationsenergieeigenwerte des starren Rotators erhalten (s. Kap. 3.3.2):

$$E_{\mathrm{rot},J} = \frac{\hbar^2}{2I} J(J+1)$$

Hier ist $J = 0, 1, 2, \ldots$ die Rotationsquantenzahl für Moleküle und $I = \mu r^2$ das Trägheitsmoment mit der reduzierten Masse μ und dem Atomabstand r. Da in der Spektroskopie oft Wellenzahlen verwendet werden, rechnen wir die Rotationsenergieeigenwerte in sog. Rotationsterme $F(J)$, die üblicherweise in der Einheit cm^{-1} angegeben werden, um:

$$F(J) = \frac{E_{\mathrm{rot},J}}{hc} = \frac{h}{8\pi^2 Ic} J(J+1) = BJ(J+1) \tag{8.27}$$

B nennt man Rotationskonstante. Jedes Energieniveau ist $(2J+1)$-fach entartet. Rotationskonstanten liegen im Bereich von ca. $1 - 10\ \mathrm{cm}^{-1}$ (z. B. HCl: $B = 10,59$ cm^{-1}). Die beobachteten Übergänge liegen somit im Mikrowellengebiet.

Die Berechnung des Übergangsdipolmoments liefert die folgenden Auswahlregeln:

1. $\vec{\mu}_{\mathrm{el,perm}} \neq 0$
   Die Moleküle müssen ein permanentes elektrisches Dipolmoment besitzen, d. h., sie müssen polar sein (z. B. HCl: $|\vec{\mu}_{\mathrm{el,perm}}| = 1,1$ D). Homonukleare Moleküle wie O_2, N_2 oder H_2 zeigen somit kein Rotationsabsorptionsspektrum.

2. $\Delta J = \pm 1$ für den 2-atomigen starren Rotator (+1 für Absorption und −1 für Emission). Dies folgt bereits aus der Drehimpulserhaltung bei der Absorption oder Emission eines Photons mit der Spinquantenzahl $s = 1$.

Der Energieabstand zwischen zwei Rotationsniveaus ist für den Fall der Absorption mit $\Delta J = J' - J'' = 1$:

$$\begin{aligned}
\Delta E &= E_{\mathrm{rot},J'} - E_{\mathrm{rot},J''} \\[2mm]
&= \frac{\hbar^2}{2I}[J'(J'+1) - J''(J''+1)]
\end{aligned}$$

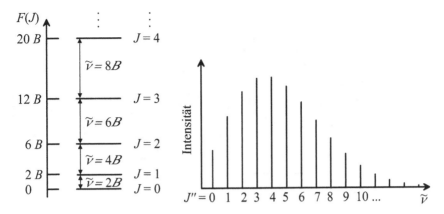

Abbildung 8.6: Aus den Rotationstermen $F(J)$ folgt mit Hilfe der Auswahlregel $\Delta J = \pm 1$ das dargestellte Rotationsspektrum, in dem die absorbierte Intensität gegen die Wellenzahl $\tilde{\nu}$ aufgetragen ist.

$$= \frac{\hbar^2}{2I}[(J'' + 1)(J'' + 2) - J''(J'' + 1)]$$

$$= \frac{\hbar^2}{I}(J'' + 1) \tag{8.28}$$

mit $J'' = 0, 1, 2, \ldots$. Den spektralen Übergang beobachtet man bei der Wellenzahl

$$\tilde{\nu}_{J' \leftarrow J''} = \frac{\Delta E}{\text{hc}} = \frac{h}{4\pi^2 I c}(J'' + 1) = 2B(J'' + 1) \tag{8.29}$$

Die Auftragung der Intensität gegen die Wellenzahl ergibt somit ein Spektrum äquidistanter Linien im Abstand von $2B$ (Abb. 8.6). Damit können wir aus dem Spektrum B, daraus I und bei bekannten Atommassen somit r, den Gleichgewichtsabstand der Atome im Molekül, ermitteln.

Der Intensitätsverlauf der Spektrallinien ergibt sich aus der BOLTZMANN-Verteilung. Man erhält für das Verhältnis von Niveau J zu Niveau 0:

$$\frac{N_J}{N_{J=0}} = (2J + 1)\text{e}^{-\text{hc}BJ(J+1)/\text{k}_\text{B}T} \tag{8.30}$$

Die Analyse der Gleichung zeigt, dass die Besetzungswahrscheinlichkeit der Rotationsniveaus nach einem etwa linearen Anstieg mit $g_J = 2J + 1$ ein Maximum bei $J_{\max} \approx (\text{k}_\text{B}T/2\text{hc}B)^{1/2} - \frac{1}{2}$ durchläuft und danach langsam gegen null geht (Abb. 8.7). Die Intensität wird aber auch von $\vec{\mu}_{\text{ag}}$ mitbestimmt.

Beispiel:
Wo liegen die Wellenzahlen $\tilde{\nu}$ der Rotationsübergänge von $^1\text{H}^{35}\text{Cl}(\text{g})$, das einen Kernabstand $r = 1,275 \cdot 10^{-10}$ m besitzt? Wir berechnen:

$$\mu = \frac{m_\text{H} \cdot m_\text{Cl}}{m_\text{H} + m_\text{Cl}} = 1,6274 \cdot 10^{-27} \text{ kg}$$

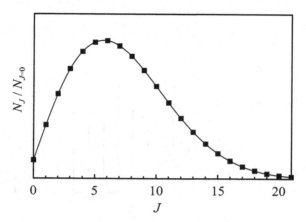

Abbildung 8.7: Das Intensitätenverhältnis der im Spektrum beobachteten Rotationsübergänge ist proportional zur Besetzung der Rotationsniveaus, die durch die BOLTZMANN-Verteilung gegeben ist.

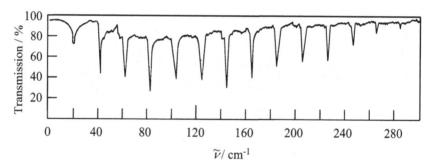

Abbildung 8.8: Das Rotationsspektrum von HCl(g). Der Intensitätsverlauf der Spektrallinien spiegelt die BOLTZMANN-Verteilung der Besetzung der Rotationsniveaus wider.

$$I \;=\; \mu r^2 = 1{,}6274 \cdot 10^{-27} \text{ kg} \cdot (1{,}275 \cdot 10^{-10} \text{ m})^2$$

$$=\; 2{,}646 \cdot 10^{-47} \text{ kg m}^2$$

$$\tilde{\nu} \;=\; 2B(J'' + 1) = \frac{h}{4\pi^2 I c}(J'' + 1) = 21{,}16 \cdot (J'' + 1) \text{ cm}^{-1}$$

mit $J'' = 0, 1, 2, \ldots$. Die Übergänge erfolgen im fernen Infrarot (Abb. 8.8). HCl hat aufgrund der kleinen Masse des H-Atoms ein sehr kleines Trägheitsmoment, so dass B und damit $\tilde{\nu}$ relativ groß werden. Bei Molekülen mit mittleren Atommassen beobachtet man die reinen Rotationsspektren nicht mehr im infraroten Spektralgebiet, sondern im Mikrowellengebiet. Die gleiche Information ist aber auch aus dem experimentell leichter zugänglichen Rotations-Schwingungsspektrum erhältlich (s. unten).

Nichtlineare polyatomare Moleküle besitzen drei Hauptträgheitsachsen, und die Ausdrücke für die Rotationsterme sind entsprechend komplizierter. Für solche mehratomigen Moleküle ist die Methode der Isotopensubstitution anzuwenden, um alle Gleichgewichtsabstände im Molekül bestimmen zu können.

8.3.1 Der unstarre lineare Rotator

Streng genommen sind die Abstände der Spektrallinien im Rotationsspektrum nicht konstant $2B$, da die Atome im rotierenden Molekül Zentrifugalkräfte erfahren. Daraus ergibt sich eine Zentrifugaldehnung der Atomabstände. Durch die Vergrößerung von r nimmt I zu, so dass die Rotationskonstante und die Energieniveau-Unterschiede im Vergleich zum starren Rotator mit steigendem J kleiner werden. Unter Berücksichtigung dieses Effekts erhält man für die Rotationsterme des unstarren Rotators:

$$F(J) = \frac{E_{\text{rot},J}}{\text{hc}} = BJ(J+1) - DJ^2(J+1)^2 \tag{8.31}$$

$D = 4B^3/\tilde{\nu}_\text{o}^2$ ist die Zentrifugalkonstante. Sie ist umso größer, je schwächer die Bindung ist. $\tilde{\nu}_\text{o}$ ist die Wellenzahl der Eigenschwingung des Moleküls. Für die beobachtbaren Übergänge ergibt sich:

$$\tilde{\nu}_{J' \leftarrow J''} = F(J') - F(J'') = 2B(J''+1) - 4D(J''+1)^3 \tag{8.32}$$

Die Rotationslinien rücken mit steigendem J'' etwas näher zusammen. Das Verhältnis D/B liegt im Bereich von 10^{-3} bis 10^{-4}. Für kleine Werte von J'' ist D also vernachlässigbar. Die Auswahlregeln bleiben unverändert.

8.4 Schwingungsspektroskopie

Wir betrachten zunächst nur zweiatomige Moleküle. Die Schwingungsbewegung kann näherungsweise mit dem quantenmechanischen Modell des harmonischen Oszillators beschrieben werden. Wir hatten das folgende Ergebnis für die Energieeigenwerte der Schwingung erhalten (s. Kap. 3.3.3):

$$E_{\text{vib},v} = \text{h}\nu_\text{o}(v + \tfrac{1}{2})$$

mit $v = 0, 1, 2, \ldots$. Hier ist $\nu_\text{o} = (1/2\pi)\sqrt{k/\mu}$ die Eigenfrequenz der Schwingung, μ die reduzierte Masse des Moleküls und k die Kraftkonstante, die ein Maß für die Stärke der chemischen Bindung ist. Die Nullpunktsenergie folgt aus $v = 0$:

$$E_{\text{vib},0} = \tfrac{1}{2}\text{h}\nu_\text{o}$$

Die Auswahlregeln für Schwingungsübergänge ergeben sich aus der Berechnung des Übergangsdipolmoments. Man erhält folgende Ergebnisse:

1. Damit ein Molekül IR-aktiv ist, muss sich sein elektrisches Dipolmoment bei der Schwingung, d. h. beim Prozess der Dehnung bzw. Stauchung der Bindung um die Gleichgewichtslage $\xi = 0$, ändern:

$$\left(\frac{\partial \vec{\mu}_{\text{el}}}{\partial \xi}\right)_0 \neq 0 \tag{8.33}$$

Homonukleare zweiatomige Moleküle (z. B. H_2, Cl_2) zeigen somit kein Schwingungsabsorptionsspektrum.

2. Für zweiatomige Moleküle gilt die Auswahlregel $\Delta v = v' - v'' = \pm 1$ (+1 für die Absorption, −1 für die Emission von Strahlung).

Man erhält äquidistante Energieniveaus:

$$\Delta E_{\text{vib}} = E_{v'} - E_{v''}$$

$$= h\nu_\circ (v' + \tfrac{1}{2} - v'' - \tfrac{1}{2})$$

$$= h\nu_\circ (v' - v'') = \pm h\nu_\circ \qquad (8.34)$$

Die Schwingungsterme sind:

$$G(v) = \frac{E_{\text{vib},v}}{hc} = \tilde{\nu}_\circ (v + \tfrac{1}{2}) \qquad (8.35)$$

$\tilde{\nu}_\circ = (1/2\pi c)\sqrt{k/\mu}$ ist die Wellenzahl der Eigenschwingung des Moleküls. Der spektrale Übergang erfolgt mit $\Delta v = 1$ somit bei der Wellenzahl

$$\tilde{\nu} = G(v') - G(v'') = \tilde{\nu}_\circ (v' + \tfrac{1}{2} - v'' - \tfrac{1}{2}) = \tilde{\nu}_\circ \qquad (8.36)$$

Zum Beispiel erhalten wir für HCl eine Absorptionslinie im IR-Bereich bei $\tilde{\nu} = \tilde{\nu}_\circ = 2991$ cm^{-1}. Hieraus ergibt sich eine Kraftkonstante von $k = 516$ N m^{-1} für HCl.

Aus der BOLTZMANN-Verteilung lassen sich die Besetzungszahlen der einzelnen Schwingungsniveaus berechnen. Bei 300 K ist i. Allg. nur der Schwingungsgrundzustand mit $v = 0$ besetzt, da $\Delta E_{\text{vib}} \gg k_B T$, so dass meist nur der Übergang von $v = 0$ nach $v = 1$ beobachtet wird.

8.4.1 Rotations-Schwingungsspektren

Wir wollen nun die Schwingungsspektren bei höherer Auflösung betrachten und wählen dazu das Gasphasenspektrum von HCl als Beispiel (Abb. 8.9). Rotationen werden bei der Anregung zur Schwingung mit angeregt, da $E_{\text{vib}} > E_{\text{rot}}$. Es werden daher viele Linien beobachtet; die Schwingungsbande zeigt eine Rotationsfeinstruktur. Die Rotations-Schwingungsterme sind gegeben durch:

$$T(v, J) = G(v) + F(J) = \tilde{\nu}_\circ (v + \tfrac{1}{2}) + B J(J + 1) \qquad (8.37)$$

Da wir das Modell des starren Rotators bzw. harmonischen Oszillators zugrunde legen, gelten die Auswahlregeln $\Delta J = \pm 1$ und $\Delta v = \pm 1$. Die Rotations-Schwingungsübergänge erfolgen bei:

$$\tilde{\nu} = T(v', J') - T(v'', J'')$$

$$= \tilde{\nu}_\circ (v' - v'') + B[J'(J' + 1) - J''(J'' + 1)] \qquad (8.38)$$

Für den Schwingungsübergang von v'' nach $v' = v'' + 1$ ergeben sich damit zwei Absorptionszweige um $\tilde{\nu}_\circ$:

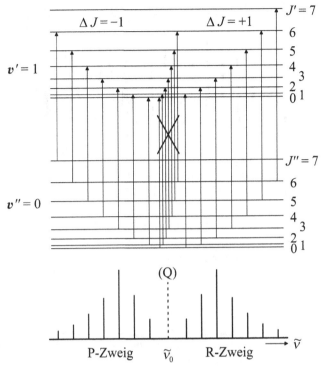

Abbildung 8.9: Das Rotations-Schwingungsspektrum von HCl(g) ergibt sich aus den dargestellten Übergängen für $\Delta J = +1$ (R-Zweig) und $\Delta J = -1$ (P-Zweig). Der Intensitätsverlauf spiegelt die Besetzungszahlen der Rotationsniveaus wider.

R-Zweig (R rich), $\Delta J = J' - J'' = +1$: $\tilde{\nu}_R = \tilde{\nu}_0 + 2B(J'' + 1)$

P-Zweig (P poor), $\Delta J = J' - J'' = -1$: $\tilde{\nu}_P = \tilde{\nu}_0 - 2BJ''$

Der Übergang für $\Delta J = J' - J'' = 0$ (Q-Zweig (Q equal)) ist verboten. Er kommt im Rotations-Schwingungsspektrum 2-atomiger Moleküle nur vor, wenn ungepaarte Elektronen vorhanden sind und der Elektronen-Bahndrehimpuls in Richtung der Kernverbindungsachse des Moleküls ungleich null ist (z. B. beim NO). Der Abstand der Linien beträgt jeweils $2B$ (s. Abb. 8.9). Da die Auswahlregeln Übergänge für $\Delta J = 0$ verbieten, fehlt bei $\tilde{\nu} = \tilde{\nu}_0$ die Linie im Spektrum. Die Kraftkonstante ist jedoch bestimmbar, wenn wir $\tilde{\nu}_0$ aus der Mitte des Spektrums entnehmen. Aus einem Rotations-Schwingungsspektrum lassen sich als wichtige molekulare Kenngrößen somit die Kraftkonstante k (aus $\tilde{\nu}_0$) und der Gleichgewichtsabstand r_e (aus I) ermitteln.

Betrachten wir das HCl-Spektrum genauer, erkennen wir, dass die Linien im P-Zweig mit steigendem J'' etwas auseinander- und im R-Zweig etwas zusammenrücken (s. Abb. 8.10). Dieser Effekt ist nicht mit der Zentrifugaldehnung zu erklären, denn dann müssten die Linien im P-Zweig mit steigendem J'' zusammenrücken. Er ist auf die Rotations-Schwingungskopplung zurückzuführen: $B = B(v)$. Mit zunehmendem v steigen der Gleichgewichtsabstand r_e und das Trägheitsmoment I an und

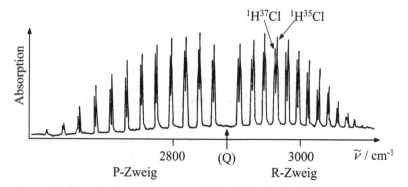

Abbildung 8.10: Darstellung des Rotations-Schwingungsspektrums von HCl(g) mit erhöhter Auflösung. Bei großer Auflösung des Spektrums erkennt man, dass jede Linie aufgespalten ist. Dies ist darauf zurückzuführen, dass Chlor in HCl in Form der beiden Isotope ^{35}Cl und ^{37}Cl vorkommt.

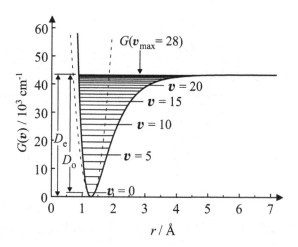

Abbildung 8.11: Potenzialkurve des harmonischen (gestrichelt) und des anharmonischen (durchgezogene starke Linie) Oszillators und die Schwingungsterme $G(v)$ für HCl(g). Der abstoßende Potenzialast des MORSE-Potenzials verläuft viel steiler als der des harmonischen Potenzials, da sich die Atome bei der Annäherung aufgrund des PAULI-Prinzips nicht beliebig nahe kommen können. Das MORSE-Potenzial gibt auch die Dissoziation des Moleküls bei hoher Anregung richtig wieder.

die Rotationskonstante B nimmt ab. Ursache ist, dass das Potenzial im realen System bei höheren Schwingungsanregungen nicht mehr parabelförmig ist. Man nennt die Abweichung Anharmonizität des Potenzials. Diese wird mit dem empirischen Potenzialansatz von MORSE berücksichtigt (MORSE-Potenzial, s. Abb. 8.11):

$$V(r) = D_e \left[1 - e^{-a(r-r_e)} \right]^2 \tag{8.39}$$

$$a = \sqrt{\frac{1}{2D_e}\left(\frac{\partial^2 V}{\partial r^2}\right)_{r=r_e}} \approx \sqrt{\frac{k}{2D_e}}$$

D_e ist die spektroskopische Dissoziationsenergie, die Tiefe des Potenzialminimums, und r_e der Atomabstand im Minimum der Potenzialkurve. D_0 ist die so genannte chemische Dissoziationsenergie ($D_e = D_0 + \frac{1}{2}h\nu_0$). Setzen wir das MORSE-Potenzial in die SCHRÖDINGER-Gleichung ein, erhalten wir für die Schwingungsterme:

$$G(v) = \tilde{\nu}_e(v + \tfrac{1}{2}) - \tilde{\nu}_e x_e(v + \tfrac{1}{2})^2 \qquad (8.40)$$

mit $v = 0, 1, 2, \ldots, v_{max}$ und $x_e = hc\tilde{\nu}_e/4D_e$. x_e wird als Anharmonizitätskonstante der Schwingung bezeichnet. $\tilde{\nu}_e$ ist die hypothetische Schwingungswellenzahl um die Gleichgewichtslage r_e des anharmonischen Oszillators. Für den Schwingungsgrundzustand gilt: $\tilde{\nu}_0 = \tilde{\nu}_e(1 - x_e/2)$. Wir erhalten folgende Ergebnisse:

- Der mittlere Abstand der Atome steigt mit steigendem v deutlich an.

- Die Spektrallinien konvergieren für große v. Die Wellenzahl des Schwingungsübergangs $\tilde{\nu} = G(v + 1) - G(v) = \tilde{\nu}_e - 2\tilde{\nu}_e x_e(v + 1)$ wird mit steigendem v kleiner. Bei v_{max} dissoziiert das Molekül.

- Die Anharmonizität führt zur Aufspaltung der Übergänge $\tilde{\nu}(1 \leftarrow 0)$, $\tilde{\nu}(2 \leftarrow 1)$, ... im Spektrum, die beim harmonischen Oszillator alle zusammenfallen. Die höheren Übergänge sind jedoch erst bei hohen Temperaturen beobachtbar (hot bands).

- Aufgrund der nun gültigen Auswahlregel $\Delta v = \pm 1, \pm 2, \ldots$ sind auch Oberschwingungen ($2 \leftarrow 0$, $3 \leftarrow 0$, etc.) möglich, die jedoch nur mit geringer Intensität im NIR ($\tilde{\nu} > 3000\ \mathrm{cm}^{-1}$) auftreten. Die Grundschwingungen ($1 \leftarrow 0$) liegen dagegen i. Allg. im Bereich von $700 - 3000\ \mathrm{cm}^{-1}$.

Berücksichtigen wir $B = B(v)$, erhalten wir für die Rotations-Schwingungs-Übergänge von $v'' = 0, J''$ nach $v' = 1, J'$ des anharmonischen Oszillators (mit $B' = B(v') < B'' = B(v'')$):

$$\tilde{\nu} = \tilde{\nu}_e - 2\tilde{\nu}_e x_e + B'J'(J' + 1) - B''J''(J'' + 1) \qquad (8.41)$$

Für den P-Zweig erhalten wir mit $\Delta J = -1$:

$$\tilde{\nu}_P = \tilde{\nu}_e - 2\tilde{\nu}_e x_e - \underbrace{(B' + B'')}_{> 0}J'' + \underbrace{(B' - B'')}_{< 0}J''^2 \qquad (8.42)$$

Der Term $(B' - B'')$ ist klein und negativ, so dass sich relativ zu $\tilde{\nu}_P(\text{harm. Osz.}) = \tilde{\nu}_0 - 2BJ''$ insgesamt eine Zunahme der Linienabstände mit steigendem J'' zu kleineren $\tilde{\nu}$ ergibt. Für den R-Zweig bekommen wir mit $\Delta J = +1$:

$$\tilde{\nu}_R = \tilde{\nu}_e - 2\tilde{\nu}_e x_e + 2B' + (3B' - B'')J'' + (B' - B'')J''^2 \qquad (8.43)$$

Wir erhalten die beobachtete Abnahme der Linienabstände mit steigendem J'' zu größeren $\tilde{\nu}$ hin.

Durch Analyse geeigneter Übergänge (z. B. $\tilde{\nu}_\mathrm{R}(J'' - 1) - \tilde{\nu}_\mathrm{P}(J'' + 1) = 4B''(J'' + \frac{1}{2})$, $\tilde{\nu}_\mathrm{R}(J'') - \tilde{\nu}_\mathrm{P}(J'') = 4B'(J'' + \frac{1}{2})$) lassen sich die Rotationskonstanten für den Grund- und angeregten Schwingungszustand bestimmen. Für das HCl erhält man $B'' = 10,440 \ \mathrm{cm}^{-1}$ und $B' = 10,137 \ \mathrm{cm}^{-1}$. Für den Grundzustand ergibt sich damit ein Gleichgewichtsabstand der Kerne von $r = 1,284 \cdot 10^{-10}$ m. Wir erkennen, dass das MORSE-Potenzial die experimentellen Beobachtungen zumindest qualitativ richtig wiedergibt. In der Praxis werden aber oftmals Reihenentwicklungen für $V(r)$ verwendet, um experimentelle Daten besser beschreiben zu können.

8.4.2 Schwingungen mehratomiger Moleküle

Bei zweiatomigen Molekülen haben wir nur einen Schwingungsfreiheitsgrad, die sog. Valenz- oder Streckschwingung, vorliegen. Bei mehratomigen Molekülen beobachtet man ein mehr oder weniger kompliziertes Schwingungsverhalten der Atome, da sich alle Bindungslängen und -winkel ändern können. Man führt deshalb die so genannten Normalschwingungen ein, um das Schwingungsverhalten näher zu charakterisieren. Eine Normalschwingung ist eine unabhängige synchrone Bewegung von Atomen oder Atomgruppen, die angeregt werden kann, ohne dass gleichzeitig andere Normalschwingungen angeregt werden. Damit kann die Gesamtschwingungsbewegung des Moleküls als eine Linearkombination von Normalschwingungen beschrieben werden, bei denen alle Kerne in Phase schwingen und der Schwerpunkt des Moleküls in Ruhe bleibt. Ein lineares Molekül aus N Atomen besitzt $3N - 5$ und ein nichtlineares Molekül $3N - 6$ Schwingungsfreiheitsgrade. Da sich jedes Atom in drei Raumrichtungen bewegen kann, hat ein Molekül aus N Atomen $3N$ Freiheitsgrade. Zieht man drei Freiheitsgrade für die Translation und drei (zwei) Freiheitsgrade für die Rotation des gesamten nichtlinearen (linearen) Moleküls ab, verbleiben $3N - 6(5)$ Schwingungsmoden. Die gesamte Schwingungsenergie ist:

$$E_\mathrm{vib,ges} = \sum_{i=1}^{3N-6(5)} \mathrm{h}\nu_{\mathrm{o},i}(v_i + \tfrac{1}{2}) \tag{8.44}$$

Summiert wird über alle Normalschwingungen, $\nu_{\mathrm{o},i}$ ist die Eigenfrequenz der i-ten Normalschwingung. Somit haben wir im Prinzip das gleiche Ergebnis wie beim zweiatomigen Oszillator mit dem Unterschied, dass wir nicht nur eine, sondern $3N - 6(5)$ unabhängige Schwingungen zu betrachten haben. Manchmal fallen gleichartige Schwingungen energetisch zusammen, man spricht dann von Entartung. Die Normalschwingungen eines Moleküls erhält man mit Hilfe gruppentheoretischer Methoden (sog. Normalkoordinatenanalyse), da die Symmetrie des Moleküls entscheidend für den Spektrentyp ist. Als Beispiel sind die Normalschwingungen von H_2O und CO_2 in Abbildung 8.12 dargestellt.

Neben den Grundschwingungen ($\Delta v = \pm 1$) des Moleküls können auch Oberschwingungen ($\Delta v = \pm 2, \ \pm 3, \ ...$) und Kombinationsschwingungen auftreten, die das Spektrum oftmals sehr komplizieren, jedoch i. Allg. nur von geringer Intensität sind. Unter dem Begriff der Kombinationsschwingung versteht man das Auftreten einer Schwingungsbande bei einer Wellenzahl, die der Summe oder Differenz der Wellenzahlen anderer Schwingungen entspricht (z. B. $\tilde{\nu} = \tilde{\nu}_1 + \tilde{\nu}_2$). Bei einem zufälligen

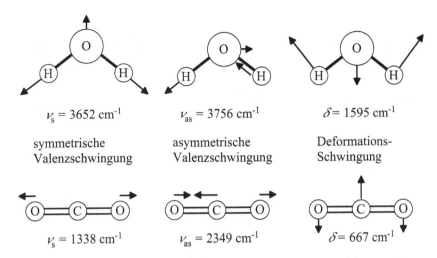

$\nu_s = 3652$ cm^{-1} $\nu_{as} = 3756$ cm^{-1} $\delta = 1595$ cm^{-1}

symmetrische   asymmetrische   Deformations-
Valenzschwingung   Valenzschwingung   Schwingung

$\nu_s = 1338$ cm^{-1} $\nu_{as} = 2349$ cm^{-1} $\delta = 667$ cm^{-1}

Abbildung 8.12: Normalschwingungen von H_2O(g) und CO_2(g). Die Pfeile geben die Richtung und Amplitude der Auslenkungen bei der jeweiligen Normalschwingung an. Die Deformationsschwingung von CO_2(g) ist 2-fach entartet.

Zusammenfallen einer Kombinations- oder Oberschwingung mit der Frequenz einer Normalschwingung spricht man von FERMI-Resonanz.

Der Bereich der Wellenzahlen < 1500 cm^{-1} wird als *finger print*-Bereich bezeichnet, da hier jedes Molekül sein spezifisches Spektrum besitzt. Die verschiedenen funktionellen Gruppen eines Moleküls zeigen dagegen die gleichen Absorptionsfrequenzen, unabhängig davon, wie die sonstige Form des Moleküls beschaffen ist.

In flüssiger Phase kommt es aufgrund der hochfrequenten Stoßprozesse der Moleküle zu einer Stoßverbreiterung der Absorptionslinien, und man beobachtet keine rotationsaufgelösten Schwingungsbanden mehr. Die charakteristischen Gruppenfrequenzen können jedoch weiterhin der Identifizierung von Molekülen dienen. In Tabelle 8.1 sind die Wellenzahlen einiger funktioneller Gruppen angegeben. Die IR-Spektroskopie stellt damit ein wichtiges Hilfsmittel der Analytik dar.

8.5 RAMAN-Spektroskopie

Nach unseren bisherigen Überlegungen haben wir Moleküle, die keine Änderung des elektrischen Dipolmoments beim Absorptionsvorgang aufweisen, wie die homonuklearen zweiatomigen Moleküle N_2 oder H_2, von den Untersuchungen ausschließen müssen. Dennoch können wir für diese Moleküle spektroskopische Daten gewinnen, indem wir den RAMAN-Effekt ausnutzen. Bei der RAMAN-Spektroskopie handelt es sich um eine Form der Streustrahlungsspektroskopie. Der Aufbau eines RAMAN-Spektrometers ist schematisch in der Abbildung 8.13 dargestellt. Der Detektor registriert bei einem Winkel von 90° relativ zur Anregung zwei Arten von Streuung:

1. RAYLEIGH-Streuung: Das Licht mit der Erregerfrequenz ν_L regt die Elektronen in den Molekülen zu HERTZschen Dipolschwingungen an. Es resultiert ein induzier-

Tabelle 8.1: Gruppenfrequenzen verschiedener funktioneller Gruppen (nach: R. T. Morrison, R. N. Boyd, *Lehrbuch der Organischen Chemie*, 3. Aufl., VCH-Verlagsgesellschaft mbH, Weinheim, 1986).

Schwingungstyp und Gruppe	$\tilde{\nu}/\ cm^{-1}$
ν_{Valenz} C-H (Alkane)	$2850 - 2960$
δ C-H (Alkane)	$1350 - 1470$
ν_{Valenz} C-H (Alkine)	3300
ν_{Valenz} O-H (Alkohole)	$3200 - 3600$
ν_{Valenz} O-H (-COOH und Enole)	$2500 - 3000$
ν_{Valenz} C=O (Aldehyde, Ketone, Ester, -COOH)	$1690 - 1760$
ν_{Valenz} N-H (Amin)	$3200 - 3500$
ν_{Valenz} C-N (aliphatisch)	$1030 - 1230$
ν_{Valenz} C-N (aromatisch)	$1180 - 1360$

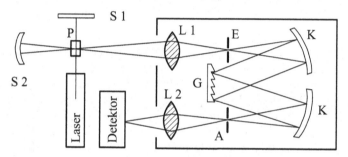

Abbildung 8.13: Schematischer Aufbau eines RAMAN-Spektrometers. Der Laser sendet monochromatische Strahlung aus, die durch die Probe P geschickt wird. Der Spiegel S 1 reflektiert den Laserstrahl und verdoppelt seine Wirkung. Streulicht wird vom Spiegel S 2 durch die Linse L 1 geschickt, die es auf den Eintrittsspalt E des Monochromators fokussiert. Der Kollimatorspiegel K wirft die Strahlung auf das drehbare Gitter G, das für eine spektrale Zerlegung sorgt. Von dort wird die Strahlung auf einen zweiten Kollimatorspiegel geschickt, der die Strahlung durch den Austrittsspalt A auf die Linse L 2 lenkt. Diese fokussiert die Streustrahlung auf den Detektor.

tes elektrisches Dipolmoment, und es wird Licht mit derselben Frequenz wieder abgestrahlt.

2. RAMAN-Streuung: Neben der Spektrallinie der RAYLEIGH-Streuung treten weitere Linien auf, die sowohl eine größere (AntiSTOKESsche Linien) als auch eine kleinere Wellenzahl (STOKESsche Linien) als $\tilde{\nu}_L$ des eingestrahlten Lichts aufweisen. Die Ursache sind inelastische Streuprozesse durch Anregung von Schwingungs- und/oder Rotationsübergängen. Aus den Wellenzahldifferenzen zu $\tilde{\nu}_L$ lassen sich die Energien bzw. Wellenzahlen $\tilde{\nu}'$ der Rotations- bzw. Schwingungsübergänge berechnen.

Klassische Erklärung des RAMAN-Effekts

Der $\vec{E}_{\text{Feld}}$-Vektor der elektromagnetischen Strahlung induziert im Molekül ein elektrisches Dipolmoment $\vec{\mu}_{\text{el,ind}}$. Der Dipol strahlt die Energie in Form elektromagnetischer Strahlung der Frequenzen ν_{L} und $\nu_{\text{L}} \pm \nu'$ wieder ab. Das induzierte Dipolmoment hängt über die Polarisierbarkeit α des Moleküls mit der elektrischen Feldstärke $E_{\text{Feld}}(t)$ der elektromagnetischen Strahlung zusammen:

$$|\vec{\mu}_{\text{el,ind}}| = \alpha E_{\text{Feld}}(t) = \alpha E_\circ \sin(2\pi\nu_{\text{L}}t) \tag{8.45}$$

Führt das Molekül eine Schwingungs- oder Rotationsbewegung aus, ändert sich α mit der Frequenz ν':

$$\alpha = \alpha_\circ + \Delta\alpha \sin(2\pi\nu' t) \tag{8.46}$$

$\alpha_\circ$ ist die Gleichgewicht-Polarisierbarkeit und $\Delta\alpha$ die Polarisierbarkeitsänderung durch Rotation oder Schwingung. Somit gilt mit Gleichung 8.45:

$$
\begin{aligned}
|\vec{\mu}_{\text{el,ind}}| &= \alpha_\circ E_\circ \sin(2\pi\nu_{\text{L}}t) + \Delta\alpha E_\circ \sin(2\pi\nu_{\text{L}}t)\sin(2\pi\nu' t) \\[4pt]
&= \alpha_\circ E_\circ \sin(2\pi\nu_{\text{L}}t) \\[4pt]
&\quad + \tfrac{1}{2}\Delta\alpha E_\circ \left[\cos(2\pi(\nu_{\text{L}} - \nu')t) - \cos(2\pi(\nu_{\text{L}} + \nu')t)\right]
\end{aligned} \tag{8.47}
$$

wobei wir von dem Additionstheorem $\sin a \cdot \sin b = \tfrac{1}{2}[\cos(a - b) - \cos(a + b)]$ Gebrauch gemacht haben. Damit ein RAMAN-Spektrum beobachtet wird, muss die Änderung der Polarisierbarkeit $\Delta\alpha$ ungleich null sein. Dann emittiert ein schwingender oder rotierender Dipol elektromagnetische Strahlung mit den Frequenzen:

ν_{L}	elastische RAYLEIGH-Streuung
$\nu_{\text{L}} - \nu'$	STOKES-Linie (RAMAN-Linie)
$\nu_{\text{L}} + \nu'$	AntiSTOKES-Linie (RAMAN-Linie)

Die Intensität der beobachteten RAMAN-Linien ist proportional zu $|\vec{\mu}_{\text{el,ind}}|^2$.

8.5.1 Rotations-RAMAN-Spektren

Voraussetzung für die Beobachtung eines Rotations-RAMAN-Spektrums ist eine Anisotropie der Polarisierbarkeit, so dass sich α in Richtung des elektrischen Feldes bei der Rotation ändert. Betrachten wir dazu die Abbildung 8.14: Die Streustrahlung wird im Rhythmus der Rotationsfrequenz moduliert. Bei Drehung um 180° entspricht α dem Wert in der 360°-Position. Die Modulationsfrequenz beträgt daher $\nu' = 2\nu_{\text{rot}}$, da sich die Polarisierbarkeit mit doppelt so hoher Frequenz ändert wie das Molekül rotiert. Als Auswahlregel der Rotationsübergänge im RAMAN-Spektrum erhalten wir aus quantenmechanischen Berechnungen für den linearen Rotator:

$$\Delta J = 0, \pm 2 \tag{8.48}$$

Mit $\tilde{\nu}_{\text{rot}} = \Delta E_{\text{rot}}/hc = F(J') - F(J'') = B[J'(J' + 1) - J''(J'' + 1)]$ erhalten wir somit

STOKES-Linien ($J' = J'' + 2$) bei: $\tilde{\nu}_{\text{Stokes}} = \tilde{\nu}_{\text{L}} - B(4J'' + 6)$
RAYLEIGH-Linien ($J' = J''$) bei: $\tilde{\nu}_{\text{Rayleigh}} = \tilde{\nu}_{\text{L}}$
AntiSTOKES-Linien ($J' = J'' - 2$) bei: $\tilde{\nu}_{\text{Antistokes}} = \tilde{\nu}_{\text{L}} + B(4J'' - 2)$

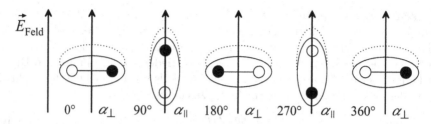

Abbildung 8.14: Änderung der Polarisierbarkeit im Verlauf der Rotation. Die ge-
punkteten Linien deuten die Polarisierung des Moleküls im elektrischen Feld an.

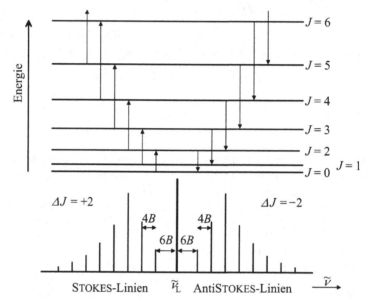

Abbildung 8.15: Rotationsübergänge mit $\Delta J = 0, \pm 2$ und resultierendes Rotations-
RAMAN-Spektrum eines linearen Moleküls.

Bei den STOKES-Linien ist $J'' = 0, 1, 2, \ldots$ und bei den AntiSTOKES-Linien ist
$J'' = 2, 3, 4 \ldots$. Der Linienabstand ist $4B$, die erste RAMAN-Linie erscheint jeweils
im Abstand $6B$ zur RAYLEIGH-Linie. Hieraus lässt sich wieder das Trägheitsmoment
und daraus die Bindungslänge im Molekül ermitteln. Auch die AntiSTOKES-Linien
haben eine relativ hohe Intensität, da die höheren J-Zustände merklich besetzt sind.
Der Intensitätsverlauf der STOKES- und AntiSTOKES-Linien spiegelt das Besetzungs-
verhältnis der Rotationsniveaus wider (Abb. 8.15). Manchmal beobachtet man auch
alternierende Intensitätsverläufe. In diesen Fällen (z. B. beim H_2) hat der Kernspin
der Atome einen Einfluss auf die Intensität der Rotationsübergänge. Auf Einzelheiten
wollen wir hier nicht eingehen. Da $\Delta E_{\text{rot}}/hc$ klein ist, liegen die Linien nahe an der
Erregerfrequenz. Das Erregerlicht muss deshalb streng monochromatisch sein. Wegen
der geringen Streuintensität werden hohe Intensitäten für das Erregerlicht notwendig,
d. h., es müssen Laser mit hoher Strahlungsdichte eingesetzt werden.

8.5.2 Schwingungs-RAMAN-Spektren

Ein Schwingungs-RAMAN-Übergang tritt nur auf, wenn sich die Polarisierbarkeit α bei der Dehnung oder Stauchung entlang der Normalkoordinate ξ des Moleküls ändert:

$$\left(\frac{\partial \alpha}{\partial \xi}\right)_0 \neq 0 \tag{8.49}$$

Dies ist z. B. bei allen homo- und heteronuklearen zweiatomigen Molekülen der Fall. Die Auslenkung variiert mit $\sin(2\pi\nu_{vib}t)$. Daraus resultiert ein „Pulsieren" des elektrischen Dipolmoments $\vec{\mu}_{el,ind}$ im Rhythmus der Schwingung, und die Streustrahlung wird mit $\nu' = \nu_{vib}$ moduliert. Die Quantenmechanik liefert als Auswahlregel für den Schwingungs-RAMAN-Effekt in der harmonischen Näherung:

$$\Delta v = 0, \pm 1 \tag{8.50}$$

Da einem Schwingungsübergang stets Rotationsübergänge überlagert sind, erhalten wir bei hoher Auflösung in der Gasphase Rotations-Schwingungs-RAMAN-Spektren. Es treten folgende Zweige im Spektrum auf:

$$\Delta v = +1 \quad \text{STOKES-Linie} \quad \begin{cases} \Delta J = +2 & \text{S} - \text{Zweig} \\ \Delta J = 0 & \text{Q} - \text{Zweig} \\ \Delta J = -2 & \text{O} - \text{Zweig} \end{cases}$$

$$\Delta v = -1 \quad \text{AntiSTOKES-Linie} \quad \begin{cases} \Delta J = +2 & \text{S} - \text{Zweig} \\ \Delta J = 0 & \text{Q} - \text{Zweig} \\ \Delta J = -2 & \text{O} - \text{Zweig} \end{cases}$$

Die dazugehörigen STOKES-RAMAN-Linien eines zweiatomigen Moleküls in der Näherung des starren Rotators werden damit bei

$$\tilde{\nu}_S = \tilde{\nu}_L - \tilde{\nu}_{vib} - B(4J'' + 6)$$
$$\tilde{\nu}_Q = \tilde{\nu}_L - \tilde{\nu}_{vib}$$
$$\tilde{\nu}_O = \tilde{\nu}_L - \tilde{\nu}_{vib} + B(4J'' - 2)$$

beobachtet. Die AntiSTOKES-Linien tauchen nur mit geringer Intensität auf, da bei Raumtemperatur nur wenige Moleküle im Zustand mit $v = 1$ sind. Das Spektrum ist in Abbildung 8.16 dargestellt. Hier wird auch ein Q-Zweig beobachtet. Besitzt das Molekül ein Inversionszentrum (z. B. H_2, CO_2), sind RAMAN- und IR-Spektroskopie komplementäre Methoden. Aus dem Rotations-Schwingungs-RAMAN-Spektrum erhalten wir wieder die Kraftkonstante, nun auch bei homonuklearen Molekülen, die IR-inaktiv sind, und die Bindungslängen im Molekül.

Als Beispiel für ein lineares Molekül mit Inversionszentrum sei $CO_2(g)$ mit seinen vier Normalschwingungen (zwei sind energiegleich) genannt. Betrachten wir die symmetrische Valenzschwingung in Abb. 8.17a. Die Raumkoordinate ist entlang der Bindungsachse angeordnet. Die symmetrische Valenzschwingung ist wegen $(\partial \alpha / \partial \xi)_0 \neq 0$ RAMAN-aktiv, sie ist aber IR-inaktiv. Bei der asymmetrischen Valenzschwingung (Abb. 8.17b) kompensieren sich bei kleinen Auslenkungen die Änderungen der Polarisierbarkeit durch Verkürzung und Verlängerung der beiden CO-Abstände im Molekül $[(\partial \alpha / \partial \xi)_0 = 0]$. Die asymmetrische Valenzschwingung ist daher RAMAN-inaktiv, sie ist aber IR-aktiv. Die zweifach entartete Deformationsschwingung (Abb. 8.17c) ist ebenfalls RAMAN-inaktiv, aber IR-aktiv.

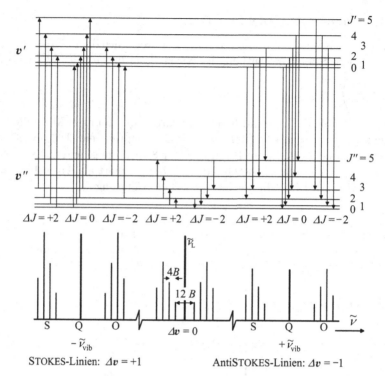

Abbildung 8.16: Schematische Darstellung des Rotations-Schwingungs-RAMAN-Spektrums eines linearen Moleküls. Im inneren Teil des Spektrums um die Erregerlinie sind die reinen Rotationsübergänge mit eingezeichnet.

Mit Hilfe von Polarisatoren lässt sich die RAMAN-Streustrahlung auch auf Polarisationseigenschaften untersuchen. Hieraus erhält man u. a. Informationen über die Symmetrie der Normalschwingungen.

Wenn das Anregungslicht der Energie $h\nu_L$ einem elektronischen Übergang im Molekül nahe kommt, wird die RAMAN-Streuwahrscheinlichkeit größer. Die resultierende Verstärkung des RAMAN-Spektrums wird als **Resonanz-RAMAN-Effekt** bezeichnet. Auf diese Weise lassen sich durch gezielte $h\nu_L$-Wahl bestimmte Molekülgruppen in komplexen Molekülen RAMAN-spektroskopisch untersuchen. Weiterhin wird es möglich, Metallkomplexe in Biomolekülen (z. B. Eisen in Hämoglobin) zu untersuchen, was mit konventioneller RAMAN-Spektroskopie aufgrund der geringen Konzentrationen meist nicht möglich ist.

8.6   Elektronenschwingungsspektren von Molekülen

Mit Hilfe der Elektronenschwingungsspektroskopie werden vor allem Übergänge von Bindungselektronen im UV/VIS(sichtbaren)-Spektralgebiet untersucht (Wellenlänge der elektromagnetischen Strahlung: ca. $180 - 800$ nm). Oftmals ist die elektronische Anregung einer Gruppe von Atomen im Molekül beobachtbar. Diese wird als

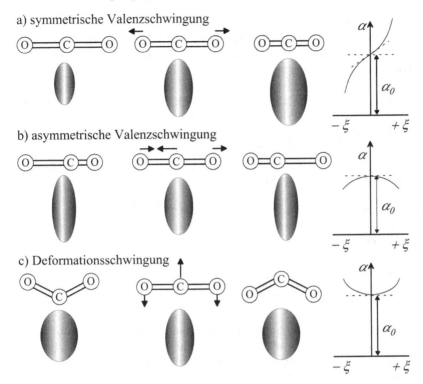

a) symmetrische Valenzschwingung

b) asymmetrische Valenzschwingung

c) Deformationsschwingung

Abbildung 8.17: Schematische Darstellung der Änderung des Polarisierbarkeitsellipsoids und der Polarisierbarkeit α des CO_2-Moleküls im Verlaufe seiner Normalschwingungen.

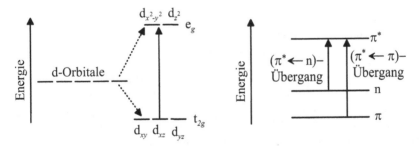

Abbildung 8.18: Mögliche elektronische Übergänge im UV/VIS-Spektralgebiet sind d-d-Übergänge (links: Aufspaltung der energetisch gleichwertigen d-Orbitale in einem oktaedrischen Ligandenfeld) und π-π^*- bzw. n-π^*-Übergänge (rechts).

Chromophor[7] bezeichnet. Man findet z. B. folgende Chromophore, die im UV/VIS-Frequenzgebiet absorbieren (Abb. 8.18):

---

[7]nach dem griechischen Wort für farbtragend

1. Übergangsmetalle (d-d-Übergänge):
   Die Entartung der d-Orbitale wird durch Liganden des Zentralatoms aufgehoben.
   Ein Beispiel ist der oktaedrische Komplex $[Ti(H_2O)_6]^{3+}$ in wässriger Lösung, der
   sein Absorptionsmaximum bei $\lambda_{max} = 500$ nm besitzt.

2. Übergangsmetalle (charge-transfer-Übergänge):
   In Übergangsmetallkomplexen können Elektronen durch Absorption von Strahlung
   aus Liganden-Molekülorbitalen in die d-Orbitale des Zentralatoms oder umgekehrt
   übergehen. Diese sog. „charge-transfer"-Übergänge sind meist sehr intensiv ($\varepsilon \approx$
   $10^3 - 10^4$ $M^{-1}cm^{-1}$). Sie machen den farbigen Charakter vieler Metallkomplexe
   (z. B. $[Cu(NH_3)_4]^{2+}$, Porphyrine) aus.

3. Doppelbindungen (π-π^*- und n-π^*-Übergänge):
   n bezeichnet ein nicht bindendes Molekülorbital; es wird von einem freien Elektronenpaar besetzt.

   z. B. C=O ($\pi^* \leftarrow \pi$): $\lambda_{max} \approx 190$ nm
    C=O ($\pi^* \leftarrow$ n): $\lambda_{max} \approx 270$ nm

Bei Molekülen beobachtet man, dass bestimmte Gruppen charakteristische Ab-
sorptionsbanden besitzen. Dies wird für analytische Zwecke ausgenutzt. Beispiele sind
die Chromophore C=O, C=C, N=N und N=O, die bei einer Wellenlänge >180 nm absorbieren. Konjugierte Systeme absorbieren bei größeren Wellenlängen als isolierte
chromophore Gruppen. In kondensierter Materie sehen wir nur breite Elektronenban-
den, die nicht schwingungsaufgelöst sind. In Gasen dagegen erhält man eine Schwin-
gungsfeinstruktur, die die mit einem elektronischen Übergang gleichzeitig auftretende
Schwingungsanregung anzeigt.

8.6.1 Elektronenschwingungsspektren in der Gasphase

FRANCK-CONDON-Prinzip

Die Kerne eines Moleküls sind aufgrund ihrer relativ großen Masse sehr träge. Ein elektronischer Übergang erfolgt daher praktisch ohne Änderung der Kernpositionen (ein
Elektronenübergang erfolgt in ca. 10^{-15} s, die typische Dauer einer Molekülschwin-
gung beträgt etwa 10^{-13} s). Elektronen- und Kernbewegungen sind damit separier-
bar (BORN-OPPENHEIMER-Näherung). Ein Übergang aus dem Schwingungsgrundzustand $\psi_{v''}$ mit $v'' = 0$ des elektronischen Grundzustandes in ein Schwingungsniveau
v' des elektronisch angeregten Zustandes bezeichnet man entsprechend als vertikalen Übergang (Abb. 8.19). Welcher der verschiedenen vertikalen Übergänge im Elek-
tronenschwingungsspektrum die größte Intensität hat, hängt davon ab, wie gut die
Wellenfunktionen $\psi_{v''}$ und $\psi_{v'}$ überlappen. $\psi_{v''}$ hat für $v'' = 0$ bei $r = r_e''$ ein Maximum. $\psi_{v'}$ sollte daher bei $r = r_e''$ eine große Amplitude aufweisen. Die Auswahlregel
$\Delta v = v' - v'' = \pm 1$ des harmonischen Oszillators gilt hier nicht mehr. Es ist zu beachten, dass die Potenzialkurve des elektronisch angeregten Zustandes gegenüber der
des elektronischen Grundzustandes i. d. R. verschoben ist, was einen Einfluss auf die
Überlappung von $\psi_{v'}$ mit $\psi_{v''}$ hat.

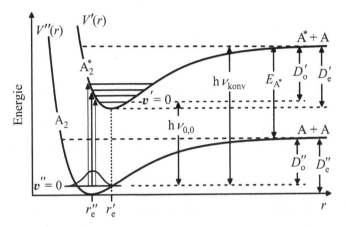

Abbildung 8.19: Potenzialkurven und elektronische Übergänge eines A_2-Moleküls (z. B. I_2). Die Potenzialkurve des angeregten Zustands $V'(r)$ lässt sich ebenfalls durch ein MORSE-Potenzial beschreiben, unterscheidet sich aber vom Grundzustand durch einen veränderten Gleichgewichtsabstand (hier $r'_e > r''_e$) und eine veränderte Kraftkonstante.

Die quantitative Berechnung des Übergangsdipolmoments für elektronische Übergänge liefert bei Zugrundelegung der BORN-OPPENHEIMER-Näherung:

$$\vec{\mu}_{ag} = \int \psi_a^* \hat{\mu}_{el} \psi_g \mathrm{d}\tau$$

$$= \int \int \psi_{\varepsilon'}^* \psi_{v'}^* \hat{\mu}_{el} \psi_{\varepsilon''} \psi_{v''} \mathrm{d}\tau_{el} \mathrm{d}\tau_{Kern}$$

$$= \underbrace{\int \psi_{\varepsilon'}^* \hat{\mu}_{el} \psi_{\varepsilon''} \mathrm{d}\tau_{el}}_{\vec{\mu}_{\varepsilon',\varepsilon''}} \cdot \underbrace{\int \psi_{v'}^* \psi_{v''} \mathrm{d}\tau_{Kern}}_{S_{v',v''}} \tag{8.51}$$

Hier sind $\psi_{\varepsilon'}^*$ und $\psi_{\varepsilon''}$ die Molekülorbitale des Elektrons, $\psi_{v'}^*$ und $\psi_{v''}$ die Schwingungswellenfunktionen der Kerne. $\mathrm{d}\tau_{el}$ und $\mathrm{d}\tau_{Kern}$ beziehen sich auf die Ortskoordinaten der Elektronen und der Kerne mit $\mathrm{d}\tau = \mathrm{d}x \mathrm{d}y \mathrm{d}z$. Der elektrische Dipolmomentoperator $\hat{\mu}_{el} = -e \cdot \vec{r}_{el} = -e \cdot (x, y, z)_{el}$ wirkt nur auf das Elektron. $\vec{\mu}_{\varepsilon',\varepsilon''}$ ist der Teil des Übergangsdipolmoments, der die Bewegung des Elektrons in ein anderes Molekülorbital berücksichtigt. Die Intensität des Übergangs ist damit proportional zu $S_{v',v''}^2$. Die Größe $S_{v',v''}^2$ wird als FRANCK-CONDON-Faktor des Übergangs $(\varepsilon', v') \leftarrow (\varepsilon'', v'')$ bezeichnet. $S_{v',v''}$ ist das Überlappungsintegral der Kern-Wellenfunktionen. Die Absorptionsintensität ist folglich umso größer, je größer die Überlappung der Schwingungswellenfunktionen im oberen elektronischen Niveau und im elektronischen Grundzustand ist.

Die Bandenintensität elektronischer Übergänge wird auch in Form der so genannten Oszillatorstärke f angegeben:

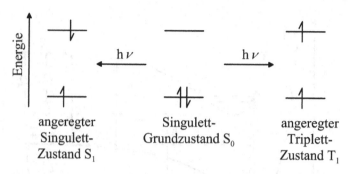

angeregter Singulett-   angeregter
Singulett- Grundzustand S_0 Triplett-
Zustand S_1 Zustand T_1

Abbildung 8.20: Mögliche Spineinstellungen der Elektronen in Singulett- und Triplett-Zuständen. In Singulett-Zuständen beträgt die Spinmultiplizität $2S + 1 = 1$, in Triplett-Zuständen $2S + 1 = 3$. S ist die Gesamt-Elektronenspin-Quantenzahl. Ausgehend von den Quantenzahlen $m_s = 1/2$ oder $-1/2$ für ein Elektron gilt $\sum m_s = 0$ und $S = 0$ im Singulett-Zustand, während der Triplett-Zustand durch drei Spineinstellungen mit $\sum m_s = 1, 0, -1$ und damit $S = 1$ charakterisiert ist.

$$
\begin{aligned}
f &= \frac{4 \ln 10 \varepsilon_0 m_e c}{N_A e^2} \int\limits_{\text{Bande}} \varepsilon(\nu) d\nu \\[2ex]
&= 1,44 \cdot 10^{-19} \text{ mol L}^{-1} \text{cm s} \int\limits_{\text{Bande}} \varepsilon(\nu) d\nu \\[2ex]
&= \frac{8\pi^2}{3} \frac{m_e \nu}{h e^2} |\vec{\mu}_{\text{ag}}|^2
\end{aligned} \tag{8.52}
$$

Hier ist ν die Frequenz, bei der der Übergang erfolgt. Die Oszillatorstärke ist auf den Übergang eines harmonisch gebundenen Elektrons der Ladung $-e$ und Masse m_e bezogen und kann aus der Fläche unter dem frequenzabhängigen Absorptionssignal $\varepsilon(\nu)$ bestimmt werden. Man findet für intensive elektronische Übergänge $f \approx 1$ bzw. $\varepsilon_{\max} \approx 10^4 - 10^5$ M^{-1}cm^{-1}, für schwache elektronische Übergänge $f < 10^{-3}$ bzw. $\varepsilon_{\max} \approx 10 - 100$ M^{-1}cm^{-1}.

Die Multiplizitätsregel bzw. Spinauswahlregel verbietet Übergänge, bei denen sich die Gesamt-Elektronenspin-Quantenzahl S ändert, d. h., für einen elektronischen Übergang muss $\Delta S = 0$ gelten. Da die bindenden Molekülorbitale vieler Moleküle im Grundzustand zweifach besetzt sind, d. h. $\sum m_s = 0$ und $S = 0$ (Singulett-Zustand S_0), sind aus dem Grundzustand nur Singulett-Übergänge erlaubt, wie z. B. π-π^*-Übergänge (s. Abb. 8.20). Diese spinerlaubten Übergänge besitzen einen großen molaren Extinktionskoeffizienten ε in der Größenordnung von $10^4 - 10^5$ M^{-1}cm^{-1}. Ein direkter Übergang aus dem Singulettgrundzustand in den ersten angeregten Triplettzustand T_1 ($S = 1$) ist dagegen spinverboten. Dieses Verbot gilt jedoch nicht streng, besagt aber, dass der Übergang in diesem Fall mit sehr kleiner Wahrscheinlichkeit erfolgt, so dass die beobachteten Intensitäten für $(T_1 \leftarrow S_0)$-Übergänge sehr gering sind ($\varepsilon \approx 10^{-3}$ M^{-1}cm^{-1}).

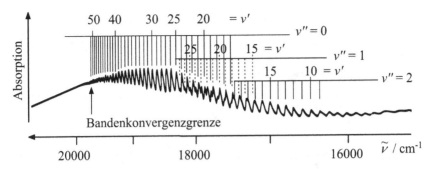

Abbildung 8.21: Elektronen-Schwingungsspektrum von $I_2(g)$. Bei Molekülen mit großer Masse, wie dem I_2, sind bei Raumtemperatur außer dem Schwingungsgrundzustand mit $v'' = 0$ auch höhere Schwingungszustände ($v'' = 1$, $v'' = 2$) merklich besetzt. Gelingt es, die Quantenzahlen richtig zuzuordnen, lässt sich u. a. die Dissoziationsenergie des angeregten Zustands bestimmen. An der Bandenkonvergenzgrenze geht das Bandensystem des Absorptionsspektrums in ein Kontinuum über.

Die Überlappungsauswahlregel verbietet Übergänge, bei denen die am Übergang beteiligten Orbitale nicht überlappen (z. B. $\pi^* \leftarrow n$). Diese Regel gilt streng, wenn das n-Orbital am Heteroatom ein reines Atomorbital ist. Enthält das n-Orbital dagegen s-Hybridanteile, ist das Verbot gelockert. Daraus folgen geringe Werte für den molaren Extinktionskoeffizienten von $10 - 100$ $M^{-1}cm^{-1}$.

Aus hochaufgelösten Elektronen-Schwingungsspektren lassen sich die Kraftkonstante und die Dissoziationsenergie des elektronisch angeregten Moleküls bestimmen. Abbildung 8.21 zeigt das Absorptionsspektrum eines elektronischen Übergangs mit den entsprechenden Schwingungsquantenzahlen des Grund- und angeregten Zustands. Aus der Bandenkonvergenzgrenze, an der die Absorptionslinien in ein Kontinuum übergehen, lässt sich die Dissoziationsenergie D_0'' des Moleküls im elektronischen Grundzustand bestimmen, die durch reine Schwingungsspektren nicht erhältlich ist ($h\nu_{konv} = D_0'' + E_{A^*}$, Abb. 8.19). Das im angeregten Zustand dissoziierende Molekül A_2^* bildet ein Atom A im Grundzustand und eines im angeregten Zustand A^*, dessen Energie E_{A^*} aus Atomspektren bestimmt werden muss. Zur Bestimmung von D_e' verwendet man z. B. die BIRGE-SPONER-Extrapolation (Abb. 8.22). Für die Wellenzahldifferenz zwischen zwei aufeinanderfolgenden Schwingungsbanden im Elektronen-Schwingungsspektrum (die Rotationsstruktur ist meist nicht aufgelöst) gilt:

$$\Delta\tilde{\nu}(v') = G(v' + 1) - G(v')$$
$$= \tilde{\nu}_e'(v' + \tfrac{3}{2}) - \tilde{\nu}_e'x_e'(v' + \tfrac{3}{2})^2$$
$$- \left[\tilde{\nu}_e'(v' + \tfrac{1}{2}) - \tilde{\nu}_e'x_e'(v' + \tfrac{1}{2})^2\right]$$
$$= \tilde{\nu}_e' - 2\tilde{\nu}_e'x_e'(v' + 1) \qquad (8.53)$$

x_e' ist die Anharmonizitätskonstante und $\tilde{\nu}_e'$ die Eigenfrequenz im angeregten Zustand für den hypothetischen Gleichgewichtsabstand $r = r_e'$. Tragen wir $\Delta\tilde{\nu}$ gegen $(v' + 1)$ auf (sog. BIRGE-SPONER-Auftragung), erhalten wir aus dem Ordinatenabschnitt $\tilde{\nu}_e'$

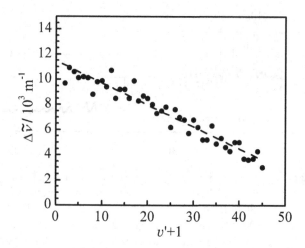

Abbildung 8.22: Die spektroskopische Dissoziationsenergie D_e' des angeregten I_2-Moleküls kann mit Hilfe der Elektronen-Schwingungsspektroskopie bestimmt werden. Die Auftragung von $\Delta\tilde{\nu}(v')$ gegen $(v' + 1)$ liefert als Ordinatenabschnitt $\tilde{\nu}_e' = 11,37 \cdot 10^3\ \text{m}^{-1}$. Die Anharmonizitätskonstante x_e' wird aus der Steigung zu $0,008$ berechnet. Die spektroskopische Dissoziationsenergie beträgt damit $D_e' = 43$ kJ mol^{-1}.

und aus der Steigung der Kurve somit x_e'. Mit

$$\tilde{\nu}_e' = \frac{1}{2\pi c}\sqrt{\frac{k'}{\mu}} \tag{8.54}$$

erhält man die Kraftkonstante des angeregten Schwingungszustands. Mit wachsender Schwingungsquantenzahl v' wird $\tilde{\nu}$ kleiner und verschwindet für $v'_{\max} = (2x_e')^{-1} - 1$. Bei höheren Anregungsenergien tritt Dissoziation ein, und man beobachtet ein Kontinuum anstelle eines Bandenspektrums. Wegen $D_o'/hc = G(v'_{\max}) - G(v' = 0)$ gilt:

$$D_o' = \frac{hc\tilde{\nu}_e'}{4x_e'} - \frac{1}{2}hc\tilde{\nu}_e' \tag{8.55}$$

bzw.

$$D_e' = \frac{hc\tilde{\nu}_e'}{4x_e'} \tag{8.56}$$

($D_o' = D_e' - \frac{1}{2}hc\tilde{\nu}_e'$). Wir erhalten so die Dissoziationsenergie des Moleküls im angeregten Zustand. Die chemische Dissoziationsenergie im elektronischen Grundzustand D_o'' bekommen wir aus:

$$D_o'' = h\nu_{0,0} + D_o' - E_{A^*} \tag{8.57}$$

Hier ist $\nu_{0,0}$ die Frequenz des $(0 \leftarrow 0)$-Übergangs.

8.6.2 Desaktivierung elektronisch angeregter Zustände

Bei Atomen beobachtet man, dass Absorption und Emission identische Linienspektren ergeben. Dahingegen müssen wir bei Molekülen beachten, dass die elektronischen Zustände durch Potenzialkurven beschrieben werden, die sich auch noch schneiden können. Dadurch entstehen weitere Kanäle zur Desaktivierung elektronisch angeregter Zustände. Häufig ist auch eine strahlungslose Desaktivierung. Insgesamt beobachtet man folgende Prozesse:

1. Strahlungslose Energieabgabe in Freiheitsgrade der Vibration, Rotation und Translation von Nachbarmolekülen (thermischer Abbau). Die Anregungsenergie wird durch Stöße mit Nachbarmolekülen in thermische Energie umgewandelt. So kann z. B. H_2O mit seinen energetisch weit auseinander liegenden Schwingungsniveaus elektronische Anregungsenergie durch Stöße aufnehmen.

2. Auslösung photochemischer Reaktionen (z. B. Retinal-Isomerisierung als Primärstufe des Sehprozesses).

3. Abbau durch Strahlung, d. h., das Molekül gibt seine Anregungsenergie spontan durch Emission eines Photons ab (Lumineszenz). Dabei sind zwei verschiedene Mechanismen zu unterscheiden:

Fluoreszenz
Die Emission des Lichts tritt nur solange auf, wie die Moleküle angeregt werden. Im elektronisch angeregten Zustand erleidet das Molekül Stöße mit Nachbarmolekülen (z. B. Lösungsmittel). Damit erfolgt eine schnelle strahlungslose Desaktivierung in den Schwingungsgrundzustand ($v' = 0$) des elektronisch angeregten Zustands in etwa 10^{-10} s. Die elektronische Anregungsenergie ist i. Allg. zu groß, als dass sie von der Umgebung aufgenommen werden könnte. Der Übergang in den elektronischen Grundzustand geschieht daher nach ca. 10^{-8} s unter Emission von Strahlung. Das Molekül geht dabei in verschiedene Schwingungsniveaus v'' des elektronischen Grundzustands über (s. Abb. 8.23). Durch den strahlungslosen Übergang im elektronisch angeregten Zustand ist das Fluoreszenzspektrum gegenüber dem Absorptionsspektrum zu kleineren Wellenzahlen verschoben. Das Absorptionsspektrum zeigt eine Schwingungsstruktur, die für den oberen elektronischen Zustand charakteristisch ist, und das Fluoreszenzspektrum die charakteristische Schwingungsstruktur des elektronischen Grundzustands. Der ($v'' = 0$)-($v' = 0$)-Übergang muss im Absorptions- und Fluoreszenzspektrum nicht unbedingt exakt bei der gleichen Wellenzahl erfolgen (STOKES-Shift, s. Abb. 8.23). Dies ist insbesondere in Lösungen der Fall, da die Moleküle im elektronisch angeregten und im elektronischen Grundzustand aufgrund ihrer unterschiedlichen Elektronendichteverteilungen unterschiedlich mit den umgebenden Lösungsmittelmolekülen wechselwirken. Da die Lösungsmittelmoleküle während des schnellen elektronischen Übergangs keine Zeit haben sich umzuorientieren, erfolgt die Absorption in einer Umgebung, die für den elektronischen Grundzustand charakteristisch ist, während die Fluoreszenz in einer Umgebung erfolgt, die dem elektronisch angeregten Zustand entspricht. Die Abhängigkeit der Absorption und Fluoreszenz von der Mikroumgebung des Chromophors lässt sich z. B. zur Untersuchung von Konformationsumwandlungen von Biopolymeren nutzen.

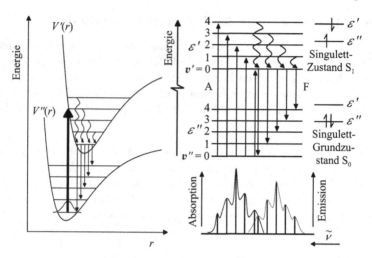

Abbildung 8.23: Links: Darstellung der Potenzialkurven und Schwingungsniveaus von elektronischem Grund- und elektronisch angeregtem Zustand. Rechts sind die Übergänge im Energieniveauschema (JABLONSKI-Diagramm) und das resultierende Absorptions- und Emissionsspektrum dargestellt. Für Absorption (A) und Emission (Fluoreszenz, F) gilt das FRANCK-CONDON-Prinzip (vertikaler Übergang), da der Kernabstand während des Elektronenübergangs konstant bleibt.

Phosphoreszenz

Die Emission des Lichts erfolgt bei der Phosphoreszenz zeitlich verzögert (nach 10^{-6} bis 10^{-3} s, aber auch erst nach Sekunden bis Stunden). Neben der Potenzialkurve für den elektronischen Grundzustand (Singulettzustand S_0) haben manche Moleküle zwei sich schneidende Potenzialkurven elektronisch angeregter Zustände. Die energetisch höhere dieser beiden entspricht dem Singulettzustand S_1 und die tiefer liegende dem Triplettzustand T_1 (s. JABLONSKI-Diagramm in Abb. 8.24). Am Schnittpunkt der beiden Potenzialkurven haben die beiden Zustände gleiche Geometrie und das System kann vom S_1- in den T_1-Zustand übergehen (intersystem crossing). Erreicht das System über strahlungslose Energieabnahme den niedrigsten Schwingungszustand im Triplettzustand, kann es unter Emission von Phosphoreszenzstrahlung in den elektronischen Grundzustand übergehen. Dieser Vorgang ist wegen der dabei auftretenden Spinumkehr aufgrund der quantenmechanischen Auswahlregeln verboten, tritt wegen Spin-Bahn-Wechselwirkung der Elektronen (insbesondere bei Molekülen mit schweren Atomen) jedoch trotzdem auf, wenn auch mit geringer Wahrscheinlichkeit und damit zeitlich stark verzögert. Der Triplettzustand ist wegen des Vorliegens eines Gesamt-Elektronenspins ($S = 1, 2S + 1 = 3$) magnetisch nachweisbar (siehe ESR-Spektroskopie). Die Emissionslinien sind noch weiter zu kleineren Wellenzahlen verschoben als bei der Fluoreszenz.

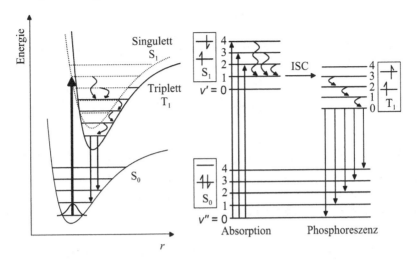

Abbildung 8.24: Links: Darstellung der Potenzialkurven und Schwingungsniveaus von elektronischem Grundzustand (S_0) sowie elektronisch angeregter Zustände (S_1 Singulett- und T_1 Triplettzustand). Rechts sind die verschiedenen strahlenden und strahlungslosen Prozesse bei der Phosphoreszenz im JABLONSKI-Diagramm dargestellt. Der Übergang vom S_1- in den T_1-Zustand wird als intersystem crossing (ISC) bezeichnet.

8.7 NMR-Spektroskopie

8.7.1 Grundlagen

Wir wollen noch ein weiteres für die Chemie sehr wichtiges spektroskopisches Verfahren kennenlernen, die kernmagnetische Resonanz-Spektroskopie (NMR, engl.: Nuclear Magnetic Resonance). Ein Atom in einem Molekül muss einen nichtverschwindenden Kernspin $\vec{P}$ besitzen, um ein NMR-Spektrum aufzuweisen. Atomkerne können einen Spin und damit ein permanentes magnetisches Dipolmoment haben. Im Gegensatz zu der optischen Spektroskopie, bei der Übergänge zwischen elektronischen Zuständen auftreten, basiert die kernmagnetische Resonanzspektroskopie auf Übergängen zwischen quantisierten Kernspinzuständen, die allerdings bei Abwesenheit eines äußeren Magnetfelds entartet sind. Diese entarteten Zustände spalten jedoch durch die Wechselwirkung der permanenten magnetischen Kerndipole mit einem äußeren Magnetfeld auf (ZEEMAN-Effekt). Wird nun eine Hochfrequenzstrahlungsquelle genau auf die Energie der Aufspaltung dieser Zustände abgestimmt, so können Absorption und Emission von Strahlung stattfinden. Aus der Quantenmechanik haben wir für den Spin und seine Komponente in einer Vorzugsrichtung (hier z-Richtung) erhalten:

$$|\vec{P}| = \hbar\sqrt{I(I+1)} \tag{8.58}$$

$$P_z = \hbar m_I \tag{8.59}$$

mit $m_I = I, I-1, I-2, ..., -I$. I ist hier die Kernspinquantenzahl. Damit ergeben sich $(2I+1)$ mögliche Werte für P_z. Der Gesamtspin $\vec{P}$ eines Atomkerns ergibt sich

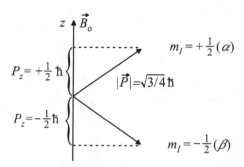

Abbildung 8.25: Richtungsquantelung des Drehimpulses eines Protons in einem äußeren Magnetfeld. Für positive γ_N-Werte wird der Zustand mit $m_I = +\frac{1}{2}$ α-Zustand, der mit $m_I = -\frac{1}{2}$ β-Zustand genannt.

aus den Spins der Protonen und Neutronen. Die Ordnungszahl entspricht der Anzahl der Protonen und die Massenzahl der Summe aus Protonen und Neutronen. Aus dem Schalenmodell der Atomkerne folgt:

- Bei einer ungeraden Massenzahl ist I halbzahlig (z. B. $^{1}_{1}$H, $^{13}_{6}$C, $^{19}_{9}$F).

- Bei einer geraden Massenzahl und einer geraden Ordnungszahl ist $I = 0$ (z. B. $^{12}_{6}$C, $^{16}_{8}$O).

- Bei einer geraden Massenzahl und einer ungeraden Ordnungszahl ist I ganzzahlig (z. B. $I = 1$ für $^{2}_{1}$H, $^{14}_{7}$N).

Beispiel:
Der Wasserstoffkern ^{1}H hat die Kernspinquantenzahl $I = \frac{1}{2}$. Der Betrag seines Spins ist

$$|\vec{P}| \;=\; \hbar\sqrt{\tfrac{1}{2}(\tfrac{1}{2}+1)} = \sqrt{\tfrac{3}{4}}\cdot\hbar \approx 0,87\cdot\hbar$$

und für die z-Komponente des Spins berechnen wir einen Wert von

$$P_z \;=\; \hbar m_I = \pm\tfrac{1}{2}\hbar$$

Der Spin eines Protons hat damit zwei Einstellungsmöglichkeiten in einem äußeren Magnetfeld. Da die x- und y-Komponente von $\vec{P}$ aufgrund der HEISENBERGschen Unschärfebeziehung nicht näher spezifizierbar sind, liegt der Vektor auf einem Konus mit einem Winkel von $\arccos[(\hbar/2)/\sqrt{3/4}\hbar] \approx 54,7°$ zur z-Achse (Abb. 8.25).

Der Kernspin ist mit einem magnetischen Dipolmoment $\vec{\mu}_{\text{magn,N}}$ verknüpft (der Index N kennzeichnet eine auf den Atomkern bezogene Größe):

$$|\vec{\mu}_{\text{magn,N}}| \;=\; |\gamma_N \vec{P}| = |\gamma_N|\hbar\sqrt{I(I+1)} \qquad (8.60)$$

$$\mu_{\text{magn,N},z} \;=\; \gamma_N P_z = \gamma_N \hbar m_I \qquad (8.61)$$

Tabelle 8.2: Kernspinquantenzahlen und gyromagnetische Verhältnisse verschiedener Kerne. Die γ_N-Werte der betrachteten Kerne können positive und negative Werte annehmen (nach: R. Winter, F. Noll, *Methoden der Biophysikalischen Chemie*, Teubner, Stuttgart, 1998).

Isotop	Kernspin-QZ I	$\gamma_N/10^7$ T^{-1}s^{-1}
$^{1}_{1}$H	1/2	26,752
$^{2}_{1}$H	1	4,1065
$^{12}_{6}$C	0	-
$^{13}_{6}$C	1/2	6,7266
$^{14}_{7}$N	1	1,9325
$^{15}_{7}$N	1/2	-2,7108
$^{16}_{8}$O	0	-
$^{17}_{8}$O	5/2	-3,6267
$^{19}_{9}$F	1/2	25,167
$^{31}_{15}$P	1/2	10,829

Der Faktor γ_N ist eine kerncharakteristische Größe, die experimentell zugänglich ist und als gyromagnetisches Verhältnis bezeichnet wird. Beispiele sind in Tabelle 8.2 gegeben. Manchmal wird das kernmagnetische Dipolmoment als Funktion des sog. Kern-g-Faktors g_N ausgedrückt:

$$|\vec{\mu}_{\text{magn,N}}| = |g_N|\mu_N \sqrt{I(I+1)} \tag{8.62}$$

Dabei ist definiert

$$\mu_N = \frac{e\hbar}{2m_p} = 5,05 \cdot 10^{-27} \text{J T}^{-1} \tag{8.63}$$

$$|g_N| = \frac{|\gamma_N|\hbar}{\mu_N} \tag{8.64}$$

Hier ist m_p die Ruhemasse des Protons. μ_N wird als Kernmagneton bezeichnet (z. B. ist $|\vec{\mu}_{\text{magn,N}}(^{1}_{1}\text{H})| = 4,84 \cdot \mu_N$). Die analoge Größe für Elektronen lautet $\mu_B = e\hbar/2m_e$, das BOHRsche Magneton, das um den Faktor $m_p/m_e \approx 1836$ größer ist als das Kernmagneton. Magnetische Kernmomente sind daher um diesen Faktor kleiner als die von den Elektronenspins herrührenden magnetischen Momente.

Kerne im Magnetfeld

In einem äußeren Magnetfeld der Flussdichte B_o sind die Einstellungen eines Kernspins nicht mehr entartet. Für die potenzielle Energie eines magnetischen Dipols im $\vec{B}_o$-Feld gilt:

$$E_{\text{pot}} = -\vec{\mu}_{\text{magn,N}}\vec{B}_o \tag{8.65}$$

Wir haben nur die z-Komponente von $\vec{\mu}_{\text{magn,N}}$ zu betrachten, wenn das $\vec{B}_o$-Feld in z-Richtung anliegt:

$$E_{\text{pot}} = -|\vec{\mu}_{\text{magn,N}}|\,|\vec{B}_o|\,\cos\phi = -\mu_{\text{magn,N},z}B_o \tag{8.66}$$

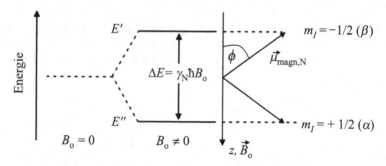

Abbildung 8.26: Aufspaltung der Energieniveaus eines ^{1}H-Kerns in einem äußeren Magnetfeld der Flussdichte B_0.

Mit Gleichung 8.61 folgt:

$$E_{\mathrm{pot}} = -\gamma_{\mathrm{N}} \hbar m_I B_0 \qquad (8.67)$$

Da $m_I = \pm \frac{1}{2}$, erhält man für das Proton ^{1}H die in Abbildung 8.26 gezeigte Aufspaltung der Energieniveaus im B_0-Feld. Die Aufspaltung der Energieniveaus ist proportional zur Flussdichte des magnetischen Felds. Der Übergang zwischen den zwei Energieniveaus kann durch Einstrahlung einer geeigneten Kreisfrequenz ω_0 induziert werden. Damit bewirken wir das „Umklappen" des Kernspins vom α- in den β-Spinzustand. Die Energiedifferenz zwischen den beiden Kernspinzuständen beträgt mit der Auswahlregel $\Delta m_I = \pm 1$:

$$
\begin{aligned}
\Delta E &= E' - E'' \\
&= -\gamma_{\mathrm{N}} \hbar B_0 \left(-\tfrac{1}{2} - \tfrac{1}{2}\right) = \gamma_{\mathrm{N}} \hbar B_0 \qquad (8.68)
\end{aligned}
$$

Für den Resonanzfall, wenn $\Delta E = \hbar \omega_0$, folgt somit

$$\omega_0 = \gamma_{\mathrm{N}} B_0 \qquad (8.69)$$

Die Kreisfrequenz ω_0 wird dann LARMOR-Frequenz genannt. Typische Werte für B_0 liegen im Bereich mehrerer Tesla (1 T $= 10^4$ G). Um Resonanz zu erreichen, kann bei konstantem B_0 die Anregungsfrequenz variiert werden. Es kann jedoch auch bei $\omega =$ konst. das B_0-Feld variiert werden. Heute werden magnetische Felder in supraleitenden Magneten bis zu etwa 14 T genutzt, so dass die Spektrometer mit Radiofrequenzen $\nu = \omega/2\pi$ bis zu etwa 600 MHz arbeiten, wenn Protonen angeregt werden. Aus Gleichung 8.69 folgt, dass bei konstanter Flussdichte unterschiedliche Kerne bei verschiedenen Frequenzen beobachtet werden, da jede Kernart einen anderen γ_{N}-Wert aufweist.

Maßgebend für die Intensität einer Spektrallinie ist außer der Existenz eines Übergangsdipolmoments die Differenz der Besetzungszahlen zwischen angeregtem und Grundzustand. Aus der BOLTZMANN-Verteilung folgt für $\Delta E \approx h \cdot 100$ MHz:

$$\frac{N_\beta}{N_\alpha} = \exp\left(-\frac{\Delta E}{k_{\mathrm{B}} T}\right) \approx 1 - \frac{\Delta E}{k_{\mathrm{B}} T} = 1 - 10^{-5} \qquad (8.70)$$

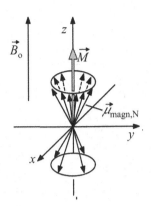

Abbildung 8.27: Bei N Kernen überwiegt für $\vec{B}_\mathrm{o} \neq 0$ die Einstellung mit $m_I = +1/2$ und es resultiert eine makroskopische Magnetisierung $\vec{M}$ in z-Richtung.

Die Besetzungszahlen der beiden Kernenergieniveaus unterscheiden sich demnach nur geringfügig. Das Signal, das wir bei der NMR-Spektroskopie erhalten, ist proportional zu einer sehr geringen Besetzungszahldifferenz, d. h. die Übergänge sind leicht sättigbar. Für ein brauchbares Messsignal ist daher eine effektive Abgabe der Energie notwendig, z. B. als thermische Energie an das umgebende „Gitter" der Nachbarmoleküle (Spin-Gitter-Relaxation).

Experiment und Messung
Bei makroskopischen Proben haben wir mehr als nur einen Spin zu betrachten. Die gesamte makroskopisch beobachtbare Magnetisierung einer Probe entspricht der Vektorsumme der magnetischen Dipolmomente der Kerne pro Volumeneinheit (Abb. 8.27):

$$\vec{M} = \frac{\sum_i \vec{\mu}_{\mathrm{magn,N}}(i)}{V} \tag{8.71}$$

Zum Beispiel enthält $1\ \mathrm{cm}^3$ Wasser etwa $7 \cdot 10^{22}$ ^{1}H-Kerne.

Der Aufbau eines NMR-Spektrometers ist schematisch in Abbildung 8.28 dargestellt. Ein starker Magnet erzeugt das Magnetfeld $\vec{B}_\mathrm{o}$, dessen Richtung zugleich die z-Achse festlegt. Die kernmagnetischen Momente präzedieren um diese z-Achse mit der LARMOR-Frequenz ω_o (Abb. 8.27). In einem CW (continuous wave)-Experiment wird von einer Spule in x-Richtung ein schwaches $\vec{B}_1$-Feld der Frequenz ν erzeugt. Wenn $2\pi\nu$ der LARMOR-Frequenz ω_o entspricht, tritt Resonanz ein. Die Kernspins werden angeregt und relaxieren, so dass sich ein stationärer Zustand einstellt. Der Magnetisierungsvektor $\vec{M}$ kreist dabei um die z-Achse und weist daher x- und y-Komponenten auf. Diese Quermagnetisierung wird von der Empfängerspule als Wechselspannungssignal registriert. In einem CW-NMR-Experiment wird das schwache $\vec{B}_1$-Feld kontinuierlich eingestrahlt und variiert.

Heute werden NMR-Experimente jedoch mit kurzen Pulsen eines stärkeren $\vec{B}_1$-Felds durchgeführt. Die Methode wird FOURIER-Transform (FT)-NMR genannt. Ein kurzer Puls in der Größenordnung von einigen μs erzeugt ein breites Frequenzspektrum, das ausreicht, um den gesamten Bereich unterschiedlicher Resonanzfrequenzen

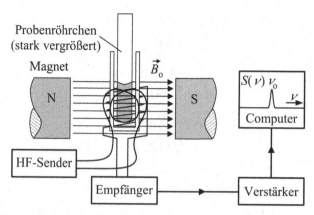

Abbildung 8.28: Schematische Darstellung eines NMR-Spektrometers mit getrennter Sender- und Empfängerspule. Bei der CW-Methode (continuous wave) wird bei Aufnahme eines NMR-Spektrums die Frequenz des HF-Senders kontinuierlich variiert, bis Resonanz eintritt. Im Resonanzfall wird der makroskopische Magnetisierungsvektor ausgelenkt, so dass Quermagnetisierung erzeugt wird, die in der Empfängerspule ein stationäres Signal induziert. Bei der FT-NMR-Spektroskopie erfolgt die Kernanregung durch einen Hochfrequenzpuls starker Leistung und kurzer Dauer (ca. 1 - 50 μs). Alle Kerne werden gleichzeitig angeregt. $\vec{M}$ wird auch ausgelenkt, unterliegt jedoch nach dem Puls nur noch der Krafteinwirkung von $\vec{B}_\mathrm{o}$, so dass $\vec{M}$ mit ω_o um die z-Achse präzediert. Das in der Empfängerspule registrierte Zeitsignal (engl., free induction decay, FID) klingt aufgrund der Relaxation der Kerne ab. Durch FOURIER-Transformation erhält man das Spektrum $S(\nu)$.

zu erfassen. Bei diesem Pulsverfahren werden somit alle Kerne gleichzeitig angeregt. Nach dem Puls kreist der Magnetisierungsvektor unter Einwirkung des $\vec{B}_\mathrm{o}$-Feldes in der x, y-Ebene um die z-Achse, wobei jede Kernspinsorte ihre eigene LARMOR-Frequenz hat. In der Empfängerspule entsteht ein Zeitsignal, das durch FOURIER-Transformation in ein NMR-Spektrum umgerechnet wird. Nach der Anregung relaxiert das Spinsystem wieder in den Grundzustand und kann schließlich erneut durch einen Puls angeregt werden. Durch vielfache Wiederholung dieses Prozesses lassen sich relativ schnell Spektren mit gutem Signal-zu-Rausch-Verhältnis gewinnen.

8.7.2   Die chemische Verschiebung

Bisher haben wir angenommen, dass das angelegte magnetische Feld am Kern eines Atoms voll wirksam ist. Wir müssen jedoch mögliche Einflüsse durch benachbarte Kerne und die Elektronenhülle des Atoms berücksichtigen, so dass $B_\mathrm{o} \neq B_\mathrm{Kernort}$ wird:

1. Einfluss der Nachbarkerne: Wechselwirkung mit den magnetischen Dipolmomenten der Nachbarkernspins, woraus ein Zusatzfeld B'_lokal resultiert.

2. Einfluss der Elektronenhülle: Das B_o-Feld induziert in der Elektronenhülle einen elektronischen Orbitaldrehimpuls, d. h. einen „Kreisstrom", und somit ein magneti-

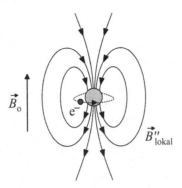

Abbildung 8.29: Schematische Darstellung der diamagnetischen Abschirmung eines Atomkerns durch einen „Elektronenstrom".

sches Moment. Es entsteht ein kleines lokales Zusatzfeld B''_{lokal} am Kernort, das gemäß der LENZschen Regel dem $\vec{B}_{\text{o}}$-Feld entgegengerichtet ist (s. Abb. 8.29). Kerne in unterschiedlicher chemischer und damit elektronischer Umgebung werden somit unterschiedlich stark abgeschirmt.

Insgesamt beträgt die effektive magnetische Flussdichte dann:

$$B_{\text{Kernort}} = B_{\text{o}} + B'_{\text{lokal}} + B''_{\text{lokal}} \tag{8.72}$$

Wie groß sind nun diese Zusatzfelder? Allgemein gilt bei dipolarer magnetischer Wechselwirkung für B'_{lokal}, wenn sich im Abstand r ein zweiter paralleler magnetischer Dipol befindet:

$$B'_{\text{lokal}} = -\frac{\mu_{\text{o}}}{4\pi} \frac{\mu_{\text{magn,N}}}{r^3} (1 - 3\cos^2\vartheta) \tag{8.73}$$

$\mu_{\text{o}} = 4\pi \cdot 10^{-7} \text{m}^3\text{T}^2\text{J}^{-1}$ ist die magnetische Feldkonstante und ϑ der Winkel zwischen $\vec{r}$ und $\vec{\mu}_{\text{magn,N}}$. Im Vergleich zum angelegten Feld ist das Zusatzfeld klein, es ist aber nicht vernachlässigbar ($B'_{\text{lokal}} \approx 10^{-3}$ T). In Flüssigkeiten niedriger Viskosität mitteln sich aufgrund der BROWNschen Molekularbewegung solche magnetischen Dipolfelder jedoch heraus. (Der Klammerausdruck wird bei Integration über alle möglichen ϑ-Werte gleich null.) Dann bewirkt nur noch die Elektronenabschirmung ein Zusatzfeld und man spricht von hochauflösender NMR-Spektroskopie. In Festkörpern oder sich nur langsam in Lösung bewegenden Molekülen (z. B. Makromolekülen) mitteln sich solche dipolaren Wechselwirkungsanteile nicht heraus. Heute gibt es jedoch spezielle Puls-NMR-Verfahren, die es erlauben, auch für solche Systeme aussagekräftige Spektren zu erhalten. Zudem ist es möglich, durch Rotation einer festen Probe im Winkel von 54,7° $(1 - 3\cos^2\vartheta = 0)$ zum B_{o}-Feld B'_{lokal} weitgehend auszuschalten (magic angle spinning).

Wir betrachten nun den Einfluss der Elektronenhülle etwas genauer. Der Effekt der magnetischen Abschirmung des Kerns durch die Elektronenhülle wird durch die Abschirmungskonstante σ berücksichtigt:

$$B''_{\text{lokal}} = -\sigma \cdot B_{\text{o}} \tag{8.74}$$

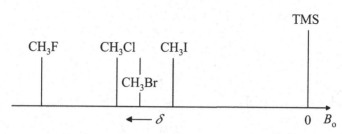

Abbildung 8.30: Schematisches NMR-Spektrum unterschiedlich abgeschirmter ^{1}H-Kerne.

B''_{lokal} liegt in der Größenordnung von -10^{-5} T. Für die Resonanzbedingung folgt damit:

$$B_{\text{Kernort}} = B_{\text{o}} + B''_{\text{lokal}} = B_{\text{o}} - \sigma B_{\text{o}} = B_{\text{o}}(1 - \sigma) \tag{8.75}$$

$$\omega_{\text{o}} = \gamma_{\text{N}} B_{\text{o}}(1 - \sigma) \tag{8.76}$$

Das in Abbildung 8.30 gezeigte NMR-Spektrum wurde bei konstanter Frequenz unter Variation von B_{o} aufgenommen. Das Signal der Protonen im CH_3F erscheint bei kleinster Flussdichte, weil das F aufgrund seiner hohen Elektronegativität die Elektronen zu sich zieht und die Abschirmung der Protonen durch die umgebenden Elektronen herabsetzt. Die Werte für die dimensionslose Abschirmungskonstante liegen bei 10^{-6}.

Die Größe des sog. diamagnetischen Beitrags zur Abschirmungskonstanten hängt von der Elektronendichte in Kernnähe ab und kann mit Hilfe der LAMB-Formel berechnet werden:

$$\sigma_{\text{dia}} = \frac{e^2 \mu_{\text{o}}}{12\pi m_{\text{e}}} \left\langle \frac{1}{r} \right\rangle \tag{8.77}$$

$\langle 1/r \rangle$ ist der mittlere reziproke Abstand der Elektronen vom Kern. Neben diesem diamagnetischen Abschirmungsanteil σ_{dia} können jedoch noch weitere Beiträge σ beeinflussen:

$$\sigma = \sigma_{\text{dia}} + \sigma_{\text{para}} + \sigma_{\text{m}} + \sigma_{\text{R}} + \sigma_{\text{S}} \tag{8.78}$$

σ_{para} ist der paramagnetische Anteil, der wichtig ist, wenn Valenzorbitale nicht kugelsymmetrisch sind, σ_{m} erfasst Anisotropieeffekte durch unterschiedliche magnetische Suszeptibilitäten in den drei Raumrichtungen, σ_{R} berücksichtigt Ringströme in Aromaten und σ_{S} Solvenseffekte. Im Fall der ^{1}H-NMR müssen auch sekundäre Effekte berücksichtigt werden. Zum Beispiel bewirkt ein intra- oder intermolekulares elektrisches Feld aufgrund einer Wasserstoffbrückenbindung eine Verzerrung der Elektronenwolke und damit eine Veränderung von σ und der Resonanzfrequenz. Wichtig sind auch Ringstromeffekte in zyklisch konjugierten Systemen. Die erstaunlich geringe Abschirmung von Benzolprotonen liegt daran, dass durch den Ringstrom der π-Elektronen ein Zusatzfeld $\vec{B}_{\text{ind}}$ hervorgerufen wird, das am Ort der Benzolprotonen $\vec{B}_{\text{o}}$ verstärkt (s. Abb. 8.31). Es bewirkt eine Verschiebung der Resonanz zu einem etwas tieferen Feld.

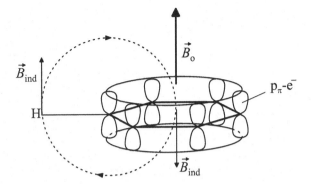

Abbildung 8.31: Diamagnetischer Ringstromeffekt im Benzolmolekül. Am Ort der Protonen resultiert eine Verstärkung des $\vec{B}_o$-Felds durch das induzierte Feld $\vec{B}_{ind}$. Die Resonanz der Protonen wird dadurch zu tieferem Feld verschoben.

Um Signale verschiedener Proben und verschiedener Messungen miteinander vergleichen zu können, definieren wir die chemische Verschiebung δ. Diese wird nicht absolut in Hz, sondern relativ zu einem Standard angegeben:

$$\delta/\text{ppm} \;=\; -(\sigma_{\text{Probe}} - \sigma_{\text{Standard}}) \cdot 10^6$$

$$=\; [(1 - \sigma_{\text{Probe}}) - (1 - \sigma_{\text{Standard}})] \cdot 10^6$$

$$\approx\; \frac{\nu_{\text{o,Probe}} - \nu_{\text{o,Standard}}}{\nu_{\text{Spektrometer}}} \cdot 10^6 \qquad (8.79)$$

Die Abkürzung ppm bedeutet „parts per million" (Teile pro Million). Als Standard für ^{1}H-NMR-Experimente verwendet man Tetramethylsilan (TMS, $(CH_3)_4Si$), da dieses chemisch inert ist und die Lage der anderen Resonanzen i. Allg. nicht stört. Da Protonen meist nur von einer geringen Elektronendichte umgeben sind, sind ihre chemischen Verschiebungen klein ($\delta < 15$ ppm). Die chemischen Verschiebungen anderer Kerne, wie z. B. ^{19}F, überdecken mehrere hundert ppm. Durch ein größeres B_o-Feld erhalten wir eine größere Intensität der Linien im NMR-Spektrum, die chemischen Verschiebungen einer Substanz ändern sich aber nicht. Die in Hz gemessenen Linienabstände werden jedoch größer und komplexe Spektren werden besser aufgelöst. Man ist daher bestrebt, NMR-Geräte mit möglichst hohen Feldstärken zu bauen.

Analog zu den Gruppenfrequenzen in der IR-Spektroskopie gibt es in der NMR-Spektroskopie für bestimmte Molekülgruppen charakteristische chemische Verschiebungen. In Abbildung 8.32 sind einige Beispiele für die ^{1}H-NMR-Spektroskopie aufgeführt. Die δ-Werte verschiedener Molekülgruppen sind in Tabellenwerken zu finden. Sie sind in der Organischen und Anorganischen Chemie unentbehrlich für die Strukturaufklärung von Molekülen. Die chemische Verschiebung liefert nicht nur Informationen über die intramolekulare Struktur, sie ist auch sensitiv für intermolekulare Effekte, wie z. B. Austauschprozesse. Ein Beispiel hierfür ist die Verbreiterung des OH-Signals von Ethanol (Abb. 8.33). Dieses Proton ist frei beweglich und tauscht in wässriger Lösung mit den Protonen des Wassers oder eines anderen Ethanolmoleküls

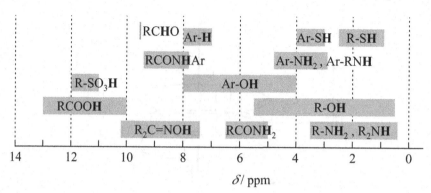

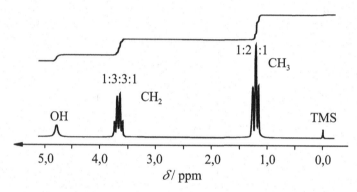

Abbildung 8.32: Darstellung der charakteristischen chemischen Verschiebungsbereiche verschiedener Molekülgruppen in der ^{1}H-NMR-Spektroskopie (nach: A. Streitwieser, C. H. Heathcock, E. M. Kosower, *Organische Chemie*, VCH Verlagsgesellschaft mbH, Weinheim, 1994).

Abbildung 8.33: NMR-Spektrum der Protonen des Ethanols. Die chemische Verschiebung wird im Spektrum von rechts nach links in ppm-Einheiten aufgetragen. Die Zunahme der δ-Werte entspricht bei vorgegebener Frequenz einer Verschiebung zu tieferem Feld. Das rechts stehende Signal rührt von der Bezugssubstanz TMS her. Die Treppenkurve gibt Auskunft über die Fläche der einzelnen Signale und damit über die relative Anzahl der Protonen in den einzelnen Gruppen des Moleküls.

aus. Allgemein ist δ auch abhängig von der Temperatur, dem Druck, der Konzentration und dem Lösungsmittel.

8.7.3 Spin-Spin-Wechselwirkung

Betrachten wir das ^{1}H-NMR-Spektrum von Ethanol (Abb. 8.33) genauer, erkennen wir eine Linienaufspaltung (Feinaufspaltung). Man findet, dass bei n magnetisch äquivalenten Nachbarprotonen mit Kernspin $I = \frac{1}{2}$ das Signal in $(n+1)$ Linien aufspaltet. Die in Hz gemessene Aufspaltung ist unabhängig von der Temperatur und dem B_0-Feld und liegt in der Größenordnung von einigen Hz. Die Ursache der Aufspaltung liegt darin begründet, dass die Nachbarkerne im B_0-Feld unterschiedliche Orientierungen einnehmen und damit verschiedene lokale Felder am Referenzkern hervorrufen. Betrachten wir z. B. ein Proton, das mit drei magnetisch äquivalenten Protonen koppelt. Diese drei Protonen haben eine magnetische Kernspinquantenzahl von $m_I = \pm\frac{1}{2}$. Daraus ergeben sich die folgenden Einstellungsmöglichkeiten der Nachbarkernspins, die das Magnetfeld am betrachteten Kern unterschiedlich beeinflussen:

$$\uparrow\uparrow\uparrow \quad \uparrow\uparrow\downarrow \quad \downarrow\downarrow\uparrow \quad \downarrow\downarrow\downarrow$$
$$\uparrow\downarrow\uparrow \quad \downarrow\uparrow\downarrow$$
$$\downarrow\uparrow\uparrow \quad \uparrow\downarrow\downarrow$$

$$\sum_{i=1}^{n} m_I: \quad 3/2 \quad 1/2 \quad -1/2 \quad -3/2$$

Wir erhalten vier Einstellungsmöglichkeiten für den Gesamtkernspin der Nachbarn im Intensitätsverhältnis 1:3:3:1. Allgemein gilt folgende Aufspaltungsregel durch n äquivalente Nachbarkernspins mit der Kernspinquantenzahl I:

$$M = 2nI + 1 \tag{8.80}$$

M ist die Anzahl der Linien des beobachteten Multipletts. Die Intensitäten richten sich nach den Binomialkoeffizienten (PASCALsches Dreieck).

Die Wechselwirkung zweier Kernspins erfolgt über die beiden Elektronen eines bindenden Molekülorbitals (FERMI-Kontakt-Wechselwirkung). Diese Elektronen haben nach dem PAULI-Prinzip antiparallele magnetische Momente. Im zeitlichen Mittel wird sich das eine Elektron näher am ersten Kern und das andere Elektron näher am zweiten Kern aufhalten. Da ein Kern bevorzugt eine Orientierung hat, bei der sein magnetisches Moment antiparallel zu dem des nächsten Elektrons ist, haben dann auch die beiden Kernspins bevorzugt antiparallele magnetische Momente. Dadurch ergeben sich zwei Energiezustände für einen Kernspin, je nachdem, ob der benachbarte Kernspin ein antiparalleles oder paralleles magnetisches Moment hat. Es kommt zur Linienaufspaltung, die durch die skalare Kopplungskonstante J_{ij} der zwei Kernspins angegeben wird. Die Kopplung zwischen den Spins $\vec{P}_i$ und $\vec{P}_j$ wird durch den Wechselwirkungsoperator

$$\widehat{H}_{ij} = \frac{h J_{ij}}{\hbar^2} \widehat{P}_i \widehat{P}_j \tag{8.81}$$

beschrieben. $\widehat{P}_i$ und $\widehat{P}_j$ sind die zugehörigen Spinoperatoren. Die Lösung der SCHRÖDINGER-Gleichung unter Anwendung dieses Wechselwirkungsoperators liefert die folgenden Übergänge für zwei benachbarte Kerne A und X mit $I = 1/2$ und deutlich unterschiedlicher chemischer Verschiebung:

$$\Delta E(\text{A}) = \hbar\omega_{\text{oA}} \pm \tfrac{1}{2} h J_{\text{AX}} \tag{8.82}$$

$$\Delta E(\text{X}) = \hbar\omega_{\text{oX}} \pm \tfrac{1}{2} h J_{\text{AX}} \tag{8.83}$$

Damit besteht sowohl die Resonanzlinie des Kerns A als auch die des Kerns X aus einem Dublett um δ_{A} bzw. δ_{X} mit dem Frequenzabstand J_{AX} (s. Abb. 8.34). Da die Spin-Spin-Wechselwirkung unabhängig von der Feldstärke ist, wird J_{ij} absolut in Hz angegeben. Sie hängt von der Art und dem Abstand der koppelnden Kerne sowie der Art, Anordnung und Anzahl der zwischen den Kernen liegenden Bindungen

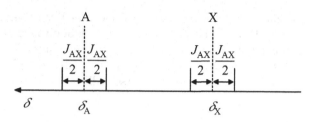

Abbildung 8.34: Spin-Spin-Wechselwirkung für zwei Kerne A und X.

ab. Die homonuklearen Kopplungskonstanten der Protonen liegen zwischen 0 und 20 Hz, die anderer Kerne (z. B. ^{13}C, ^{31}P) sind wesentlich größer. Magnetisch äquivalente Kerne zeigen keine Linienaufspaltung, da durch die Spin-Spin-Wechselwirkung Grund- und angeregter Zustand in gleicher Weise energetisch verschoben werden. Kopplungen werden nur beobachtet, wenn die Lebensdauer der Spinorientierungen des koppelnden Nachbarkerns größer als J_{ij}^{-1} ist. Wenn der Unterschied in den Resonanzfrequenzen zweier Kerne i und j mit der Kopplungskonstante J_{ij} vergleichbar ist, folgen die Kopplungsmuster nicht mehr den o. g. einfachen Regeln.

Aus der Größe der Kopplungskonstante lassen sich oft wertvolle Strukturpara- meter ablesen, da verschiedene geometrische Anordnungen (z. B. *cis-trans*-Isomere) verschiedene J-Werte besitzen. Es lassen sich auch Informationen über den Hybridi- sierungsgrad der an der Bindung beteiligten Atomorbitale erhalten. Die Größe der J-Kopplung nimmt mit zunehmender Zahl b der übertragenden chemischen Bindun- gen ab und wird für $b > 3$ meist unmessbar klein. Umfangreiches Datenmaterial gibt es über vicinale Kopplungskonstanten J^{vic} (oder ^3J, um anzudeuten, dass drei Bin- dungen die Protonen trennen) und deren Beziehungen zur molekularen Struktur. Sie hängen signifikant vom Diederwinkel θ zwischen benachbarten C-H-Bindungen ab. Die vicinale Kopplungskonstante wird i. Allg. durch eine Gleichung des Typs

$$J_{\mathrm{HH}}^{\mathrm{vic}} = A + B \cos\theta + C \cos^2\theta \tag{8.84}$$

dargestellt (KARPLUS-Kurve). Hier sind A, B und C Konstanten, die von der Elek- tronegativität der Substituenten abhängen. Beziehungen dieser Art sind sehr wichtig zur Aufklärung stereochemischer Probleme.

Wir betrachten nochmals das ^{1}H-Spektrum des Ethanols in Abb. 8.33. Wegen der schnellen Rotation um die C-C-Bindung ist klar, dass die drei Methylprotonen auf der einen Seite und die zwei Methylenprotonen auf der anderen Seite magnetisch äqui- valent sind. Man beobachtet daher keine H-H-Kopplungen innerhalb dieser Gruppen. Dagegen sieht jedes Methylproton die zwei äquivalenten Protonen der Methylengrup- pe und liefert ein Triplett. Daher beobachtet man tatsächlich die Überlagerung von drei Tripletts, die den drei äquivalenten Protonen der Methylgruppe entsprechen. In gleicher Weise sieht jedes der zwei Methylenprotonen die drei Protonen der Methyl- gruppe und liefert also ein Quartett. Die Kopplung mit dem Proton der OH-Gruppe verschwindet wegen des oben erwähnten chemischen Austauschs, denn der Mechanis- mus der J-Kopplung ist intramolekular.

Die Interpretation sehr komplexer NMR-Spektren kann durch sog. mehrdimen- sionale NMR-Experimente drastisch vereinfacht werden. So ist man heute in der Lage, selbst Proteinstrukturen in Lösung aufklären zu können. Auf Details können wir hier nicht eingehen.

8.7.4 Chemischer Austausch

Mit Hilfe der NMR-Spektroskopie können nicht nur statische Molekülstrukturen aufgeklärt, sondern auch dynamische intra- und intermolekulare Prozesse untersucht werden. Wenn sich verschiedene Spezies ineinander umwandeln, hängt das Erscheinungsbild des NMR-Spektrums von der Lebensdauer der einzelnen Formen ab. Im einfachsten Fall gibt es nur zwei verschiedene Zustände, A und B, die sich durch ihre unterschiedlichen Resonanzfrequenzen ν_{oA} bzw. ν_{oB} unterscheiden. Die mittlere Lebensdauer in diesen Zuständen sei $\tau_A = \tau_B = \tau$. Getrennte NMR-Signale können von A und B nur dann beobachtet werden, wenn die Geschwindigkeitskonstante $k = 1/\tau$ der chemischen Austauschreaktion

$$A \overset{k}{\rightleftharpoons} B \qquad (8.85)$$

viel kleiner als die Differenz der Resonanzfrequenzen $\Delta\nu_o = |\nu_{oA} - \nu_{oB}|$ ist. Treten dynamische Phänomene auf, werden drei Grenzfälle unterschieden, nämlich das Gebiet des langsamen Austauschs, in dem für die Reaktionsgeschwindigkeitskonstante $k \ll \Delta\nu_o$ gilt, das Koaleszenzgebiet, in dem k und $\Delta\nu_o$ vergleichbar sind, und schließlich das Gebiet des schnellen Austauschs mit $k \gg \Delta\nu_o$. Typische Linienformen sind in der Abbildung 8.35 gezeigt. Die zwei scharfen Linien im Gebiet des langsamen Austauschs verbreitern sich hier bei Erhöhung der Temperatur, bis schließlich der Koaleszenzpunkt erreicht ist. Bei noch weiterer Erhöhung erhält man nur noch eine einzige Linie. Am Koaleszenzpunkt, an dem die breiten Banden gerade zu einer zusammenfallen, gilt bei gleichen Populationen der Spezies A und B für die Austauschzeit

$$\tau \approx \frac{\sqrt{2}}{\pi\Delta\nu_o} \qquad (8.86)$$

Hieraus erhält man die Geschwindigkeitskonstante $k = 1/\tau$ für diesen Austauschprozess bei der Koaleszenztemperatur. $k(T)$ kann durch eine Linienformanalyse mit Hilfe der BLOCHschen Gleichungen erhalten werden. Aus der EYRING-Gleichung lassen sich dann die Aktivierungsenthalpie und -entropie für den Austauschprozess bestimmen. Man findet z. B. für Amidprotonen von Proteinen in wässriger Lösung Austauschraten, die zwischen 10^{-5} s^{-1} und 2 s^{-1} liegen. Die Werte hängen von der Zugänglichkeit der Peptidbindung für Wassermoleküle ab und werden z. B. dazu verwendet, die Entfaltung von Proteinen zu studieren.

Austauschvorgänge können die Spin-Spin-Kopplung aufheben. Als Beispiel betrachten wir wieder das ^{1}H-NMR-Spektrum von Ethanol in Abbildung 8.33. In trockenem Ethanol erscheint für das OH-Proton durch die Kopplung mit der benachbarten CH$_2$-Gruppe ein Triplett. Unter Protonen-Katalyse erfolgt in Wasser ein schneller Protonenaustausch am Sauerstoff des Ethanols, so dass nur noch eine Linie erscheint. Ebenso verschwindet auch die Dublett-Aufspaltung des CH$_2$-Quartetts, da die Methylengruppe nicht mehr nur mit einem einzigen Hydroxyl-Proton gekoppelt ist, sondern durch den Mittelwert der Spineinstellungen vieler OH-Protonen beeinflusst wird.

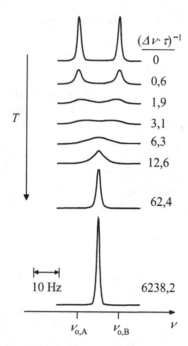

Abbildung 8.35: Die Änderung der Linienform eines Zweiseitenaustauschs A ↔ B mit der Austauschzeit $\tau = 1/k$. Das NMR-Spektrum ist hier für konstantes B_o in Abhängigkeit der Frequenz ν des B_1-Feldes skizziert. Die Änderung der Linienform kann z. B. durch eine Temperaturänderung hervorgerufen werden, wie dies auf der linken Seite angedeutet ist.

Anwendungen solcher kinetischer Messungen sind Untersuchungen der Hydratation von Ionen (Lebensdauer der Hydrathülle), gehemmte innere Molekülrotationen und Konformationsumwandlungen von Molekülen.

8.8   Elektronen-Spin-Resonanz (ESR)

Die Elektronen-Spin-Resonanz (ESR)-Spektroskopie ist eine Art der Hochfrequenz-Spektroskopie, mit der sich paramagnetische Substanzen, also Substanzen mit ungepaarten Elektronen, untersuchen lassen. Die ungepaarten Elektronen eines Atoms haben einen Bahndrehimpuls $\vec{L}$ und einen Eigendrehimpuls (Spin) $\vec{S}$. Der Gesamtdrehimpuls $\vec{J}$ setzt sich im Fall der RUSSELL-SAUNDERS-Kopplung additiv aus dem Bahn- und Eigendrehimpuls zusammen:

$$\vec{J} = \vec{L} + \vec{S} \tag{8.87}$$

mit

$$|\vec{J}| \;=\; \hbar\sqrt{J(J+1)} \tag{8.88}$$

$$|\vec{L}| \;=\; \hbar\sqrt{L(L+1)} \tag{8.89}$$

$$|\vec{S}| = \hbar\sqrt{S(S+1)} \tag{8.90}$$

Hierbei ist J die Gesamtdrehimpulsquantenzahl, L die Gesamtbahndrehimpulsquantenzahl und S die Gesamtspinquantenzahl. Die Elektronenbewegung ruft ein magnetisches Moment hervor, das sich aus den Anteilen des Bahn- und Eigendrehimpuls zusammensetzt:

$$\vec{\mu}_{\mathrm{magn},J} = \vec{\mu}_{\mathrm{magn},L} + \vec{\mu}_{\mathrm{magn},S} \tag{8.91}$$

und das gegeben ist durch:

$$\vec{\mu}_{\mathrm{magn},J} = -g_{\mathrm{e}} \cdot \frac{\mathrm{e}}{2m_{\mathrm{e}}}\vec{J} \tag{8.92}$$

$$|\vec{\mu}_{\mathrm{magn},J}| = g_{\mathrm{e}}\mu_{\mathrm{B}}\sqrt{J(J+1)} \tag{8.93}$$

g_{e} ist der LANDÉ-Faktor (g-Faktor):

$$g_{\mathrm{e}} = 1 + \frac{J(J+1) + S(S+1) - L(L+1)}{2J(J+1)} \tag{8.94}$$

und μ_{B} das BOHRsche Magneton:

$$\mu_{\mathrm{B}} = \frac{\mathrm{e}\hbar}{2m_{\mathrm{e}}} = 9,274 \cdot 10^{-24} \ \mathrm{J} \ \mathrm{T}^{-1} \tag{8.95}$$

In organischen Radikalen ist der Bahndrehimpulsanteil meist vernachlässigbar, so dass hier nur der Spin betrachtet werden muss. In paramagnetischen Übergangsmetallionen wird der Beitrag des Bahndrehimpulses und die Wechselwirkung zwischen Spin- und Bahndrehimpulsmoment (Spin-Bahn-Kopplung) jedoch wichtig (i. Allg. ist $1,4 < g_{\mathrm{e}} < 10$).

Für den Fall eines freien Elektrons ist

$$\vec{\mu}_{\mathrm{magn},J} = \vec{\mu}_{\mathrm{magn},S} = -g_{\mathrm{e}}\frac{\mathrm{e}}{2m_{\mathrm{e}}}\vec{S} \tag{8.96}$$

$$\mu_{\mathrm{magn},S,z} = -g_{\mathrm{e}}\frac{\mathrm{e}}{2m_{\mathrm{e}}}S_z = -g_{\mathrm{e}}\mu_{\mathrm{B}}m_s \tag{8.97}$$

Das negative Vorzeichen in Gleichung 8.96 zeigt, dass das magnetische Moment $\vec{\mu}_{\mathrm{magn},S}$ des Elektrons und der Eigendrehimpulsvektor $\vec{S}$ entgegengesetzt orientiert sind. Der LANDÉ-Faktor nimmt für ein Elektron den Wert $g_{\mathrm{e}} = 2$ an ($J = 1/2$, $S = 1/2$, $L = 0$). Eine genauere quantenmechanische Rechnung liefert allerdings den Wert $g_{\mathrm{e}} = 2,00232$ für ein solches freies Elektron ohne Bahndrehimpuls.

Bringt man ein ungepaartes Elektron in ein äußeres Magnetfeld der Flussdichte $\vec{B}_{\mathrm{o}}$, wird die ursprünglich isotrope räumliche Orientierung des Elektronenspins aufgehoben. Das magnetische Moment des Elektrons wechselwirkt mit $\vec{B}_{\mathrm{o}}$. Wenn das $\vec{B}_{\mathrm{o}}$-Feld in z-Richtung anliegt, gilt für die potenzielle Wechselwirkungenergie

$$E_{\mathrm{pot}} = -\vec{\mu}_{\mathrm{magn},S}\vec{B}_{\mathrm{o}} = -\mu_{\mathrm{magn},S,z}B_{\mathrm{o}} = g_{\mathrm{e}}\mu_{\mathrm{B}}m_s B_{\mathrm{o}} \tag{8.98}$$

Quantenmechanisch sind bezüglich der $\vec{B}_{\mathrm{o}}$-Feldrichtung für $s = \frac{1}{2}$ nur zwei Spineinstellungen erlaubt. Diese können durch die magnetischen Quantenzahlen $m_s = +\frac{1}{2}$

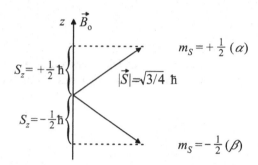

Abbildung 8.36: Erlaubte Spineinstellungen eines freien Elektrons mit $s = \frac{1}{2}$ in einem Magnetfeld der Flussdichte $\vec{B}_\circ$.

(α-Elektron) und $m_s = -\frac{1}{2}$ (β-Elektron) angegeben werden, die die Projektionen des Spins $\vec{S}$ auf die $\vec{B}_\circ$-Feldrichtung charakterisieren (s. Abb. 8.36). Mit $m_s = \pm\frac{1}{2}$ für ein freies, ungepaartes Elektron gibt es somit zwei Energieterme. Durch Einsetzen der Quantenzahlen ergibt sich für den unteren Zustand $E_{\text{pot}} = -\frac{1}{2}g_e\mu_B B_\circ$ und für den oberen Zustand $E_{\text{pot}} = +\frac{1}{2}g_e\mu_B B_\circ$. Für den Energieunterschied der beiden Zustände erhalten wir also:

$$\Delta E_{\text{pot}} = g_e\mu_B B_\circ \tag{8.99}$$

Wird diese Energie in Form elektromagnetischer Strahlung zugeführt, können die einzelnen Elektronen vom unteren in das obere Energieniveau angeregt werden. Eine Absorption der eingestrahlten Energie findet also immer dann statt, wenn

$$\Delta E_{\text{pot}} = h\nu = g_e\mu_B B_\circ \tag{8.100}$$

erfüllt ist. Aus technischen Gründen wird vorwiegend bei $B_\circ \approx 0,34$ T und $\nu = 9,5$ GHz (X-Band), das entspricht einer Wellenlänge von $\lambda \approx 3$ cm, gemessen. Zur Aufnahme eines ESR-Spektrums wird die Lösung mit der paramagnetischen Substanz in ein homogenes Magnetfeld eingebracht und in einem Hohlraumresonator (cavity) mit Mikrowellen konstanter Frequenz bestrahlt. Durch Variation der Feldstärke wird die Resonanzbedingung (Gl. 8.100) durchfahren. In der ESR-Spektroskopie werden vorwiegend nicht die Absorptionsspektren selbst, sondern deren erste Ableitung registriert (s. Abb. 8.37). Der g_e-Faktor lässt sich bei konstanter Mikrowellenfrequenz aus der Lage des Spektrenschwerpunkts unter Variation des $B_\circ$-Felds ermitteln. Bei organischen Radikalen werden Werte gefunden, die dem Wert des freien Elektrons nahe kommen. Abweichungen davon können qualitativ durch die Spin-Bahn-Wechselwirkung beschrieben werden. Eine quantitative Theorie des g_e-Faktors ist i. Allg. sehr kompliziert, so dass die g_e-Faktoren oft auch nur als Stoffkonstanten genutzt werden, um unterschiedliche Radikale zu charakterisieren.

Nach der bisher entwickelten Vorstellung wird im ESR-Spektrum eines freien Elektrons nur eine einzige Linie erwartet. Durch Wechselwirkung des magnetischen Moments des ungepaarten Elektrons mit den magnetischen Momenten benachbarter Kernspins (Hyperfeinwechselwirkung) kann die ESR-Linie jedoch aufspalten. Die Atomkerne erzeugen ein lokales Feld am Elektron, das sich mit dem äußeren $B_\circ$-Feld zu einem effektiven Feld addiert. Da ein Atomkern mit Kernspinquantenzahl I

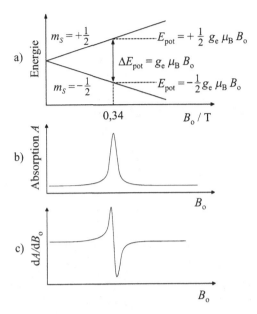

Abbildung 8.37: a) ZEEMAN-Aufspaltung der Energieniveaus eines Elektrons ($s = \frac{1}{2}$, $m_s = \pm\frac{1}{2}$) im $\vec{B}_\mathrm{o}$-Feld zunehmender Stärke. Bei Einstrahlung von Mikrowellen mit einer Frequenz von 9,5 GHz tritt Absorption bei 0,34 T ein, und die Mikrowellenstrahlung wird absorbiert. b) Das Absorptions-ESR-Signal als Funktion des B_o-Felds. c) In der Regel wird durch Magnetfeldmodulation das 1. Ableitungssignal dA/dB_o mit besserem Signal-zu-Rausch-Verhältnis erhalten.

insgesamt $(2I + 1)$ Einstellungsmöglichkeiten zum B_o-Feld hat, die durch m_I-Werte charakterisiert sind, spaltet die ESR-Linie $(2nI+1)$-fach auf. Hierbei ist n die Anzahl äquivalenter Nachbarkerne. Für $I = 1$ und $n = 1$ ist die Hyperfeinaufspaltung in Abbildung 8.38 dargestellt. Die eine ESR-Linie spaltet in drei Linien auf. Die jeweilige Resonanz erfolgt beim Feld

$$B_{\text{Resonanz}} = B_\mathrm{o} - a \cdot m_I \tag{8.101}$$

B_o ist die Resonanzfeldstärke ohne die Elektron-Atomkern-Wechselwirkung. Der Faktor a gibt den Abstand der Hyperfeinlinien an. Er wird Hyperfeinkopplungskonstante genannt. Für äquivalente Nachbarkerne mit $I = 1/2$ entsprechen die relativen Intensitäten der ESR-Linien, wie in der NMR-Spektroskopie, den Binomialkoeffizienten (PASCALsches Dreieck).

Bei den meisten organischen Radikalen wird das freie Elektron durch p- oder π-Funktionen beschrieben. Bei solchen Systemen werden vorwiegend Kopplungen mit Kernen beobachtet, über die sich das Elektronenorbital erstreckt (α-Kopplung), und mit Kernen, die eine σ-Bindung weiter entfernt sind (β-Kopplung oder Hyperkonjugation). Für beide Kopplungsarten gibt es einen einfachen Zusammenhang zwischen der aus einem Spektrum zu entnehmenden Kopplungskonstanten und der Aufenthaltswahrscheinlichkeit des freien Elektrons, der Spindichte ρ_S, an den betreffenden

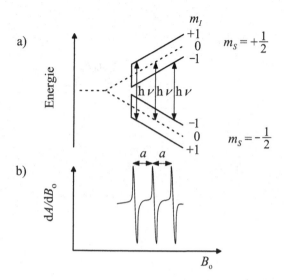

Abbildung 8.38: a) Hyperfeinaufspaltung durch Wechselwirkung eines freien, ungepaarten Elektrons ($s = \frac{1}{2}$) mit dem magnetischen Moment eines Kernspins ($I = 1$, z. B. ^{14}N-Kern). Die Orientierungen des Kernspins sind gegeben durch $m_I = 1$, $m_I = 0$ und $m_I = -1$ (allgemein ist $m_I = I, I - 1, ..., -I$). Es gilt die Auswahlregel $\Delta m_s = 0, \pm 1$. b) Das dazugehörige ESR-Spektrum (1. Ableitung des Absorptionssignals).

Zentren, so dass aus der Hyperfeinstruktur strukturelle Aussagen über die untersuchten Radikale getroffen werden können. Für z. B. die ^{1}H-Kerne im Benzolanion-Radikal ist $a_H \approx -2,3 \cdot 10^{-3}$ T $\cdot \rho_S$ (McConnel-Gleichung). Das ESR-Spektrum des Benzolanion-Radikals zeigt 7 Linien um $g_e = 2,00285$ mit dem Intensitätsverhältnis 1:6:15:20:15:6:1. Diese Hyperfeinstruktur lässt sich durch Wechselwirkung des Elektronenspins mit den 6 äquivalenten Protonenspins verstehen. Aus $a_H = -3,75 \cdot 10^{-4}$ T ergibt sich eine Spindichte von $0,163$ pro C-Atom. Sie ist also gleichmäßig über das Molekül verteilt.

A Literaturauswahl

Allgemeine Literatur der Physikalischen Chemie

P. Atkins, J. de Paula, *Physical Chemistry*, 8. Aufl., Oxford University Press, 2006.

P. Atkins, C. Trapp, M. Cady, C. Guinta, *Student's Solutions Manual to Accompany Atkins' Physical Chemistry*, 8. Aufl., Oxford University Press, 2006.

P. W. Atkins, J. de Paula, *Physikalische Chemie*, 4. Aufl., Wiley-VCH, Weinheim, 2006.

G. Wedler, *Lehrbuch der Physikalischen Chemie*, 5. Aufl., Wiley-VCH, Weinheim, 2004.

K. A. Dill, S. Bromberg, *Molecular Driving Forces*, Garland Science, 2002.

G. M. Barrow, *Physical Chemistry*, McGraw-Hill, New York, 1996.

W. J. Moore, *Grundlagen der Physikalischen Chemie*, de Gruyter, Berlin, 1990.

D. A. McQuarrie, J. D. Simon, *Physical Chemistry. A Molecular Approach*, University Science Books, 1997.

D. A. McQuarrie, J. D. Simon, *Molecular Thermodynamics*, University Science Books, 1999.

R. S. Berry, S. A. Rice, J. Ross, *Physical Chemistry*, 2. Aufl., Oxford University Press, New York, 2000.

K. G. Vemulapalli, *Physical Chemistry*, Prentice Hall, 1993.

K. J. Laidler, J. H. Meiser, *Physical Chemistry*, Benjamin/Cummings, Menlo Park, Calif., 1982.

I. N. Levine, *Physical Chemistry*, 5. Aufl., McGraw-Hill, Boston, 2002.

J. H. Noggle, *Physical Chemistry*, 3. Aufl., Harper Collins College Publ., New York, 1996.

E. Meister, *Grundpraktikum Physikalische Chemie*, vdf, Hochsch.-Verl. an der ETH, Zürich, 2006.

D. P. Shoemaker, C. W. Garland, J. W. Nibler, *Experiments in Physical Chemistry*, 6. Aufl., McGraw-Hill, New York, 1996.

H.-D. Försterling, H. Kuhn, *Praxis der Physikalischen Chemie: Grundlagen, Methoden, Experimente*, 3. Aufl., VCH, Weinheim, 1991.

Weiterführende Literatur

R. B. Bird, W. E. Stewart, E. N. Lightfoot, *Transport Phenomena*, 2. Aufl., Wiley, New York, 2002.

R. Haase, *Transportvorgänge*, 2. Aufl., Steinkopff, Darmstadt, 1987.

R. F. Probstein, *Physicochemical Hydrodynamics: An Introduction*, 2. Aufl., Wiley, New York, 1994.

E. L. Cussler, *Diffusion: Mass Transfer in Fluid Systems*, 2. Aufl., Cambridge University Press, Cambridge, 1997.

J. O. Hirschfelder, C. F. Curtiss, R. B. Bird, *Molecular theory of gases and liquids*, Wiley, New York, 1967.

P. A. Egelstaff, *An Introduction to the Liquid State*, 2. Aufl., Clarendon Press,

Oxford, 1994.

D. M. Heyes, *The Liquid State: Applications of Molecular Simulations*, Wiley, 1997.

H. B. Callen, *Thermodynamics and an Introduction to Thermostatistics*, 2. Aufl., Wiley, New York, 1985.

K. S. Pitzer, *Thermodynamics*, 3. Aufl., McGraw-Hill, New York, 1995.

G. Kortüm, H. Lachmann, *Einführung in die chemische Thermodynamik*, 7. Aufl., Verlag Chemie, Weinheim, 1981.

D. K. Kondepudi, I. Prigogine, *Modern Thermodynamics*, Wiley, Chichester, 1998.

R. Haase, *Thermodynamik der Mischphasen*, Springer, Berlin, 1956.

R. C. Reid, J. M. Prausnitz, B. E. Poling, *The Properties of Gases and Liquids*, 4. Aufl., McGraw-Hill, New York, 1987.

J. S. Rowlinson, F. L. Swinton, *Liquids and Liquid Mixtures*, Butterworth Scientific, London, 1982.

J. N. Israelachvili, *Intermolecular and Surface Forces*, 2. Aufl., Academic Press, London, 1992.

C. Kittel, *Einführung in die Festkörperphysik*, 13. Aufl., Oldenbourg, München, 2002.

K. Kopitzki, P. Herzog, *Einführung in die Festkörperphysik*, 6. Aufl., Teubner, Wiesbaden, 2004.

M. F. C. Ladd, R. A. Palmer, *Structure determination by X-ray crystallography*, 3. Aufl., Plenum, New York, 1993.

C. Hammond, *The Basics of Crystallography and Diffraction*, Oxford University Press, Oxford, 1997.

I. N. Levine, *Quantum Chemistry*, 5. Aufl., Prentice Hall, 2000.

P. W. Atkins, R. S. Friedman, *Molecular Quantum Mechanics*, 4. Aufl., Oxford University Press, 2004.

D. A. McQuarrie, *Quantum Chemistry*, University Science Books, 1983.

J. Reinhold, *Quantentheorie der Moleküle*, 4. Aufl., Teubner, Wiesbaden, 2006.

W. Kutzelnigg, *Einführung in die Theoretische Chemie*, Teil I und II, Wiley-VCH, Weinheim, 2001.

M. P. Allen, D. J. Tildesley, *Computer simulation of liquids*, Clarendon Press, Oxford, 1987.

A. R. Leach, *Molecular modelling: principles and applications*, Longman, Harlow, 1996.

G. H. Findenegg, *Statistische Thermodynamik*, Steinkopff, Darmstadt, 1985.

W. Göpel, H.-D. Wiemhöfer, *Statistische Thermodynamik*, Spektrum Akademischer Verlag, Heidelberg, 2000.

C. E. Hecht, *Statistical Thermodynamics and Kinetic Theory*, Dover Publ., Mineola, NY, 1998.

D. A. McQuarrie, *Statistical Mechanics*, University Science Books, 2000.

T. L. Hill, *An Introduction to Statistical Thermodynamics*, Dover Publ., New York, 1986.

D. H. Trevena, *Statistische Mechanik*, VCH, Weinheim, 1995.

A. W. Adamson, A. P. Gast, *Physical Chemistry of Surfaces*, 6. Aufl., Wiley, New York, 1997.

P. C. Hiemenz, R. Rajagopalan, *Principles of Colloid and Surface Chemistry*, 3. Aufl., Marcel Dekker, New York, 1997.

M. J. Schwuger, *Lehrbuch der Grenzflächenchemie*, Wiley-VCH, Thieme, Stuttgart, 2001.

J. S. Rowlinson, B. Widom, *Molecular theory of capillarity*, Clarendon Press, Oxford, 1984.

A. Zangwill, *Physics at surfaces*, Cambridge University Press, Cambridge, 1996.

H.-D. Dörfler, *Grenzflächen- und kolloid-disperse Systeme*, Springer, Berlin, 2002.

D. F. Evans, H. Wennerström, *The colloidal domain: where physics, chemistry, biology, and technology meet*, 2. Aufl., Wiley-VCH, New York, 1999.

R. J. Hunter, *Introduction to Modern Colloid Science*, Oxford University Press, Oxford, 1994.

J. C. Vickerman, *Surface Analysis: The Principal Techniques*, Wiley, 1997.

C. H. Hamann, W. Vielstich, *Elektrochemie*, 4. Aufl., Wiley-VCH, Weinheim, 2005.

G. Kortüm, *Lehrbuch der Elektrochemie*, 5. Aufl., Verlag Chemie, Weinheim, 1972.

A. J. Bard, L. R. Faulkner, *Electrochemical methods: fundamentals and applications*, 2. Aufl., Wiley, New York, 2001.

H. Rickert, *Einführung in die Elektrochemie fester Stoffe*, Springer, Berlin, 1973.

M. J. Pilling, P. W. Seakins, *Reaction Kinetics*, 2. Aufl., Oxford University Press, 1995.

K. J. Laidler, *Chemical Kinetics*, 3. Aufl., Harper & Row, New York, 1987.

B. G. Cox, *Modern Liquid Phase Kinetics*, Oxford Univeristy Press, 1994.

K. H. Homann, *Reaktionskinetik*, Steinkopff, Darmstadt, 1975.

R. D. Levine, R. B. Bernstein, *Molekulare Reaktionsdynamik*, Teubner, Stuttgart, 1991.

H. Strehlow, *Rapid Reactions in Solution*, VCH, Weinheim, 1992.

C. J. F. Böttcher, P. Bordewijk, *Theory of Electric Polarization*, 2. Aufl., Elsevier, Amsterdam, Band 1 1973, Band 2 1978.

C. N. Banwell, E. M. McCash, *Fundamentals of Molecular Spectroscopy*, 4. Aufl., McGraw-Hill, London, 1994.

C. N. Banwell, E. M. McCash, *Molekülspektroskopie: ein Grundkurs*, Oldenbourg, München, 1999.

J. M. Hollas, *Modern Spectroscopy*, 4. Aufl., Wiley, 2004.

J. M. Hollas, *Moderne Methoden in der Spektroskopie*, Vieweg, Braunschweig, 1995.

H. Friebolin, *Basic one- and two-dimensional NMR spectroscopy*, 4. Aufl., Wiley-VCH, Weinheim, 2005.

H. Günther, *NMR-Spektroskopie*, 3. Aufl., Thieme, Stuttgart, 1992.

H. Günther, *NMR Spectroscopy: Basic Principles, Concepts, and Applications in Chemistry*, 2. Aufl., Wiley, 1995.

H. Günzler, H.-U. Gremlich, *IR-Spektroskopie*, 4. Aufl., Wiley-VCH, Weinheim, 2003.

W. Schmidt, *Optische Spektroskopie*, 2. Aufl., Wiley-VCH, Weinheim, 2000.

F. K. Kneubühl, M. W. Sigrist, *Laser*, 7. Aufl., Vieweg+Teubner, Wiesbaden, 2008.

R. K. Harris, *Nuclear magnetic resonance spectroscopy*, Longman, Harlow, 1992.

N. M. Artherton, *Principles of electron spin resonance*, Horwood, New York, 1993.

R. Winter, F. Noll, *Methoden der Biophysikalischen Chemie*, Teubner, Stuttgart, 1998.

Datenquellen

D. R. Lide, *CRC handbook of chemistry and physics*, 87. Aufl., CRC Press, Boca Raton, 2006.

D. R. Lide, H. V. Kehiaian, *CRC handbook of thermophysical and thermochemical data*, CRC Press, Boca Raton, 1994.

D'Ans-Lax Taschenbuch für Chemiker und Physiker, Springer, Band 1 1992, Band 2 1996, Band 3 1998.

H. Landolt, R. Börnstein, A. Eucken, *Zahlenwerte und Funktionen aus Physik, Chemie, Astronomie, Geophysik und Technik*, 6. Aufl., Springer, Berlin.

NIST Chemistry WebBook, http://webbook.nist.gov, 2005.

I. Barin, *Thermochemical data of pure substances*, Band 1 und 2, VCH, Weinheim, 1989.

B SI-Einheiten und abgeleitete Größen

Basisgrößen und ihre Einheiten im SI-System

Basisgröße	Einheitszeichen	Einheitsname
Länge	m	Meter
Masse	kg	Kilogramm
Zeit	s	Sekunde
Elektrische Stromstärke	A	AMPERE
Thermodynamische Temperatur	K	KELVIN
Stoffmenge	mol	Mol
Lichtstärke	cd	Candela

Abgeleitete SI-Einheiten

Größe	Einheitszeichen	Einheitenname	Definition
Frequenz	Hz	HERTZ	s^{-1}
Kraft	N	NEWTON	$kg\ m\ s^{-2}$
Druck	Pa	PASCAL	$N\ m^{-2}$
Energie	J	JOULE	$N\ m$
Leistung	W	WATT	$J\ s^{-1}$
Elektr. Ladung	C	COULOMB	$A\ s$
Elektr. Potential	V	VOLT	$J\ C^{-1}$
Elektr. Widerstand	Ω	OHM	$V\ A^{-1}$
Elektr. Leitwert	S	SIEMENS	Ω^{-1}
Elektr. Kapazität	F	FARAD	$C\ V^{-1}$
Magn. Flussdichte	T	TESLA	$V\ s\ m^{-2}$

Dezimale Vielfache und Anteile von Einheiten

Vielfaches	Vorsilbe	Symbol	Bruchteil	Vorsilbe	Symbol
10^1	Deka	da	10^{-1}	Dezi	d
10^2	Hekto	h	10^{-2}	Zenti	c
10^3	Kilo	k	10^{-3}	Milli	m
10^6	Mega	M	10^{-6}	Mikro	μ
10^9	Giga	G	10^{-9}	Nano	n
10^{12}	Tera	T	10^{-12}	Piko	p
10^{15}	Peta	P	10^{-15}	Femto	f

Weitere Einheiten und Größen und ihr Zusammenhang mit SI-Einheiten

Einheitenname	Symbol	Definition
Zentimeter	cm	10^{-2} m
ÅNGSTRÖM	Å	10^{-10} m
Barn	b	$100 \text{ fm}^2 = 10^{-28} \text{ m}^2$
Liter	L	$1 \text{ dm}^3 = 10^{-3} \text{ m}^3$
Gramm	g	10^{-3} kg
SVEDBERG	S	10^{-13} s
Dyn	dyn	$1 \text{ g cm s}^{-2} = 10^{-5}$ N
Kilopond	kp	$9{,}80655 \text{ kg m s}^{-2} = 9{,}80665$ N
Erg	erg	$1 \text{ dyn cm} = 10^{-7}$ J
Elektronenvolt	eV	$1{,}602177 \cdot 10^{-19}$ J
Thermochemische Kalorie	cal	$4{,}184$ J
Physikalische Atmosphäre	atm	$1{,}01325 \cdot 10^5 \text{ Pa} = 760$ Torr
Bar	bar	10^5 Pa
Torr	Torr	1 mm Hg-Säule $= 133{,}322$ Pa
POISE	P	$1 \text{ g cm}^{-1}\text{s}^{-1} = 0{,}1 \text{ Pa s}$
BECQUEREL (atomare Ereignisse pro Zeit)	Bq	1 s^{-1}
CURIE	Ci	$3{,}7 \cdot 10^{10}$ Bq
DEBYE	D	$3{,}33564 \cdot 10^{-30}$ C m
Standarddruck	p°	10^5 Pa
Nullpunkt der CELSIUS-Skala	ϑ°	$273{,}15$ K
Molares Volumen des idealen Gases bei ϑ°	V_m°	$2{,}24141 \cdot 10^{-2} \text{ m}^3\text{mol}^{-1}$

C   Naturkonstanten

Naturkonstante	Symbol	Zahlenwert
AVOGADRO-Konstante	N_A	$6,02214199 \cdot 10^{23}$ mol^{-1}
Gaskonstante	R	$8,314472$ J mol^{-1}K^{-1}
BOLTZMANN-Konstante	$k_B = R/N_A$	$1,3806503 \cdot 10^{-23}$ J K^{-1}
Elementarladung	e	$1,602176462 \cdot 10^{-19}$ C
FARADAY-Konstante	$F = eN_A$	$9,64853415 \cdot 10^{4}$ C mol^{-1}
Lichtgeschwindigkeit im Vakuum	c	$2,99792458 \cdot 10^{8}$ m s^{-1}
PLANCKsche Konstante	h	$6,62606876 \cdot 10^{-34}$ J s
	$\hbar = h/2\pi$	$1,054571596 \cdot 10^{-34}$ J s
Atomare Masseneinheit	u	$1,66053873 \cdot 10^{-27}$ kg
Ruhemasse des Elektrons	m_e	$9,10938188 \cdot 10^{-31}$ kg
Ruhemasse des Protons	m_p	$1,67262158 \cdot 10^{-27}$ kg
Ruhemasse des Neutrons	m_n	$1,67492716 \cdot 10^{-27}$ kg
Magnetische Feldkonstante	μ_o	$4\pi \cdot 10^{-7}$ N A^{-2}
Elektrische Feldkonstante	$\varepsilon_o = (\mu_o c^2)^{-1}$	$8,854187817 \cdot 10^{-12}$ F m^{-1}
BOHRscher Radius	$a_0 = \dfrac{4\pi\varepsilon_o\hbar^2}{m_e e^2}$	$5,291772083 \cdot 10^{-11}$ m
BOHRsches Magneton	$\mu_B = \dfrac{e\hbar}{2m_e}$	$9,27400899 \cdot 10^{-24}$ J T^{-1}
Kernmagneton	$\mu_N = \dfrac{e\hbar}{2m_p}$	$5,05078317 \cdot 10^{-27}$ J T^{-1}
Magnetisches Moment des Elektrons	μ_e	$9,28476362 \cdot 10^{-24}$ J T^{-1}
LANDÉ-Faktor des Elektrons (g-Faktor)	$g_e = 2\mu_e/\mu_B$	$2,0023193043737$
Gyromagnetisches Verhältnis des Protons	γ_p	$2,67522212 \cdot 10^{8}$ T^{-1}s^{-1}
Normal-Fallbeschleunigung	g	$9,80665$ m s^{-2}

(nach: D. R. Lide (Hrsg.), *CRC Handbook of Chemistry and Physics*, 81. Aufl., CRC Press, Boca Raton, Florida, 2000).

Index